高职高专教育"十二五"规划建设教材

# 焙烤食品加工技术

于海杰　主编

U0249526

中国农业大学出版社
·北京·

## 内容简介

本书主要介绍了焙烤食品原辅料的种类、理化性质、品质分析及在焙烤食品中的作用；面包生产工艺、饼干加工工艺、蛋糕及裱花蛋糕加工工艺、月饼加工工艺、中式糕点生产工艺、西式糕点生产工艺、蛋类芯饼（蛋黄派）生产工艺等其加工原理、生产工艺要点、质量标准、加工中常见的质量问题及解决方法；焙烤食品包装技术；焙烤食品企业卫生规范与质量控制。

本书内容丰富，图文并茂，有理论，有实践，深入浅出，兼顾地域，通俗易懂，便于学生理解和掌握，插入的图片与叙述紧密结合，突出了操作技能的特点。

本书可作为高职高专食品类专业的焙烤食品加工技术教材，也可作为其他有关专业师生和中等专业学校师生的参考教材，还可供焙烤食品行业技术人员和自学者参考。

**图书在版编目（CIP）数据**

焙烤食品加工技术/于海杰主编. —北京：中国农业大学出版社，2015.7（2017.12 重印）
ISBN 978-7-5655-1334-3

Ⅰ.①焙…　Ⅱ.①于…　Ⅲ.①焙烤食品-食品加工-高等职业教育-教材
Ⅳ.①TS213.2

中国版本图书馆 CIP 数据核字（2015）第 160531 号

| | |
|---|---|
| **书　　名** | 焙烤食品加工技术 |
| **作　　者** | 于海杰　主编 |

| | | | |
|---|---|---|---|
| **策划编辑** | 陈　阳　康昊婷 | **责任编辑** | 韩元凤 |
| **封面设计** | 郑　川 | | |
| **出版发行** | 中国农业大学出版社 | | |
| **社　　址** | 北京市海淀区圆明园西路 2 号 | **邮政编码** | 100193 |
| **电　　话** | 发行部 010-62818525，8625 | **读者服务部** | 010-62732336 |
| | 编辑部 010-62732617，2618 | **出 版 部** | 010-62733440 |
| **网　　址** | http://www.cau.edu.cn/caup | **E-mail** | cbsszs @ cau.edu.cn |
| **经　　销** | 新华书店 | | |
| **印　　刷** | 北京鑫丰华彩印有限公司 | | |
| **版　　次** | 2015 年 9 月第 1 版　　2017 年 12 月第 2 次印刷 | | |
| **规　　格** | 787×1 092　　16 开本　　19.5 印张　　478 千字 | | |
| **定　　价** | 41.00 元 | | |

**图书如有质量问题本社发行部负责调换**

# 编审人员

主　编　于海杰　（黑龙江农业职业技术学院）

副主编　曹德玉　（周口职业技术学院）

　　　　陈晓宇　（黑龙江农业工程职业学院）

　　　　姚　微　（黑龙江农垦职业学院）

参　编　李国庆　（兴安盟职业技术学院）

　　　　吴艳秋　（辽宁职业学院）

　　　　郭　淼　（南阳农业职业学院）

　　　　于秀丽　（哈尔滨米旗食品有限公司）

主　审　钱志伟　（河南农业职业学院）

　　　　姚文秋　（黑龙江农业职业技术学院）

# 前　言

　　本书是以高等职业技术院校培养技能型人才的需要为基础,与焙烤企业的生产实际相结合,为适应焙烤行业发展需要,培养行业高技能实用型人才而编写。在编写过程中严格遵循高等职业教育规律,以"实用、够用"的理论知识为基础,注重加强学生实际操作能力的培养,突出技能操作的实用性,注重解决生产过程中的实际问题,培养学生的职业道德、创新精神和实践能力。

　　本书在内容上,不仅保证知识的系统性和完整性,更注重理论的实用性和技能的可操作性。在结构体系上,针对职业教育的特点,按照企业实际工作情境,分成若干项目来编写。在表述形式上,为了便于学生理解和掌握,插入部分图片,使图片与叙述紧密结合,突出了操作技能的特点。

　　全书编写分工:绪论、项目一中任务一、二、三由于海杰编写;项目一中任务四、五、六、七、八由李国庆编写;项目二由郭淼编写;项目三由曹德玉编写;项目四由于秀丽编写;项目五、项目六、项目十由陈晓宇编写;项目七、项目八由姚微编写;项目九由吴艳秋编写。全书由于海杰负责统稿。

　　本教材由河南农业职业学院钱志伟教授、黑龙江农业职业技术学院姚文秋教授主审。在编写过程中得到兄弟院校、企业、同行的大力支持和帮助,在此一并致谢。本书在编写过程中参考了相关的文献资料,在此向有关专家及作者表示衷心的感谢。

　　由于时间仓促,编者水平有限,本教材难免存在疏漏,希望读者多提宝贵意见。

编　者

2015 年 2 月

# 目　录

# 绪　论

## 一、焙烤食品的概念

焙烤(bake,bakery)习惯上称为烘烤、烘焙、烧烤,包括烤、烧、烙等,又有英文音译之意。我国古书上常见有"焙"字,是把物品放在器皿内,用微火在下面烘烤,有与火直接或间接接触之意。"烤"有与火接触之意、又有离开火源辐射之意。故"焙"与"烤"是相辅相成、密不可分的,因此,统称为焙烤。

焙烤食品是以小麦粉为主要原料,在加工过程的最后工序是采用焙烤工艺进行定型和熟制的一大类产品,即将生的面坯经醒发后放在烤箱或烤炉中,经过一定温度和时间焙烤而熟制的产品的总称。主要包括面包、饼干、蛋糕、月饼及各类点心等。

目前,随着焙烤食品品种的更新及新产品的开发,人们习惯上把使用原料、加工原理相似,熟制方法采用油炸、蒸制等加工的产品,也称为焙烤食品。焙烤食品还包括我国许多传统大众食品,如烙饼、锅盔、馅饼等。

焙烤食品一般都具有下列特点:

(1)所有的焙烤食品均以谷物(主要为小麦粉)为基础原料。

(2)大多数焙烤食品以油、糖、蛋、乳(或其中1～2种)为主要原料。

(3)所有焙烤食品的成熟或定型均采用焙烤、油炸、蒸制(或其中1～2种)等工艺。

(4)大多数焙烤食品都使用化学(或生物)膨松剂来膨松制品的结构。

(5)焙烤食品应是不需经过调理就能直接食用的方便食品。

(6)所有的焙烤食品均为固体食品。

## 二、焙烤食品的起源与发展

1854年欧洲学者在瑞士一个干涸的湖底发现了面包化石,据推测距今8 000～10 000年。这种面包是一种点心面包,用石头先将谷物粉碎,加入水捏合,添加果料、亚麻籽、芥子等拼成3 cm左右的饼,然后焙烤制成,这种面包化石现在收藏在瑞士国家博物馆。

在埃及的金字塔中发现了距今约7 000年的16种点心面包及其制作工具,这种点心面包的主要原料不是大麦或小麦,使用的是一种特殊的谷物添加香料制成。公元6 000年前,埃及人将小麦粉加水和马铃薯、盐拌在一起,放在温度高的地方,利用空气中的野生酵母来发酵;等面团发酵好后,再掺上面粉揉成面团放入泥土做成的土窑中烤。但那时人们只知道发酵方法而不懂得发酵原理,直到17世纪后才发现了酵母发酵原理,同时也改善了古老的发酵法。

公元前8世纪,埃及人将发酵技术传到地中海沿岸的巴勒斯坦。发酵面包在公元前600

年传到希腊,而后希腊人成了制作面包的能手。希腊人不仅在烤炉方面进行了改进,而且在面包制作上更懂得将牛奶、奶油、奶酪、蜂蜜加入面包内,使面包的品质得以提高。后来面包制作技术又传到了罗马。罗马人进一步改进了制作面包的方法,将烤炉建设得更大,而且在面包烤制时不需要将炉火扑灭,此种烤炉燃烧部分在中央,火的四周筑成隔层,面包进、出炉需要用长柄木板操作,所烤的面包特别香。随后,罗马人将面包制作技术传到匈牙利、英国、德国等欧洲各地。18世纪末,欧洲的工业革命使大批家庭主妇离开家庭纷纷走进工厂,从此面包工业逐渐兴起,制作面包的机械也开始出现,1870年发明了调粉机,1880年发明了面包整形机,1888年出现了面包自动烤炉,1890年出现了面团分块机,机械化的出现使面包生产得到了飞跃发展。1950年出现了面包连续制作法的新工艺。20世纪70年代以后,出现了冷冻面团新工艺。

在明朝万历年间,由意大利传教士利马窦和明末清初德国传教士汤若望在传教过程中,将面包制作技术传入我国的东南沿海城市广州、上海、青岛、天津等地,随后陆续传入我国内地。在1867年沙俄修建东清铁路时,又将面包制作技术传入我国东北。至今在我国东北哈尔滨、长春、沈阳等地还有许多传统的俄式风味面包。

我国糕点制作历史悠久,起源于古代商周时期,相传商周开国国相伊尹,知食善味,会做许多精美糕点,被后人称为"烹饪鼻祖"。我国糕点食品的记载最早于先秦古籍《周礼天官》,其中说到"笾人羞笾之实,糗饵粉粢"。这类食品是用米和面制成的。我国历代的名特糕点很多,如先秦的饼饵、宋代的黄糕、南北朝的烤炉饼、明清的月饼、寿糕、年糕、桃酥、萨其马等。元朝时,意大利的马可波罗把西餐点心传入中国,在中国的糕点业出现了西式糕点。糕点在宋朝时期已发展成商品,元、明、清得到继承和发展,清代的糕点作坊已遍及城乡。新中国成立后,在传统技艺的基础上,对糕点技术不断总结、交流和创造。新的原辅料的开发,制作设备的研制使用,使我国的糕点行业从手工操作发展到机械化生产。

西点发源于欧洲,在英国、法国、西班牙、德国、意大利、奥地利、俄罗斯等国家已有相当长的历史,并在发展中取得了显著的成就。据史料记载,古代埃及、希腊和罗马已经开始了蛋糕的制作。古罗马人制作了最早的奶酪蛋糕。迄今,最好的奶酪蛋糕仍然出自意大利。据记载,公元前4世纪,罗马成立有专门的烘焙协会。初具现代风格的西式糕点大约出现在欧洲文艺复兴时期。西点制作不仅革新了早期的方法,而且品种也不断增加。焙烤已成为相当独立的行业,进入了一个新的繁荣时期。18~19世纪,在近代自然科学和工业革命的影响下,西点烘焙业发展到一个崭新阶段。一方面,贵族豪华奢侈的生活反映到西点,特别是装饰大蛋糕的制作上;另一方面,西点也朝着个性化、多样性的方向发展,品种更加丰富多彩。同时,西点开始从手工操作式生产步入到现代化的机械工业生产,并逐渐形成了一个成熟的体系。当前,焙烤业在欧美十分发达,是西方食品工业的主要支柱之一。西点的制作技术20世纪初传入中国,西点进入我国后,随着社会的经济发展,逐渐进入社会。近年来烘焙食品发展很快,与我国的经济增长密不可分,特别是发达地区,各种各样的西点房如雨后春笋,西点已成为烘焙业的重要组成部分。

饼干,最早原指经两次烘制的面包,也指远自欧洲中世纪以来为船员制作的干面包片(船用饼干)。1605年有资料记载层叠类糕点,将黄油放在擀制的面团片之间;华夫卷,就是在配方中加入足够的糖,使华夫在烘烤后从铁板上卷起。大约在1849年,调粉机和新型的切割成型机有了很大的发展。第一台辊印成型机发明于1890年。Alexander Grant 于1892年生产了助消化饼干。1898年,当时世界上最大的饼干制造商 Huntley 和 Palmer 生产大约400种饼干。20世纪50年代之前隧道炉都是比较短的,输送带为链条,烤盘放在上面,当它们从烤炉中出来时再取下,后来由于有了很长的轧制钢材,引进了连续输送带,各种形式的网带也用来生产一定类型的产品。

早期机械化期间,酥性面团使用三辊轧形成面带,然后用或不用切割成型设备按一般方法切成饼干坯,并在表面印上很深的浮雕图案,到了大约1930年采用紧凑高效辊印成型机。1903年生产了最早的巧克力涂层饼干。糖霜饼干和奶油夹心的加工约在20世纪初开始机械化了。饼干在早期用桶或白铁罐包装。食品店再将其分装在纸袋里,20世纪30年代发明了包装用玻璃纸,它可以热封,与蜡纸相比其防水性能好得多。1964年,开始使用聚丙烯薄膜。

我国焙烤食品出现较早,但发展速度较缓慢,其真正形成规模生产和机械化生产的速度则更慢,1949年新中国成立之前,全国只有几个较大的中心城市有一定的生产规模,而且主要是手工生产,大多没有正规的生产车间和发酵室,从面团的调制、发酵、醒发到烘烤,都挤在简陋的房子里,生产条件极为落后。新中国成立后,国民经济迅速恢复,食品工业和焙烤工业有了较大发展,但发展还很不平衡,面包的生产也很不普及,主要集中在大中城市,农村和乡镇几乎很少。改革开放以来,我国的焙烤食品行业得到了较快发展,产品的门类、花色品种、数量品质、包装装潢以及生产工艺和装备都有了显著的提高。随着改革开放的深入,不断地从发达国家引进先进的技术和添加剂,从而较大地改善了我国焙烤业的生产条件和食品质量,也极大地促进了我国焙烤业的发展,大大提高了焙烤食品的生产能力。北京、上海、广州、长春、大连等大中城市还先后从日本、意大利、法国等国家引进了自动化面包生产线和饼干生产线。新的生产设备不断地进入落后的生产领域,使手工生产方式向着半自动化方向发展。各地的生产技术和产品特色得到了广泛的交流,长期形成的南、北方不同的饮食习惯相互融合;南式点心的北传,北方面食的南移,使南北点心市场的品种大大地丰富,出现了大量的中西风味结合,南北风味结合,古今风味结合,以及许多胜似工艺品的精细点心新品种。在饮食供应的方式上,从担挑的小吃、沿街叫卖的早点、茶楼的小食、简易的面食铺子,发展成具有一定规模的食品铺店,同时也成为大中型饭店、酒家和酒席筵席上的必备食品。专门的点心宴会和高、中、低各种档次点心筵席也适时应市,以适应人们不断提高的新的饮食要求。

焙烤食品加工业在食品工业中占有一定的重要地位,其产品直接面向市场,直观反映人民饮食文化水平及生活水平的高低。我国自改革开放以来,焙烤食品行业得到了较快的发展,产品的门类,花色品种,数量质量,包装装潢以及生产工艺和装备,都有了显著的提高。尤其近几年来,外国企业来华投资猛增,都看好中国市场,合资、独资发展迅速。如饼干、巧克力、方便面、面包、冰淇淋等行业,都有逐步增强的势头。

目前我国的焙烤食品行业基本形成了独资、合资、国有、民营、私企等多种形式并存的经营体制。从目前看,国内市场大体可以说是三分天下,三资企业占领高档市场,国有企业居中档,乡镇企业、私营企业占领低档市场;从发展趋势看,还有逐步增强的势头,各类焙烤产品均有其销售市场和消费群体。随着中国经济的进一步发展,消费者对焙烤食品的需求也日益呈现出高品位,高质量的要求,这对焙烤行业的企业提出了更高的要求。许多焙烤食品企业通过了诸如QS、ISO和HACCP等专业标准体系的认证,产品包装形式更加新颖,品牌意识不断增强,重视对品牌及产品的广告宣传、市场开发和培育。

全球金融形势紧张,导致各国企业纷纷瞄准我国国内市场,国内烘焙业不可避免地受到冲击。海外企业在资本、技术、管理等方面的优势,将进一步加剧烘焙市场的竞争。据中国商业联合会统计,2008年的市场中仅有部分知名品牌企业产销量上升,增幅在6％以上,月饼市场销售额也仅有125亿元左右,而整个烘焙行业呈现出市场销售平淡、销售高峰期缩短等特点。在原材料涨价、能源价格居高不下、全球经济前景不明朗的大背景下,国内烘焙业未来发展形势更加严峻。同时由于受经济危机的影响,人们的消费观念开始转变,更趋于理性。

随着经济的快速发展,城市化进程的加快以及全面小康社会与新农村建设的不断深入,人民的生活节奏将不断加快,生活水平将显著提高,生活方式和消费结构的改变,以及国家对烘焙食品工业的高度重视,包括西部大开发、振兴东北地区、促进中部崛起、建设社会主义新农村等重要战略和举措,这将给我国焙烤行业的进一步发展带来挑战和机遇。而消费将倾向于名牌和高质量的中高档产品,市场中高档产品容量不断增长,焙烤食品将以其易于携带、方便快捷、时尚等特点越来越被消费者青睐。虽然目前我国焙烤食品行业绝大部分还是小型企业,这些企业虽然单一、规模小,但总体上仍占有一定的比例。因此国内企业必须在产品的生产工艺、设备、技术、管理等方面提高水平,以供给人们高质量的、高品位的、传统的和现代的焙烤食品,才能在竞争的环境中生存和发展。

### 三、焙烤食品加工业存在的问题及对策

#### 1. 焙烤食品在人们的日常生活中尚未占有应有的地位

面包等焙烤食品在国民经济中还没有发挥应有的作用,还没有对广大人民的饮食生活现代化产生巨大的影响,不管是加工技术、成品质量,还是生产规模、花色品种,都还有大量工作要做。例如:面包在欧美许多国家都是人们的主食,其工业化、自动化的发展,对减轻人们的家务劳动,使食品方便化、合理化,以及节约能源、解放生产力起了巨大的推动作用。欧、美等国18世纪的工业革命和第二次世界大战后的经济发展,都伴随着面包生产的革命性进步。就连祖祖辈辈以大米为主食的日本,面包类食品的消费也是惊人的。可是我国的面包还只是停留在糕点、小吃的消费层面上,属于高档消费食品,因此,对广大人民的日常饮食生活影响不大,还远未达到改善人民饮食结构,使我国饮食向工业化、现代化发展的地步。

#### 2. 对我国的传统焙烤食品研究不够

要使焙烤食品在我国有较大的发展,不但要学习和引进国外的焙烤食品加工技术,更要研究适合我国国情的焙烤食品。我国有许多传统的焙烤食品,除了花样繁多的点心类外,与人民生活关系最密切的,主要是烙饼、火烧、锅盔等,这些食品大多原料简单、经济实惠、具有风味,深受我国消费者的欢迎。然而,由于我国对这些焙烤食品重视不够,不仅加工技术一直处于手工生产的落后状态,而且一些品种在农村以外的城市已不多见。大众的焙烤食品不能向工业化发展,而向高级化发展的现状是我国焙烤食品工业发展缓慢的原因之一。国外的面包技术并非是作为糕点发展起来的,而是作为他们的主食而被研究和发展的,因而具有广大的市场和发展潜力。

#### 3. 焙烤食品产业发展的布局不平衡

部分地区区域优势未能得到充分发挥,中西部与东部发展水平仍存在较大的差距;我国相比国际先进的焙烤食品领域,虽然行业逐渐向中高档领域升级,但各项指标仍然处于较低水平,技术更新缓慢,管理人才缺乏,食品硬件设备的独立研发能力与产品的更新换代等方面仍然比较薄弱;我国传统的焙烤食品发展的力度不够,造成其传统的特色焙烤食品、焙烤技艺流失;从行业远景方面看,迅速增长的焙烤行业面临人才瓶颈的压力越来越大。建立健全人才职

业化培训教育体系,提高我国焙烤培训教育水平等问题亟须解决。

4. 焙烤食品业竞争极端残酷

近年来,国内外品牌的竞争异常激烈,国外大品牌和港台地区的知名实力企业强势进入,它们不断提高产品质量,加快新产品的研发,加大推销力度,抢占我国焙烤食品市场份额。随着市场准入制度的实施,焙烤食品行业进入的"门槛"提高,我国焙烤市场竞争逐步由"价格战"的恶性竞争,步入以产品质量和产品研发为核心的良性竞争轨道,中高端市场成为争夺焦点。随着消费者收入的增加和品牌意识的增强,一些品质低、缺乏特色的企业会逐渐退出市场。

5. 焙烤食品行业专业化、标准化不够

随着我国行业标准的不断出台和实施,部分企业在行业标准的基础上制定了更严格的原料、生产工艺、产品检验等一系列标准,来保证产品的高质量,焙烤食品企业的生产必须走上专业化、标准化道路。

6. 焙烤食品趋于同质化

很多焙烤食品在种类、配料、口味以及包装等方面都趋于同质化。种类方面,我国焙烤食品市场的创新速度比较缓慢,市场上的焙烤食品大多数以蛋糕、面包、小西点为主,辅以月饼、水果木司等时令产品,缺乏根据不同消费者的体质、年龄,不同地域特征而设计的产品;配料方面,大部分焙烤食品都是以面粉、白糖、鸡蛋、油脂等为主要原料,配料的单调造成营养成分单一,焙烤食品远没有实现营养的均衡化和制作的精细化;口味方面,市场上 2/3 以上的焙烤食品是甜味,仅有不到 1/3 的产品是原味和咸味;包装方面,我国焙烤食品的包装大多以塑料袋、纸袋为主,包装缺乏文化内涵和设计特色。另外,产品口味和宣传概念都趋于西化,没有结合中国本土特色,也没能融入中国特有的文化。

## 四、国内外焙烤食品加工的发展动态

随着改革开放的深入,人民生活水平不断提高,对生活质量的追求有了更高的要求,因而饮食结构也有了较大的变化。人们已不满足于传统的糕点,而要求有新的品种来丰富他们的生活。因此,烘焙食品在国内的生产和市场销售方面呈现出前所未有的繁荣景象,但与国外发达国家相比,仍然有较大的差距。

目前,欧美国家以现代食品科学技术为基础,拥有相当发达的烘焙食品业。由于烘焙食品在西方国家具有重要地位,因此国外围绕这一领域在基础理论和应用方面进行了广泛深入的研究,取得丰硕成果。

我国在焙烤食品工业领域不断探索,借鉴国外的先进技术,引进其先进设备,从根本上找差距,取得了长足的进步和发展。目前,许多现代科学技术已大量应用于焙烤食品的生产实践中,使烘焙食品工业发生了根本性变化。

1. 原辅材料逐渐规格化、专业化,其质量不断提高

面粉是焙烤食品的主要原料,不同焙烤食品对面粉的要求也不相同,我国现已生产不同规格的专用粉,如面包专用粉(蛋白质含量为 11%~13%)、饼干专用粉(蛋白质含量为 8%~10%)、蛋糕专用粉(蛋白质含量为 8% 以下),特别在广东、上海、北京等地焙烤食品工厂已使用进口专用粉。抓产品质量就应该从基础原料抓起。我国政府大力提倡改善粮食品种结构,鼓励农民生产优质粮食,这也为生产专用粉创造了条件。

酵母是发酵类焙烤食品的主要原料之一,我国使用的酵母有鲜酵母和活性干酵母,这些酵

母发酵能力强、后劲足,面包质量风味好,为提高面包的质量创造了条件。人造奶油与起酥油已开始规模化生产,并供应市场。乳化剂、面团改良剂、复合膨松剂、增稠剂、香精、香料、防腐剂、发泡剂、甜味剂的改善和质量的提高,对改善焙烤食品品质,增加保鲜期作用显著。由于原材料品种的增多,品质的提高,使我国焙烤食品的质量上了档次,缩小了与发达国家的差距。

2. 生产工艺的改进和技术的日臻成熟

焙烤食品生产由手工、半机械化向全自动化的转变,使陈旧的工艺得到了更新和改进,许多国际上先进的工艺已被采用。面包的一次性发酵法、二次发酵法;饼干的热粉韧性操作法、冷粉酥性操作法;华夫饼干、水泡饼干的生产技术已在上海、广东等地采用。国外面包生产上的冷冻面团法、过夜面团法、快速发酵法、低温发酵法、两次搅拌一次发酵法;饼干生产上的半发酵工艺、面团辊切冲印成型工艺;蛋糕生产的一次搅拌、蛋清和蛋黄分打法等新技术,为我国焙烤食品质量上档次起到了重要的作用。同时引进国外先进的生产设备,如丹麦面包生产线、吐司面包生产线等,都为我国焙烤行业快速发展做出了突出的贡献。

3. 行业管理体系不断加强,产品标准不断改善

焙烤食品工业的不断发展,促进了本行业的管理及科技水平的提高,各地科研部门成立了焙烤食品研究机构,许多焙烤食品的项目列入国家重点课题,许多本科、高职院校开设焙烤食品加工技术课程。有些学校专门开设培训班培训技术人员,推广焙烤技术,这些对我国焙烤行业的发展是十分有利的。

我国焙烤食品糖制品工业协会于 1995 年 6 月成立,使全国轻工、商业、农业、供销系统的焙烤食品行业管理人员、教育人员、科技人员集合在一起,进行行业交流、新技术推广,这使得焙烤食品行业得到了发展。该协会制定了焙烤食品行业技术标准,使得焙烤食品技术标准化、规范化。

我国焙烤食品今后的发展方向应根据本行业的实际情况,因地制宜,因产品特性确定发展方向和规模,以适应市场经济的需要,满足人们生活水平不断增长的要求。就规模而言,面包行业、糕点行业和一些休闲食品行业应走前店后厂之路,以新鲜可口、味美色香吸引消费者,这是我国大、中城市焙烤食品行业正走的路。而饼干的生产正由中小企业向大企业迈进,更新了设备,引进生产线,使饼干等产品提高档次。

4. 焙烤食品功能化

由于高糖、高脂膳食对人们健康有害,功能性焙烤食品已在欧美国家兴起,低糖、低脂及无添加剂的焙烤食品受到欢迎,如玉米面包、荞麦面包可以适合糖尿病人食用;添加了低聚糖和糖醇的焙烤食品适合糖尿病、肥胖症和高血压等患者食用;添加植物纤维素如大豆蛋白粉、血粉、麦麸、燕麦粉、花粉等的焙烤食品可预防便秘和肠癌。

5. 焙烤食品行业经营模式的改进

成熟的焙烤市场离不开分工合作,所谓分工,就是将一些操作麻烦以及自己无法做好的产品,由专业工厂加工并经过复合配比以后交给加工企业。如汉堡包都是由专业工厂代为加工的。相当多的专业工厂分别加工不同的原料和产品,形成了专用而又丰富的烘焙原辅料,最终构成了烘焙行业。由专业工厂制作各种原辅料既可以达到较好的效果,又可以省去很多人工和时间。同时,各种馅料、冷冻面团和预拌粉也将被大量采用。可以预测,烘焙行业特别是烘焙原料将会出现更为细致的工作。

6. 烘焙食品行业的从业人员逐步专业化

从目前我国焙烤行业从业人员学历结构来看,受过中等正规焙烤专业教育的不多,受过高等正规烘焙专业教育的非常少。绝大部分都是从学徒开始,跟着师傅干活,久而久之成了熟练工。因此,我国焙烤行业从业人员多是只有经验,没有理论,这使得从业人员不能很好地检验原料优劣、稳定产品质量、采用新工艺技术。随着行业竞争的加剧,产品和技术不断地推陈出新,焙烤行业中人才问题日益突出,他们既缺乏理论基础知识,又缺乏先进经验,同时不具备管理和解决复杂技术问题的能力,势必影响焙烤行业的发展进程。现在有一些高职院校开始招收焙烤专业的人员,不久的将来,现代焙烤行业中高级技术人才一定能带动焙烤行业的高速发展。

我国焙烤食品今后的发展应根据各地的实际情况,因地制宜,因产品性能确定发展的方向和规模,以适应市场经济的需要,满足人们生活水平不断增长的需求。

# 项目一 焙烤食品原辅料

【知识目标】
(1)掌握小麦粉的化学成分及对品质的影响。
(2)掌握常用原料的特性及在焙烤食品中的作用。
(3)了解焙烤食品中其他辅料。
(4)了解面筋含量对焙烤制品的加工意义。
(5)掌握面粉品质的鉴定方法,理解面粉的工艺性能。

【技能目标】
(1)掌握焙烤食品加工中各原辅料的预处理技术。
(2)会测定小麦粉中湿面筋的含量。
(3)能根据工艺性能选用合适的原料面粉。
(4)能对面粉的外观性质和工艺品质进行鉴定。
(5)能根据粉质拉伸仪的测定结果判断面粉的工艺性能。

## 任务一 小麦粉

### 一、小麦粉的化学成分

小麦粉,又称面粉。它是小麦经过小麦制粉工艺处理后制得的。小麦制粉的任务就是要尽量多地去除皮层、胚芽,并尽可能多地得到胚乳,将其粉碎至所要求的细度。

小麦粉主要化学成分有水分、蛋白质、脂肪、糖等,此外,还含有少量的维生素和酶类等。其化学成分随小麦品种和加工精度的不同而有一定的差异。

#### (一)水分

我国小麦的含水量一般为 10%～13.5%。小麦入磨前必须润水,使它含有适量的水分,这主要是为了改善小麦的制粉加工性能,制成符合标准的面粉。如小麦水分过高,胚乳与麸皮难以分离,增加了麸皮磨除的动力消耗,筛粉工序难以进行,出粉率降低;如水分含量过低,胚乳坚硬,不易磨碎,麸皮发脆,容易破碎,造成面粉粒度粗,粉中含麸皮量增加,影响面粉质量。入磨小麦水分的多少,应视小麦品种、工艺条件及对面粉水分的要求而定,一般情况下要求入磨小麦的水分含量为 13.5%～14.5%。

国家标准规定特制一等粉和特制二等粉的含水量均不超过 14%,标准粉和普通粉不超过 13.5%,这主要是从小麦粉的生产工艺和贮藏中的安全角度考虑的。小麦粉水分含量过高易引起酶活性增强和微生物污染,导致小麦粉发热变酸,缩短小麦粉的保存期限,同时使焙烤食品产率下降。

### (二)蛋白质

小麦中的蛋白质主要有麦胶蛋白(又称麸蛋白)约占蛋白质 33.2%、麦谷蛋白占 13.6%、麦白蛋白(又称清蛋白类)占 11.1%、球蛋白占 3.4%等四种,其余还有低分子蛋白和残渣蛋白(以上含量比例以加拿大产硬质红小麦测定为例)。麦谷蛋白和麦胶蛋白均不溶于水,但对水有较强的亲和作用,遇水后,吸水膨胀,形成面筋网络,这两种蛋白称为面筋蛋白。麦清蛋白和麦球蛋白能溶于水,不参与面筋的形成,称为非面筋性蛋白。

在各种谷物中,只有小麦粉中的蛋白质能吸水形成面筋。面筋蛋白是小麦蛋白质最主要的成分,能使面粉形成具有弹性及伸展性的面团。面粉加入适量的水揉搓成一块面团后,泡在水里 30～60 min,用清水将淀粉及可溶性成分洗去,剩下的富有弹性的物质,称为湿面筋。去掉水分的面筋称为干面筋。

小麦粉中蛋白质,特别是面筋蛋白的含量高低,不仅决定了小麦粉的营养价值,而且对小麦粉的工艺特性及用途有重要影响。

### (三)碳水化合物

小麦粉中的碳水化合物占小麦粉组成的 75%左右,主要包括淀粉、可溶性糖和纤维素等。

**1. 淀粉**

在小麦粉所含的碳水化合物中,淀粉约占 90%以上。其中直链淀粉占 24%,支链淀粉占 76%。直链淀粉易溶于温水,几乎没有黏性,而支链淀粉只有在加热、加压的条件下才能溶于水,且容易形成黏糊。因此,小麦粉具有很大的黏性。

淀粉的吸水能力在常温下(30℃)仅为 30%左右,当它与水混合,共同加热到约 60℃时,便会大量吸水膨胀,体积增大到几倍甚至几十倍,直至淀粉粒破裂,生成黏稠的糊状物,这一过程被称为淀粉的糊化。

在面包烘烤过程中,大量水分从面筋中转移到淀粉中,面筋因失水而凝固,构成了面包的骨架;淀粉吸水糊化后,充满在面筋骨架中,淀粉充分糊化后,面包就烤熟了。

烤熟的面包在常温下放置数日后会变得僵硬、掉屑,并失去原有的风味,这种现象称为面包的老化,它是由淀粉回生引起的。糊化淀粉经过长时间低温静置后,其散乱无序的淀粉分子又重新排列成有序的晶体结构,并由氢键结合成束状结构,形成难以消化的生淀粉,这一过程称为淀粉的回生。

**2. 可溶性糖**

小麦粉含有 1%～1.5%的可溶性糖,包括单糖和双糖,这些糖能为酵母提供能量,增强小麦粉的产气能力。

**3. 纤维素**

小麦粉纤维素含量一般不足 1%,主要存在于麸皮中。从营养学角度来说,纤维素对人体健康是有好处的,例如有利于肠胃蠕动,促进其他营养素的吸收,对预防心血管疾病、结肠癌等有一定效果。但从烘焙工艺角度来说,纤维素会降低面团持气性,减小面包体积,影响产品色泽和口感等。在生产面包时,有时会把麸皮作为营养强化剂添加到小麦粉中,来提高面包的营养价值。

### (四)脂肪

小麦中脂肪的含量很少,一般为 $1\%\sim2\%$,主要存在于小麦粒的胚及糊粉层中,多由不饱和脂肪酸组成。由于小麦胚中脂肪酶的活力很高,与脂类反应而使之酸败变味,通过测定小麦粉的酸度或碘价来判断小麦粉的新鲜程度。为了避免小麦粉在贮藏中因脂类酸败而影响品质,在制粉时应尽可能除去脂质含量高的胚和麸皮。

### (五)酶

存在于小麦粉中的酶主要有淀粉酶和蛋白酶。

#### 1. 淀粉酶

小麦粉中含有两种非常重要的酶:$\alpha$-淀粉酶和 $\beta$-淀粉酶。这两种酶可以使一部分淀粉水解为麦芽糖,为酵母发酵提供能量。但 $\beta$-淀粉酶对热不稳定,易受热破坏,所以它主要作用于面包生产的前期发酵、中间醒发和最后醒发等入炉烘烤前的阶段。$\alpha$-淀粉酶对热稳定,在 $70\sim75℃$ 仍能进行水解作用,且在一定温度范围内,温度越高水解作用越快。所以在面包烘烤阶段,$\alpha$-淀粉酶在烤炉内的作用对于面包品质的改善有很大的帮助。

正常的面粉内含有一定量的 $\beta$-淀粉酶,而 $\alpha$-淀粉酶含量极少,因 $\alpha$-淀粉酶只有在小麦发芽时才产生。为了弥补这一缺点,可以在面粉中添加 $\alpha$-淀粉酶制剂或麦芽粉。但淀粉酶活性过大,也会有不好的影响,因为它会使大量的淀粉链肢解断裂,使面团力量变弱、发黏,这也是受潮发芽的小麦粉难以加工的原因。

#### 2. 蛋白酶

小麦粉中的蛋白酶含量极少,且通常处于抑制状态。但若有巯基(硫氢基,—SH)化合物存在,如半胱氨酸、谷胱甘肽等,就会使它活化。活化后的蛋白酶能够使面筋蛋白质水解,使面团软化,降低面筋强度,缩短和面时间。

### (六)灰分

灰分是小麦籽粒经燃烧后剩下的无机物质,我国小麦的灰分含量一般为 $1.5\%\sim2.2\%$。麦粒中的灰分主要存在于糊粉层中,在胚芽、胚乳中较少,表皮、种皮中更少。小麦制粉的目的就是实现皮层、胚、胚乳最大限度的分离,所以面粉中灰分随出粉率的高低而变化。面粉加工精度高,出粉率低,灰分含量低;加工精度低,出粉率高,灰分含量高,粉色差。

### (七)维生素

小麦中的维生素,以维生素 $B(B_1、B_2、B_5)$ 及维生素 E 的含量较高,维生素 A 的含量较少,缺乏维生素 C,几乎不含维生素 D。大部分维生素存在于麸皮和胚芽中,因此,越是精白面粉,维生素含量越少。由于维生素的不完全性及焙烤食品均需经过高温烘烤,有些产品还加碱,致使小麦粉中的维生素损失殆尽,为了弥补面粉中维生素的不足,常在面粉中添加一定量的维生素,以强化面粉的营养。

## 二、小麦及小麦粉中化学成分对小麦品质的影响

小麦品质是由多种因素综合构成的,目前小麦品质范围包括物理品质、营养品质和加工品质。通常所指的小麦品质主要包括营养品质和加工品质两个方面。营养品质包括小麦中蛋白质的质和量、淀粉和糖类、脂类、矿物质等;而加工品质又分为磨粉品质和食品加工品质。

磨粉品质是指将小麦加工成面粉过程中,加工机械和工艺流程对小麦籽粒物理学特性的要求。普通小麦的磨粉品质要求出粉率高,籽粒大而整齐,饱满度好,皮薄,胚乳质地较硬等。食品加工品质又分为烘烤品质和蒸煮品质。就烘烤品质而言,制作面包多选用蛋白质含量较高,面筋弹性好、筋力强,吸水率高的小麦及面粉;烘烤饼干、糕点的小麦粉应选用软质小麦制粉,要求面粉的蛋白质含量低,面筋弱,灰分少,粉色白,吸水率低,黏性较大。

小麦籽粒中蛋白质的含量与质量、淀粉特性等是决定小麦品质的重要指标,与小麦的营养品质和加工品质密切相关。

**(一)蛋白质对小麦品质的影响**

小麦籽粒主要由淀粉、脂类、蛋白质、灰分和水分等物质组成,其中小麦粉中的蛋白质主要来自胚乳。小麦胚乳中蛋白质的含量为7%～15%,尽管含量较低,但它的含量和品质不仅决定小麦的营养价值,而且还是构成面筋的主要成分,面团中面筋的质与量对制品有很大的影响。如果小麦粉中的面筋含量少而且筋力小,则制成的面包起发度小,面包坯容易发生"塌架"。在生产饼干和糕点时,如果小麦粉中面筋含量过高,饼干坯容易收缩变形,同时造成成品不松脆等现象,因此小麦粉中蛋白质与面粉的焙烤性有着极为密切的关系,是评价小麦品质的重要指标之一。

**1. 小麦蛋白质含量与烘焙品质的关系**

优良的烘焙品质要求有一定量的蛋白质含量作为基础。如果小麦粉蛋白质含量低,有利于制作饼干和糕点类食品,如果用于制作面包,品质则很差。反之,蛋白质含量高的小麦粉适合面包的烤制,而不适于饼干和糕点的制作。

**2. 小麦蛋白质质量与烘焙品质的关系**

研究证明,高度聚合的清蛋白的含量与干面筋、面包体积、面包评分有明显的负相关性;同时可溶性蛋白质与极性脂质有很高的亲和性,这可能影响面包的体积。

麦醇溶蛋白相对分子质量较小,是小麦蛋白质的主要成分,占蛋白质总量的40%～69%,富含谷氨酸。麦醇溶蛋白大多由非极性氨基酸组成,富于黏性,主要为面团提供延展性,但抗延伸性很小。从微观角度讲,麦醇溶蛋白可分为数百种,但主要是 $\alpha$-、$\beta$-、$\gamma$-、$\omega$-型。$\alpha$-、$\gamma$-醇溶蛋白可形成分子内二硫键,但不能形成分子间二硫键。$\omega$-醇溶蛋白不存在半胱氨酸残基,不能形成二硫键,因此 $\omega$-醇溶蛋白的加入,会导致面团强度和延伸性下降,抗延伸性增强。

麦谷蛋白是一种相对分子质量高的蛋白质,靠分子内和分子间的二硫键连接,呈纤维状,氨基酸组成多为极性氨基酸,容易发生聚集作用。肽链间的二硫键和极性氨基酸是决定面团强度的主要因素,它赋予面团以弹性。麦谷蛋白的水合物具有很大的抗延伸性,无黏性,它必须与麦醇溶蛋白相互作用才能形成面筋特有的黏弹性。在面团中加入一定量的纯麦谷蛋白可以明显地提高面团的抗延伸性。

因为只有麦醇溶蛋白和麦谷蛋白可以黏聚在一起形成面筋,又称面筋蛋白,所以小麦粉可以做成面包。事实上,麦谷蛋白和麦醇溶蛋白以一定的比例结合时才能赋予面团特有的性质。醇溶蛋白含量高的面粉在面团发酵时持气能力好,但在焙烤时持气能力不好;麦谷蛋白含量高的面粉在面团发酵、烘烤时持气能力都不好,不同品种小麦所含的麦谷蛋白和醇溶蛋白的含量和比例不同,从而造成加工品质的差异。

**(二)淀粉和糖对小麦品质的影响**

糖在小麦粉中所占的比例虽然很小,但在面包、苏打饼干等焙烤食品的生产中,糖既是酵母的碳源,又是形成焙烤食品色、香、味的基质,因此具有一定的重要性。

小麦淀粉由直链淀粉和支链淀粉构成,前者由 50～300 个葡萄糖基构成,后者的葡萄糖基数量为 300～500 个。小麦淀粉中,直链淀粉占 19%～26%,支链淀粉占 74%～81%。直链淀粉易溶于热水中,生成的胶体溶液黏性不大且不易凝固;支链淀粉不溶于冷水,只有在加热、加压的条件下才溶于水中,生成的胶体溶液黏性很大。小麦面粉中,65%～70% 以上为淀粉,必然会对小麦粉品质产生巨大影响。小麦淀粉在面包烘烤中的变化可分为烘焙时的吸水糊化和烘烤后的回生。

完整的淀粉粒不溶于冷水,但能可逆的吸水并略微溶胀。当加热时,淀粉粒开始吸水膨胀,随着温度的升高,淀粉分子的振动加剧,分子之间的氢键断裂,有更多的位点可以和水分子发生氢键缔合。水渗入到淀粉颗粒中,导致淀粉分子结构的混乱度增大,继续加热,淀粉发生不可逆溶胀,形成半透明黏稠的胶体溶液,即淀粉糊。这一过程被称为淀粉的糊化。淀粉的糊化特性对面包焙烤品质有一定影响。

淀粉的回生是指淀粉糊冷藏或储藏时,淀粉分子通过氢键相互作用后再缔合产生沉淀或不溶解的现象,与面包的老化有密切的关系。由于直链淀粉更容易相互缔合,因此直链淀粉含量高的淀粉更容易凝沉。研究认为,面包老化主要是由直链淀粉引起的,而支链淀粉不易产生老化现象。面包老化后其口感、外观等商品价值均下降。因此防止面包老化是面包制作中一个很重要的问题。

淀粉是面团发酵期间酵母所需能量的主要来源。完整的淀粉粒最外层有一层胶膜,能保护内部免遭外界物质(如酶、水、酸等)的侵蚀或作用。胶膜破损的淀粉粒称为"破损淀粉"。

任何小麦粉都含有一定量的破损淀粉,它是小麦在磨粉的过程中,淀粉颗粒受到过度的研磨而破裂所造成的。小麦面粉含有一定量的破损淀粉,不仅可以增加吸水量,还可以大大缓和由于加水量的变化而引起面团黏稠度的剧烈变化。同时破损淀粉在酶或酸的作用下,可以水解为糊精、多糖、麦芽糖、葡萄糖等,有利于酵母发酵而产生 $CO_2$,使产品形成无数孔隙。不过破损淀粉含量也不宜过多,否则将会在一定程度上影响面筋的形成,还会降低面团的持气性能。更为严重的是,它会因淀粉酶的作用而产生过多的糊精,使面包心发黏。因此,破损淀粉不可没有,也不可过多。例如,美国规定面包粉的破损淀粉含量为 5%～8%。

### (三)脂类对小麦品质的影响

面粉中由于脂类的存在,易发生酸败而产生不良影响,因此在制粉过程中应尽量将脂肪去除。但面筋不是纯蛋白质,而是一种脂-蛋白质复合体。在参与形成面筋复合体的面筋脂中,非极性脂和极性脂约各占一半。有极性脂参与形成的面筋复合体不易解聚,能起到强化面筋,改善面筋网络持气性的作用。此外,面粉中的脂类能起到延缓焙烤制品老化的作用,这是由于脂类集中在淀粉粒表面,可以减少糊化淀粉间的接触;另一方面,脂类在糊化淀粉粒表面形成一层不溶性的直链淀粉-脂复合物薄膜,能阻止老化过程中面筋和淀粉间水分的转移,延缓老化。

### (四)酶类对小麦品质的影响

面粉中的酶类主要有淀粉酶、蛋白酶和脂肪酶、脂肪氧化酶、植酸酶等。其中淀粉酶和蛋白酶的活性对面粉的工艺品质影响最大。

#### 1. 淀粉酶

淀粉酶不仅能水解淀粉分子,且对淀粉的水解产物如糊精、低聚糖等也能进一步降解。按照作用方式的不同,谷物淀粉酶可分为 $\alpha$-淀粉酶、$\beta$-淀粉酶、葡萄糖淀粉酶和脱支酶四大类。谷物中存在的淀粉酶主要为 $\alpha$-淀粉酶和 $\beta$-淀粉酶。

$\alpha$-淀粉酶能水解淀粉分子内部的 $\alpha$-1,4 糖苷键,生成的产物构型为 $\alpha$-$D$ 型,故称 $\alpha$-淀粉酶。$\alpha$-淀粉酶几乎能随意的裂解 $\alpha$-1,4 糖苷键,使淀粉分子最初水解速度很快,淀粉分子很快断裂成较小的分子,淀粉胶体黏度变小,因而又称为液化酶。$\alpha$-淀粉酶对热较稳定,在 70～75℃时仍能进行水解作用,且在一定温度范围内,温度越高,水解作用越快。所以在面包烘烤阶段,当淀粉达到糊化温度仍能被水解成糊精。$\alpha$-淀粉酶在烤炉内的作用对于面包品质的改善有极大的帮助。

$\beta$-淀粉酶分解淀粉的速度极为缓慢,对完整的淀粉粒几乎不起作用,但它能加速分解由 $\alpha$-淀粉酶产生的糊精,得到麦芽糖,因而又称为糖化酶。$\alpha$-淀粉酶与 $\beta$-淀粉酶结合使用时,淀粉降解速度比各自单独作用时快得多,且反应彻底。$\beta$-淀粉酶对热不稳定,易受热破坏,故主要作用于面包生产的发酵、中间醒发和最后醒发等入炉前的阶段。

2. 蛋白酶

凡能水解蛋白质或多肽的酶都可称为蛋白酶。小麦中的蛋白酶含量极少,在小麦发芽时活力有所增加。小麦中的蛋白酶通常处于抑制状态,但如果有巯基化合物存在,例如半胱氨酸、谷胱甘肽等,就会使它活化。

面团搅拌、发酵过程中起主要作用的是蛋白酶,它的水解作用可降低面筋强度,缩短和面时间,使面筋易于完全扩展。当面筋筋力太高时,搅拌所需的时间就较长,因此在使用筋力过强的小麦粉制作面包时,可加入适量的蛋白酶制剂,以降低面筋的强度,从而有助于面筋完全扩展,缩短搅拌时间。但蛋白酶制剂的用量必须严格控制,否则面筋过度弱化,影响面包品质。

## 三、小麦粉的分类

### (一)我国面粉的种类和等级标准

我国生产的小麦粉可分为两大类,一类是通用小麦粉,另一类是专用小麦粉。通用小麦粉包括等级粉和标准粉;专用小麦粉中有面包粉、饼干粉、蛋糕粉等。在数量上,通用小麦粉占主导地位,专用小麦粉的比例还不高。

1. 通用小麦粉

根据中华人民共和国国家标准 GB 1355《小麦粉》的分类,小麦粉分成特制一等粉、特制二等粉、标准粉和普通粉 4 个等级,主要是按加工精度——灰分、色泽等的不同来划分(表 1-1)。

表 1-1 等级粉的质量指标

| 等级 | 加工精度 | 灰分(以干物质计)/% | 粗细度 | 湿面筋(以湿面筋计)/% | 含砂量/% | 磁性金属/(g/kg) | 水分/% | 脂肪酸值(以湿基计) | 气味口味 |
|---|---|---|---|---|---|---|---|---|---|
| 特制一等 | 按实物标准对照检验粉色麸量 | ≤0.70 | 全部通过 CB 36 号筛,留存在 CB 42 号筛的不超过 10.0% | ≥26.0 | ≤0.02 | ≤0.003 | 13.5±0.5 | ≤80 | 正常 |

续表1-1

| 等级 | 加工精度 | 灰分(以干物质计)/% | 粗细度 | 湿面筋(以湿面筋计)/% | 含砂量/% | 磁性金属/(g/kg) | 水分/% | 脂肪酸值(以湿基计) | 气味口味 |
|------|----------|------|--------|------|------|------|------|------|------|
| 特制二等 | | ≤0.85 | 全部通过CB 30号筛,留存在CB 36号筛的不超过10.0% | ≥25.0 | ≤0.02 | ≤0.003 | 13.5±0.5 | ≤80 | 正常 |
| 标准粉 | | ≤1.10 | 全部通过CQ 20号筛,留存在CB 30号筛的不超过20.0% | ≥24.0 | 0.02 | ≤0.003 | 13.5±0.5 | ≤80 | 正常 |
| 普通粉 | | ≤1.40 | 全部通过CQ 20号筛 | ≥22.0 | ≤0.02 | ≤0.003 | 13.5±0.5 | ≤80 | 正常 |

### 2. 专用小麦粉

我国在1998年颁布了专用小麦粉的国家行业标准,代号为SB/T 10186～10145—93。表1-2列出了各种专用粉的主要质量指标。

表1-2　我国各种专用小麦粉的主要质量指标

| 种类 | 等级 | 水分/% | 灰分(干基)/% | 粗细度 | 湿面筋/% | 粉质曲线稳定时间 | 降落数值/s |
|------|------|--------|------|--------|------|------|------|
| 面包用粉 | 精制粉 普通粉 | ≤14.5 | ≤0.60 ≤0.75 | 全部通过CB 30号筛,留存在CB 36号筛的不超过15.0% | ≥33.0 ≥30.0 | ≥10.0 ≥7.0 | 250～350 |
| 面条用粉 | 精制粉 普通粉 | ≤14.5 | ≤0.55 ≤0.70 | 全部通过CB 36号筛,留存在CB 42号筛的不超过10.0% | ≥28.0 ≥26.0 | ≥4.0 ≥3.0 | ≥200 |
| 馒头用粉 | 精制粉 普通粉 | ≤14.0 | ≤0.55 ≤0.70 | 全部通过CB 36号筛 | 25～30 25～30 | ≥3.0 ≥3.0 | ≥250 |
| 饺子用粉 | 精制粉 普通粉 | ≤14.5 | ≤0.55 ≤0.70 | 全部通过CB 36号筛,留存在CB 42号筛的不超过10.0% | 28～32 28～32 | ≥3.5 ≥3.5 | ≥250 |
| 酥性饼干用粉 | 精制粉 普通粉 | ≤14.0 | ≤0.55 ≤0.70 | 全部通过CB 36号筛,留存在CB 42号筛的不超过10.0% | 22～26 22～26 | ≤3.5 ≤2.5 | ≥150 |
| 发酵饼干用粉 | 精制粉 普通粉 | ≤14.0 | ≤0.50 ≤0.70 | 全部通过CB 36号筛,留存在CB 42号筛的不超过10.0% | 24～30 24～30 | ≤3.5 ≤3.5 | 250～350 |

续表1-2

| 种类 | 等级 | 水分 % | 灰分(干基) /% | 粗细度 | 湿面筋 /% | 粉质曲线 稳定时间 | 降落数值 /s |
|------|------|--------|---------------|--------|-----------|------------------|-------------|
| 蛋糕用粉 | 精制粉 普通粉 | ≤14.0 | ≤0.53 ≤0.65 | 全部通过CB 42号筛 | ≤22.0 ≤24.0 | ≤1.5 ≤2.0 | ≥250 |
| 糕点用粉 | 精制粉 普通粉 | ≤14.0 | ≤0.55 ≤0.70 | 全部通过 CB 36 号筛,留存在 CB 42 号筛的不超过 10.0% | ≤22.0 ≤24.0 | ≤1.5 ≤2.0 | ≥160 |

注:各种专用小麦粉的含砂量应≤0.02%;磁性金属物应≤0.003%;气味和口味应无异味。

**(二)国外面粉的种类和等级标准**

1. 日本面粉的种类和等级标准

日本是根据面粉的精度和用途来分类的。按面粉精度可分为特等粉、一等粉、二等粉、三等粉和末等粉。同时规定相应的粉色。

按面粉用途分类,主要是根据蛋白质、面筋的数量和质量分为强力粉、准强力粉、中力粉、薄力粉。

2. 美国面粉的种类和等级标准

在美国食品、药物法规中对面粉分类如下:一般面粉、强化面粉、添加溴酸钾面粉、溴酸钾强化面粉、自发面粉、强化自发面粉、磷酸盐面粉、全麦粉、溴酸盐全麦粉。

面粉的等级与出粉率高低有关。美国规定净麦出粉率为72%,其余28%是麸皮。把最纯的面粉(占面粉的40%～60%)提出来,就是特制一等粉;剩下的是特制二等粉。如将面粉的60%～80%提出来就是一等粉;剩下的是一号二等粉。如将面粉的80%～90%提出来就是中等一等粉;剩下的是二号二等粉。

**(三)预混粉**

预混粉也称预拌粉,按配方将某种焙烤食品所用的原辅料(除液体原辅料外)预先混合好的制品。在我国常见的预混粉有面包预混粉、糕点预混粉、蛋糕预混粉、冰皮月饼预混粉等。

预混粉通常有三大类别:基本预混粉、浓缩预混粉、通用预混粉。

使用预混粉具有以下优点:可使烘焙食品品质稳定;原料损耗少;节省劳动力和劳动时间;价格相对稳定;有利于车间卫生条件的改善;减少车间面积等。

## 四、小麦粉的熟化

新磨制的小麦粉,尤其是用新小麦磨制而成的小麦粉中,硫氢基含量较高,蛋白酶活力也较强,因此面团黏性大,缺乏弹性和韧性,筋力差。若使用这种面粉制做出的面包,往往体积小,组织结构粗糙不均匀,形状扁平,易坍塌收缩,颜色发暗,品质极差。如果经过一段时间贮存,由于空气中氧气的氧化作用,硫氢基就会生成二硫基,会增强小麦粉中的面筋筋力,烘焙性能也会有所改善,这一过程称为面粉的熟化。小麦粉的熟化时间一般需要 3～4 周,温度越高,熟化时间越短。

## 五、小麦粉的贮藏

小麦粉在长期贮藏期间,其质量的保持主要取决于水分含量。小麦粉贮存的安全水分随其加工精度的不同而不同。国家标准规定特制一等粉和特制二等粉的水分含量不超过14％。标准粉因精度低,脂肪含量多,酶活力高,所以水分更应低些,国家标准规定不超过13.5％。

贮藏环境的条件对小麦粉的贮藏安全性有极大的影响。由于小麦粉颗粒细小,与外界接触面积大,吸湿性强;同时粉堆孔隙小,导热性差,最易发热霉变。在高温高湿的环境下贮存或贮存时间过久,小麦粉中的脂肪容易在酶和微生物或空气中氧气的作用下被不断分解产生低级脂肪酸和醛、酮等物质,使小麦发酸变苦。因此要求其贮藏环境的条件为:温度18～24℃,相对湿度55％～65％。

## 六、小麦粉的品质分析

评价小麦和小麦粉品质常用的测定方法为物理方法、化学方法和食品制作试验三种。物理方法包括小麦容重、籽粒的颜色、千粒重、角质或硬度、制粉试验、面团的流变学特性,如耐搅拌性能、弹性、塑性、黏弹性、应力等;化学方法包括水分、灰分、蛋白质、面筋、沉降值、酶活性等;食品制作试验包括烘焙试验、蒸煮试验等,对面食制品进行感官鉴定和品尝评分。

### (一)一次加工性能及测定方法

#### 1. 容重

容重是指小麦籽粒在单位容积内的质量,以克每升(g/L)表示。同一地区生产的相同品种和相同类型的小麦,其容重大小与出粉率存在线性关系。一般情况下,小麦容重越高,表示籽粒越饱满,胚乳含量越高,出粉率也越高。故目前各国普遍把容重作为确定小麦等级的一项重要指标。

#### 2. 千粒重

千粒重是指一千粒小麦的重量,以克(g)为单位。按计算方法不同,千粒重可分为自然水分千粒重、标准水分千粒重和干态千粒重。通常的千粒重是指自然水分千粒重,即测定小麦实际水分下的重量。但由于小麦的含水量很不稳定,自然水分千粒重常受外界条件影响而改变,为了排除水分对小麦千粒重的影响,可根据小麦的含水量换算成以干物质为基础的千粒重,称干态千粒重。

我国小麦的千粒重一般为17～47 g,随着小麦品种和成熟条件的差异,千粒重的差别比较大。一般情况下,籽粒大、饱满、成熟而结构紧密的小麦,千粒重较大,反之则小。

#### 3. 硬度

小麦的硬度是指小麦籽粒在外力作用下发生变形和破碎的能力,是小麦品质的重要指标之一。硬度关系到小麦籽粒品质的分级,以硬度大小可将小麦分为硬质小麦和软质小麦。硬质小麦颗粒度大、破损淀粉含量高,具有较强的吸水能力,适合制作面包;软质小麦颗粒度小、破损淀粉含量低,吸水能力较弱,适合制作饼干和糕点等食品。目前,测定小麦硬度的方法主要是角质率法、压力法、研磨法(包括颗粒度指数法和研磨时间法)和近红外法。

颗粒度指数法(PSI)是将一定量的小麦样品用一定型号的粉碎机磨碎,经筛粉后,计算筛后与筛前质量的比值即为该样品的PSI。硬质麦的PSI值较低,软质麦的PSI值较高。颗粒度指数法有很好的分辨能力,测定重现性好,是目前世界范围内普遍认可的硬度测定方法。

近红外法(NIR)是近些年来发展起来的一种快速测小麦硬度的方法,主要是利用在波长1 680 nm和2 230 nm处的反射量(NIR),与研磨时间法的GT值和颗粒度指数法的PSI值都有很好的相关性,从而可以建立相关的模型进行检测。NIR值越大,籽粒硬度越高。

### (二)二次加工性能及测定方法

小麦粉二次加工性能涉及小麦粉面包烘焙品质、面筋测定、吸水量、流变学特性、小麦粉沉淀值等,下面介绍面团流变学测定的方法。

面团流变学特性是小麦面粉加水形成的面团耐揉性和黏弹性的综合表现,是小麦品质的重要指标之一。面团的流变学特性可为研究小麦和小麦粉的品质特性,专用小麦粉生产原料的选用以及预测最终产品质量提供科学依据。目前用于测定面团流变学特性的仪器主要有粉质仪、拉伸仪、揉混仪、吹泡示功仪等。

#### 1. 粉质仪

粉质仪主要由揉面钵、测力系统、加水系统、记录系统、阻尼系统和恒温系统六大部分组成。粉质测定时,将定量的面粉置于揉面钵中,用滴定管加水,小麦粉在粉质仪中进行揉和,随着面团的形成及衰减,其稠度不断变化,用测力计和记录器测量并自动记录面团揉和时相应的阻力变化,绘制出一条特性曲线即粉质曲线,如图1-1所示。根据加水量及记录下的揉和性能的粉质曲线可计算小麦粉加水量,根据粉质曲线记录下的面团形成时间、稳定时间、弱化度等特性参数可用来评价面团的强度,进而评价测试小麦粉的品质。粉质仪不但用于研究小麦粉中面筋强弱的发展趋势,比较不同质量小麦粉的面筋特性,还可以了解小麦粉组分以及添加物如盐、糖、氧化剂对面团形成的影响。

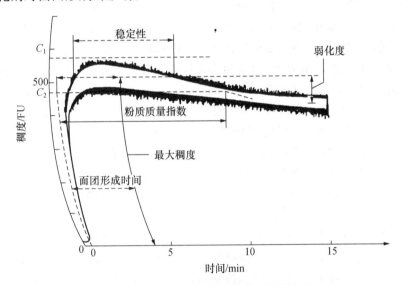

**图 1-1  标有常规测定指标的典型粉质曲线**

(1)吸水率  其指面团最大稠度(粉质曲线峰值)处于500粉质单位(FU)时所需的加水量,以占14%湿基面粉重量的百分数表示,准确到0.1%,以正式滴注时一次加水(25 s内完成)量为依据。

小麦粉的吸水率主要与蛋白质的质和量、破损淀粉的含量、面粉中添加剂种类和含量有关,是衡量小麦粉品质的重要指标。蛋白质含量越高,面筋越多,面粉的吸水率也越大。一般情况下湿面筋含量越高,吸水量越高,高筋小麦粉吸水率在60%以上,低筋小麦粉吸水率在56%左右。小麦粉中破损淀粉率越高,其吸水量也越大,正常未破损淀粉吸水量约为本身重量的1.0倍,破损淀粉的吸水量比未破损淀粉高2~2.5倍。

小麦粉的吸水率还影响面制品的品质、出品率及生产成本。小麦粉的吸水率高,相同量可得到较高的面制品产出率,生产成本相对降低,且做出的食品疏松、柔软,存放时间较长。但吸水率也不宜过大,若吸水率超过68%,则面包粉的流变性增强,易于流变,不易成型,做出的面包体积小、高度差。

(2)面团形成时间　其指从开始加水点起,至粉质曲线到达最大稠度后开始下降的时刻点的时间间隔,准确到0.5 min。面团形成时间反映面团的弹性。面筋含量多且筋力强的小麦粉,和面时面团形成时间较长,反之面团形成时间较短。一般软质小麦粉面团的弹性差,形成时间短,在1~4 min之间,不适宜作面包。硬质小麦粉的形成时间一般在4 min以上,面团的弹性强,形成时间好,适合生产面包等。

(3)稳定时间　其指粉质曲线的上边缘首次与500 FU标线相交至下降离开500 FU标线两点之间的时间差,准确到0.5 min。

稳定时间是衡量小麦粉"内在"品质的重要指标,稳定时间的长短反映面团的耐揉性和强度。稳定时间长,表明面团的筋力强,在面团发酵过程中有较强的保持$CO_2$的能力,制成的面包体积大。但稳定时间过长,会因面筋筋力过强而导致面团弹性及韧性过强,发酵膨胀困难,面包体积小,甚至面包表面开裂。稳定时间较长的面粉不适宜加工糕点、饼干类食品,可利用半胱氨酸等还原剂降解到适度的筋力。

(4)弱化度　其指曲线最高点的中心与到达最高点后12 min时曲线中心之间的差值,用FU表示。弱化度表明面团在搅拌过程中的破坏速度,也就是对机械搅拌的承受能力,也表示面筋的强度。弱化度值越大,表明面筋强度越小,面团越黏,稳定时间越短,偏离500 FU标线的速度越快,面团越易流变,其弹性、韧性和操作性能都较差。高筋小麦粉的理想弱化度应小于50 FU,弱筋小麦粉弱化度则应大于100 FU。

(5)评价值　其是用专用评价尺将粉质曲线形状综合为一个数值来进行评价。它是从曲线最高处开始下降算起,12 min后的评价尺记分。评价值是基于面团形成时间、稳定时间和面团弱化度的综合评价,范围为0~100。评价值为0,说明其质量差;评价值为100时,说明小麦粉质量最好。一般认为,评价值在50以上,面粉品质属于良好。评价值越大,表明面筋筋力越好。一般认为,高筋粉评价值大于65,中筋粉为50~65,低筋粉则小于50。

2. 拉伸仪

拉伸仪主要是由揉球装置、搓球装置、醒面箱、械杆系统、面团拉断装置及记录器等部分组成。拉伸仪的基本原理是将粉质仪制备好的面团,在拉伸仪中揉球、搓条、恒温醒面,然后将装有面团的夹具置于系统托架上,牵拉杆和拉面钩以固定速度向下移动,用拉面钩拉伸面团,面团受拉力作用产生形变直至拉断,此时记录器自动将面团因受力产生的抗拉伸力和拉伸变化情况记录下来,绘出拉伸曲线,如图1-2所示。拉伸曲线反映了面团的流变学特性和小麦粉的内在品质,此曲线用以评价面团的拉伸阻力和延伸性等性能。

从面团拉伸过程可得到以下参数:面团的抗拉阻力、延伸度和粉力。通过对上述参数的分析,对拉伸曲线进行评价。

(1)面团最大拉伸阻力　拉伸曲线最大高度$R_m$为面团最大拉伸阻力,拉伸单位为EU,读数准确到5 EU;从曲线开始在横坐标上到达50 mm位置处曲线的高度$R_{50}$为面团50 mm处的抗拉阻力。

抗拉伸阻力表示面团的强度和筋力,抗拉伸阻力大,表明面筋网络结构牢固,面团筋力强,

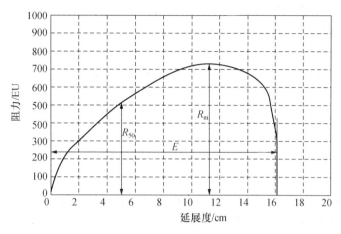

图 1-2　面团拉伸曲线

持气能力强,发酵时间也越长。在拉伸曲线上,阻力大幅度增长的面粉在发酵、揉团、装盘及最后醒发时均能表现出良好的性能。阻力没有明显增长的面筋筋力弱,不适于长时间发酵。

(2)面团延伸度　从拉面钩接触面团开始至面团被拉断,拉伸曲线横坐标的距离称为面团的延伸度 $E$,单位为 mm。拉伸长度表征面团的延展特性和可塑性。拉伸长度大,表示面团的延展性好,抗拉伸阻力小,体现在面团上就是面团比较柔软,发酵时间短,保持 $CO_2$ 的能力弱,生产出的面包体积小,不易成型,高度不够。

(3)拉伸曲线面积(粉力)　其指拉伸曲线与基线所包围的总面积,可用求积仪测量,以 $cm^2$ 表示。因为粉力表示的是面积,抗拉阻力大、延展性小,以及抗拉阻力小、延展性大的面团会得到一样的粉力,因此粉力虽提供了面团强度的信息和小麦粉烘焙的特性,但不能涵盖不同面团的所有特征。因此,衡量面团的筋力强弱,还需结合拉伸比值。

(4)拉伸比值($R/E$)　也称形状系数,其指面团拉伸阻力与延伸性之比,单位为 EU/mm。拉伸比值表示面团拉伸阻力与拉伸长度的关系,它将面团抗延伸性与延伸性两个指标综合起来判断小麦粉品质。拉伸比值小,意味着阻抗性小,延伸性大,即弹性小,流动性大;拉伸比值大,则相反。

面筋中的麦谷蛋白提供了面团的抗拉伸阻力,麦胶蛋白则提供了面团的流动性和延伸所需要的黏结力,利用拉伸曲线面积和拉伸比值这两项指标,可对面粉的加工品质进行综合评价。拉伸曲线面积大、比值大小适中的面团,具有最佳的面团发酵和烘焙特性,适宜制作面包。若拉伸比值过大,意味着阻抗性过大,弹性大,延伸性小,面团很难拉开,一旦拉开就会拉断。发酵时面团膨胀会受阻,起发性不好,面包体积小,内心干硬。拉伸比值过小,意味着阻抗性小,延伸性大,这样的面团发酵时会迅速变软或流散,面包会发生塌陷现象,面包心发黏,触感差,缺乏弹性。

3. 吹泡示功仪

吹泡示功仪是法国 Chopin 公司参照欧式面包的特征设计的。其测定原理是在规定的条件下,调和恒定含水量的面团后,将面团压制成一定厚度的面片,再用冲头压成标准式样(圆形),保温静置 20 min。然后将圆形面片置于冲有孔的金属底板上,周围用一个金属环夹住。将压缩空气通过底板上的孔向上作用于面片,面片变形、膨胀,逐渐被吹成气球样的泡,直至吹破。在此过程中,仪器自动记录下空气压力的变化,绘制成吹泡示功仪曲线图,如图 1-3 所示。

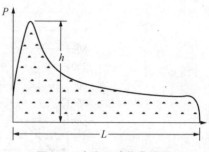

图 1-3　吹泡示功仪曲线图

由吹泡示功仪曲线可以测定面团的韧性即强度、延展性、弹性和烘焙能力等,分别用不同的参数表示。

(1)最大压力($P$)　其指面团吹泡过程中所需的最大压力,即吹泡时面团所能承受的最大抵抗力,可用来表示面团的弹性强弱。$P$ 值随面团的稠密度、面团的弹性抗力而变化。$P$ 值越大,表明面团的筋力越强;$P$ 值越大,表明面团吸水能力越强。

(2)面团延伸性($L$)　其表示面团的延展性。指破裂点横坐标的长度,即曲线中最大横坐标,单位 mm。$L$ 值体现了面团的延展能力和面筋网络的保气能力。

(3)面团能量($W$)　其指单位重量的面团充气变形直至破裂所需的能量(单位为尔格 erg),又称烘焙强度,由吹泡曲线与基线所包围的总面积(单位 $cm^2$)表示,可用求积仪或求积模板求得。面团能量指能使面团变形所需的功,表明面团的烘焙能力和发酵能量。面团能量大,则面团筋力强,烘焙品质好。

(4)充气指数($G$)　其相当于将盘状面片吹成面泡时消耗的空气量的平方根,也反映了面团的延展性。

(5)曲线形状比值($P/L$)　其指面团阻力 $P$ 与延伸性 $L$ 的比值,表示曲线阻力与面团拉伸长度的关系,说明了面团的机械性。通过 $P/L$ 值可看出面筋的弹性和延伸性。$P/L=0.15\sim0.7$,面团强度、弹性较差,延伸性好;$P/L=0.8\sim1.4$,面团强度、弹性、延伸性均好;$P/L>2.5$,则筋力过强,用于生产焙烤食品时,则制得的面包体积变小,饼干僵硬,可塑性不好。

## 任务二　油脂

焙烤食品中使用的油脂是油和脂肪的总称。在常温下呈液态的称为油,呈固态或半固态的称为脂。油脂可分解成甘油和脂肪酸,其脂肪酸占的比例较大,约占油脂重量的 95%。而且脂肪酸种类很多,它与甘油可以结合成多种状态、性质不同的油脂。

油脂是焙烤食品的重要原料之一,它的重要性随焙烤食品种类不同有很大的差别。油脂对于酥性饼干、曲奇饼、酥皮类糕点、高油蛋糕等产品是不可缺少的原料;对于面包制作,适量使用可以改善品质和风味,但并不是不可或缺,过多使用还会使面包心结构受到一定影响;某些产品则可完全不用油脂,例如海绵蛋糕。此外,油脂在油炸类糕点中还起到了加热介质的作用。油脂中不饱和脂肪酸越多,则熔点越低,越易发生化学反应,如油脂酸败、氧化、氢化作用等。

### 一、油脂的性质

#### (一)油脂的物理性质

1.熔点和凝固点

物质由固态转变为液态时的温度称为该物质的熔点;反之,由液态转变为固态时的温度为凝固点。纯粹化合物的熔点和凝固点应该是相等的,但像油脂这样具有黏滞性和同质多晶性质的物质,凝固点常比熔点低1~5℃。

饱和脂肪酸的熔点比碳原子数相同的不饱和脂肪酸的熔点高得多,而且双键越多,熔点相应降低越多。例如,硬脂酸的熔点为69.6℃,而油酸的熔点为16℃,亚油酸的熔点为一5℃,亚麻酸的熔点更低,为一11℃。反式酸的熔点远比顺式酸的熔点高。此外,同样的不饱和脂肪酸,双键位置也有影响,双键离羧基越近熔点越高。

天然油脂是各种甘油酯的混合物,因此油脂的熔点与甘油酯的组成有密切的关系,即使两种油脂的脂肪酸组成类似,但甘油酯的组成不完全相同,油脂的熔点也会相差很大。

焙烤中使用的油脂对熔点有一定的要求,例如面包中使用的油脂要求熔点不低于面团发酵和面团制作过程中的最高温度,以防止其在进炉之前就熔化而影响它的起酥作用。

**2. 黏度和稠度**

液体油的黏度随着存放时间增长而增加,而且与温度有关,温度越低黏度越大,随着温度的升高,黏度的减少比较大。

稠度指可塑脂的硬度。稠度与可塑性相反,稠度大可塑性小;稠度小可塑性大。脂肪的塑性可粗略地由其稠度来衡量。

稠度和很多因素有关:可塑脂中固体脂肪含量高、固体晶粒小的稠度大;固体脂熔点高或液体油黏度大其稠度也大等。此外,温度变化对可塑脂稠度的影响各不相同。温度变化对油脂稠度影响较小的称“塑性范围宽”;反之,温度变化对油脂稠度影响较大的称“塑性范围窄”。

**3. 固体脂肪指数**

固体脂中含有固体油脂的百分比即为固体脂肪指数,简称SFI。固态油脂的可塑性、稠度及塑性范围等重要性质都与SFI有关,SFI值在15%~25%的油脂加工性能较好;SFI值在40%~50%时油脂过硬,基本没有可塑性;SFI值在5%以下时油脂过软,接近于液体油。SFI随温度升高而减少,起酥油、人造奶油的SFI受温度影响变化较小,因而加工温度范围宽。表1-3列出几种天然脂肪的固体脂肪指数。

表1-3　几种天然脂肪的固体脂肪指数

| 脂肪 | 熔点/℉(℃) | 固体脂肪指数(SFI) | | | | |
|---|---|---|---|---|---|---|
| | | 50 ℉ | 70 ℉ | 80 ℉ | 92 ℉ | 100 ℉ |
| | | (10℃) | (21.1℃) | (26.7℃) | (33.3℃) | (37.8℃) |
| 奶油 | 97(36.1) | 32 | 12 | 9 | 3 | 0 |
| 可可脂 | 85(29.4) | 62 | 48 | 8 | 0 | 0 |
| 叶子油 | 79(20.1) | 55 | 27 | 0 | 0 | 0 |
| 猪脂 | 110(43.3) | 25 | 20 | 12 | 4 | 2 |
| 棕榈油 | 103(39.4) | 34 | 12 | 9 | 6 | 4 |
| 棕榈仁油 | 84(28.9) | 49 | 33 | 13 | 0 | 0 |
| 牛脂 | 114(45.6) | 39 | 30 | 28 | 23 | 18 |

(烘焙食品工艺,马涛主编,2007年)

**4. 颜色**

一般来说,油色越淡,表示精制品质越好。但橄榄油、芝麻油为了保持香味,所以往往不进行脱色、脱臭处理,油色就比较深。油存放时间越长颜色越深,此外空气、光线、温度都会使油色变浓,加热则会使油色发红、变浓。

### (二)油脂的化学性质

1. 水解反应

一切由脂肪酸与甘油所形成的酯可以用化学方法分解为两个组成部分:

$$
\begin{array}{c}
CH_2OCOR \\
| \\
CHOCOR \\
| \\
CH_2OCOR
\end{array}
+ 3H_2O
\rightleftharpoons
\begin{array}{c}
CH_2OH \\
| \\
CHOH \\
| \\
CH_2OH
\end{array}
+ 3RCOOH
$$

这样的化学变化称为油脂的水解。油脂在水蒸气、碱、酸以及酶的作用下均会发生水解反应。当水解发生在碱溶液中时,生成相应的脂肪酸盐,即通常所说的肥皂,因此又称皂化反应。

2. 油脂的酸败

引起油脂酸败的原因很多,主要是受空气中氧和油脂中水分的作用,使之产生氧化和水解所致。油脂酸败后产生多种挥发性及非挥发性的醛、酮、酸、过氧化物,具有刺激气味。酸败降低了食品的营养价值,某些氧化产物可能具有毒性,酸败是含油食品变质的最大原因之一。

油脂的酸败可分为水解酸败和氧化酸败。

油脂的水解酸败是指油脂在解脂酶和水分的作用下,油脂水解游离出脂肪酸的过程,反应式如下:

$$
\begin{array}{c}
CH_2O\text{-}COR_1 \\
| \\
CHO\text{-}COR_2 \\
| \\
CH_2O\text{-}COR_3
\end{array}
+ H_2O
\xrightarrow{\text{解脂酶}}
\begin{array}{c}
CH_2OH \\
| \\
CHO\text{-}COR_2 \\
| \\
CH_2O\text{-}COR_3
\end{array}
+ R_1COOH
$$

(甘油三酯) (水)                    (甘油二酯)   (脂肪酸)

油脂水解酸败必须具备两个条件,即解脂酶和水分。如果油脂中不同时存在这两个条件,水解酸败就不会发生。经过精炼的植物油,或经过熬炼的猪油,由于除去了油中的解脂酶,因而不易产生水解酸败。人造奶油、起酥油的原料油脂都经过严格的精炼或氢化等加工处理,也不易发生水解酸败。

油脂贮存期间,甘油酯中的不饱和脂肪酸,特别是高度不饱和脂肪酸,容易被空气中的氧气氧化生成过氧化物。过氧化物不稳定,可以进一步分解,产生分解产物,使油脂的品质变劣,这一过程称油脂的氧化酸败,又称油脂的自动氧化。油脂的不饱和度越高,越易发生氧化酸败。如亚油酸的氧化速率是油酸的12.5倍。

影响油脂酸败的因素主要有以下几方面:

(1)温度 油脂酸败的速度和温度密切相关,温度升高酸败速度加快。一般温度每升高10℃,酸败速度加快1倍。

(2)光线 光线照射能加快油脂的酸败速度,尤以紫外光最为强烈。紫外光具有较高的能量;利于加快油脂的自动氧化速度。

(3)和空气接触的影响 油脂的氧化速率与它和空气接触的表面积成正比关系。现代油脂精炼过程中多采用密封或真空操作的主要原因就是防止油脂和空气接触发生氧化反应。油脂产品的包装和贮存也应防止和空气接触,因此,包装时可用充氮和抽真空的措施。

(4)金属元素的催化作用 金属元素如铜、铁、锰、镍、钴等对油脂氧化酸败有催化作用,其中以铜的催化作用最强,锰、铁次之,因而在生产中减少或避免与这类金属接触是很重要的。

3. 氢化作用

油脂氢化就是在催化剂的作用下,油脂和氢气反应,氢原子加到不饱和脂肪酸的双键上,生成饱和度和熔点较高的改变原有性质的油脂。油脂氢化可使液态油硬化或具有一定的可塑性,在焙烤食品工业中应用较广,如起酥油和人造奶油,就是经氢化处理而制成的;油脂氢化减少了油脂的不饱和程度,提高了氧化稳定性,同时还具有降低油脂色度,去除异味的作用。

4. 酯化反应

在催化剂的存在下,油脂中的脂肪酸分子受热分解,重新组合,形成新的酯,这一过程称为酯化反应。酯化反应能改变油脂的熔点、固体脂肪指数及结晶状态,大幅度提高油脂的可塑性及塑性范围,因而广泛用于食用油脂的加工。

酯化反应除了在不同油脂间进行交换脂肪酸基的反应外,还包括油脂和脂肪酸的交酯反应,以及油脂和醇的酯化反应。对于人造奶油、起酥油的原料油脂加工来讲,主要应用不同油脂间的酯交换反应或一种油脂本身分子间的酯交换反应。

## 二、油脂的贮藏

从油脂的理化性质可知,在贮藏过程中,主要针对油脂酸败和水解这两个变质因素,采取相应的防止措施(表1-4)。此外,油脂的贮藏温度最好控制在20℃,温度过高,会破坏油的结晶,温度过低,使用时必须缓慢回温以免破坏组织。油脂易吸收异味,所以应密封保存于阴凉干燥处。

表1-4 油脂贮藏中变质的原因、防止和检查

| 项目 | 氧化变质 | 水解变质 |
|---|---|---|
| 原因 | 空气中的氧气 | 水分 |
| 促进因素 | 油脂表面积大,光线(特别是太阳光,紫外线),热,金属,干燥环境 | 微生物(霉菌,酵母),热(油炸) |
| 防止方法 | 抗氧化剂(BHA,维生素E,蛋白分解物,香料),不使接触空气(氮气,水分) | 低水分,清洁,卫生 |
| 易变质油脂 | 植物油(含亚油酸,亚麻酸多的油),猪油 | 椰子油,棕榈油,奶油 |
| 变质气体 | 油臭(回生臭),酸败臭 | 肥皂臭 |
| 检查分析值 | POV(过氧化物值) | AV(酸价) |
| 合格标准 | (销售时)POV 30以下 | AV 3以下 |

(焙烤食品工艺学,李里特主编,2000年)

## 三、焙烤食品中常用的油脂

天然油脂主要分植物油和动物油两大类,烘焙食品加工也常用人造油脂,如起酥油、人造奶油等。

**(一)植物油**

常用的有大豆油、芝麻油、花生油、葵花籽油、菜籽油等,它们的特点是不饱和脂肪酸含量较高,营养价值比动物油高,但稳定性差,容易酸败变质。另外,由于植物油常温下一般呈液态,可塑性极差,起酥功能及充气功能都不如动物油脂或固体油脂。

**(二)动物油**

常用的有奶油、猪油等。

1. 奶油

奶油又称黄油、白脱油,是从牛乳中分离得到的乳脂肪加工而成的。奶油的熔点为28～34℃,凝固点为15～25℃,实际上在10℃时就变得很硬,而在27℃时则太软,这给加工带来不便,所以加工时一般温度控制在18～21℃范围内。因奶油具有特殊芳香和较高的营养价值,因此备受消费者欢迎,但价格较贵,且在室温下易受细菌和霉菌的污染,因此应该冷藏。

2. 猪油

猪油是猪的腹、背部等皮下组织及内脏周围的脂肪,经提炼、脱色、脱臭、脱酸等处理后精制而成。其色泽洁白,可塑性强,起酥效果好,风味较佳,价格低廉,在焙烤食品中得到广泛的应用。猪油也存在一些缺点,首先它的组织和性质不稳定,容易受到饲料、猪龄以及来自猪身不同部位等诸多因素的影响。其次,天然猪油充气功能差,不适于制作蛋糕类,其多用于中式糕点的制作。此外,猪油含有较多的不饱和脂肪酸,容易氧化酸败。为了克服猪油的缺点,利用现代油脂加工技术对猪油进行精炼、分离、氢化、酯交换等,制作出改良猪油、重整猪油等品质更符合焙烤食品加工要求的油脂产品。

3. 牛、羊油

牛油和羊油的熔点均较高,牛油为40～50℃,羊油43～55℃。牛、羊油的可塑性强,起酥性好,便于成型和操作,可直接用于焙烤食品中,也可以加工并混合制作成人造奶油和起酥油,然后用于酥性糕点中,但由于可熔性较差,不宜用于加工餐用人造奶油。

**(三)人造油脂**

1. 起酥油

起酥油是以精炼的动、植物油为原料,经混合、冷却、塑化等工艺加工而成,具有可塑性、乳化性、起酥性、充气性等加工性能的油脂。起酥油一般不直接食用,而是作为食品加工的原料。起酥油的种类很多,根据加工方法不同,可分为混合型起酥油和全氢化起酥油。混合型起酥油是用动物油和植物油混合制成的,稠度理想,塑性范围宽,价格便宜,但由于其植物油用量多,不饱和脂肪酸含量高,比较容易氧化变质,稳定性差。全氢化起酥油一般用单一的植物油(棉籽油、大豆油)氢化而成,稳定性较高,但塑性范围窄,价格较高,且由于不饱和脂肪酸的减少而降低了其营养价值。

2. 人造奶油

人造奶油又称麦淇淋,是烘焙工业使用最广泛的油脂之一。它以动、植物油(主要是植物油)及其氢化油脂为原料,添加适量的牛乳或乳制品、乳化剂、防腐剂、抗氧化剂、食盐、维生素、色素和香精等,经混合、乳化、冷却、结晶、塑化等加工而成。它与起酥油的主要区别是含有较多的水分(20%左右)。

### （四）氢化油

氢化油又称硬化油。它是将氢原子加到动、植物油不饱和脂肪酸的双键上，生成饱和程度和熔点较高的固态油脂。油脂氢化的目的：①使不饱和脂肪酸变为饱和脂肪酸，提高油脂的饱和度和氧化稳定性；②使液态油变为固态脂，提高油脂可塑性；③提高油脂的起酥性；④提高油脂的熔点，便于加工和操作。

氢化油多以植物油和部分动物油为原料，如棉籽油、葵花籽油、大豆油、花生油、椰子油、猪油、牛油和羊油等。氢化油很少食用，多作为人造奶油和起酥油的原料。

## 四、油脂的加工特性

### （一）可塑性

可塑性是指油脂在外力作用下可以改变自身形状，甚至可以像液体一样流动的性质。它是人造奶油、奶油、起酥油、猪油的最基本特征。用可塑性好的油脂加工面团时，面团的延展性好，制品的质地、体积和口感都比较理想。这是因为油在面团内，能阻挡面粉颗粒间的黏结，减少由于黏结在焙烤中形成坚硬的面块。油脂的可塑性越好，混在面团中油粒越细小，越易形成连续性的油脂薄膜。

若使固态油脂具有一定的可塑性，必须在其成分中包含一定的固体脂和液态油。固体脂以极细的微粒分散在液体油中，由于内聚力的作用，以致液体油不能从固体脂中渗出。固体微粒越细、越多，可塑性越小；固体微粒越粗、越少，可塑性越大。因此，固体和液体的比例必须适宜才能得到所需的可塑性，这是某些人造油脂要比天然固态油具有更好的加工性能的原因。油脂可塑性还与温度有关。温度升高，部分固态脂肪熔化，油脂变软，可塑性变大；温度降低，部分液体油固化，未固化的液体油黏度增加、油脂变硬，可塑性变小。由此可见，可塑脂中固体脂肪含量以及结晶颗粒的大小等因素决定了它的可塑性。

### （二）起酥性

起酥性是指在调制酥性面团时，加入大量油脂后，由于油脂的疏水性，会限制面筋蛋白质的吸水作用，限制了面筋的形成；此外，由于油脂的隔离作用，使已形成的面筋不能相互黏合而形成大的面筋网络，也使淀粉和面筋之间不能结合，从而降低了面团的弹性与韧性，增加面团的酥性。油脂层层地分布在焙烤食品的组织中，起着润滑作用，使食品组织变脆易碎，口感酥松。起酥性对饼干、薄脆饼、酥皮等烘焙食品尤为重要。

固态油的表面张力较小，油脂在面团中呈片状分布，覆盖面粉颗粒表面积大，起酥性好，而液态油表面张力大，油脂在面团中呈点状、球状分布，覆盖面粉颗粒表面积小，并且分布不均匀，故起酥性差。因此，制作有层次的食品时必须使用奶油、人造奶油或起酥油。在制作一般性的酥类糕点时，猪油的起酥性是非常好的。

### （三）乳化性

油和水不相溶。油和油溶性物质属非极性化合物，而水与水溶性物质属极性化学物。根据相似相溶的原则，这两类物质是互不相溶的，但是在食品加工中经常要将油相和水相混在一起，而且希望混得均匀而稳定，这种现象称为乳化。

制作蛋糕时，油脂的乳化性越好，油脂小粒子分布越均匀，由此加工出来的糕点组织松散、体积大、风味好。在加工奶油蛋糕时，如果用糖较多，而且增加水、奶、蛋的含量，油脂很难进入水相,因此需要乳化性好的油脂。乳化性好的油脂对改善面包、饼干面团的性质,提高产品质量都有一定作用。

### (四)吸水性

油脂在烘焙食品中吸收和保持水分的能力,可以有效地防止制品在挤压时变硬,使制品酥脆。吸水性尤其对制作冰淇淋、焙烤点心类有重要意义。

### (五)稳定性

一般油脂在烘焙、煎炸过程中,由于天然抗氧化剂的热分解或本身不含天然抗氧化剂,致使烘焙、煎炸制品的稳定性差,货架期缩短。而烘焙油脂通过氢化、酯交换改性,不饱和程度降低或添加抗氧化剂,从而提高了氧化稳定性。

### (六)充气性

烘焙油脂在空气中搅打起泡时,空气呈现细小气泡被烘焙油脂包容、吸收,油脂的这种含气性质称为充气性,又称酪化性。酪化性的大小用酪化值表示,即 1 g 试样中所含空气毫升数的 100 倍。

油脂的酪化性对酥类糕点和饼干质量会产生影响。在调制酥类制品面团时,首先要搅打油、糖和水,使之充分乳化。在搅打过程中,油脂中结合一定量的空气。当面团成型后,进行烘焙时,油脂受热流散,气体膨胀并向两相的界面流动,此时由化学疏松剂分解释放出来的二氧化碳及面团中的水蒸气,也向油脂流散的界面聚结,制品碎裂,成为片状或椭圆形的多孔结构,使产品体积膨大、酥松。

油脂的酪化性与其成分有关。起酥油的酪化性比人造奶油好,猪油的酪化性较差;此外,还与油脂的饱和程度有关,饱和程度越高,搅拌时吸入的空气量越多,故糕点、饼干生产中最好使用氢化起酥油。

## 五、油脂在焙烤食品中的作用

1. 改善焙烤食品的风味和口感

由于油脂的可塑性、起酥性和充气性,油脂的加入可以提高饼干、糕点的酥松程度,改善制品的风味。一般含油量高的饼干、糕点,酥松可口,含油量低的饼干显得干硬,口味不好。

2. 提高焙烤食品的营养价值

油脂发热量较高,每克油脂可产生热量 37.66 kJ,是食品中热量的主要来源。同时油脂内含有油溶性维生素,随油脂被食用而进入体内,使食品更富营养。

3. 提高产品的保存品质

油脂能够保持高水分产品的柔软,防止水分散失,从而延缓制品的老化,延长了产品的货架期。特别是对油脂用量高的蛋糕,这种作用尤为明显。

4. 影响面团的发酵速度

在发酵面团调制时,若油脂用量过多或添加顺序不当,就可能在酵母细胞周围形成一层不透性的油膜。这层油膜会阻碍酵母对营养物质的吸收,影响酵母的正常生长、繁殖,从而影响面团发酵速度。

5. 控制面团中面筋的胀润度,提高面团可塑性

在酥性面团调制过程中,油脂形成一层油膜包在面粉颗粒外面,由于这层油膜的隔离作

用,使面粉中的蛋白质难以充分吸水胀润,抑制了面筋的形成,并且使已形成的面筋难以互相结合,从而降低面筋的可塑性,使饼干的花纹清晰,不收缩变形。

### 六、食品对油脂的选择

#### (一)饼干用油脂

饼干的酥松性虽有赖于疏松剂的正确使用、调粉过程中面筋的控制程度和鸡蛋、磷脂的使用等,但油脂的品种、用量也是影响饼干酥松度的重要因素。在饼干生产中所用的油脂,经常需要放置在露天,经日晒的油桶被加热到一定的温度,同时在饼干生产中,受 140～210℃高温的加热,因此,油脂受到空气、光、高温影响将发生氧化反应。利用这种油脂生产的饼干质量差,会直接影响企业的经济效益。为了避免或减少油脂氧化导致的饼干质量下降,饼干用油脂应具有起酥性好,性质稳定,不易氧化以及有较好的可塑性的特点。目前生产饼干所用的油脂以人造奶油和起酥油为主,再酌量加入奶油和猪油等来弥补单独使用人造奶油或起酥油造成的产品风味欠佳的缺点。

#### (二)糕点用油脂

##### 1. 酥性糕点

油脂在这类糕点中的主要功能是使制品的结构"变酥"。小麦粉中的蛋白质与水结合形成具有韧性、弹性的面筋,若酥性糕点中没有油脂,其面团的弹性和韧性过大,烘烤后的制品硬而脆,并会收缩和变形。生产这类糕点时不能用液体植物油或者很硬的脂来制造,因为前者过于分散,而后者则完全不能分散。除此之外,很多种类的油脂都能使用,其中以猪油最为常用,因为它具有粗大的晶体结构,这种晶体结构使它能够很快分散在整个面团中。

##### 2. 起酥糕点

生产起酥糕点应选择起酥性好、熔点高、可塑性强、涂抹性好的固体油脂,如高熔点的人造奶油。

##### 3. 蛋糕类糕点

奶油蛋糕含有较高的糖、牛奶、鸡蛋、水分,因此应选用融合性和乳化性好的油脂,如人造奶油或起酥油。

#### (三)面包用油脂

油脂能够增强面包的风味和营养价值,提高面团的延伸性和弹性,降低面包的黏性,尤其是主食面包,油脂作为一种润滑剂的作用更为突出。面包生产可选用猪油、氢化起酥油、面包用人造奶油、面包用液体起酥油。这些油脂可塑性范围广、易于同面包原料混合,润滑面筋网络,增大面包体积,增强面团持气性,对酵母发酵力的影响很小,有利于面包的保鲜;此外,还能改善面包内部组织、表皮色泽、口感柔软,易于切片等。

## 任务三　糖与糖浆

糖类按分子结构可分为单糖、双糖和多糖。单糖主要有葡萄糖和果糖,它们能被酵母直接利用。双糖有蔗糖和麦芽糖等,多糖有淀粉和纤维素,酵母均能将它们分解为单糖再加以利用。

## 一、糖的理化性质

### 1. 糖的溶解度

各种糖的溶解度各不相同,在同一温度下,果糖最高,其次是蔗糖、葡萄糖。糖的溶解度随温度的升高而增大。

### 2. 糖液黏度

糖液的黏度与浓度成正比,与温度成反比,低温高浓度时其黏度显著增加。利用糖液的黏度可提高产品的稠度,或防止蔗糖结晶。在搅打蛋白时,加入熬好的糖液,还可以利用其黏度来稳定气泡。

### 3. 糖的甜度

甜度是糖的一种重要性质,一般以蔗糖的甜度为基数 100 为计,各种糖的甜度比见表 1-5。

表 1-5　糖的相对甜度

| 品种 | 蔗糖 | 果糖 | 葡萄糖 | 转化糖 | 麦芽糖 | 乳糖 | 玉米糖浆 | | | |
| --- | --- | --- | --- | --- | --- | --- | --- | --- | --- | --- |
| | | | | | | | 36 DE | 42 DE | 54 DE | 62 DE |
| 相对甜度 | 100 | 40～175 | 68～74 | 120～130 | 32～46 | 16 | 35～40 | 45～50 | 50～55 | 60～70 |

(烘焙食品工艺,马涛主编,2007 年)

### 4. 糖的吸湿与结晶

某些糖类容易吸收水分,具有较高的吸湿力,这对保持产品柔软度具有重要意义。而糖的结晶与吸湿是紧密相关的,吸湿性强的糖不容易结晶,如果糖、转化糖浆、蜂蜜等;而蔗糖和葡萄糖易结晶,蔗糖的结晶颗粒大,葡萄糖的晶体颗粒小。

### 5. 渗透压

糖液的渗透压随浓度的增高而增加。高浓度的糖溶液因具有很高的渗透压,所以能夺取微生物体内的水分,从而抑制它们的生长,这对于焙烤食品的保鲜起一定作用,但同时也能抑制酵母的生长,降低面团的发酵速度。

不同微生物被糖液抑制生长的程度不同。50%蔗糖溶液能抑制一般酵母生长。果葡糖浆的渗透压力较高、贮存性好,不易受杂菌感染而败坏。

### 6. 水解作用

双糖和多糖在酶或酸的作用下水解成单糖或小分子糖的过程称为糖的水解。糖的水解有利于酵母的发酵,同时,水解得到的转化糖具有较好的吸湿性,能提高产品的持水性。例如,面团内的糖在酵母体内转化酶和麦芽糖酶等的作用下分解为葡萄糖、果糖等单糖而被加以利用。淀粉在淀粉酶的作用下水解为麦芽糖、葡萄糖,有利于酵母发酵。蔗糖在酸或转化酶的作用下水解为果糖和葡萄糖,称为转化糖,它的吸湿性很强,在浆皮类糕点中得到应用。

### 7. 焦糖化反应和美拉德反应

焦糖化反应和美拉德反应是焙烤食品风味和色泽的两个重要途径。

焦糖化反应是指糖对热的敏感性。糖在超过其熔点的高温作用下会脱水并产生聚合反应,生成多分子的棕褐色物质,称为焦糖化作用,所生成的物质叫作焦糖。焦糖化反应对于焙烤食品的着色和增加风味十分重要,把焦糖化反应控制在一定的程度,可以使烘焙产品呈现令人嗜好的色泽和风味。

美拉德反应是指氨基化合物(如蛋白质、多肽、氨基酸及胺类)上的自由氨基与羰基化合物(如酮、醛、还原糖等)的自由羰基之间发生的羰氨反应,因其最终产物是类黑色素的褐色物质,亦称褐色反应。美拉德反应是使面包、糕点表皮着色的另一个重要途径,也是面包、糕点产生特殊香味的重要来源。在美拉德反应中,除产生色素物质外,还产生一些挥发性物质,如乙醇、丙酮醛、丙酮酸、乙酸、琥珀酸、琥珀酸乙酯等,它们形成面包产品本身所特有的烘焙香味。

## 二、焙烤食品中常用的糖与糖浆

### (一)蔗糖

蔗糖甜度高,热量高,是使用广泛的,较理想的甜味剂。蔗糖主要有白砂糖、黄砂糖、绵白糖等。

1. 白砂糖

白砂糖是白色透明的蔗糖晶体,蔗糖含量在99％以上,甜味纯正,溶解度大。在加工生产中,常将白砂糖溶解成糖浆使用。但白砂糖容易结晶,常常用提高糖浆温度的方法来防止其结晶析出。

2. 黄砂糖

黄砂糖是未经提纯的甘蔗粗制品,含糖蜜与叶绿素、叶黄素、胡萝卜素及铁、铜等,色呈棕黄色。因其杂质含量较多,极易吸潮,不易保存,故常用于中、低档产品。

3. 绵白糖

绵白糖是由粉末状的蔗糖和转化糖粉混合制得的,具有色泽洁白,质地绵软细腻的特点。因颗粒微小,故在加工时可直接投入。绵白糖还可用来做表面的霜饰,以增强产品外观和风味。绵白糖易结块,为防止结块常常掺有玉米粉。

### (二)饴糖

饴糖俗称糖稀或米稀,是用淀粉原料(如玉米、山芋、红薯等)经糖化后浓缩制得的。其主要成分是麦芽糖和糊精,还含有水分和葡萄糖、微量蛋白质、矿物质等。

饴糖黏度大,甜度低,对热不稳定,若用它来代替部分蔗糖使用,可以防止蔗糖结晶,降低制品甜度,并可促进产品的着色。但饴糖在高温下容易发酵产酸,影响品质,所以夏季应冷藏。

### (三)淀粉糖浆

淀粉糖浆又称葡萄糖浆、化学稀等。它是淀粉加水后经酸或酶的水解作用制成的,其主要成分是葡萄糖、麦芽糖和糊精等。淀粉糖浆的甜度温和,有利于产品着色,还能防止蔗糖结晶。因其具有吸湿保水的功能,所以能延缓淀粉老化,使制品结构柔软,延长其货架期。

### (四)转化糖浆

转化糖浆是蔗糖在酸或酶的作用下经水解得到的。一般转化糖浆的组成为未转化的蔗糖(40％～50％)和转化得到的果糖、葡萄糖(50％～60％),由于果糖和葡萄糖的量较多,所以转化糖浆有不易结晶、糖度大的优点,而且不会造成龋齿,因此是比较理想的甜味剂。

### (五)果葡糖浆

果葡糖浆是将淀粉水解为葡萄糖后,经异构酶的作用,使部分葡萄糖异构化,转变为果糖,所以又称为异构糖浆,其主要成分是葡萄糖和果糖。果葡糖浆甜度高,更容易被人体吸收,能使制品获得良好的色泽和风味,所以在烘焙中被广泛使用。

### (六)蜂蜜

蜂蜜的主要成分是果糖38%、葡萄糖31%、水分17%、麦芽糖7.3%、蔗糖1.3%。此外,还含有少量植物性蛋白质、糊精、蜂蜡、有机酸、矿物质、维生素、淀粉酶等。蜂蜜甜度很高,吸湿性好,具有较高的营养价值。但由于高温烘焙会破坏其营养成分,故不常使用。

## 三、糖在烘焙食品中的作用

### 1. 增加甜度,提高营养

糖不仅能为制品提供甜味,还能迅速被人体吸收,产生热量,每1g糖可产生17kJ的热量。此外,有些糖,如蜂蜜,还含有其他营养素,可以提高焙烤食品的营养价值。

### 2. 提供酵母能量

糖是酵母发酵时的能源物质,有利于酵母生长繁殖,可促进发酵。单糖可被酵母直接吸收利用,双糖和多糖水解后也能被酵母利用。但糖的用量不宜过多,否则会增加渗透压,使酵母的生长发酵受到抑制,延长发酵时间。

### 3. 提高产品的色、香、味

糖能赋予食品愉悦的甜味。在加热时会发生焦糖化作用和美拉德反应,两种反应的产物都能使烘焙制品呈现出诱人的红棕色和独特的焦香味。但若烘烤时温度过高,会使糖炭化,产生苦味。

### 4. 调节面团中面筋的胀润度,降低面团弹性

在和面中加入糖会形成一定浓度的糖溶液,它具有一定的渗透压和吸水性,能够阻止面筋蛋白吸水胀润形成面筋网,降低了面团的弹性,这就是糖的反水化作用。对于饼干、蛋糕等不希望面筋形成的面团或面糊,可利用糖的反水化作用,通过增加糖的用量来抑制面筋的形成。

### 5. 延长产品货架期

糖主要通过三个方面的作用来延长产品货架期。首先,还原糖具有较大的吸湿性,因此,能保持制品柔软新鲜,防止发干变硬。其次,氧气在糖溶液中的溶解度较小,且糖在加工过程中水解生成单糖,具有还原性,能延缓高油食品中油脂的酸败氧化。此外,含糖量高的食品渗透压也高,能抑制微生物的生长,一般50%的糖溶液能抑制大部分微生物的繁殖。

## 四、糖的品质分析

白砂糖按技术要求的规定分为精制、优级、一级和二级共四个级别。

### 1. 感官要求

晶粒均匀,其水溶液味甜,无异味,干燥松散、洁白、有光泽,无明显黑点。

### 2. 理化要求

白砂糖的各项理化指标见表1-6。

表 1-6 白砂糖的各项理化指标

| 项目 | | 指标 | | | |
|---|---|---|---|---|---|
| | | 精制 | 优级 | 一级 | 二级 |
| 蔗糖分/% | ≥ | 99.8 | 99.7 | 99.6 | 99.5 |
| 还原糖分/% | ≤ | 0.03 | 0.05 | 0.1 | 0.17 |
| 电导灰分/% | ≤ | 0.03 | 0.05 | 0.1 | 0.15 |
| 干燥失重/% | ≤ | 0.06 | 0.06 | 0.07 | 0.12 |
| 色值/IU | ≤ | 30 | 80 | 170 | 260 |
| 混浊度/度 | ≤ | 3 | 7 | 9 | 11 |
| 不溶于水杂质/(mg/kg) | ≤ | 20 | 30 | 50 | 80 |

（发酵制品卷，中国食品工业标准汇编，2001 年）

# 任务四 乳与乳制品

## 一、乳的化学成分

乳的化学成分受很多因素的影响，如畜禽种类、畜龄、饲料、季节、泌乳期、健康状况等。如表 1-7 所示，各种乳的成分很相似，以牛乳为例。

表 1-7 牛乳的主要成分

| 主要成分 | 范围/% | 平均/% |
|---|---|---|
| 水分 | 85.5～89.5 | 87.5 |
| 总乳固体 | 10.5～14.5 | 12.5 |
| 脂肪 | 2.6～5.5 | 3.8 |
| 蛋白质 | 2.9～4.5 | 3.4 |
| 乳糖 | 3.6～5.5 | 4.6 |
| 矿物质 | 0.6～0.9 | 0.7 |
| 非脂乳固体 | 12.5～3.8 | 8.7 |

### (一)乳蛋白

牛乳中的含氮物质95%是蛋白质。乳蛋白主要包括酪蛋白、乳清蛋白及少量的脂肪球膜蛋白质。

1. 酪蛋白

酪蛋白约占牛乳蛋白质的80%，它不是单一的蛋白质，而是由在构造和性质上相类似的多种蛋白质组成的。当温度达到20℃，牛乳 pH 在 4.6 时，会产生蛋白质沉淀，这类析出的蛋白就是酪蛋白。酸奶就是利用这一特性生产的。此外，酪蛋白在凝乳酶的作用下能凝固成块，这一特性对制作干酪极为重要。

### 2.乳清蛋白

乳中酪蛋白沉淀后余下的蛋白质统称为乳清蛋白,占全乳的 18%～20%。乳清蛋白质含有许多人体必需的氨基酸,且易被人体消化吸收,更适于婴儿食用。因此,乳清粉(蛋白)常被用作食品添加剂来生产婴儿奶粉等食品。

### (二)乳脂肪

牛乳中的脂肪 97%～98%是乳脂肪,近 1%的磷脂,还有少量游离脂肪酸及甾醇等物质。乳脂肪被包含在细小的脂肪球中,分散在乳液中形成乳浊液。脂肪球的平均直径在 3 mm,1 mL牛乳中含有 $(2～4)\times10^9$ 个脂肪球。脂肪球的上浮速度与脂肪球的半径成正比,脂肪球越大,上浮得越快。因此,生产中将牛乳进行均质处理,使脂肪球半径变小(半径接近 1～2 $\mu$m),这样即使长期放置保存也不会出现分层。

### (三)乳糖

乳糖是一种双糖,溶解度比蔗糖差,甜度仅为蔗糖的 1/6～1/5。水解时生成葡萄糖和半乳糖。牛乳中的乳糖含量为 4.5%～5.0%,呈溶液状存在于乳中。乳糖是乳中主要营养成分之一,能促进婴幼儿的大脑和神经组织的发育。乳糖还能促进肠道中嗜酸杆菌的发育,抑制腐败菌的生长,同时促进钙、磷及其他矿物质的吸收。但是,有些人的消化道内缺乏乳糖酶,因而不能消化吸收乳糖。当大量饮用牛乳或食用乳制品时,会发生腹泻症状,称为乳糖不耐症。这一问题可通过向乳品中加入乳糖酶的方式来解决。

### (四)无机盐

牛乳中含有 0.7%的无机盐,主要是钾、钙、磷、硫、氯及其他微量成分,它们大部分与酸结合生成盐类。牛乳中的无机盐在加工上对牛乳的稳定性有重要影响。此外,牛乳中铜、铁、镁、锰等微量元素在人的生理和营养上有重要的作用。但同时也要注意铜和铁在乳品贮藏中会促进其异味的产生。

### (五)维生素

牛乳中含有多种维生素,特别是维生素 $B_2$ 含量很丰富,但维生素 D 的含量不多,应予以强化。维生素 $B_1$ 及维生素 C 等会因光照而分解。所以,应用避光容器包装乳及乳制品,以减少光引起的维生素损失。此外,铜、铁、锌等加工器具也会破坏维生素 C,所以乳品加工设备应尽可能采用不锈钢设备。

## 二、焙烤食品中常用的乳及乳制品

### 1.鲜牛乳

鲜牛乳是以新鲜牛乳为原料,经过脂肪标准化、均质化、加热杀菌等一系列处理的牛乳,可以直接饮用,不用再加热。鲜牛乳富有蛋白质、脂肪、糖、维生素及矿物质等多种营养成分,营养价值很高。新鲜牛乳的相对密度为 1.028～1.032,酸度在 18～20°T,水分含量在 87%～89%,在常温下容易变质,需在 4℃以下贮藏。鲜乳价格较低,且具备良好风味和营养,但由于不耐贮存,体积庞大,使其应用受到了一定限制。使用鲜牛乳时,其所含水分应计算在配方之内。

### 2.炼乳

炼乳是鲜乳的浓缩制品,也叫浓缩乳。它是鲜奶经高温杀菌消毒,再经蒸发浓缩至原体积的40％左右得到的黏稠状乳。炼乳主要分为甜炼乳和淡炼乳、脱脂炼乳和全脂炼乳等。甜炼乳由于加入蔗糖,提高了渗透压,抑制了微生物的生长,因而增强其保存性。淡炼乳不加蔗糖,浓缩后黏度较低,需经过均质处理,以防脂肪上浮。炼乳在贮藏不当时会出现凝固、胀罐、褐变等问题,应低温贮存。由于炼乳缩小了鲜乳的体积,便于携带,且具有浓厚的奶香味,使其成为烘焙中的理想原料。

**3. 乳粉**

乳粉又称奶粉,它是以新鲜牛乳为原料,除去其中大部分水分而制成的粉末状乳制品。乳粉具有质量轻、体积小、耐贮藏、使用方便等优点,因而也是烘焙中常用的原料之一。乳粉种类很多,常用的有全脂乳粉和脱脂乳粉。乳粉的吸湿性很强,在添加时应避免与水直接接触,否则容易吸湿结块,难以打散,烘烤后在制品上易形成斑点,所以最好将乳粉溶解后再加入面粉中。乳粉应在低温干燥的环境中密闭保存。

**4. 奶酪**

奶酪又称干酪,是一种发酵的牛奶制品,其性质与常见的酸牛奶有相似之处,都是通过发酵工艺制作的,也都含有具有保健作用的乳酸菌,但是奶酪的浓度比酸奶更高,近似固体食物,因此营养更加丰富。每1 kg奶酪制品约由10 kg的牛奶浓缩而成,含有丰富的蛋白质、钙、脂肪、磷和维生素等营养成分。奶酪含水量较少,耐贮藏,在西式糕点中,是重要的原料之一。

**5. 乳清制品**

乳清制品一般是指乳清粉,是干酪生产的副产品。100 g标准化的牛奶可提取10～12 g干酪,其余的88～90 g为乳清。乳清中含有的营养成分基本上都是可溶的,如乳清蛋白、磷脂、乳糖、矿物质和各种维生素等。

由于乳清蛋白具有很多独特的功能特性,如溶解性、持水性、凝胶性、弹性、起泡性和乳化作用等,合理利用这些功能特性能够使食品的品质大大改善。例如,利用乳清蛋白,可以增大面包的体积,提高水分含量。

**6. 酸奶**

酸奶是以鲜牛乳为原料,添加乳酸菌使其发酵、凝固制得的乳制品。酸奶的营养价值较高,乳糖经发酵变为乳酸,易于消化,保持肠道菌群平衡。近年来,随着消费水平及营养知识的提高,酸奶因其口感香浓,细腻滑爽,越来越得到消费者的欢迎和喜爱。所以酸奶在糕点装饰中,应用较为普遍。

**7. 食用干酪素**

食用干酪素是用优质脱脂乳为原料制成的,主要组成成分为酪蛋白94％、钙2.9％、镁0.1％、有机磷酸盐1.4％、柠檬酸盐0.5％。食用干酪素可作为生产面包、糕点、饼干的配料,用量为5％～10％。

## 三、乳制品在烘焙食品中的作用

**1. 改善制品的组织结构**

乳粉的加入提高了面团的吸水率,因乳粉中含有大量的蛋白质,每增加1％的乳粉,面团吸水率就要相应增加1％～1.25％。乳粉的加入提高了面团筋力和搅拌耐力,乳粉中虽无面筋蛋白质,但含有的大量乳蛋白对面筋具有一定的增强作用,能提高面团筋力和强度。

面团在发酵过程中酸度会增加,发酵时间越长,面团酸度越大。而乳中的乳蛋白对酸度的增加具有缓冲作用,从而增强面团的耐发酵性,延长发酵时间,提高面团的稳定性。由于乳抑制了 pH 的下降,使面团产气能力下降,此时加入适量的糖,能够刺激酵母体内酒精酶的活性,加快发酵速度,增加产气能力。

### 2. 增进焙烤食品的风味和色泽

乳粉中含有大量乳糖,由于酵母体内缺乏乳糖酶,这些乳糖不能被酵母所利用,因此发酵结束后仍全部残留在面团中。在烘焙期间,乳糖与蛋白质中的氨基酸发生美拉德反应,产生特殊的香味和诱人的色泽。乳粉用量越多,制品的表皮颜色就越深。

乳糖的熔点较低,在烘焙期间着色快,因此,凡是使用较多乳粉的制品,都要适当降低烘烤温度和延长烘烤时间,否则,制品着色过快易造成外焦里生现象。

### 3. 提高了焙烤食品的营养价值

乳粉能增加面团的吸水量,有利于提高产量和出品率。乳中的营养成分含量齐全,营养价值很高,且容易被人消化吸收。乳脂肪和乳糖能赋予产品特殊的奶香味及色泽,提高焙烤食品的综合品质。

### 4. 延缓焙烤食品的老化

乳粉中含有大量蛋白质,使面团吸水率增加,面筋性能得到改善,面包体积增大,这些因素都使焙烤食品老化速度减慢,还因乳酪蛋白中的硫氢基(—SH)化合物具有抗氧化作用,延长了焙烤食品的保鲜期。

## 四、乳与乳制品的品质分析

乳及乳制品卫生质量的优劣直接关系到产品的质量。

### 1. 感官要求

优质的鲜乳一般为乳白色或稍带微黄色,呈均匀的流体,无沉淀、凝块或机械杂质,无黏稠或浓厚现象,并具有鲜乳独特的纯香味,滋味可口而稍甜,无其他任何异味。

### 2. 理化要求

原料的卫生质量问题主要是病牛乳(结核病、乳房炎牛的乳)、高酸乳、胎乳、初乳,应用抗生素 5 d 内的乳、掺伪乳以及变质乳等。患结核病牛的乳汁不得作消毒乳供人饮用,只能加工成乳制品。患乳房炎牛乳、产犊前15 d 的胎乳、产犊后7 d 的初乳、应用抗生素 5 d 内的乳及变质乳既不得做消毒乳也不得加工成乳制品。高酸乳不得做消毒乳和良质乳品原料。对掺伪的乳要分清情况处理,对加入了水、蔗糖、食盐、豆浆、淀粉等物的牛乳不得做消毒乳供人饮用,可用于加工乳制品。对掺入了非食用物质的乳,不得食用或加工乳制品。

# 任务五　蛋与蛋制品

## 一、蛋的结构与化学成分

### (一)蛋的结构

鸡蛋由蛋壳、蛋白和蛋黄三部分构成。

1. 蛋壳

蛋壳的主要成分是碳酸钙,厚度约为 0.3 mm,其表面分布着许多肉眼看不见的气孔,这些气孔是蛋内气体进行代谢的通道,且对蛋品加工有一定的作用。

壳的外侧有胶状膜,富有光泽,能阻挡微生物的侵入,当鸡蛋不新鲜时胶状膜就会消失,细菌、霉菌均可通过气孔侵入蛋内,造成鲜蛋的质量降低或腐败变质。

壳的内侧有壳内膜,分为两层,两层膜紧贴在一起,仅在蛋的钝端分开形成气室,气室的大小与蛋的新鲜程度有关,是鉴别蛋新鲜度的主要标志之一。

2. 蛋白

蛋白膜之内就是蛋白(即蛋清),呈透明黏稠流动体,颜色为微黄色。蛋白由外向内分为四层,第一层为稀薄蛋白,贴附在蛋白膜上;第二层为浓厚蛋白;第三层为稀薄蛋白;第四层为系带层浓蛋白。

浓厚蛋白是一种纤维状结构,主要由黏蛋白和类黏蛋白组成,并含有特有成分溶菌酶,能溶解微生物细胞壁,故有杀菌和抑菌的作用。稀薄蛋白呈水样液体,不含溶菌酶。一般新鲜的蛋,浓厚蛋白的含量大,占全部蛋白的 50%~60%,但随着蛋的陈旧,浓厚蛋白逐渐变稀,稀薄蛋白变得更稀,因此浓厚蛋白含量的多少可作为衡量蛋新鲜与否的标志。浓厚蛋白与稀薄蛋白的比例可因禽类品种、年龄、产蛋季节、饲料的不同而有所不同。

3. 蛋黄

蛋黄是蛋中营养物质含量最多的部分,由蛋黄膜、蛋黄及胚胎组成,它和蛋白一样为胶体体系。蛋黄内容物的中央为白色蛋黄层,周围则由深色蛋黄层和浅色蛋黄层交替包围着,这些不同颜色的蛋黄层都被包裹在蛋黄膜内。蛋黄膜的厚度仅为 16 μm,包裹着蛋黄,使其保持圆形,不向蛋白扩散。蛋黄表面中心有一个 2~3 mm 的白点,即为胚胎。

**(二)蛋的化学成分**

不同禽蛋的化学成分见表 1-8。

表 1-8 不同禽蛋的化学成分组成(可食部分) %

| 蛋别 | 水 | 固形物 | 蛋白质 | 脂肪 | 灰分 | 碳水化合物 |
|---|---|---|---|---|---|---|
| 鸡全蛋 | 72.5 | 27.5 | 13.3 | 11.6 | 1.1 | 1.5 |
| 鸭全蛋 | 70.8 | 29.2 | 12.8 | 15.0 | 1.1 | 0.3 |
| 鹅全蛋 | 69.5 | 30.5 | 13.8 | 14.4 | 0.7 | 1.6 |
| 鸽全蛋 | 76.8 | 23.2 | 13.4 | 8.7 | 1.1 | — |
| 火鸡蛋 | 73.7 | 25.7 | 13.4 | 11.4 | 0.9 | — |
| 鹌鹑蛋 | 67.5 | 32.3 | 16.6 | 14.4 | 1.2 | — |

1. 脂肪

蛋中脂肪主要存在于蛋黄中,约占蛋黄总重量的 30%,大部分为中性脂肪,含有较多的卵磷脂,胆固醇含量也较高,每 100 g 全蛋中含 400~600 mg。蛋黄中还含有卵黄高磷蛋白,可干扰蛋中含量较低的铁的吸收,所以蛋中铁的吸收率仅 3%。

蛋黄中脂肪酸的组成受饲料中脂肪酸的类型影响,增加饲料中多不饱和脂肪酸含量时,蛋黄中亚油酸也相应增加。

**2. 蛋白质**

蛋黄和蛋白中均含有一定量的蛋白质,鸡蛋中的蛋白质营养价值很高,其必需氨基酸组成模式与人体需要的模式很相近。是最理想的优质蛋白质。因此,在进行食物蛋白质的营养价值评价时,常以全鸡蛋的蛋白质作为参考蛋白。

**3. 维生素**

鸡蛋中含有丰富的维生素,其中维生素 A、维生素 D、维生素 $B_1$ 与维生素 $B_2$ 含量均较丰富。蛋中几乎不含维生素 C。

**4. 矿物质**

鸡蛋中的矿物质主要存在于蛋黄中,含量较多的主要有钙、磷、铁等,而钠、钾等含量较少。

**5. 酶**

溶菌酶是能够溶解细菌细胞壁的酶,占蛋清蛋白总量的 3%～4%,能起到杀菌、防止鸡蛋变质的作用。

## 二、焙烤食品中常用的蛋制品

**1. 鲜蛋**

鲜蛋包括鸡蛋、鸭蛋、鹅蛋等,其中以鸡蛋在焙烤中应用最多,因为鸡蛋的风味最佳。鲜蛋的加工性能在各种蛋品中是最好的,价格也相对较便宜。在中小工厂或作坊中使用较普遍。不过鲜蛋的运输和贮存不便,使用时处理麻烦,大型加工企业很少直接使用鲜蛋。

**2. 冰蛋**

冰蛋是由蛋液经过滤、灭菌、装盘、速冻等工序制成的冷冻块状食品,有冰全蛋、冰蛋白、冰蛋黄等。速冻温度在 $-20～-18℃$,蛋液的胶体特性没有受到破坏,因此,蛋液的可逆性大。冰蛋使用前必须先解冻成蛋液,其加工工艺性能与鲜蛋非常接近,且运输、贮存和使用都很方便,所以得到广泛使用。

**3. 干燥蛋制品(蛋粉)**

干燥蛋制品是鲜蛋去壳后,蛋液经过加工、干燥而成的蛋制品,包括巴氏杀菌全蛋粉、蛋黄粉、蛋白片等。由于蛋粉的含水量低(巴氏杀菌全蛋粉的含水量不超过 4.5%,蛋黄粉的含水量不超过 4.0%,蛋白片的不超过 16%),经密封包装后,可以在常温下储存,使用方便。但是由于蛋粉经过 120℃ 的高温处理,使蛋白质变性凝固,受热变性凝固的蛋白质可逆性很小,甚至丧失了可逆性,从而使蛋白质不再具有发泡性和乳化性等胶体性质,亦失去了它在生产中的疏松性能,因此,用蛋粉作为焙烤食品的生产原料,制品的质量大大受到影响。所以在有鲜蛋和冰蛋的情况下,一般不用蛋粉。

## 三、蛋制品在烘焙食品中的作用

**1. 蛋白的起泡性**

蛋白具有良好的发泡性,在打蛋机的高速搅打下,能搅入大量空气,形成泡沫。它可使面团或面糊大量充气,形成海绵状结构,烘烤时泡沫内的空气受热膨胀,使产品体积增加,结构疏松而柔软。

**2. 蛋黄的乳化性**

蛋黄中富含磷脂,是很好的天然乳化剂,具有亲水和亲油双重性质,能使油相和水相的原料均匀分散,使制品组织结构细腻,高水分产品质地柔软,低水分产品疏松可口。

3. 蛋白的凝固性

蛋白对热敏感,受热后凝结变性。温度在 54～57℃ 时蛋白开始变性,60℃ 时变性加快。变性蛋白分子相互撞击而相互贯穿、缠结,形成凝固物。这种凝固物经高温烘烤便失水成为带有脆性的凝胶片。因此,常在面包、糕点表面涂上一层蛋液,烘烤时呈现一层光亮色,增加其外观美。

4. 改善产品外观和风味

蛋白质参与美拉德反应,有助于制品上色。在面包制品表面涂上蛋液,经烘焙后使之更有光泽。含蛋的制品具有特殊的蛋香味等。

5. 提高产品的营养价值

鸡蛋蛋白质含量高,且氨基酸比例接近人体模式,消化利用率高;含有较多的卵磷脂,对大脑和神经发育有重要意义;还含有丰富矿物质维生素。

6. 改善制品的保存品质

蛋黄中的磷脂能使面包、蛋糕等制品在贮存期保持柔软,延缓老化。蛋白的主要成分白蛋白中含有硫氢基,具有抗氧化效果,能延长饼干等产品的保存期。

## 四、蛋与蛋制品的品质分析

鸡蛋营养丰富,如果贮藏条件不当,很容易在短时间内发生腐败变质,而其质量好坏直接关系到成品品质,所以使用鸡蛋时必须对鸡蛋进行品质鉴评。

### (一)蛋的一般质量指标

1. 蛋形指数

蛋的纵径与横径之比表示蛋的形状。蛋形不影响食用价值,但关系到种用价值、孵化率和破蛋及裂纹蛋所占比例。形状不正常的蛋,其耐压程度不同,圆筒形蛋耐压程度最小,球形蛋耐压程度最大。

2. 蛋重

蛋的重量是评定蛋的等级、新鲜度和蛋的结构的重要指标。外形大小相同的同种禽蛋,较轻的蛋是陈蛋,这是由于蛋内水分不断蒸发的结果。

3. 蛋的比重

蛋的比重是以食盐溶液对蛋的浮力来表示,将蛋放入不同比重的溶液内至悬浮为止,即可测定其比重,测定最适温度为 34.5℃。蛋的比重与蛋的新鲜度有密切关系。若禽蛋存放时间愈长,气孔愈大,则蛋内水分蒸发愈多,其比重越小。比重在 1.080 以上的蛋为新鲜蛋,在 1.050 以下的蛋为变质蛋。经比重鉴别的蛋,由于盐水使蛋壳表面胶质脱落,失去保护膜,气孔暴露,细菌容易侵入,蛋内水分也易蒸发,故不宜久存。

### (二)蛋的内部品质指标

1. 气室高度

气室高度是评定鲜蛋等级的重要依据。新鲜蛋的气室很小。存放愈久,水分蒸发愈多,气室越大。

2. 哈夫单位

哈夫单位是根据蛋重和浓厚蛋白高度,按一定公式计算出其指标的一种方法,可以衡量蛋白品质和蛋的新鲜程度,它是现在国际上对蛋品质评定的重要指标和常用方法。新鲜蛋的哈夫指数在 80 以上。随着存放时间的延长,由于蛋白质的水解,使浓厚蛋白变稀,蛋白高度下降,哈夫单位变小。当哈夫单位小于 31 时则为次蛋。

### (三)蛋的品质标准和分级

蛋的品质标准和分级一般从两个方面来综合确定:一是外观检查,二是光照鉴别。在分级时,应注意蛋壳的洁净度、色泽、重量和形状,蛋白、蛋黄、胚胎的能见度及其强度和位置,气室大小等。

# 任务六　食盐

## 一、食盐的分类

食盐的化学名称是氯化钠,呈咸味,大致可分为粗盐、精盐和再制盐三种。日常生活中常用的是精盐,它是由粗盐的饱和溶液除去杂质,再蒸发浓缩而成的粉状结晶体,色泽洁白,咸味纯正。

食盐与面粉、酵母、水构成了面包生产的四种基本原料,其用量虽不多,但不可不用,即使最简单的硬式面包如法式面包,可以不用糖,但必须用盐。其他焙烤食品如饼干、蛋糕和糕点的不少品种也常用到食盐。

根据原料来源可分为:海盐,因为海盐的产量大,成本较低,可以大规模生产提纯,质量也较好,便于运输;岩盐,又叫崖盐,也就是矿石样的,是开采出来的盐矿;井盐,是在地上凿井,汲取地下的盐水,再用锅熬制提炼而成。

根据不同的加工方法可分为:原盐,利用自然条件晒制,结构紧密,色泽灰白,纯度约为94%的颗粒,此盐多用于腌制咸菜和鱼、肉等;精盐,以原盐为原料,采用化盐卤水净化,真空蒸发、脱水、干燥等工艺,色洁白,呈粉末状,氯化钠含量在 99.6% 以上,适合于烹饪调味;洗涤盐,原料盐经粉碎、洗涤工艺制得的食盐。

根据用途可分为低钠盐、加碘盐、加锌盐、补血盐、防龋盐、维 $B_2$ 盐、风味盐、营养盐等。

当食盐浓度在 0.8%～1.2% 时,人对咸味感觉最舒适。因此,在烘焙食品的生产中,考虑到各原料之间在味觉方面的相互影响,一般食盐用量在 1.5% 左右,最多不超过 3%。

## 二、食盐在烘烤食品中的作用

1. 提高焙烤食品的风味

食盐能给制品带来咸味,刺激人的味觉神经,引起食欲,使其更加可口。其次,咸味与其他风味之间有协调作用,如少量盐可增强酸味,而大量盐则会减若酸味,少量盐能使甜味更加柔美。

2. 抑制细菌的繁殖,调节发酵速度

食盐用量超过 1% 时,则产生明显的渗透压,对大部分的酵母菌和野生菌都有抑制作用,因此,用食盐可以调节面团的发酵速度。同时,盐在面包中所引起的渗透压能抑制细菌的生长,甚至有时可毁灭其生命。

3. 增强面筋筋力

食盐可使面筋质地变密,增强面筋的立体网状结构,易于扩展延伸。同时,能使面筋产生相互吸附作用,从而增加面筋的弹性。因此,低筋面粉可使用较多的食盐,高筋面粉则少用,以调节面粉筋力。

4. 改善焙烤食品的内部颜色

食盐虽然不能直接漂白制品内部组织,但由于食盐改善了面筋的立体网状结构,使面团有足够的能力保持 $CO_2$。同时,食盐能够控制发酵速度,使产气均匀,面团均匀膨胀、扩展,使制品内部组织细密、均匀,气孔壁薄呈半透明,阴影少,光线易于通过气孔壁膜,故制品内部组织色泽变白。

5. 增加面团调制时间

如果调粉开始时加入食盐,会增加面团调制时间 50%～100%。

### 三、焙烤食品对食盐的要求及用量选择

1. 焙烤食品对食盐的要求

焙烤食品对食盐的要求如下:不含机械杂质,色泽洁白光亮;有一定的化学纯度,不含氯化镁、氯化钾、硫酸镁、硫酸铜以及其他含有铜离子的杂质,因为这些杂质不仅容易吸潮,还会促使油脂酸败,缩短食品的保质期,因此应该使用精制盐;粒度细而整齐,不结块,具有速溶性,否则食盐在面团中来不及溶解,因而难以达到均匀分布的要求。

2. 食盐的用量选择

在焙烤食品生产中,考虑各种原料之间在味感方面的相互影响,一般食盐用量以 1.5% 为宜,最多不超过 3%。一般情况下甜面包约 1%,咸面包 1.5%～2.5%,饼干 0.3%～1.0%。若使用小麦粉筋力过弱,应适量增加食盐用量,反之则应减少用量。此外,在水质较硬、发酵时间太长、面团改良剂使用量较多、冬季温度偏低等情况下,食盐用量应减少些;反之,可多用些。

3. 食盐的添加方法

食盐的使用应采用后加盐法,即在面团搅拌的最后阶段加入。一般在面团的面筋扩展阶段后期,即面团不再黏附调粉机缸壁时,食盐作为最后加入的原料,然后搅拌 5～6 min 即可。

一次发酵法和快速发酵法的加食盐方法如上述要求,而两次发酵法则需要在主面团的最后调制阶段加入。食盐一般以盐溶液形式加入,以便混合均匀。

### 四、食盐的品质分析

食盐按其生产和加工方法可分为:精制盐、粉碎洗涤盐、日晒盐。按其等级可分为:优级、一级、二级。

1. 感官要求

白色,味咸,无异味,无明显与盐无关的外来异物。

2. 理化要求

应符合表 1-9 食盐的各项理化指标规定。

表 1-9  食盐的各项理化指标

| 指标 | | 精制盐 | | | 粉碎洗涤盐 | | 日晒盐 | |
|---|---|---|---|---|---|---|---|---|
| | | 优级 | 一级 | 二级 | 一级 | 二级 | 一级 | 二级 |
| 物理指标 | 白度(度)≥ | 80 | 75 | 67 | 55 | | 55 | 45 |
| | 粒度/%≥ | 0.15～0.85 mm | | | 0.5～2.5 mm | | 0.5～2.5 mm | 1.0～3.5 mm |
| | | 85 | 80 | 75 | 80 | | 85 | 70 |
| 化学指标 (湿基)/% | 氯化钠≥ | 99.10 | 98.50 | 97.00 | 97.00 | 95.50 | 93.20 | 91.00 |
| | 水分≤ | 0.30 | 0.50 | 0.80 | 2.10 | 3.20 | 5.10 | 6.40 |
| | 水不溶物≤ | 0.05 | 0.10 | 0.20 | 0.10 | 0.20 | 0.10 | 0.20 |
| | 水溶性杂质≤ | — | — | 2.00 | 0.80 | 1.10 | 1.60 | 2.40 |
| 卫生指标 /(mg/kg) | 铅(以 Pb 计)≤ | 1.0 | | | | | | |
| | 砷(以 As 计)≤ | 0.5 | | | | | | |
| | 氟(以 F 计)≤ | 5.0 | | | | | | |
| | 钡(以 Ba 计)≤ | 15.0 | | | | | | |
| 碘酸钾 /(mg/kg) | 碘(以 I 计) | 35±15(20～50) | | | | | | |
| 抗结剂 /(mg/kg) | 亚铁氰化钾 (以[$Fe(CN)_4$]$^{4-}$ 计)≤ | 10.0 | | | | | | |

(中国食品工业标准汇编,发酵制品卷,2001 年)

# 任务七　水

## 一、水的分类

### (一)按硬度分

水的硬度是指溶解在水中的钙盐与镁盐含量的多少。含量多的硬度大,反之则小。我国采用德国度作为水的硬度单位,1 L 水中含有 10 mg 氧化钙(CaO)称为 1 度。硬度小于 8 的水为软水,如雨水,雪水,纯净水等;硬度大于 8 的水为硬水,如矿泉水,自来水,以及自然界中的地表水和地下水等。

硬度又分为暂时硬度和永久硬度。暂时硬度是由碳酸氢钙与碳酸氢镁引起的,经煮沸后可被去掉,这种硬度又叫碳酸盐硬度。永久硬水的硬度是由硫酸钙和硫酸镁等盐类物质引起的,经煮沸后不能去除。以上两种硬度合称为总硬度。我国将水按硬度划分为六种,见表 1-10。

### (二)按 pH 分

水按 pH 可分为酸性水(pH<7)、碱性水(pH>7)和中性水(pH=7)。

表 1-10 水的硬度

| 总硬度/度 | 0~4 | 4~8 | 8~12 | 12~18 | 18~30 | >30 |
|---|---|---|---|---|---|---|
| 水质 | 极软水 | 软水 | 中硬水 | 较硬水 | 硬水 | 极硬水 |

## 二、焙烤食品对水质的要求

水质的优劣对焙烤食品的质量有较大的影响,特别是面包类产品对水质的要求更为严格,除应符合饮用水标准外,对水的硬度和 pH 也有一定的要求。

### 1. 焙烤食品对水的硬度要求

酵母发酵除了需要糖类来提供能源、氮素来提供蛋白质外,还需要一定的矿物质来组成营养结构。因此,水中应含有适量的矿物质,一方面提供酵母营养,另一方面可增进面筋强度。一般要求适合面包制作的水为中等硬度,其硬度可为 8°~18°。硬度太高会使面筋韧性过大,延长发酵时间,面包体积小,口感粗糙,易掉渣。若使用的水硬度过高,可用石灰处理,使硬度降低。但在实际生产中往往采用更方便的方法,例如增加酵母用量,以加快发酵过程,并使面筋得到一定程度的软化,也可以在面团中加入一定量的麦芽添加剂,或者减少食盐、酵母营养剂的用量。如水的硬度太低,会使面筋过度弱化,必须预先经过一定的处理,方可用于面包生产,添加少量磷酸钙、硫酸钙,或者适当增加酵母营养剂的用量,可增加水的硬度。

### 2. 焙烤食品对水的 pH 要求

酵母的发酵和酶的作用均需要弱酸性环境,因此,弱酸性水适合面包的生产。但酸性过大,则会使发酵速度过快,软化面筋,导致面团持气性差,同时还会使面包带有酸味,影响口感。碱性水不仅影响酵母的生长繁殖,抑制酶的活性,还会部分溶解面筋,使面筋变软,产品组织粗糙,颜色发黄。

因此,对于酸碱性不适的水必须进行处理。对酸性过强的水可以适当加碱中和。对碱性水则可添加适量乳酸、醋酸或磷酸二氢钙等加以中和。

### 3. 卫生要求

焙烤食品用水必须符合国家规定的饮用水卫生标准,透明无色,无异味,无有害微生物和致病菌,无污染。

## 三、水在焙烤食品中的作用

### 1. 调节面团的胀润度

面筋蛋白吸水胀润形成面筋网络,使面团具有弹性和韧性。在面团调制过程中,加水量适当,面筋的胀润度好,所形成的面团加工性能好。若加水量不足,则面筋蛋白不能充分吸水胀润,面筋不能充分伸展,面团胀润度及品质差。

### 2. 调节淀粉的糊化程度

在烘烤过程中,淀粉遇热糊化,面包坯由生变熟。若面团含水量充足,淀粉充分吸水糊化,使制品组织结构细腻均匀,体积膨大;反之,则容易导致面团流散性大,制品组织疏松。

### 3. 促进酵母的生长繁殖

水是酵母的重要营养物质之一,同时也是酵母进行各项生命活动的基础。酵母的最适水分活度($A_w$)为 0.88,当 $A_w<0.87$ 时,酵母的生长繁殖受到抑制。因此,水分对酵母的生长繁

殖具有一定的促进作用,从而对面团的发酵速度产生重要的影响。

4. 促进原料溶解

面粉中的许多原料都需要水来溶解,如糖、食盐、乳粉以及膨松剂等,这些原料只有经水溶解后才能在面团中均匀分散。

5. 调节和控制面团温度

面团温度的控制对面包的质量有较大的影响。面包生产中,采用水温来控制面团的温度是最简便、最有效的方法。

6. 有助于生化反应

一切生物活动均需要在水溶液中进行,生物化学反应,包括酵母发酵,都需要有一定量的水作为反应介质及运载工具,尤其是酶反应。

7. 延长制品的保质期

高水分的焙烤食品,如面包、蛋糕等,可保持较好的柔软度、延长保鲜期。

8. 作为焙烤中的传热介质

水作为焙烤中的传热介质,可用来传递热能。

## 四、水的品质分析

水的质量要求参见表1-11。

表1-11　生活饮用水水质标准

| 项目 | | 标准 | |
| --- | --- | --- | --- |
| 感官性状和一般化学指标 | 色 | 色度不超过15°,并不得呈现其他异色 | |
| | 浑浊度 | 不超过3°,特殊情况不超过5° | |
| | 臭和味 | 不得有异臭、异味 | |
| | 肉眼可见物 | 不得含有 | |
| | pH | ≤6.5～8.5 | |
| | 总硬度(以碳酸钙计) | ≤450 | mg/L |
| | 铁 | ≤0.3 | mg/L |
| | 锰 | ≤0.1 | mg/L |
| | 铜 | ≤1 | mg/L |
| | 锌 | ≤1 | mg/L |
| | 挥发酚类(以苯酚计) | ≤0.002 | mg/L |
| | 阴离子合成洗涤剂 | ≤0.3 | mg/L |
| | 硫酸盐 | ≤250 | mg/L |
| | 氯化物 | ≤250 | mg/L |
| | 溶解性总固体 | ≤1 000 | mg/L |
| 毒理学指标 | 氟化物 | ≤1 | mg/L |
| | 氰化物 | ≤0.05 | mg/L |
| | 砷 | ≤0.05 | mg/L |

续表 1-11

| 项目 | | 标准 | |
|---|---|---|---|
| 毒理学指标 | 硒 | ≤0.01 | mg/L |
| | 汞 | ≤0.001 | mg/L |
| | 镉 | ≤0.01 | mg/L |
| | 铬(六价) | ≤0.05 | mg/L |
| | 铅 | ≤0.05 | mg/L |
| | 银 | ≤0.05 | mg/L |
| | 硝酸盐(以氮计) | ≤20 | mg/L |
| | 氯仿 | ≤60 | $\mu$g/L |
| | 四氯化碳 | ≤3 | $\mu$g/L |
| | 苯并(a)芘 | ≤0.01 | $\mu$g/L |
| | 滴滴涕 | ≤1 | $\mu$g/L |
| | 六六六 | ≤5 | $\mu$g/L |
| 细菌学指标 | 细菌总数 | ≤100 | 个/mL |
| | 总大肠菌群 | ≤3 | g 个/L |
| | 游离余氯 | 在与水接触 30 min 后应不低于 0.3 mg/L。集中式给水除出厂水符合上述要求外,管网末梢水不应低于 0.05 mg/L | |
| 放射性指标 | 总 α 放射性 | ≤30.1 | Bq/L |
| | 总 β 放射性 | ≤31 | Bq/L |

(发酵制品卷,中国食品工业标准汇编,2001 年)

# 任务八　食品添加剂

## 一、生物疏松剂——酵母

对于面包、馒头、包子等发酵食品,酵母除了使产品膨松以外,还可以产生特殊的风味。酵母的种类很多,有适合于酿酒的,也有适合于焙烤食品的。

烘焙中使用的酵母种类有:

1. 鲜酵母

鲜酵母又称压榨酵母,在面包制作中使用较早。它是将所选择的优良酵母菌种接种到培养基中,让其在合适的条件下生长繁殖而得到的。鲜酵母含水量在 71%～73%,常温下极易腐败变质,所以其贮存环境温度要求十分严格,只适宜 4℃ 以下冷藏,保存期约 1 个月。鲜酵母在贮藏过程中活力会逐渐减弱,因此随着存放时间的延长,其使用量也需增加。

#### 2. 活性干酵母

活性干酵母是采用具有耐干燥能力、发酵力稳定的鲜酵母,经挤压成型和干燥而制成的。是制作面包、蒸馒头不可缺少的发酵剂。活性干酵母好保存,易运输,使用方便,用它制作面包、馒头可节省大量碱,同时还提高了面包、馒头的营养价值。

保存期为半年到一年。与压榨酵母相比,它具有保藏期长,不需低温保藏,运输和使用方便等优点。

#### 3. 快速活性干酵母(即发活性干酵母)

一种新型的具有快速高效发酵力的细小颗粒状(直径小于 1 mm)产品。水分含量为 4%~6%。它是在活性干酵母的基础上,采用遗传工程技术获得耐干燥的酿酒酵母菌株,经特殊的营养配比和严格的增殖培养条件以及采用流化床干燥设备干燥而得。与活性干酵母相同,采用真空或充惰性气体保藏,货架寿命为 1 年以上。与活性干酵母相比,颗粒较小,发酵力高,使用时不需用水活化而可直接与面粉混合加水制成面团进行发酵,在短时间内发酵完毕即可焙烤成品。该产品在 20 世纪 70 年代才在市场上出现,深受消费者的欢迎。

## 二、化学疏松剂

化学疏松剂是添加于生产烘焙食品的原料中,并在加工过程中受热分解,产生气体,使面坯起发,形成致密多孔组织,从而使制品具有疏松、柔软或酥脆的一类物质。常用的有小苏打、碳酸氢铵和泡打粉。

### (一)小苏打

一般的甜饼、一些蛋糕、油炸面食多用化学疏松剂。小苏打是最基本的一种化学疏松剂。小苏打也称苏打粉,其化学名称为碳酸氢钠,白色粉末,分解温度为 60~150℃,产生气体量为 261cm³/g。

### (二)碳酸氢铵

碳酸氢铵(俗称臭碱)是碱性化合物,受热后它们产生气体的反应式如下:

$$NH_4HCO_3 \rightarrow CO_2\uparrow + NH_3\uparrow + H_2O$$

碳酸氢铵分解后产生气体的量多,起发能力大,但容易造成成品过松,使成品内部或表面出现大的空洞。产物氨气虽然很容易挥发,但成品中还可能残留一些,从而带来不良的风味。此外有些维生素,在碱性条件下加热也容易被破坏。

但碳酸氢铵具有价格低廉、保存性较好、使用时稳定性较高等优点;所以它仍是饼干、糕点生产中广泛使用的膨松剂。

### (三)泡打粉

泡打粉的作用机理主要是碳酸氢盐与一些酸类、酸式盐类在均匀溶于水中时,可以进行化学反应并产生 $CO_2$。

泡打粉通常分为普通泡打粉和双效泡打粉两类。普通泡打粉在混合阶段即可迅速发泡,但泡沫不够稳定,必须混合后马上烘烤,才能得到比较好的效果。双效泡打粉在混合和烘烤阶段都可以持续发泡,能够得到比较稳定、疏松的组织结构,因此较适合焙烤食品的生产要求。

## 三、抗氧化剂

抗氧化剂能防止食品成分氧化变质,从而提高焙烤食品的稳定性和延长贮存期。主要用于防止油脂或含油食品的氧化变质。油脂和含油食品在空气中长久放置容易出现变质,这主要是油脂成分被氧化的缘故。油脂成分的氧化不仅会使食品褪色、变色、维生素成分遭到破坏和产生异臭等,严重时会产生有害物质,引起食物中毒。防止和减缓食品的氧化,添加抗氧化剂是一种既简单、经济而又理想的方法。

国内目前使用的化学合成抗氧化剂有丁基羟基茴香醚(BHA)、二丁基羟基甲苯(BHT)、没食子酸丙酯(PG)、异抗坏血酸钠和特丁基对苯二酚(TBHO)。

为了达到更好的抗氧化效果,往往几种抗氧化剂复合使用。《食品添加剂使用卫生标准》(GB 2760)中规定,BHA 与 BHT 混合使用时,总量不得超过 0.2 g/kg,BHA、BHT 和 PG 混合使用时,BHA、BHT 总量不得超过 0.1 g/kg,PG 不得超过 0.05 g/kg,最大使用量以脂肪计。

TBHO 是现在提倡比较广泛的一种抗氧化剂,熔点和沸点较高而特别适用于煎炸食品。同时 TBHO 还具有良好的抗细菌、霉菌的作用,可增强高油水食品的防腐保鲜效果。可用于食用油脂、油炸食品、饼干、方便面等,最大使用量为 0.2 g/kg。在应用上 TBHO 与 BHA、BHT、维生素 E 复配使用可达到最佳效果,抗氧化性能比单独使用高出数倍。同时 TBHO 可与防腐保鲜剂复配使用可明显提高某些食品的防腐保鲜效果。但 TBHO 不能与没食子酸丙酯混合使用。

## 四、乳化剂

乳化剂是一种具有亲水基和亲油基的表面活性剂。它能使互不相溶的两相(如油与水)相互混溶,并形成均匀分散体或乳化体,从而改变原有的物理状态。乳化剂在烘焙产品中广为利用,进而改变产品的内部结构,提高了产品品质。乳化剂在烘焙食品中主要有以下作用。

1. 乳化剂可以增强面筋和面团的保气性

在烘焙制品中,乳化剂可与面筋蛋白相互作用,并强化面筋网络结构,使得面团保气性得以改善,同时也可增加面团对机械碰撞及发酵温度变化的耐受性。

2. 乳化剂可作为面团面心软化剂,延长烘焙产品的柔软度及可口性

饱和蒸馏的单甘油酸酯是最具代表性的、有效的面团软化剂。

3. 乳化剂会带来关键的乳化作用

一个好的烘焙产品需要好的乳化反应。乳化剂的亲水与亲油基在面团中分别作用,将面团内的水及油吸附,从而降低油水两相的界面张力,并使面团内部原先互不相溶的多分散相系统得以均质。

4. 具有不可忽视的充气效果

在制作蛋糕时,拌入空气形成乳沫,乳化剂中饱和脂肪酸链可使面糊和气室的分界区域形成光滑的薄膜状结构,这将会稳定气室,同时增加气室数量。添加乳化剂,可使面糊比重下降、蛋糕体积增大,并获得良好的品质及外观。

焙烤食品常用的乳化剂有单甘油酯、大豆磷脂、脂肪酸蔗糖酯、丙二醇脂肪酸酯、硬脂酰乳酸钙、山梨醇酐脂肪酸酯。

### 五、防腐剂

一般的焙烤食品多在3~4 d内吃完,是不需要使用防腐剂的。有些面包要长时间的包装贮存,形成了对细菌生长的有利条件。所以在面包生产上,会常常用到防腐剂。

防腐剂是以保持食品原有品质和营养价值为目的的食品添加剂,它能抑制微生物活动、防止食品腐败变质,从而延长保质期。由于目前使用的防腐剂大多是人工合成的,超标准使用会对人体造成一定损害。一般烘焙业常用之防腐剂有丙酸钙、丙酸钠及山梨酸等。

丙酸钠抑制酵母的能力较强,而丙酸钙则相对较弱;丙酸钠碱性过强,容易与一些泡打粉反应,所以面包的防腐剂一般用丙酸钙,而蛋糕的防腐剂一般用丙酸钠。丙酸钙的毒性很小,在欧洲也允许添加,添加量为0.3%,我国则规定0.25%,而这些量再转化为烘焙比例,在卫生条件良好的情况下,是足够防霉的。

### 六、其他烘焙食品添加剂

#### (一)调味剂

**1. 咸味剂**

食盐是一种咸味剂,它能促进消化液的分泌和增进食欲,并能维持人体正常生理机能。食盐可以改进糕点制品的甜味,使糕点的甜味更加鲜美,同时食盐还可以改进面筋的物理性能,增加面筋的弹性,使面团组织细密,制品表面细腻。

**2. 甜味剂**

在制作焙烤食品时为了获得较好的口感,并且提高成品质量,许多焙烤食品中会添加甜味剂。传统的甜味剂是蔗糖,但它有高热量、易被口腔微生物利用和糖尿病人不能食用等缺点,所以出现了许多替代品,如阿斯巴甜、木糖醇等,近年来又出现了一种新型的低热量甜味剂塔格糖。

塔格糖除了具有低热量、降血糖、抗龋齿的作用外,还可改善肠道功能,促进血液健康。塔格糖有良好的美拉德反应特性,较低温度下有利于增加风味,但高温长时间处理会产生较深的色泽和苦涩后味。

**3. 酸味剂**

酸味剂可以增进食欲,具有一定的防腐能力,有助于钙等矿物质营养的吸收。常用的酸味剂一般分为无机酸和有机酸。糕点制作中使用的酸味剂有柠檬酸、苹果酸、酒石酸、醋酸等有机酸,其中以柠檬酸使用最多。

柠檬酸是功能最多,用途最广的酸味剂,有较高的溶解度,对金属离子的螯合能力强。柠檬酸用于糕点制作,不仅可以提高制品的风味,还具有一定的防腐作用,亦有助于溶解纤维素及铁、钙、磷等物质,促进消化吸收,还可作为抗氧化剂的增效剂,能够增加抗氧化剂的效果。柠檬酸的用量不受限制,视需要而定。

**4. 鲜味剂**

糕点中使用的鲜味剂主要是味精,它是谷氨酸的钠盐,多用于部分糕点的馅心,以增加鲜味和增强风味。同时味精所含谷氨酸是氨基酸的一种,具有一定的营养价值。

味精的水溶液如长时间加热,会引起失水而变成焦谷氨酸钠,失去原有的鲜味。另外,在碱性条件下,味精会由谷氨酸钠变成谷氨酸二钠,也会失去鲜味。因此,添加味精的糕点不宜使用化学膨松剂,而要改用酵母。使用味精应适量,用量过大,会产生不愉快的味感,一般用量为万分之二到万分之十五。

5. 其他调味料

可可、咖啡、酒、腐乳等也常用于糕点的制作。可可、咖啡具有特殊的苦味和香味,能引起食欲。可可、咖啡中含有的可可碱、咖啡碱,具有兴奋神经、帮助消化、消除疲劳等作用。制作糕点时加入可可、咖啡,能使制品具有特殊风味,尤其在西点中经常使用,既能调味,又能装饰和美化制品。某些中式糕点将腐乳加入馅内,以利用其特殊风味,增加制品特色,例如小凤饼。

**(二)食用色素**

食用色素是以食品着色为目的的食品添加剂。制作部分品种的糕点时需使用适量的色素,一般用于产品表面装饰、馅心调色以及果料、蜜饯着色等,它可使制品色彩鲜艳悦目,色调和谐宜人,起一定的美化装饰作用。食用色素按其来源和性质可分为天然色素以及合成色素。

1. 食用天然色素

食用天然色素大都是从动、植物组织中提取的,主要是植物色素,包括微生物色素。植物色素有胡萝卜素、叶绿素、番茄红色素、姜黄素,微生物色素有核黄素及红曲色素,动物色素有虫胶色素等。

食用天然色素色调比较和谐,无毒,来源广泛,有些天然色素还有营养价值或药理作用。但天然色素存在提取较麻烦,稳定性较差,容易褪色,不易配色,价格较高等缺点,因此使用较少。

2. 食用合成色素

化学合成色素的原料主要是煤焦油,因此通常称为煤焦或苯胺色素。化学合成色素一般色彩鲜艳、性质稳定、着色力强,容易配成各种色调,且价格低廉,因而在实际生产中使用广泛。不过合成色素无营养价值,且对人体有一定的毒性,应尽量少用。合成色素按国家规定允许使用的有胭脂红、苋菜红、柠檬黄、日落黄、赤藓红、新红、靛蓝、亮蓝8种。

**(三)食用香料、香精**

1. 食用香料

食用香料是一类能够使嗅觉感觉出气味的特殊食品添加剂,能用于调配食用香精,并使食品增香的物质。食用香料在焙烤食品中经常使用,它的作用主要是增强制品原有的香味,以及改善某些原料带来的不良气味。按来源和制造方法的不同,食用香料可分为天然香料、天然等同香料和人造香料。

天然香料是用纯粹物理方法从天然芳香原料中分离得到的物质,包括香辛料及其提取物。如某些中、西糕点中常使用一些香辛料,包括葱、洋葱、姜、胡椒粉、花椒粉、五香粉等,它们富含特殊香辛味的挥发油,能提高糕点制品的口味,同时又有止呕、解毒、逐风、驱寒的功效。香辛料多用于馅心的制作。天然提取香料是用蒸馏、压榨、萃取、吸附等物理方法,从芳香植物不同部位的组织或分泌物中提取而得的一类天然香料。

天然等同香料是用合成方法得到或天然芳香原料经化学过程分离得到的物质。这类香料品种很多,占食用香料的大多数,对调配食用香精十分重要。

人造香料是在供人类消费的天然产品中尚未发现的香味物质。人造香料中除极少数品种如香兰素等外,一般不单独用于食品加香,而是调和成各种食用香精后使用。香兰素俗称香草粉,学名为 3-甲氧基-4-羟基苯甲醛,为白色或微黄色结晶,熔点 81～83℃,易溶于乙醇及热挥发油中,在冷水及冷植物油中不易溶解,而溶解于热水中,是焙烤食品中最常用的香料之一。焙烤食品中使用香兰素时,应在和面过程中加入,使用前先用温水溶解,以防赋香不匀或结块而影响口味,用量为 0.1～0.4 g/kg。使用时应避免与碱性膨松剂混合使用,否则会产生变色现象。

2. 食用香精

食用香精是指由芳香物质、溶剂或载体以及某些食品添加剂组成的具有一定香型和浓度的混合体。芳香物质即香料(包括天然香料、天然等同香料和人造香料);溶剂可为食用乙醇、蒸馏水、精制食用油等,含量通常占50%以上,这些溶剂可使香精成为均一产品并达到规定的浓度;载体可为蔗糖、葡萄糖、糊精、食盐等,主要用于吸附或喷雾干燥的粉末状食用香精中。

食用香精的分类:按香型分通常可分为柑橘型香精、果香型香精、薄荷型香精、豆香型香精、辛香型香精等;按食品的组织结构和生产工艺等的不同,可分为水溶性香精、油溶性香精、乳化香精、粉末香精和微胶囊香精。水溶性香精易于挥发,不适于高温处理的食品,例如饼干、糕点等。油溶性香精是由精炼植物油、甘油或丙二醛加入香料经调和而成的,大部分是透明的油状液体,由于含有较多的植物油或甘油等高沸点稀释剂,其耐热性比水溶性香精高,主要用于饼干、蛋糕等烘烤食品的加香。油溶性香精虽然耐热性高,但用于焙烤食品中时,仍有一定的挥发损失,尤其是薄坯的食品,加工中香精挥发得更多,所以饼干类食品比面包类食品中的香精使用量要稍微高一些。通常面包中的使用量为 0.04%～0.1%,饼干、糕点中为0.05%～0.15%。

香精使用时应注意根据不同品种的工艺要求,选用不同的类型,使用量要严格控制,注意和整个配方口味的协调性。投料时,香精应避免和化学膨松剂直接接触,以免受其碱性影响而降低效果。

### (四)增稠剂

增稠剂是改善或稳定食品的物理性质、增加食品的黏稠性、给食品以润滑口感的添加剂。它可以增加食品的黏度、增大产品体积、防止砂糖再结晶、提高蛋白点心的保鲜期等。

增稠剂的种类很多,大多数是从含有多糖类的黏质物的植物和海藻类,或从动物蛋白中提取的,少数是人工合成的。生产中常用的增稠剂主要有琼脂、明胶和羧甲基纤维素钠等。

琼脂又称冻粉或洋菜,属海藻类,是从石花菜、发菜、丝藻及其他红藻类植物中浸出,并经干燥制取的。具有较强的吸水性和持水性,干燥的琼脂在冷水中不溶,浸泡时可缓慢吸水膨润,吸水率可达 20 倍。琼脂在热水中极易分散成溶胶,胶质溶于热水中,冷却时如凝胶浓度在0.1%～0.6%便可形成透明的凝胶体,具有很强的弹性。琼脂在糕点中常用作表面胶凝剂,或做成琼脂蛋白膏等装饰蛋糕及糕点表面。在糕点馅心中也可加入,以增加稠度。

明胶为动物的皮、骨、软骨、韧带及其他结缔组织含有的胶原蛋白,经提纯和水解得到的高分子多肽聚合物。明胶不溶于冷水,但能缓慢地吸水膨胀而软化,吸水量可达 5～10 倍。在热水中溶解,冷却到 30℃便凝结成柔软而富有弹性的胶冻,比琼脂的胶冻韧性强。明胶是制作大型糖粉点心不可或缺的,也是制作冷冻点心的一种主要原料。

羧甲基纤维素钠为白色纤维状或颗粒状粉末,无臭,无味,有吸湿性,易分散于水中呈胶体状。羧甲基纤维素钠在糕点中不仅作为增稠剂使用,还具有防止水分蒸发的抗老化作用,它能保持糕点的新鲜度,其添加量为小麦粉的 0.1%～0.5%。

**(五)营养强化剂**

不同种类的糕点可能由于原料品种的差别,造成某些营养成分的不平衡。此外,在加工烘烤过程中,某些营养成分还会受到一定的损失。为了增强产品的营养价值,就需要在制品中加入一些营养成分。常用的营养添加剂有维生素、氨基酸和矿物质。

【思考题】

1. 简述影响小麦粉的品质的因素。

2. 油脂在面团中能起到哪些改良作用?

3. 请分析天然油脂和人造油脂在烘焙加工中各自的优缺点。

4. 简述糖在烘焙制品中的作用。

5. 在烘焙原料中,常用的乳及乳制品有哪些?

6. 阐述不同的乳制品在使用时的注意事项。

7. 简述食盐在烘焙制品中的作用。

8. 烘焙用水的水质有什么要求?

9. 请阐述烘焙食品添加剂的种类及其利弊。

10. 简述蛋及蛋制品对于烘焙制品营养价值的影响。

11. 请设计一个给糖尿病患者食用的饼干配方。

# 项目二　面包生产工艺

【学习目标】

(1)了解面包的种类和特点。

(2)掌握面包基本生产工艺、方法。

(3)依照面包质量标准及要求,确定原辅料的选择标准。

(4)掌握快速法、一次发酵法、二次发酵法、冷冻面团法生产面包原理、加工方法。

【技能目标】

(1)能独立制作1~2种花色面包。

(2)掌握面包的制作技术。

(3)学会对面包制作过程中出现的质量问题进行分析解决。

## 任务一　概述

### 一、面包的分类

面包是以小麦粉、酵母、食盐、水为主要原料,加入适量辅料,经搅拌面团、发酵、整形、醒发、烘烤或油炸等工艺制成的松软多孔的食品,以及烤制成熟前或后在面包坯表面或内部添加奶油、人造黄油、蛋白、可可、果酱等的制品。面包,在欧美等许多国家是人们的主食,在我国被称作方便食品或属于糕点之类。随着国民经济的发展,面包一定会在人们的饮食生活中占有越来越重要的地位。

根据 GB/T 20981—2007《面包》,面包产品分类按产品的物理性质和食用口感分为软式面包、硬式面包、起酥面包、调理面包和其他面包五类,其中调理面包又分为热加工和冷加工两类。

1. 软式面包

软式面包是体型较大,组织松软,柔软细致,气孔均匀的面包。如主食面包、全麦面包、汉堡包、热狗等。我国生产的大多数面包属于软式面包。

2. 硬式面包

硬式面包就是一种表皮硬脆、有裂纹,内部组织柔软的面包。其特点是面包越吃越香,经久耐嚼且具有浓郁的醇香。如法国长棍面包、英国面包、俄罗斯面包以及我国哈尔滨生产的塞克、大列巴等面包。

**3. 起酥面包**

层次清晰、口感酥松的面包。如丹麦酥面包、牛角面包、起酥面包等。

**4. 调理面包**

调理面包是二次加工的面包,常作为快餐方便食品,其主要是面包烤制成熟前或后在面包坯表面或内部添加奶油、人造黄油、蛋白、可可、果酱等的面包。不包括加入新鲜水果、蔬菜以及肉制品的食品。如果酱面包、蛋白面包、三明治、汉堡包和热狗等。

**5. 其他面包**

主要品种有油炸面包类、速制面包、蒸面包、快餐面包等。这些面包,面团很柔软、有的糨糊状、有的使用化学疏松剂,一般配料较丰富,成品体积大而轻,组织孔洞大而薄,如松饼之类。

## 二、面包的特点

### (一)易于机械化和大规模生产

生产面包有定型的成套设备,可大规模机械化、自动化生产,生产效率高,便于节省大量能源、人力和时间。

### (二)耐贮藏性

面包是经 200℃以上的高温烘焙而成,杀菌比较彻底,甚至连中心部位的微生物也能杀灭,一般情况下可贮存几天不变质,并能保持其良好的口感和风味。很适合店铺销售或携带餐用,较米饭、馒头耐贮存。

### (三)食用方便

面包包装简单、携带方便,可随吃随取,经过发酵、烘烤不仅最大限度地发挥了小麦粉特有的风味,而且味美耐嚼、口感柔软,无须配菜,特别适合旅游和野外工作的需要。

### (四)易于消化吸收,营养价值高

(1)制作面包时面团经发酵,使部分淀粉分解成简单易消化的糖,面包内部形成大量蜂窝状结构,扩大了人体消化器官中各种酶和面包接触的面积。

(2)面包表皮的糖类经糊化后,有利于消化和吸收。据统计,面包在人体中的消化率高于馒头 10%,高于米饭 20% 左右。

(3)面包的主要原料面粉和酵母含有大量的糖类、蛋白质、脂肪、维生素和矿物质,其酵母中赖氨酸的含量较高,能够促进人体生长发育,可作为人类未来营养物质的重要来源。

(4)酵母中含有的几种维生素及钙、磷、铁等人体必需的矿物质,均比鸡蛋、牛乳、肉丰富得多。

### (五)对消费需求的适应性广

无论从营养到口味或从形状到外观,面包逐渐发展成为一款种类繁多的食品。有能满足高级消费要求的含有较多油脂、奶酪和其他营养品的高级面包;有方便食品中的三明治、热狗;具有美化生活、丰富餐桌的各类花样面包;还有作为机能性营养食品,添加了儿童生长发育所需营养成分和维生素的中小学生午餐面包,因此面包对消费需求的适应性十分广泛。目前面包生产已经普及,并形成了完整的工业化体系,是食品行业的一个重要产业。

### 三、面包加工的基本工序

面包加工中,主要经过调粉、发酵、整形和焙烤四大基本工序。

#### (一)调粉

调粉又称为面团的调制、打粉、搅拌或和面。

1. 作用

(1)使配方中的各种原材料混合在一起,形成品质均匀的整体。

(2)加速面粉吸水,促进蛋白质的吸水过程,加速面筋的形成。

(3)扩展面筋,使面团具有良好的弹性和延伸性,改善面团的加工性能。

2. 面团调制中物理、化学变化

(1)物理变化　当面粉和水一起搅拌时,面粉中的蛋白质和淀粉等成分便开始吸水而膨胀,这个过程即为水化过程。面粉中各种成分的吸水性不同,其吸水量也有差异。其面粉的成分如图 2-1 所示。

当面团调制后,面粉吸水约 60%,在整个面团中水分占 45%,固形物 55%。面团中的水分以两种状态存在,即结合水与游离水,见图 2-2。

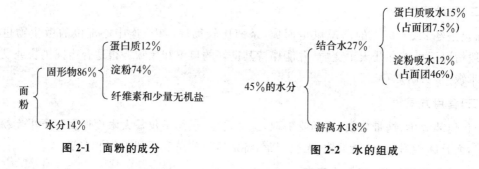

图 2-1　面粉的成分　　　　图 2-2　水的组成

由此可知:

①面团中近似 3/5 的结合水是由蛋白质和淀粉吸收的。

②近似面团 1/5 的游离水使面团具有流动性和可塑性。

③蛋白质在调粉过程中,吸水量为其重量的 2 倍。

④淀粉在常温下吸水较少,基本上不发生糊化反应。

⑤面团的组成:

固相——淀粉、不溶性蛋白质以及一些其他不溶性物质(占 43%)。

液相——液体物质及溶解在液体内的物质(占 47%)。

气相——搅打过程中空气充入的气体(占 10%)。

(注意:固相、液相、气相含量的比例不同,影响面团的性质。)

(2)化学变化　面团形成过程中发生着复杂的化学变化,其中最重要的是面筋蛋白质的含硫基(如胱氨酸和半胱氨酸)中硫氢基和二硫基之间的变化。这种变化是面团形成的主要原因。它们之间交换反映的模式如下:$R_1—S \cdot S—R_2 + R_3—SH = R_1—SS—R_3 + R_2—SH$。

面团搅拌分为六个阶段:

①原料混合阶段　面团搅拌的第一阶段。小麦粉等原料被水调湿似泥状,并未形成一体,

且不均匀,水化作用仅在表面发生一部分,面筋没有形成,用手捏面团较硬,无弹性和延伸性,很黏。

②面筋形成阶段　此阶段水分被小麦粉全部吸收,面团成为一个整体,已不黏附搅拌机壁和钩子,此时水化作用大致结束,一部分蛋白质形成了面筋。用手捏面团仍有黏性,手拉面团时无良好的延伸性,易断裂,缺少弹性,表面湿润。

③面筋扩展阶段　随着面筋形成,面团表面逐渐趋于干燥,较光滑、有光泽,出现弹性,较柔软,用手拉面团具有了延伸性,但仍易断裂。

④搅拌完成阶段　此时面筋已完全形成,外观干燥,柔软而具有良好的延伸性。面团随搅拌机的钩子转动,并发出拍打搅拌机壁的声音;面团表面干燥而有光泽,细腻整洁而无粗糙感。用手拉取面团具有良好的延伸性和弹性,面团非常柔软。此阶段为最佳程度,应立即停止搅拌,开始发酵。

⑤搅拌过渡阶段　如完成该阶段不停止,继续搅拌,面筋超过了搅拌的耐度,开始断裂。面筋胶团中吸收的水又溢出,面团表面再次出现水的光泽,出现黏性,流动性增强,失去了良好的弹性。用手拉面团时面团粘手而柔软。这是由于分子间二硫键结合成大分子转化为分子内二硫键结合成小分子,如图 2-3 所示。面团到这一阶段对制品的质量产生不良影响。

⑥破坏阶段　若继续搅拌,则面团变成半透明并带有流动性,黏性非常明显,面筋完全被破坏。从面团中洗不出面筋,用手拉面团时,手掌中有一丝丝的线状透明胶质。

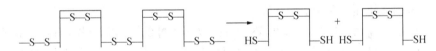

**图 2-3　过度搅拌对面筋结构的影响**

(面包科学与加工工艺,张守文主编,1997 年)

### 3. 影响面团搅拌的因素

影响面团搅拌的因素很多,如小麦粉的质量、搅拌机的型式、转数、加水率、水质、面团温度和 pH、辅助材料、添加剂等。

(1)小麦粉质量　成熟度不足的小麦粉,面团状态不佳,缺乏弹性,不易达到 500 BU。小麦粉成熟过度或氧化过度,则面筋结合困难;成熟度较小的面粉应强烈搅拌;对于氧化过度的小麦粉应加入还原剂使其恢复正常。

**图 2-4　立式搅拌机**

(2)搅拌机的型式和转速　在设计搅拌机时,应该使搅拌机尽量对面团具有折叠、卷起、伸展、压延和揉碾等动作,而尽量减少切断和拉裂面团的动作。搅拌机的种类包括立式搅拌机和卧式搅拌机。立式搅拌机适合面包面团的搅打。它能起到对面团的揉、压、拉、甩等作用。立式搅拌机如图 2-4 所示。

注意:搅拌桨与搅拌缸间的距离,有固定的,也有可调的。其间距的大小应根据所调面团的物理性质而定。硬面团要求间距大些,软面团要求间距小些。但过大不利于面团的揉、压、拉、甩等作用;过小则面团易被挤压切断。

选择搅拌机应注意以下三点:

①应有变速和安全装置。

②规格大小与产量适应。

③搅拌叶应以不损伤面筋为宜。

搅拌机的转速分五类：低速 25～50 r/min；中速 50～80 r/min；快速 80～100 r/min；高速 100～300 r/min；超高速 1 000～3 000 r/min。调制面包面团时为防止损坏面筋，一般用低速或中速。

"初期低速搅拌"：指面包面团在搅拌初期，使用低速搅拌约 2 min，采用这一工序有以下优点：

①避免搅拌机由静止状态突然转入快速，使机械负荷过大而易损害部件。

②不致因高速搅拌而使未经水结合的面粉等分散体原料飞散损失。

③防止因搅拌压力过大而形成黏稠状结合的面团膜，将尚未吸水充分的面粉包住。

（3）吸水率　吸水率大，面团软，面团形成时间推迟，面团不稳定时间较长，即达到破坏阶段的时间较长。吸水率低，面团形成时间短，迅速地达到 500 BU，但是面筋易破坏，稳定性小，面团硬度大。

（4）水质　水的 pH 和水中的矿物质对面团调制的质量有很大影响。水的 pH 在中性或微酸性（pH 5～6）时对面团调制无影响。在强酸（pH＜5）和强碱（pH＞8）条件下，影响蛋白质的等电点，对面团的吸水性、延伸性和面团的形成均有不良影响，应用酵母调整 pH 后再使用。适当的钙离子和镁离子有助于面筋的形成，缺少这两种离子的蒸馏水或去离子水，使面团变软，而含量过多则又使面团变硬。

（5）面团温度　面团温度应按要求，不能过高也不能过低。高温搅拌，面团形成时间短，迅速弱化而进入破坏阶段；低温搅拌，面团形成时间较长，达到 500 BU 后弱化到破坏阶段也需要较长的时间。在同一硬度下的面团，调制温度与吸水率之间的关系，有利于面团的形成。

（6）面团的 pH　在普通的配方中添加乳酸等酸类，使面团 pH 下降，会缩短面团形成时间。一般地说，随着面团的 pH 下降，搅拌时能迅速地达到 500 BU，面团的稳定性变小。因此，对于液体发酵法和快速发酵法等酸性液体或添加乳酸、磷酸钙的情况，应注意粉质仪图谱的变化。

（7）辅助原料

①食盐　与无盐面团相比，添加 2% 的食盐，吸水率减少 3%。

②糖　由于糖的反水化作用，增加糖的用量，则延缓了水化作用。

③乳粉　添加乳粉使面团的吸水率增加，水化作用延缓，搅拌时间延长。

④油脂　一般认为，添加油脂不会引起搅拌时间和搅拌耐力的变化。但是添加油脂后，面团韧性增强，增强了面筋的持气能力。

（8）温度　调粉的面团理想温度：快速法，30～32℃；一次发酵法，27～29℃；二次发酵法，24～26℃。

影响面团温度的因素：

①室温。

②原料温度。

③面粉温度、水温及其他辅料的温度。

④摩擦升温。

⑤受搅拌机的种类、大小，面筋质的含量，面团的软硬程度，搅拌的速度和时间的影响。

搅拌时间摩擦引起的升温经验数据：以二次发酵法为例，第一次搅拌后的面团，升温一般在 4~6℃；第二次搅拌后的面团，升温一般在 10℃ 左右。

①搅拌中种面团时增加的温度　$Tf_1=3\times$面团的温度－（室温＋粉温＋水温）

②搅拌主面团时增加的温度　$Tf_2=4\times$面团的温度－（室温＋粉温＋水温＋第二次发酵后面团的温度）

③水温控制面团的温度

第一次调粉的水温：$Td_1=3\times$面团的理想温度－［室温＋粉温＋搅拌新增加的温度（5℃）］；

第二次调粉的水温：$Td_2=4\times$面团的理想温度－（室温＋粉温＋搅拌新增加的温度＋第一次发酵后面团温度）

④用冰水控制温度

$$80\times m_0+m_0\times(T_1-0)\,X_1=(m_1-m_0)\times(T_2-T_1)\,X_1$$
$$m_0=m_1\times[(T_2-T_1)/(80+T_2)],$$
$$m_0=总水量\times[（自来水温－理想水温）/（冰的溶解热＋自来水温）]$$

$X_1$ 为冰水的溶解热（80）；$m_1$ 为配方需水量（包括配方中冰化成水的含量）；$m_0$ 为冰的含量；$T_1$ 为理想水温；$T_2$ 为自来水的温度。冰的吸热＝水的放热。

**（二）发酵**

通常发酵我们又称前发酵，醒发又称后发酵。

1. 发酵作用

（1）使酵母大量繁殖，产生二氧化碳气体，促进酵母繁殖、改善面筋，使面团成熟，增加产品风味、面团体积膨胀。

（2）改善面团的加工性能，使之具有良好的延伸性，降低弹韧性，为面包的最后醒发和烘烤时获得最大的体积奠定基础。

（3）使面团和面包得到疏松多孔，柔软似海绵的组织结构。

（4）使面包具有诱人的芳香风味。

2. 醒发作用

（1）使整形后处于紧张状态的面团得到恢复，使面筋进一步结合，增强其延伸性，以利于体积充分膨胀。

（2）酵母再经最后一次发酵，使面包坯膨胀到所要求的体积；

（3）改善面包的内部结构，使其疏松多孔。

3. 面团发酵的原理

面包面团的发酵是以酵母为主，还有面粉中的微生物参加的复杂的发酵过程。在酵母的转化酶、麦芽糖酶和酿酶等多种酶的作用下，将面团中的糖分解为酒精和二氧化碳，以及还有种种微生物酶的复杂作用，在面团中产生各种糖、氨基酸、有机酸、酯类，使面团具有芳香气味等，把以上复杂过程称之为面团发酵。

面团在发酵的同时，也进行着一个成熟过程。面团的成熟是指经发酵过程的一系列变化，使面团的性质对于制作面包达到最佳状态。即不仅产生了大量二氧化碳气体和各类风味物质，还经过一系列的生物化学变化，使得面团的物理性质如伸展性、保气性等均达到最好的状态。

（1）发酵过程中酶的作用与糖的转化　面团内所含的可溶性糖中有单糖、双糖类。其中单糖类主要是葡萄糖和果糖。双糖主要是蔗糖、麦芽糖和乳糖。葡萄糖、果糖之类的单糖可以直接为酵母的酿酶所发酵，产生酒精和二氧化碳。产生的酒精有很少一部分留在面包中增添面包风味，而二氧化碳则使面包膨胀，这种发酵称为酒精发酵。

①淀粉转化成双糖

$$损伤淀粉(C_6H_{10}O_3)_n + 水(H_2O) \xrightarrow[面粉中]{\alpha-淀粉酶} 糊精(C_6H_{10}O_3)_n + \cdots\cdots \xrightarrow[面粉中]{\beta-淀粉酶} 麦芽糖$$

$C_{12}H_{22}O_{11}$

小麦粉中淀粉在制粉时，总会有一些淀粉损伤或淀粉粒破裂而以损伤淀粉的状态存在。

②麦芽糖转化成单糖

$$C_{12}H_{22}O_{11} + H_2O \xrightarrow[酵母中]{麦芽糖酶} 2C_6H_{12}O_6$$

麦芽糖酶分解率与酵母吸收麦芽糖的吸收率有关。

③蔗糖转化单糖

$$C_{12}H_{22}O_{11} + H_2O \xrightarrow[酵母中]{蔗糖酶} C_6H_{12}O_6 + C_6H_{12}O_6$$

（2）蛋白质的变化　在这一过程中，—SH 键与—S—S—键也不断发生转换、结合、切断的作用。如果发酵时间适宜，那么就使得面团的结合达到最好的水平。相反，如果发酵过度，那么面团的面筋就到了被撕断的阶段。因此，在发酵过度时，可以发现面团网状组织变得脆弱，很易折断。另外，在发酵过程中，空气中的氧气也会继续使面筋蛋白发生氧化作用。

在发酵中蛋白质发生的另一个变化是，在小麦粉自身带有的蛋白酶的作用下发生分解。这种蛋白质的分解只是极小的量，但对于面团的软化、伸展性等物理性的改良有一定好处，而且最终分解得到的少量的氨基酸，不仅可以成为酵母的营养物质，而且在烘烤时与糖发生褐变反应，使面包产生良好的色泽。应当指出的是这种蛋白质分解反应，只是在小麦粉本身含的蛋白酶作用下分解，一般不会产生反应过度的问题。

（3）气体的来源

①有氧呼吸　$C_6H_{12}O_6 + 6O_2 \longrightarrow 6CO_2 + 6H_2O + 2\,871\,kJ$

②无氧呼吸　$C_6H_{12}O_6 \longrightarrow 2C_2H_5OH + 2CO_2 + 238.26\,kJ$

（4）风味物质的形成　面团发酵的目的之一，是通过发酵形成风味物质，在发酵中形成的风味物质大致有以下几类：

①酒精　是经过酒精发酵形成的。

②有机酸　以乳酸为主，并含有少量的醋酸、蚁酸和酪酸等。

③酯类　是以酒精与有机酸反应而生成的带有挥发性的芳香物质。

④羰基化合物　包括醛类、酮类等多种化合物。

4. 发酵的控制和调整

发酵面团在发酵中同时进行着两个过程，即气体产生过程和保气力增加过程（即面团成熟过程）。如把气体产生和面团扩展过程用曲线表示，则可得到图 2-5。

如图 2-5 所示，产生气体的曲线与面团成熟曲线往往并不重合。实践证明面团气体的产

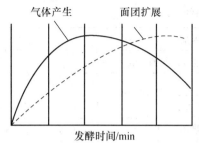 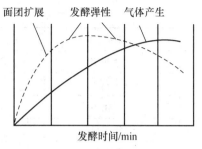

a.气体产生高峰于面团扩展前　　　　　b.面团完全扩展于气体产生高峰前

**图 2-5　面团成熟过程曲线**

（焙烤食品工艺学，李里特主编，2000 年）

生及气体保留性变化的两个过程同时配合，也就是产气速度与面团成熟速度一致，产气量才能与持气量同时达到最高点，才能做出理想的面包。

（1）加快产气速度方法　增加酵母用量；增加糖量或添加含有淀粉酶的麦芽糖、麦芽粉；加入含有铵盐的改良剂；提高面团温度（不超过 35℃）等。

（2）降低产气速度方法　适当增加盐用量；过量用糖（或过量用盐）；降低发酵时间等。

（3）加快面团成熟方法　加蛋白酶；加还原剂等。

（4）减缓面团成熟方法　加谷朊粉；加氧化剂；加活性大豆粉等。

5．发酵工艺条件

（1）温度　27～29℃。

（2）相对湿度　70%～75%。

（3）时间　根据发酵方法确定时间。

6．发酵面团程度的判别方法

面团发酵时，经过一系列复杂的变化，达到制作面包的最佳状态，称作成熟，这时的面团称为成熟面团。也就是调制好的面团，经过适当时间的发酵，蛋白质和淀粉的水化作用已经完成，面筋的结合扩展已经充分，薄膜状组织的伸展性也达到一定程度，氧化也进行到适当地步，使面团具有最大的气体保持力与最佳风味条件。对于还未达到这一目标的状态，称为不熟（形成嫩面团），如果超过了这一时期则称为过熟（形成老面团），这两种状态的气体保持力都较弱。

（1）成熟面团　指发酵适度的面团。其特征表现为成品皮质薄，表皮颜色鲜亮，皮中有许多气泡和有一定脆性。内部组织，气膜薄而洁白，柔软而有浓郁香味，总体胀发大。

（2）未成熟面团（又称嫩面团）　指发酵没有成熟的面团。其特征表现为成品皮部颜色浓而暗，膜厚，强力粉时，皮的韧性较大，表面平滑有裂缝，没有气泡。如果烘烤时间稍短一些，胀发明显不良，组织不够细腻，有时也发白，但膜厚，网孔组织不均匀。如果未成熟程度大，内相灰暗，香味平淡。

（3）老面团　指发酵过度的面团。其特征表现为成品皮部颜色比较淡，表面褶皱较多，胀发不良。内部组织虽然膜比较薄但不均匀，分布着一些大的气泡，呈现没有光彩的白色或灰色，有令人不快的酸臭或异臭等气味。

在实际面包制作中，发酵面团是否成熟是成品品质的关键，面团的成熟的判别方法见表 2-1。

表 2-1　面团的成熟的判别方法

| 面团状态 | 成熟 | 未成熟 | 老面团 |
|---|---|---|---|
| 回落法 | 稍稍凹陷 | 表面不凹陷,甚至有凸起 | |
| 温度法 | 4~6℃ | | |
| 手指法 | 指印变化不大 | 迅速回弹 | 迅速陷落 |
| 拉丝法 | 丝状明显 | 丝状不明显 | 面丝又细又易断无拉力 |
| pH法 | 5.0 | 6.0 | <5.0 |
| 表面气孔法 | 半透明膜气孔 | 无气孔还透明 | 气孔很大有裂纹 |
| 嗅觉法 | 略有酸味 | 一点酸味闻不到 | 闻到强烈酸味 |

醒发工艺条件:

(1)温度　38~41℃;

(2)相对湿度　85%~95%;

(3)时间　55~65 min。

醒发终点判别,一般有三种判断方法:

(1)观察体积为焙烤体积 80%。

(2)观察膨胀倍数为发酵前面团体积 3~4 倍。

(3)观察形状,透明度好,结合手感法判别。

影响醒发的因素:

(1)基本因素　小麦粉的种类;面团成熟度。

(2)条件因素　醒发室温度;醒发室湿度;醒发室面积;醒发室位置选择;醒发室门的要求;醒发室设计供热、供湿装置;烤盘在醒发架上的摆放方法及倒盘等。

**(三) 整形**

将发酵好的面团做成一定形状的面包坯叫作整形。

整形包括分块和称量、搓圆、中间醒发、压片、成型、装盘或装模等工序。

整形期间,面团仍在进行发酵,不能使面团温度过低和表皮干燥。整形室的标准工艺条件是:温度为 20~28℃;相对湿度为 65%~70%。

**1. 分块与称量**

分块和称量就是按着成品的质量要求,把发酵好的大块面团分割成小块面团,并进行称量。分块或称量都分手工操作和机械操作。注意事项:

(1)这两个工序要求在最短时间内完成。

(2)随时测量面团重量,调节分块比例。

主食面包的分块一般应在 15~20 min 完成。

点心面包的分块一般应在 30~40 min 完成。

分块的方法有手工分块和机械分块。手工分块要求操作技术熟练,动作迅速,块量要准确。机械分块要求分块速度要适当。分块机(或称分割机),如图 2-6 所示。

如分割太快,面团受到的机械损伤增大,影响面团分割机的寿命。如分块太慢,面团会粘在切刀口上,使面团受到更大机械损伤。分块机在使用前应反复试验,以求得最佳的分块速

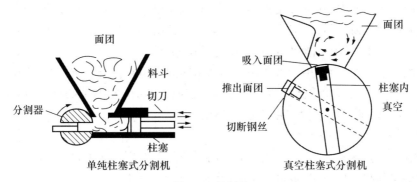

**图 2-6 分割机**

（焙烤食品工艺学,李里特主编,2000 年）

度。面团分块机的种类:连续式分块机;间歇式分块机。间歇式分块机是一种半机械化、半手工的小型面团分块机,供小型面包厂使用。连续式分块机是使用比较普遍,型号也比较多,与搓圆机联合使用的面团分块机械。

2. 搓圆和中间醒发

(1)搓圆 包括手工搓圆、机械搓圆和半自动化搓圆。搓圆机(或称滚圆机)的形式如图2-7所示,面团搓圆的作用有以下几点:

①使分割得不整齐的小块面团变成完整的球形,为下一工序打好基础。

②新分割的小块面团,切口处有黏结性,搓圆时施以压力,使皮部延伸将切口处覆盖。

③分割时面筋的网状结构被破坏而紊乱,搓圆可以恢复其网状结构。

④排出部分二氧化碳,使各种配料分布均匀,便于酵母的繁殖和发酵。

注意:为了减少面团的黏着性,要尽量使面块与空气接触,使表皮的游离水降低或撒上浮粉或油脂,以润滑其表面。

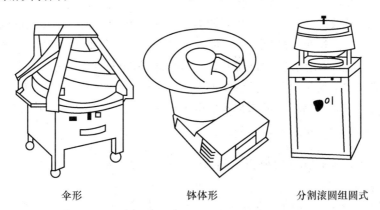

伞形 钵体形 分割滚圆组圆式

**图 2-7 滚圆机**

（焙烤食品工艺学,李里特主编,2000 年）

(2)中间醒发 也叫静置,中间醒发的作用有三点:

①使搓圆后的紧张面团,经中间醒发后得到松弛缓和,以利于后道工序的压片操作。

②使酵母产气,调整面筋的延伸方向,让其定向延伸,压片时不破坏面团的组织状态,又增强持气性。

③使面团的表面光滑,持气性增强,不易黏附在成型机的辊筒上,易于成型操作。

为了达到中间醒发的目的,对中间醒发有如下工艺要求:温度以 27～29℃ 为适宜;相对湿度以 70%～75% 为适宜;中间醒发的时间为 12～18 min。

在中间醒发过程中,常采用一些方法来判断中间醒发是否符合要求,即要求中间醒发后的面包坯体积相当于中间醒发前体积的 0.7～1 倍时为合适。醒发不足,成型时不易延伸;醒发过度,成型时排气困难,压力过大,易产生撕裂现象。

3. 压片

(1)面团压片的作用　其是把面团中原来的不均匀大气泡排除掉,使中间醒发时产生的气体在面团中均匀分布,保证面包成品内部组织均匀,无大气孔。

(2)压片机的技术要求　转速为 140～160 r/min,辊长 220～240 mm,压辊间距为 0.8～1.2 cm。如要生产夹馅面包,压辊间距应为 0.4～0.6 cm,面片不能太厚。压片时间可根据面团软硬适度撒浮面,防止粘辊。压出的面片应该整齐,不能长短不齐,厚薄不均。否则不易成型。

4. 成型

成型分为手工成型和机械成型两种。我国面包厂采用手工或半机械化成型的方法。

机械成型多用于主食面包的制作,形状简单,产量大。整形机分为压片、卷包、压紧。压片部分有 2～3 对压辊。

5. 装盘

装盘(或装听)就是把成型后的面团装入烤盘或烤听内,然后去醒发室醒发。

装盘(或装听)的方法分为手工和机械两种。我国大多数面包厂用手工方法。国外自动化生产线均采用自动装盘(或装听)。

(1)烤盘刷油和预冷　在装入面团前,烤盘或烤听必须先刷层薄薄的油,防止面团与烤盘粘连,不易脱模。而刷油前应将烤盘(听)先预热 60～70℃,然后再刷油。否则,凉盘刷油比较困难,拉不开刷子,还浪费油。烤盘的温度应与室温相一致,为 30～32℃,温度太高、太低,都不利于醒发。刚出炉的烤盘,温度太高,不能立即用于装盘必须冷却到 32℃ 后才能再使用。

(2)烤盘(听)规格　使用烤听时要特别注意烤听的体积和面团大小相匹配。体积太大,会使面包成品内部组织不均匀,颗粒粗糙;体积太小,则影响面包体积膨胀和表面色泽,并且顶部胀裂得太厉害,易变形。因此,一般不带盖的主食面包,每 50 g 面团需要 167.5～173.5 $cm^3$ 的体积。下面是面包烤听体积近似计算公式。

$$烤听体积 = \frac{[(底长 \times 底宽) + (顶长 \times 顶宽)] \times 1/2 \times 高}{0.87}$$

(3)烤听材料　烤盘(听)的材质以钢、铁、合金等为好。国内多使用黑铁皮。烤听的形状多种多样,有长方形的、椭圆形的等。我国烤听大多数不带盖。国外不少烤听是带盖的,如著名的三明治面包烤听就是带盖的。

(4)烤盘处理　新烤盘的处理方法如下:

①国内处理方法　首先将表面油污等清洗掉,干燥后刷上一层植物油。注意内外表面都要刷油,否则易生锈。然后放入 150～180℃ 的炉中烘焙 30～40 min,直至在烤盘表面形成一层亮膜为止。镀锡薄钢板(马口铁)烤听不能超过 220℃,因为锡熔点低。

②国外处理方法 现在国外大多数采用聚硅酮树脂涂剂来处理烤盘,而不用涂油方法。其优点是经济、干净,处理一次可使用几百次,并且烤盘(听)内无乌黑的油污。

(5)装盘、装听方法

①面团的间距必须均匀一致,四周靠边沿部位应距盘边 3 cm。

②装盘时不能出现"一头沉"现象。即面团靠烤盘的多,另一端出现空盘。这样醒发时势必造成面团互相挤形。

③制作夹馅面包时,面片涂抹上馅料后,再卷成圆筒状,分块后水平放置在烤盘上,不要切口朝下,以免焦煳。

④使用烤听烤制面包时,特别烤制长方形或方形面片卷成圆筒状后,一定要把封口处朝下,并应偏向发酵后膨胀方向相反方向一方,以使发酵后的面团封口处正在下方位。

⑤加工夹馅或不夹馅方形面包,不用烤听,全部用平盘,每盘摆放多少面团应根据每个面团剂量大小和烤盘来确定。通常应先摆几盘进行试验,如果醒发后面团膨胀互相连接在一起,充满整个空间而成形,即表示装盘合适。然后,趁热手工分开即成。

**(四) 烘烤**

**1. 传热方式**

面包在烤制过程中,传热方式包括传导、对流和辐射。

(1)传导 热源通过物体使热量传递给受热物质的传热方式。

其原理是物料固体内部分子的相对位置不变,较高温度的分子具有较大的动能,激烈振动,把热量通过传导方式传给较低温度的分子。即通过炉床或模具传给面包底部或两侧。在面包内部,热量也是通过一个质点传给另一个质点的方式进行传导。传导是面包加热的主要方式。传导加热的特点是火候小,对产品内部风味物质的破坏少。

(2)对流 是依靠气体或液体的流动,即流体分子相对位移和混合来传递热量的传热方式。在烤炉中,热蒸汽混合物与面包表面的空气发生对流,使面包吸收部分热量。没有吹风装置的烤炉,仅靠自然对流所起的作用是很小的。目前,有不少烤炉内装有吹风装置,强制对流,对烘焙起着重要作用。

(3)辐射 是用电磁波来传递热量的过程。热量不通过任何介质,像光一样直接从物体射出。即热源把热量直接辐射给模具或面包。例如,目前在全国广泛使用的远红外烤炉以及微波炉,即是现代化烤炉辐射加热的重要手段。

**2. 面包在烘焙过程中的温度变化**

在烘焙中,面包坯内的水分不断蒸发,面包皮不断形成与加厚以至面包成熟。烘焙过程中面包温度变化情况如下:

(1)面包皮各层的温度都达到并超过100℃,最外层可达180℃以上,与炉温几乎一致。

(2)面包皮与面包心分界层的温度,在烘焙将近结束时达到100℃,并且一直保持到烘焙结束。

(3)面包心内任何一层的温度直到烘焙结束均不超过100℃。

**3. 面包皮的形成过程**

在200℃的高温下,面包坯的表面剧烈受热,在很短时间内,面包坯表面几乎失去了水分,并达到了与炉内湿度适应的水分动态平衡,这样就开始形成了面包皮。在面包皮形成的过程中,有蒸发区域和冷凝区域的形成。

(1)蒸发区域(或称蒸发层或干燥层) 随着烘焙的进行,面包皮的蒸发层逐渐向内转移,使蒸发层的温度总是保持在100℃,它外面的温度高于100℃,里边的温度接近100℃。

(2)冷凝区域 已形成的面包皮阻碍着蒸汽的散失,加大了面包坯中的蒸汽压力,加大了内外层的蒸汽压差,就迫使蒸汽向面包坯内部推进,遇到低温就冷凝下来,形成冷凝层,冷凝区域逐渐向中心转移。这也就是面包心内任何一层的温度不超过100℃,且容易发黏的原因。

**4. 面包在焙烤过程中的体积变化**

面包坯入炉后,面团醒发时积累的$CO_2$和入炉后发酵产生的$CO_2$及水蒸气等受热膨胀,产生蒸汽压,使面包的体积增大,这个过程大致发生在面包坯入炉的5～7 min。面包体积的变化是由于在烤炉中面团产生的物理、化学、微生物和胶体化学变化而引起的。面包在焙烤中的体积变化,可分为两个阶段:第一阶段是体积增大;第二阶段是体积不变。在第二阶段中,面包体积的不再增长,显然是受面包皮的形成和面包瓤加厚的限制。

**5. 面包在焙烤过程中的微生物变化**

面包坯入炉后的5～6 min,随温度的不断增高,酵母的生命活动更加旺盛,进行着强烈的发酵并产生大量$CO_2$气体。炉内的温度达到35～45℃时,发酵活动达到高峰,45℃以后其产气能力下降,50℃以后酵母发酵活动开始死亡。面包中的酸化微生物主要是乳酸菌。各种乳酸菌的耐热性不同,嗜温性为35℃,嗜热性为48～54℃。其生命活动也随着面包坯内温度上升而加速。当超过最适温度后,其生命力就逐渐减退,大约60℃时全部死亡。

**6. 面包在焙烤过程中发生多种生物化学和胶体化学变化**

(1)淀粉糊化 当温度达55℃以上时,淀粉大量吸水膨胀直到完全糊化。

(2)蛋白质变性凝固 在60～80℃,面包坯内同时发生淀粉糊化、蛋白质变性凝固的过程。大约在78～80℃,面筋蛋白质变性凝固,即面包定形。同时,析出部分水分被淀粉糊化所吸收。

(3)淀粉水解 $\beta$-淀粉酶钝化温度约在82～84℃,$\alpha$-淀粉酶为97～98℃。

(4)蛋白质水解 蛋白酶钝化温度为80～85℃。

**7. 面包在焙烤过程中的结构变化**

面包焙烤中,形成的面包气孔结构,受到焙烤条件、入炉前各工序条件等制约。发酵不成熟的面团制作的面包,气孔壁厚、坚实而粗糙、孔洞大;发酵过度的面团制出的面包,气孔壁薄、易破裂、多呈圆形;炉温的高低对面包气孔的形成起着重要作用。理想的气孔结构应当为:壁薄,孔小而均匀,形状稍长,手感柔软而平滑。

**8. 面包在焙烤过程中的着色反应和香气的形成**

面包在焙烤过程中,发生褐色反应的主体是美拉得反应,其反应在炉温低的情况下可进行。另一方面,焦糖化作用也是面包皮着色的一种原因。焦糖色必须在高温下形成。在焙烤过程中,随糖与氨基酸产生褐色反应使面包具有漂亮颜色的同时,还会产生诱人的香味。这个香味是由各种羰基化合物形成,其中醛基起着主要作用。赋予面包香味的还有醇和其他成分。

**9. 焙烤工艺**

(1)烘焙规程 包括三个阶段。

烘焙初期阶段:增大产品体积,底火温度大于上火温度。

烘焙中间阶段:产品定型,底火温度与上火温度保持一致。

烘焙最后阶段:产品着色阶段,上火温度大于底火温度。

(2)焙烤时间　一般 50～500 g 以上重量的面包,需 0.5～1 h。

①面包种类与面包焙烤时间有关　使用较多鸡蛋、奶粉、绵白糖或砂糖的点心面包,极易着色,入炉温度必须降低,烘焙时间适当延长;主食面包烘焙温度可适当提高,面包坯内水分多,应比点心面包烘焙时间要长;夹馅面包烘焙时间也要长。

②面包形状与面包焙烤时间有关　对于同样质量的面包,长方形比圆形的烘焙时间要短、薄的比厚的烘焙时间要短,长方形面包和薄形面包炉温也可适当降低,因水分的蒸发面积大了。听型面包烘焙要比平盘面包烘焙时间长,同样重量的面包,听型要比平盘多烘烤 3～5 min。听型面包烘烤比较均匀,着色好,形状规整,体积大。

(3)烤炉内的湿度　炉内湿度对于面包质量有着重要影响。现代化的面包烤炉,都附有恒湿控制的装置,自动喷射热蒸汽或水雾来提高炉内湿度。大型面包生产线,由于产量大,面包坯一次入炉多,面包坯蒸发出来的水蒸气即可自行调节炉内湿度,但对于小型的烤箱来说,则湿度往往不够,需要在炉内放一水盆来调节。大型隧道式远红外烤炉在炉口部都安装有喷水器。炉内相对湿度为 65%～70% 为适宜。

(4)面包的焙烤损失　面包烘焙过程中的质量损失在 10%～12%,损失的主要物质是水分,其次是糖类被酵母发酵后产生的 $CO_2$、酒精、有机酸以及其他挥发性物质。如果把损耗量作为 100,则其中水分占 94.88%,酒精占 1.46%,$CO_2$ 占 3.27%,挥发酸占 0.31%,乙醛占 0.08%。面包在烘焙中的质量损失,主要是发生在烘焙时的中间阶段。因第一阶段主要是提高面团温度和面包起发膨胀。到了中间阶段,面团温度上升,水分大量蒸发,损失增大。

影响焙烤损失的因素有:配方、焙烤湿度、焙烤时间、面团重量和形状、焙烤温度、环境条件等。

$$焙烤损失 = \frac{分块重量 - 面包成品重量}{面团分块重量} \times 100\%$$

**10. 面包烤炉的选择**

(1)原则　根据生产规模和产量:生产量很大时,应选择隧道炉。生产规模和产量很小时,可以选择烤箱。同时注意:应选择能控制上、下火并有加湿装置的烤炉,以确保生产高质量的面包。一般选择远红外加热烤炉。

(2)烤炉的种类　旋转式烤炉,吊篮风车式和架子式;隧道式烤炉,钢链隧道炉、网链隧道炉、铁链隧道炉、手推烤盘隧道炉等;电气两用炉;立式烤炉等。

(3)远红外线热辐射电烤炉

①远红外线的概念　远红外线是指性质与可见光一致,在光谱上,位于红、橙、黄、绿、青、蓝、紫可见红光端以外的一段区域里,热效应最强,频率比红光更低,波长比红光更长的不可见光。由于它在红光以外,故称为红外线。

②红外线按其波长不同划分　近红外线,0.78～1.4 nm;中红外线,1.4～3 nm;远红外线,3～1 000 nm。

③远红外线烤炉的辐射加热原理　远红外线烤炉的加热原理主要是辐射加热。

a. 物质吸收红外线的原理　物质由分子聚集而成,分子是由化学键连接起来的原子组成。物质内部的原子总是以它本身具有的固有频率而不断运动着。当分子受到具有某种频率的红外线照射时,假使有同样频率振动的化学键存在于分子中,则化学键会吸收红外线而发生共振,红外线的能量促使化学键的运动激化,即加速了分子内部的热运动,从而实现了对物质的加热目的。

b. 选择性辐射与选择性吸收 选择性辐射是指辐射体按波长的不同而具有不同的辐射强度。选择性吸收是指能产生吸收的物质,并非对所有波长都可以产生吸收,而是在某几个波长范围上吸收比较强烈。当选择性吸收与选择性辐射一致时,称为匹配辐射加热。对于面包的烘焙,要求表、里同时吸收,均匀升温,应使一部分辐射能匹配较差,使入射辐射的波长不同程度地偏离吸收峰带所在波长范围,不能被表面吸收,而穿透到面包内部,以增加内部的吸收。一般来说,偏离越远,则辐射越深,从而使表、里同时加热。这一点,在选择远红外辐射源时,必须予以充分考虑。

c. 面包及其物料对远红外辐射的吸收光谱 面包及其物料在红外区都有一定的吸收特性,但它们的吸收光谱各不相同。水、大豆油、淀粉、鸡蛋等在红外区特别是远红外区都有最佳吸收峰值。根据面包物料的红外吸收光谱,可确定较理想的选择性辐射材料,做到较好的匹配辐射,使能量得到有效的吸收,以达节约能源的目的。面包物料中,除了水分外,主要成分是蛋白质、淀粉、脂肪、糖类等高分子有机物。当这些物质的分子和原子吸收到与自身固有振动频率相同的红外线时,加剧了分子的热运动,质点的内能加大。

④远红外辐射元件及涂料

a. 管状辐射元件

金属氧化镁管:是以金属管为基体,表面涂以金属氧化镁的远红外电加热器。机械强度高,使用寿命长,密封性好,使用很广泛。

碳化硅管:是以碳化硅管为基体,热源是电阻丝,在碳化硅管外面涂覆了远红外涂料。碳化硅不导电,是一种良好的远红外辐射材料,与面包中的主要成分如面粉、糖、油脂、水等的远红外吸收光谱特性匹配,加热效果好。具有辐射效率高,使用寿命长,涂料不易脱落,成本低等特点。缺点是抗机械振动性差,热惯性大,升温时间长。

硅碳棒电热元件:是以高纯度的碳化硅为主料,有机物作结合剂而制成的非金属直热式电热元件。最大特点通电自热,但成本较高。

b. 板状辐射元件 碳化硅板以碳化硅为基体,表面涂以远红外辐射涂料,具有温度分布均匀,适应性较大,辐射效率高等特点。

c. 远红外辐射涂料 为了获得辐射能量较强的远红外线,可以把一些辐射能高的物质涂覆在加热元件的表面。虽然只有薄薄一层,但它可以使元件在消耗同样功率的条件下辐射出比无涂料时的能量强得多的红外线。目前用于热辐射源的高辐射系数远红外辐射材料有:金属氧化硅、碳化硅、氮化物、硼化物等。根据使用的对象不同,可以从中选择一种或几种混合物制成与被加热物体的红外吸收特性相匹配的辐射材料。

⑤远红外线电烤炉的焙烤特点 加热速度快,生产效率高,烘焙时间短,节电省能。因为远红外线是辐射加热,能够使面包内外同时加热。烘焙均匀,面包质量稳定。面包原料成分属高分子物质,在远红外区有更多的吸收峰和更宽的吸收带,可直接对面包坯辐射加热和对流加热。由于远红外线透射率高,大大减少了面包内外的温差,使水分能很快从面包中蒸发,内部组织均匀,含水量适中,表皮着色均匀,有光泽,口感松软,品质优良。

**(五)冷却**

面包冷却场所的适宜条件为:温度 $22\sim26℃$,相对湿度 $75\%$,空气流速 $180\sim240\ m/min$。

以小圆面包为例,22℃的冷却时间最低不应少于 30 min。这也符合面包瓤温度为 32～38℃的要求。在这种条件下,面包恢复了弹性,适宜包装或切片的要求。

### (六)包装

包装室的适宜相对湿度为 75%～80%,当面包冷却至 32～38℃进行包装比较合适。

在包装时,注意保持面包清洁;防止面包变硬,面包水分最好保持在 35%～40%;增加产品美观,引人食欲,扩大销售。

# 任务二　快速发酵法面包加工工艺

## 一、快速发酵法面包加工原理

### (一) 定义

面包制作过程中,发酵时间很短或无发酵时间,这种发酵方法称为快速发酵法。快速发酵法加工整个生产周期只需 2～3 h。这种工艺方法是在欧美等国家发展起来的。它是在特殊情况或应急情况下需紧急提供面包食品时才采用的面包加工方法。近年来,我国不少中小型面包厂也多采用这种工艺并有了一定创新和发展。

快速发酵法是在一次发酵法的基础上,利用增加酵母、提高面团温度、面团搅拌适当偏软等方法,使面团提早完成发酵,以达到节省在面团制作中正常发酵所需的时间,并在短时间内生产出面包产品的方法。

### (二)快速发酵法的类型

化学法:包括无发酵时间法、短时间发酵法两种。

机械快速发酵法:例如,柯莱伍德机械快速发酵法,电动机功率 60～70 马力;电动机转数 350 r/min;真空下进行,真空度 53.33 kPa。

### (三)化学方法的快速发酵法原理

1. 增大酵母用量为常规法的 1 倍

这是快速发酵的主要措施。面包体积的膨大主要是依靠酵母的作用,快速发酵法几乎无发酵工序,因此,必须增加酵母用量才能达到面包膨胀。

2. 增加酵母营养剂

因无发酵工序,酵母来不及从面团中摄取足够的营养来满足自身生长繁殖。故应添加酵母营养剂来补充酵母的营养需要,促进酵母长年繁殖,扩大孢子数,增加发酵潜力。目前,面包添加剂里均有酵母营养剂。

3. 提高面团温度

面团温度提高为 30～32℃,促进发酵。

4. 延长搅拌时间

搅拌时间较正常法延长 20%～25%,搅拌至将要过头的阶段,使面筋软化以利于发酵。

5. 其他方面

(1)使用还原剂、氧化剂和蛋白酶。使用还原剂是为了缩短面团搅拌时间,改善面团的机械加工能力。还原剂在面团搅拌期间能破坏面筋蛋白质。常用的还原剂有 $L$-半胱氨酸、山梨酸、亚硫酸氢盐。平均使用量为 $20\sim40\ \text{mg/kg}$。其用量在减少面团搅拌时间方面不能超过 $25\%$。

使用氧化剂是为了补偿还原剂对面筋的破坏,恢复面团的强度、弹性、韧性和持气性,保证面包的质量。常用的氧化剂有溴酸钾、维生素 C 等。

蛋白酶因对面筋的破坏作用是不可逆的,其活性又受温度和 pH 影响,在使用时不易掌握,故很少用。

(2)降低盐的用量,加快面筋水化和面团形成,但不能过低,否则起不到改善风味的作用。

(3)降低糖和乳粉用量 $1\%\sim2\%$,以控制着色。因发酵时间短,面团中的剩余糖多。

(4)减少水的用量大约 $1\%$,缩短面团水化时间,因水多面团黏度大。

(5)加入乳化剂,因快速法生产的面包易老化。

(6)加酸或酸盐,以软化面筋,调节面团 pH,加快面团形成和发酵速度,常用的有醋酸和乳酸,用量为 $0.5\%\sim1\%$,磷酸氢钙 $0.45\%$。pH 过高,不利于酵母生长。

### (四)快速发酵法的特点

(1)生产周期短,效率高,产量比直接法、中种法都高。

(2)发酵损失很少,提高了出品率。

(3)节省设备投资、劳力和车间面积。

(4)降低了能耗和维修成本。

(5)面包风味纯正,无任何异味。

(6)不合格产品少。

(7)面包发酵风味差,香气不足。

(8)面包老化较快,贮存期短,不易保鲜。

(9)由于具有(7)和(8)两个缺点,故不适宜生产主食面包,而适宜生产点心面包。

(10)需使用较多的酵母、面团改良剂和保鲜剂,并且用料较多、较高,故成本大,价格高。

## 二、原料选用

1. 酵母处理

选择即发活性干酵母。这种酵母不需要活化直接与面粉混匀,进行调粉即可。一般用量 $0.8\%\sim1.0\%$(面粉百分比)。

2. 面粉处理

选择高筋面粉,最好选择面包专用粉。

注意粉温,在冬季,可以预先把面粉搬入车间将面粉升温,以便控制面团温度;过筛,防止面粉中有大的结块及其他杂质。

3. 其他物质处理

比如,乳粉、盐的溶解,糖中杂质的处理等。

### 三、快速发酵法面包加工工艺要点

#### (一)配方

快速发酵法面包配方见表 2-2。

表 2-2　快速发酵法面包配方　　　　　　　　　　　　　　　%

| 原辅料名称 | A | B | C | D | E |
|---|---|---|---|---|---|
| 面粉 | 100 | 100 | 100 | 100 | 100 |
| 水 | 55 | 56 | 52 | 60 | 58 |
| 即发活性干酵母* | 0.8 | 0.8 | 1 | 1 | 0.9 |
| 盐 | 0.8 | 0.8 | 0.6 | 1.2 | 0.7 |
| 糖 | 10 | 8 | 15 | 5 | 12 |
| 鸡蛋 | 5 | 2 | 4 | 1 | 3 |
| 奶粉 | 2 | 2 | 2 | 1 | 3 |
| 油脂 | 2 | 2 | 2 | 3 | 3 |
| 面包添加剂 | 1 | 1.2 | 0.8 | 1.3 | 0.9 |
| 甜味剂 | 0.02 | 0.02 | 0.015 | 0.05 | 0.014 |
| 香兰素 | 0.05 | 0.07 | 0.05 | 0.08 | 0.06 |
| 椰丝 | 适量 | 适量 | 适量 | 适量 | 适量 |

* 使用法国燕牌即发活性干酵母时,应减量。

#### (二)工艺流程

快速发酵法工艺流程如图 2-8 所示。

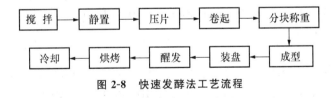

图 2-8　快速发酵法工艺流程

#### (三)操作工艺要点

1. 搅拌

投料顺序和搅拌时间与普通发酵法相同。面团温度在春、秋、冬三季可控制高一些,为30~32℃;夏季应控制低一些,为 25~27℃,否则面团在搅拌期间就产生发酵作用,影响搅拌质量和后道工序加工操作。控制面团温度,除应考虑季节变化外,主要应根据车间温度来确定。

面团软硬度有两种情况,一种是稍硬些,面团吸水率小于 40%,利于压片和成型操作,浮粉用量小。面包体积小,组织均匀紧密,有特殊的纹理。口感好,俗称有"咬头"。内部组织呈丝状和片状,能用手一片一片撕下来。另一种情况是面团很软,面团吸水率在 45% 以上,不利于压片、折叠和成型操作,需使用大量浮粉,否则粘压片机。但醒发速度快,有利于面团起发膨胀,面包体积较大,组织疏松,但纹理不如前者,无"咬头"。因此,控制面团软硬度是很重要的。

**2. 静置**

快速发酵法有的静置,有的不静置。静置一段时间后有利于面粉进一步水化胀润,形成更多的面筋,改善面筋网络结构,增强持气性。静置时间一般为 20～30 min,当用手拍打面团,出现空空的声音时即可。不需静置的面团可直接用于压片,但面包体积比静置的小。

**3. 压片**

将面团在压片机上反复压延 20 多遍,直至面团表面光滑、细腻为止。压片时要加少量浮粉,否则面片不光滑。面团太软时需要加浮粉,否则易断条,粘机器。

**4. 卷起**

面片压好后置于操作台上,用滚筒稍加压延。把两端压薄以利于卷起后封口。在面片表面刷一层水,然后从一端卷起,卷成圆筒状,要求卷紧、卷实,否则成品表面易出现坑凹,不光滑。

如果要使面包表面呈螺旋分层次,则在刷过水的面片上撒上一层椰蓉,使面包带有浓郁的清香味,或涂上豆沙、枣泥、可可粉等馅料,或刷一层油,均可起层,又扩大了花色品种。

**5. 分块称重**

将卷好后的圆筒状面团,按面包成品设计规格分块,要求刀口垂直整齐,不偏,大小一致。常见的分块质量有 110 g、115 g、120 g、140 g 和 150 g 等。

**6. 成型**

普通面包的成型方法较多,大多数利用手工成型。常见的有方形、长方形、圆形、橄榄形等。其中方形和长方形面包坯通过装盘方法来成型。

**7. 装盘**

所制面包的形状取决于装盘是否恰当。如需要长方形面包,在摆盘时可将面团横向间距小一些,纵向间距大一些。如需要方形面包,则应四周间距相等。这只是笼统的做法,实际生产中还应通过反复试验来校正。

**8. 醒发**

与常规方法基本相同。醒发成熟的标志是面团在烤盘内全部长满。醒发的温度为 36～40℃,湿度为 85%～95%。

**9. 烘焙**

由于面包中的糖、蛋、奶粉含量较高,着色较快,故应适当降低炉温,防止面包外糊内生。一般为 180～220℃,入炉时 175～180℃。如果采用隧道式烤炉,则入炉后第一阶段可只给下火,不给上火,以后各阶段烘焙方法与普通方法相同。

# 任务三　一次发酵法面包加工工艺

## 一、一次发酵法面包加工原理

### (一)定义

一次发酵法又称为直接发酵法,指面包制作过程中,采取一次性搅拌、一次性发酵的方法。

## (二)一次发酵法的类型

一次发酵法包括以下几种:普通一次发酵法,无盐两次搅拌一次发酵法,两次加水两次搅拌一次发酵法等。

无盐两次搅拌一次发酵法是根据古时维也纳面包师傅采用的发酵方法而改进的。它介于一次发酵法和二次发酵法之间。这种方法采用两次搅拌面团,将配方中的盐留在面团发酵以后的第二次搅拌时加入。搅拌方法与普通的一次发酵法基本相同,只是搅拌程度不同。

两次加水、两次搅拌一次发酵法是介于一次发酵法和二次发酵法之间。也是采用两次搅拌面团,将配方中的水保留 10%~15%,在面团发酵以后的第二次搅拌时加入,其他同普通一次发酵法。

## (三)一次发酵法的特点

(1)缩短了生产时间,提高了劳动效率,生产周期为 5~6 h。

(2)由于发酵时间短,减少了发酵损失。

(3)减少了机械设备、劳动力和车间面积。

(4)具有良好的搅拌耐力。

(5)具有极好的发酵风味,无异味和酸味。

(6)由于发酵时间短,面包体积比二次法要小,并且容易老化。

(7)发酵耐力差,醒发和烘烤时后劲小。

(8)一旦搅拌或发酵出现失误,没有纠正机会。

# 二、原料选用(酵母处理)

选择即发活性干酵母、鲜酵母或两者同时使用。鲜酵母使用前必须活化。其方法:

(1)用 30℃水活化。

(2)水量是酵母液量的 5 倍。

(3)加入糖(25 g/L)。

(4)待 40~60 min 后产生均匀的气泡便可使用。

# 三、一次发酵法面包加工工艺要点

## (一)配方

一次发酵法面包配方见表 2-3。

表 2-3　一次发酵法的基本配方　　　　　　　　　　　　　　　%

| 原辅料 | 份数 | 平均份数 | 原辅料 | 份数 | 平均份数 |
|---|---|---|---|---|---|
| 高筋面粉 | 100 | 100 | 油脂 | 0~5 | 3 |
| 水 | 50~65 | 60 | 奶粉 | 0~8.2 | 2 |
| 鲜酵母 | 1.5~2 | 3 | 乳化剂 | 0~0.5 | 0.35 |
| 糖 | 0~12 | 4 | 改良剂 | 0.5~1.5 | 1 |
| 盐 | 1~2.5 | 1.5 | 丙酸钙 | 0~0.35 | 0.25 |

具体使用时应根据加工品种,如主食面包、点心面包等再进行调整,见实训部分。

### (二)工艺流程

普通一次发酵法工艺流程如图 2-9 所示。

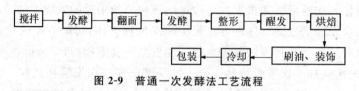

**图 2-9 普通一次发酵法工艺流程**

### (三)操作工艺要点

**1. 面团搅拌**

把配方内的糖、盐和改良剂等干性原料先放进搅拌缸内,然后把配方中适温的水倒入,再按次序放进奶粉和面粉,然后把新鲜酵母弄碎加在面粉上面,将搅拌缸升起,启动开关。先用慢速搅拌,使搅拌缸内的干性原料和湿性原料全部搅匀成为一个表面粗糙的面团,然后改为中速,继续把面团搅拌至表面呈光滑状,此时可将机器停止。把配方中的油加入,继续用中速搅拌至面筋完全扩展即可。如果是使用干酵母,一般要先用酵母重量的 4～5 倍的温水(水温 35～40℃)把酵母活化 15 min,再加在面粉上,并记住要从配方中扣除酵母的水量,另外要注意的是酵母不能首先与盐或糖等混合在一起,以防酵母在高渗透压的情况下死亡,降低酵母的活力。搅拌时延迟配方中油的加入,因防止油在水与面粉未充分混匀的情况下,首先包住面粉,造成部分面粉的水化作用欠佳。如果是使用乳化油或高速搅拌机,则无须延迟加油,全部原料一起投入即可。

搅拌后面团的温度对发酵时间的控制,以及烤好后面包的质量影响很大,所以在搅拌前就应根据当时的室温和面粉等原料的温度,利用冰或热水来调整至适当的水温,使搅拌完成后面团温度为 26℃以上。搅拌后的面团温度应为 27～29℃。搅拌时间一般为 15～20 min。

**2. 面团发酵**

搅拌后的面团应进入基本发酵室使面团发酵。良好的发酵不仅受搅拌后面团温度的影响,同时还与搅拌程度有很大的关系,一个搅拌未达到面筋完全扩展阶段的面团,就会延缓发酵中面筋软化的时间,使烤出来的面包得不到应有的体积。其次发酵室的温度和湿度也极为重要,理想的发酵室温度应为 28～30℃,相对湿度为 75%～80%,盖发酵缸或槽的材料宜选择塑料或金属,不宜用布。这是因为如果布太干,则会吸去面团的水分,太湿则易引起面团表面凝结成一层薄膜。

一般一次发酵法的面团发酵时间,在其他条件相同的情况下可以根据酵母的使用量来调节。在正常情况(搅拌后面团温度 26℃,发酵室温度 28℃,相对湿度 75%～80%,搅拌程度合适)下,使用 2%～3% 新鲜酵母的主食面包,其面团发酵时间约 3 h。如果要调整发酵时间,在配方中其他材料不变的前提下,以调整酵母和盐的使用量为宜(表 2-4)。

**3. 翻面**

翻面属于面团发酵辅助工序,有两种方法:一种是在发酵容器中将面团向中间推压折叠;另一种是在搅拌机中翻动。发酵中的面团是否达到翻面的程度可由下列几点来确定:

(1)发酵面团的体积较开始增加 1 倍左右。

（2）用手指在面团中间压下不会感到有很大的阻力，手指从面团中抽出后，压下的指印会留在原处，面团既不会很快地升起把指印重新填满，周围面团也不会很快地随着降下，这表明面团已到适合翻面的时间。

表 2-4　一次发酵法利用酵母使用量控制面团发酵时间参考

| 发酵时间/h | 新鲜酵母用量/% | 面团温度/℃ | 盐量/% |
| --- | --- | --- | --- |
| 0 | 4 | 30 | 1.8 |
| 1 | 3.5 | 29 | 1.8 |
| 2 | 3 | 28 | 1.8 |
| 3 | 2 | 26 | 2 |
| 4 | 1.5 | 26 | 2 |
| 5 | 1.2 | 26 | 2 |
| 6 | 1 | 26 | 2 |
| 7 | 0.85 | 26 | 2.2 |
| 8 | 0.75 | 24 | 2.2 |

（3）如果测试的手指从面团中抽出后，面团很快恢复原状，表示翻面的时间尚未到达。

（4）如果测试的手指从面团中抽出后，指印附近的面团很快向下陷入，则表示已超过翻面时间，这时应马上翻面，以免发酵过久。

翻面时用手将四周的面团推向中部，上面的面团向下揿，左边的面团向右翻动，右边的面团向左翻动，要求全部面团都能翻到、翻透、翻匀。

翻面后的面团，需重新发酵一段时间，这一步骤在烘焙学上叫延续发酵。这两段发酵的时间长短，视面粉的性质和配方而定。

# 任务四　二次发酵法面包加工工艺

## 一、二次发酵法面包加工原理

### (一)定义

二次发酵法又称为中种法或分醪法，即采取两次搅拌、两次发酵的方法。第一次搅拌的面团称为种子面团、中种面团、醪种面团，小醪或醪子。第二次搅拌的面团称为主面团或大醪。

### (二)二次发酵法的类型

二次发酵法包括以下几种：普通二次发酵法，全面粉种子面团二次发酵法等。

全面粉种子面团二次发酵法是将全部面粉加入到种子面团中，所制出面包具有良好的柔软度和风味，香味充足，特别适合带盖的听型面包。

### (三)二次发酵法的特点

（1）面包体积大。

(2)面包不易老化,贮存保鲜期长。

(3)面包发酵风味浓,香味足。

(4)第一次搅拌发酵不理想,还有纠正机会,即在第二次搅拌和发酵时纠正。

(5)发酵耐力好,后劲大。

(6)搅拌耐力差。

(7)生产周期长,效率低。

(8)需要设备、劳力、车间面积较多,投资大。

(9)发酵损失大。

## 二、原料选用(酵母处理)

二次发酵法加工面包,酵母大多选择鲜酵母。这种酵母具有较好发酵耐力。鲜酵母活化方法参见一次发酵法加工面包酵母处理。

## 三、二次发酵法面包加工工艺要点

### (一)配方

二次发酵法面包配方见表 2-5。

表 2-5 二次发酵法的基本配方

| | 份数 | 平均份数 |
|---|---|---|
| 种子面团 | | |
| 高筋面粉 | 60~80 | 65 |
| 水 | 36~48 | 36 |
| 鲜酵母 | 1~3 | 2 |
| 酵母食物 | 0~0.75 | 0.5 |
| 乳化剂 | 0~0.5 | 0.375 |
| 主面团 | | |
| 高筋面粉 | 20~40 | 35 |
| 水 | 12~24 | 24 |
| 糖 | 0~14 | 8 |
| 脱脂奶粉 | 0~8.2 | 2 |
| 油脂 | 0~4 | 3 |
| 盐 | 1.5~2.5 | 2 |
| 鸡蛋 | 4~6 | 5 |
| 丙酸钙 | 0~0.35 | 0.25 |

二次发酵法的配方设计主要根据:一是面粉的筋性和性质,二是发酵时间的长短。

面粉应选择筋性较高的高筋面粉,如果面粉筋性不足,则在长时间的发酵中,面筋会受到破坏。因此,筋力较弱的面粉应放在主面团中。筋力高的面粉在种子面团中的比例应大于主面团的面粉比例,发酵时间也要长于主面团。

二次发酵法种子面团中一般不添加除酵母以外的其他辅料。种子面团和主面团的面粉比例有以下几种:80/20、70/30、60/40、50/50、40/60 和 30/70。高筋面粉多数使用 70/30 和 60/40,即种子面团面粉用量高些。中筋面粉(例如国产特制粉)多使用 50/50,即种子面团面粉用量少些,发酵时间不宜太长。二次发酵法比一次法酵母用量少。

种子面团与主面团的面粉比例应根据面粉筋力大小来灵活调整。

种子面团的加水量可根据发酵时间长短而调整。一般情况下,种子面团加水量少,发酵时间长,其面团膨胀及面筋软化成熟效果好。而水分用量多的种子面团,发酵时间短、速度快,但面团膨胀体积小,面筋软化成熟差。

酵母的用量一般比正常一次发酵法减少 20% 左右。

糖、盐、奶粉、油脂等原料,一般加在主面团中。但遇到下列情况时也可以加入种子面团中:

(1)当面粉的 α-淀粉酶活性太低时,为了维持正常的面团发酵,可把部分或全部的糖加入种子面团中。

(2)当面粉的 α-淀粉酶活性太高时,应把奶粉加入种子面团中,以控制和延缓面团发酵速度。

当种子面团的面粉筋力太强时,可将适量油加入种子面团中,以增强面团的润滑性,降低弹性、韧性,提高其延伸性,促进面团发酵。

二次发酵法因种子面团中不含盐,面筋不能硬化,水化作用迅速,发酵能充分进行。

**(二)工艺流程**

普通二次发酵法工艺流程如图 2-10 所示。

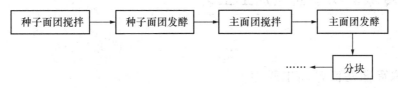

种子面团搅拌 → 种子面团发酵 → 主面团搅拌 → 主面团发酵 → 分块 → ……

**图 2-10 普通二次发酵法工艺流程**

1. 种子面团制作操作工艺要点

(1)种子面团搅拌 把种子面团配方内的糖、蛋和改良剂等干性原料先放进搅拌缸内,再放进面粉和乳粉(两者最好事先混合均匀),然后把即发酵母(新鲜酵母要弄碎)加在面粉上面,将搅拌缸升起,启动开关,先用慢速搅拌,使搅拌缸内的干性原料和湿性原料全部搅匀,成为一个表面粗糙的面团,才可改为中速继续把面团搅拌至表面呈光滑状。此时表明所有原料已经均匀分布在面团的每一部分,即面筋扩展阶段,即可将机器停止,把配方中的油加入,继续用中速搅拌。至搅拌的第四阶段(即面筋完全扩展阶段),把盐加入,最后搅拌均匀即可。

另外要注意的是:酵母不能首先与盐或糖等混合在一起,防止酵母在高渗透压的情况下死亡,降低酵母的活力。

搅拌后面团的温度对发酵时间的控制,以及烤好后面包的质量影响很大,所以在搅拌前应根据当时的室温和面粉等原料的温度,利用冰或热水来调整到理想的水温,使搅拌完成后面团温度为 26℃。这样的面团在发酵过程中每小时平均升高 1.1℃ 左右,经过约 3 h 的发酵,面团内部温度不会超过 30℃,即使经过整形等工序后,面团内部也不会超过 32℃,这样可以避免乳酸菌的大量繁殖,面包没有不正常的酸味。如果搅拌后面团温度太高,不但使烤后的面包味道不正,而且发酵速度难以控制,往往造成面团发酵过头。但如果面团温度太低,则易造成发酵不足、面包体积小、内部组织粗糙等不良毛病。

种子面团的搅拌时间为 8~10 min 即可。

(2)种子面团发酵　搅拌好后的面团应进入基本发酵室使面团发酵。发酵不仅受搅拌后面团温度的影响,同时也与搅拌程度有很大的关系。搅拌未达到面筋完全扩展阶段的面团,会延缓发酵中面筋软化的时间,使烤出来的面包得不到应有的体积。发酵室的温度和湿度也极为重要,理想发酵室的温度应为 28~30℃,相对湿度为 70%~75%,发酵 4~6 h 即可成熟。

2. 主面团制作操作工艺要点

(1)主面团搅拌　首先将主面团中的水、糖、蛋、添加剂加入搅拌机中搅拌均匀。然后加入发酵好的种子面团,将其搅拌使之澥开。再加面粉、奶粉搅拌至面筋初步形成。加入油脂至与面团充分混合后,再加入食盐搅拌至面团细腻、光滑为止。搅拌时间一般为 12~15 min。

(2)主面团发酵　发酵 40~60 min,此时间应根据种子面团与主面团的面粉比例来调节。如果种子面团面粉比例大,即所谓的醭种大,则主面团发酵时间可缩短。反之,则应延长。

(3)整形　整形与常规方法相同。

(4)醒发　二次发酵法的面团醒发时间要比其他方法短一些。在 38~40℃,相对湿度 85%~90% 的条件下,醒发 50~65 min。由于面团中酵母孢子多,后劲大,故面团醒发程度可比一次法稍轻一些,以利在烘焙过程中面团体积进一步膨大。

# 任务五　冷冻面团法面包加工工艺

## 一、冷冻面团法面包加工原理

冷冻面团法,就是由较大的面包厂(公司)或中心面包厂将已经搅拌、发酵、整形后的面团在冷库中快速冻结和冷藏,然后将此冷冻面团销往各个连锁店(包括超级市场、宾馆饭店、面包零售店等)用冰箱贮存起来,各连锁店只需备有醒发箱、烤炉即可。随时可以将冷冻面团从冰箱中取出,放入醒发室内解冻、醒发,然后烘焙即为新鲜面包。顾客可以在任何时间都能买到刚出炉的新鲜面包。现代面包的生产和销售越来越要求现做、现烤、现卖,以适应顾客吃新尝鲜的需要。

面团急速冷冻的温度:在面团整形后以 −40~−30℃ 急速冻结,−20℃ 左右贮藏。当需要时进行解冻,然后发酵、焙烤成新鲜面包。

特点:搅拌、分割、整形等工艺都是提前完成的,随时需要,随时解冻、发酵、烘烤。这样可保证面包新鲜、缩短加工周期。

冷冻面团法是 20 世纪 50 年代以来发展起来的面包新工艺。目前,在许多国家和地区已经相当普及。特别是国内外面包行业正流行连锁店经营方式,冷冻面团法得到了很大发展。

## 二、原料选用

### 1. 面粉

冷冻面团所需要的面粉要比通常的主食面包含有较高的蛋白质。这种面粉可以是春小麦和冬小麦的混合物。蛋白含量应该在 $11.75\%\sim13.5\%$。

### 2. 面团吸水率

面团吸水率为 $50\%\sim63\%$，冷冻面团的生产采用较低的吸水率是理想的。因较低的吸水率限制了自由水的量，自由水在冻结和解冻期间对面团酵母具有十分不利的影响。

### 3. 酵母用量

酵母用量通常是 $3.5\%\sim5.5\%$，这个用量可以根据产品的种类或糖的用量来调节。如果使用面包压榨酵母，这种酵母贮存不应超过 3 d。为保证酵母的活性和质量，在面包加工厂需通过进行酵母发酵力实验来检验酵母的活性和质量。也可以使用活性干酵母。但是，在使用活性干酵母时，人们必须注意按较低的用量来使用，正确的使用应是鲜酵母用量的 1/2。活性干酵母中含有一定数量能损伤酵母细胞的谷胱甘肽。谷胱甘肽是一种还原剂，对面筋具有软化作用。通过添加溴酸钾或抗坏血酸能够弥补这种缺欠。因此，使用活性干酵母时，应同时使用较多的氧化剂。

采用冷冻面团生产面包时，酵母的耐冻性是影响面团质量的关键。

### 4. 盐

正常的盐用量应该是 $1.75\%\sim2.5\%$。

### 5. 糖

糖的使用量应根据产品的种类而定。然而必须记住对于冷冻面团的用量要比普通面包的配方高一些，在冷冻面团中糖的用量一般是 $6\%\sim10\%$。糖用量较高的产品贮存期稳定得多。

### 6. 面团干燥剂

过氧化钙、SSL、CSL 具有干燥作用。

### 7. 氧化剂

在冷冻面团中选择适当的氧化剂是非常重要的。抗坏血酸和溴酸盐的结合使用是最广泛的使用方法。

## 三、冷冻面团法面包加工工艺要点

### (一)面团搅拌

冷冻面团所需的面粉要比通常的主食面包所使用的面粉，具有更高的蛋白质含量。面团搅拌取决于产品的种类，搅拌特点类似于未冻结的面团。面团良好扩展和形成对产品的质量十分重要，在冷冻面团搅拌过程中应该注意，面团要一直搅拌到面筋完全扩展为止。如果搅拌过度，面团将变得过分柔软和不适应后道工序的加工，面团冻结贮藏后气体的保持性能变差。

### (二)面团温度

面团温度对于生产高质量和保鲜期长的产品来说非常重要。面团搅拌后的温度范围 $18\sim24\,^{\circ}\mathrm{C}$ 是理想的。

较低的面团温度能使其在冻结前尽可能降低酵母的活性。如面团温度过高,将有利于激活酵母活性,造成酵母过早发酵产气,使面团在分割时不稳定,不易整形,导致保鲜期缩短。

### (三)发酵时间

发酵时间通常在 0~45 min 内,平均 30 min。缩短发酵时间,能降低酵母在冻结贮藏期间被损坏的程度。增加发酵时间将导致冻结贮藏期间酵母的损失加大,造成面团冻结贮藏期缩短。

### (四)整形

由于冷冻面团要比普通面团的吸水率低,而且面团温度也低,调成的面团硬度也较大。加工这种硬面团必须调节分割机的弹簧压力。分割机压力太小将导致分块重量不准;压力过大将使面团受到机械损伤。面团如受到损伤,在整形期间气体保持性能就会变差,成品的体积变小,组织不均匀,质量严重下降。

### (五)压片和成型

面团经过再次机械加工对于生产出高质量的产品是非常重要的。在压片和成型期间,应适当地调整轧片机和成形机的辊轮间距,避免面团被撕裂。如果面团在这个阶段受到任何损伤都将使面团变得软弱,成品体积小,持气性变差。因此,整形后要迅速地将面团冻结。

### (六)机械吹风冻结

面团机械吹风冻结的工艺条件:$-34$~$-40$℃,同时以 16.8~19.6 $m^3$/min 流速让空气对流。对于 0.454~0.511 kg 面块经 60~70 min 机械吹风冻结后,面块的中心温度达到 $-29$~$-32$℃。

### (七)低温吹风冻结($CO_2$、$N_2$)

低温吹风冻结是利用 $CO_2$ 和 $N_2$ 使温度下降,在 $-46$℃的温度下完成的。通过这种方法,0.454~0.511 kg 的面块吹风时间通常在 20~30 min。机械吹风使面团沿着四周形成一层厚表壳,这个冻结薄层厚度是 0.38~0.65 cm。当面团可能出现固化冻结时并不影响产品质量,因面团的内部温度仍然相当高,且需要时间来达到动态平衡。约 90 min 后面团能达到温度平衡,平衡温度为 $-7$~$-4$℃。如平衡温度高,将需要延长吹风冻结时间。经最初吹风冻结后,产品通常被包装衬有多层纸的纸板箱里,这种多层衬纸能防止冷冻面团在贮藏期间失水。

### (八)冷藏间温度

如果冷冻面团要贮藏很长一段时间,贮藏温度应选择 $-23$~$-18$℃。但在实际生产中,因半成品库总是要进进出出、加工冲霜,冷藏间温度难免有一些波动。必须注意到在冷藏期间内冷藏温度较高时的温度波动,要比较低时的温度波动,对面团贮藏具有更大的危害性。冷藏间温度的波动将损害面团的质量,降低面团的贮藏期,这是冰结晶形成和运动的结果。面团的贮藏期,最长为 5~12 周,12 周后面包变质速度相当快。如果面团贮存三周时间,则不需太严格的工艺控制。

### (九)解冻

面团的解冻应该按照以下程序:

(1)从冷藏间取冷冻面团,在 4℃的冷藏间里放置 16~24 h。这可以使面团解冻。然后将解冻的面团放在 32～38℃,相对湿度 70%～75%的醒发室里。在这些条件下,醒发时间需 2 h。

(2)从冷藏间直接取出面团放入 27～29℃,相对湿度 70%～75%的醒发箱里。在这些条件下,醒发时间需 2～3 h。

**(十)烘焙**

醒发后的面团即可转入烘焙。

# 任务六　几种面包制作实例

## 一、中式吐司面包

### (一)中式吐司面包配方(表 2-6)

表 2-6　中式吐司面包的配方

| 原料名称 | 烘焙百分比/% | 质量/g |
|---|---|---|
| 高筋粉 | 100 | 500 |
| 即发活性干酵母 | 1.2～1.8 | 6～9 |
| 水 | 44～50 | 220～250 |
| 白砂糖 | 20 | 100 |
| 食盐 | 1 | 5 |
| 奶粉 | 3 | 15 |
| 奶油 | 8～15 | 40～75 |
| 蛋液 | 12 | 60 |

### (二)生产要点

1. 搅拌

将酵母、油脂以外的原辅料置于搅拌机中,以钩状搅拌器用"低速"搅拌 3～5 min;然后将酵母放入搅拌机,"低速"搅拌搅拌至"拾起阶段",然后将速度切换成"中速"搅拌(图 2-11 中 1～2)。

面团搅拌至"扩展阶段"时加入油脂,慢速搅拌至油脂与面团混合均匀,快速搅拌至"完成阶段";最后慢速搅拌至"过渡阶段"(图 2-11 中 3～6)。

2. 测面团温度

将面团移出搅拌缸,稍滚圆置于涂油的发酵桶内,测量面团温度,盖上盖子以防止面团表皮水分蒸发(图 2-11 中 7)。

3. 发酵

将盛好面团的发酵桶置在醒发箱内(温度 28～30℃)发酵 2～2.5 h,待面团体积增加 2～3 倍时翻面,用手将面团往下压,然后将发酵桶四周的面团翻到上面,确保面团翻匀翻透,最后再发酵 40 min(图 2-11 中 8～10)。

1.将油脂、酵母以外的原料放入搅拌缸内以低速搅拌

2.加入酵母慢速搅拌

3.搅拌至面团不再粘搅拌缸内壁（此时面团还是容易破裂）

4.加入油脂，慢速搅拌

5.快速搅拌至拉开面团成薄薄的膜状

6.低速搅拌至面团光滑，以保留空气，移至发酵桶内

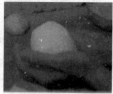

7.测量温度，盖上桶盖

8.发酵至体积增加2～3倍

9.用手将面团往下压

10.将四周面团翻到上面，盖盖子，发酵40 min

11.分割面团

12.将面团搓圆，静置20 min、压平

13.将面团自下而上地包裹

14.用手将面团搓成圆形

15.底部接缝处用手捻合

16.将4个面团装入在同一个烤模内

17.发酵

18.烘烤后及时出炉、脱模

图 2-11　中式吐司生产过程

4. 分割

将发酵好的面团分割成 250 g/个的小面团,揉圆、静置 20 min,用手将面团压平。将面团自下而上地包裹成圆形,用手将面团搓成圆形,底部接缝处用手捻合,最后将 4 个面团放入一个烤模内(面团底部接缝处朝下),并用手稍微压紧(图 2-11 中 11~16)。

5. 最后醒发

装有生坯的烤模,置于醒发箱内(35~38℃,相对湿度为 80%~85%)醒发,醒发时间为60~90 min(图 2-11 中 17)。

6. 烘烤、冷却

醒发至八成满时入炉烘烤。烘烤温度为 200~210℃,时间 40~60 min。当烤制棕黄色时出炉,趁热将面包从模具中取出(图 2-11 中 18)。待其中心温度下降至 32℃,即可用塑料袋进行包装。

## 二、羊角面包

### (一)羊角面包基本配方(表 2-7)

表 2-7 羊角面包的基本配料

| 原料 | 烘焙百分比/% | 质量/g |
| --- | --- | --- |
| 高筋面粉 | 100 | 2 000 |
| 盐 | 2 | 40 |
| 软式改良剂 | 0.5 | 10 |
| 干酵母 | 1.5 | 30 |
| 砂糖 | 10 | 200 |
| 水 | 60 | 1 200 |
| 黄油 | 50 | 1 000 |

### (二)生产要点

1. 和面

将全部配料(黄油除外)放进搅拌机,在低速下搅拌 5 min,然后高速下搅拌 4 min;面团温度以 26~28℃为宜。将面团从和面机中取出,将面团松弛 30 min。

2. 包油

将面团按清酥类点心的包油方式包油,每包一次让面团松弛约 15 min,共 3~4 次。

3. 发酵

将包油的面团按要求成型,然后将面团放在温度 25~28℃、相对湿度 70%的醒发室内醒发 70~90 min。

4. 烘烤

将发酵好的面团放进 190℃的烤炉;烘烤 20 min。然后,取出冷却。见图 2-12。

图 2-12　羊角面包

## 三、法式面包

### (一)法式面包基本配方(表 2-8)

表 2-8　法式面包的基本配料

| 原料 | 焙烤百分比/% | 质量/g | 备注 |
|---|---|---|---|
| 高筋粉 | 10 | 200 | |
| 水 | 10 | 200 | 中种面团 |
| 干酵母 | 1 | 20 | |
| 高筋粉 | 80 | 1 600 | |
| 低筋粉 | 10 | 200 | |
| 盐 | 2 | 40 | 主面团 |
| 欧式面包改良剂 | 0.5 | 10 | |
| 水 | 55 | 1 100 | |

### (二)生产要点

1. 和面

将全部配料放进搅拌机,低速搅拌 6 min,后高速搅拌 2 min,面团温度以 26～28℃为佳。

2. 静置、成型

将面团松弛 40 min 后,分割成 120 g/个,搓圆,再松弛 20～30 min,然后搓成所需要的形状。

3. 发酵

将面团放在温度 28～30℃、相对湿度 80%的醒发室内醒发 50～60 min。

4. 烘烤

将发酵好的面团放入 230℃烤炉内,喷入蒸汽;烘烤 15 min 之后把热降低到 210℃,再烤 5 min。见图 2-13。

图 2-13　法式面包

## 任务七 面包的质量分析

### 一、面包的质量标准

1. 面包的感官要求

面包的感官指标要符合表 2-9 的规定。

**表 2-9 面包的感官要求**

| 项目 | 软式面包 | 硬式面包 | 起酥面包 | 调理面包 | 其他面包 |
|------|---------|---------|---------|---------|---------|
| 形态 | 完整、丰满,无黑泡或明显焦斑,形状应与品种造型相符 | 表皮有裂口,完整、丰满,无黑泡或明显焦斑,形状应与品种造型相符 | 丰满、多层,无黑泡或明显焦斑,光洁,形状应与品种造型相符 | 完整、丰满,无黑泡或明显焦斑,形状应与品种造型相符 | 符合产品应有的形态 |
| 表面光泽 | 金黄色、淡棕色或棕灰色 | 色泽均匀、正常 | | | |
| 组织 | 细腻,有弹性,气孔均匀,纹理清晰,呈海绵状,切片后不断裂 | 紧密,有弹性 | 有弹性,气孔均匀,纹理清晰,层次分明 | 细腻,有弹性,气孔均匀,纹理清晰,呈海绵状 | 符合产品应有的组织 |
| 滋味口感 | 具有发酵和烘烤后的面包香味,松软适口,无异味 | 耐咀嚼,无异味 | 表皮酥脆,内质松软,口感酥香,无异味 | 具有品种应有的滋味和口感,无异味 | 符合产品应有的滋味与口感,无异味 |
| 杂质 | 无正常视力可见的外来异物 | | | | |

2. 面包的理化要求

面包的理化指标要符合表 2-10 的规定。

**表 2-10 面包的理化要求**

| 项目 | 软式面包 | 硬式面包 | 起酥面包 | 调理面包 | 其他面包 |
|------|---------|---------|---------|---------|---------|
| 水分/% | ≤45 | ≤45 | ≤36 | ≤45 | ≤45 |
| 酸度/°T | | | ≤6 | | |
| 比容/(mL/g) | | | ≤7.0 | | |
| 酸价(以脂肪计)(KOH)/(mg/g) | | | ≤5 | | |
| 过氧化值(以脂肪计)/(mg/g) | | | ≤0.25 | | |
| 总砷(以 As 计)/(mg/kg) | | | ≤0.5 | | |
| 铅(Pb)/(mg/kg) | | | ≤0.5 | | |
| 黄曲霉毒素 $B_1$/($\mu$g/kg) | | | ≤5 | | |

3. 面包的微生物要求

面包的微生物指标要符合表 2-11 的规定。

表 2-11    面包的微生物要求

| 项 目 | 指 标 | |
|---|---|---|
| | 热加工 | 冷加工 |
| 菌落总数/(cfu/g) | ≤1 500 | ≤10 000 |
| 大肠杆菌/(MPN/100 g) | 30 | ≤300 |
| 霉菌计数/(cfu/g) | ≤100 | ≤150 |
| 致病菌(沙门氏菌、志贺氏菌、金黄色葡萄球菌) | 不得检出 | |

## 二、面包加工中常见的质量问题与解决方法

1. 面包体积过小(表 2-12)

表 2-12    面包体积过小

| 原 因 | 解决方法 |
|---|---|
| 酵母用量不够 | 适当增加酵母用量 |
| 食盐用量太多 | 适当减少食盐用量 |
| 糖、油及奶粉用量太多 | 适当减少糖、油及奶粉用量 |
| 面粉中面筋含量太低 | 换面筋含量高的面粉 |
| 面团搅拌时间不足 | 增加面团搅拌时间 |
| 面团搅拌时间过久 | 减少面团搅拌时间 |
| 烤炉温度太高 | 降低烤炉温度 |
| 烤盘涂油太多 | 适当减少烤盘涂油 |
| 发酵时间不够 | 增加发酵时间 |
| 面团重量不够 | 增加面团重量 |
| 所使用的烤盘温度太低 | 适当增加使用烤盘的温度 |

2. 面包体积过大(表 2-13)

表 2-13    面包体积过大

| 原 因 | 解决方法 |
|---|---|
| 最后醒发时间过长 | 最后醒发时间适当缩短 |
| 盐的用量不够 | 适当增加食盐用量 |
| 烤炉温度太低 | 适当升高烤炉温度 |
| 酵母用量太多 | 适当减少酵母用量 |
| 面团重量过重 | 面团重量适当减轻 |

3. 面包外皮颜色过浅(表 2-14)

表 2-14 面包外皮颜色过浅

| 原　因 | 解决方法 |
|---|---|
| 面包发酵时间过长 | 适当缩短面包发酵时间 |
| 烤炉温度太低或焙烤的时间不够 | 适当提高烤炉温度或增加烘烤时间 |
| 糖及奶粉用量不够 | 适当增加糖及奶粉用量 |
| 最后醒发湿度太大 | 适当降低最后醒发湿度 |
| 搅拌时间过长 | 适当减少搅拌时间 |

4. 面包外皮有黑斑点(表 2-15)

表 2-15 面包外皮有黑斑点

| 原　因 | 解决方法 |
|---|---|
| 搅拌不均匀 | 搅拌要均匀 |
| 醒发室内蒸汽太多 | 适当减少醒发室内蒸汽 |
| 使用生粉太多 | 适当减少生粉用量 |
| 烤炉温度不均匀,上火温度太高 | 烤炉温度要均匀,上火温度不能太高 |

5. 面包外皮过厚(表 2-16)

表 2-16 面包外皮过厚

| 原　因 | 解决方法 |
|---|---|
| 油、奶粉及糖的用量不够 | 适当增加奶粉及糖的用量 |
| 炉温太低,焙烤时间过长 | 适当提高烤炉温度或缩短烘烤时间 |
| 发酵时间过久 | 适当减少发酵时间 |
| 搅拌不当 | 搅拌要得当 |
| 烤盘内涂油太多 | 适当减少烤盘内涂油 |

6. 面包外部不均匀(表 2-17)

表 2-17 面包外部不均匀

| 原　因 | 解决方法 |
|---|---|
| 使用生粉太多 | 适当减少生粉用量 |
| 形状不规则 | 生坯形状要规则 |
| 面缸内涂油过多或分割机内涂油过量 | 适当减少面缸内涂油或分割机内涂油 |
| 搅拌不均匀 | 面团搅拌要均匀 |
| 面粉未筛过 | 面粉要过筛 |

### 7. 面包内纹理结构不良（表 2-18）

**表 2-18　面包内纹理结构不良**

| 原　因 | 解决方法 |
| --- | --- |
| 面团温度太高 | 适当降低面团温度 |
| 发酵时间不当，或发酵室温度太高 | 发酵时间适宜，且发酵室温度适当 |
| 生粉用量过多 | 适当减少生粉用量 |
| 搅拌不适当或面团太松 | 搅拌要适当或面团要适宜 |
| 炉温太低 | 炉温要适宜 |
| 制作过于粗糙 | 制作不要过于粗糙 |
| 使用酵母太多或用油太少 | 使用酵母适当或用油适量 |
| 面粉筋度不够 | 适当增加高筋粉用量 |

### 8. 香味及味道不佳（表 2-19）

**表 2-19　香味及味道不佳**

| 原　因 | 解决方法 |
| --- | --- |
| 所用材料不好或用量不当 | 所用材料要好或用量适宜 |
| 发酵时间过短或过长 | 发酵时间不要过短或过长 |
| 焙烤时间不够，面包未烤熟 | 适当增加烘烤时间使面包烤熟 |
| 搅拌不当 | 面团搅拌要均匀 |
| 包装前没有完全冷却 | 包装前要完全冷却 |

### 9. 面包易发霉（表 2-20）

**表 2-20　面包易发霉**

| 原　因 | 解决方法 |
| --- | --- |
| 发酵时间不够 | 适当增加发酵时间 |
| 糖、奶粉及用油量不足 | 适当增加糖、奶粉及用油量 |
| 使用过量生粉 | 适当减少生粉用量 |
| 搅拌不均匀 | 搅拌要均匀 |
| 面包没有烤熟 | 面包要烤熟 |
| 包装前冷却不充分或冷却太久 | 包装前冷却要充分不能冷却太久 |
| 所用包装纸不佳或包装时没有密封好 | 所用包装纸要好且包装密封好 |
| 贮藏库温度及湿度不适当 | 贮藏库温度及湿度要适当 |

10. 面包龟裂（表 2-21）

表 2-21 面包龟裂

| 原 因 | 解决方法 |
|---|---|
| 最后醒发时间不够 | 适当增加最后醒发时间 |
| 搅拌时间过长 | 搅拌时间缩短 |
| 炉温太高 | 适当降低炉温 |
| 成型过于粗糙 | 成型不要过于粗糙 |

11. 面包内有细菌（表 2-22）

表 2-22 面包内有细菌

| 原 因 | 解决方法 |
|---|---|
| 所用的材料内部含有细菌 | 所用的材料内部不能含有细菌 |
| 面包没有烤熟 | 面包要烤熟 |
| 面包生产车间或整个厂内不够清洁 | 面包生产车间或整个厂内要清洁 |

12. 面包表面有凹陷（表 2-23）

表 2-23 面包表面有凹陷

| 原 因 | 解决方法 |
|---|---|
| 最后醒发时间过长 | 最后醒发时间适当 |
| 烤盘没有涂油或涂油不当 | 烤盘涂油要适宜 |
| 搅拌时间不够 | 适当增加搅拌时间 |
| 炉底火温度太低 | 适当增加炉底火温度 |
| 烤盘底部无排气孔 | 烤盘底部可有排气孔 |

13. 面团过黏（表 2-24）

表 2-24 面团过黏

| 原 因 | 解决方法 |
|---|---|
| 面团太稀 | 面团不要太稀 |
| 搅拌时间不够或过久 | 搅拌时间适宜 |
| 面粉筋度太低 | 适当增加面粉的筋力 |
| 面团温度太高 | 面团温度适宜 |
| 发酵时间不够或太长 | 发酵时间适宜 |
| 所用水太软 | 所用水硬度适宜 |

14. 面包边缘色泽过浅(表 2-25)

表 2-25　面包边缘色泽过浅

| 原　因 | 解决方法 |
|---|---|
| 烤盘在炉内的间隔不够 | 烤盘在炉内的间隔足够 |
| 炉底火太低 | 炉底火适宜 |
| 烤盘厚度不够 | 烤盘厚度适宜 |
| 烤炉温度不稳定 | 烤炉温度要稳定 |

【思考题】

1. 名词解释

面包、一次发酵法、二次发酵法、快速发酵法、中种面团、主面团。

2. 简述快速发酵法面包加工的特点、工艺流程及质量分析。

3. 简述一次发酵法面包加工的特点、工艺流程及质量分析。

4. 简述二次发酵法面包加工的特点、工艺流程及质量分析。

5. 简述面包焙烤时的传热方式及特点。

6. 陈述面包的焙烤原理。

【技能训练】

### 技能训练一　甜圆包的制作

#### 一、训练目的

1. 熟悉快速发酵法面包的制作工艺。

2. 学会面团搓圆的操作技巧。

#### 二、设备、用具

和面机、醒发箱、面团分割机、远红外线电烤炉、案板、刮板、温度计、台秤、烤盘、排笔、塑料袋。

#### 三、原料配方

甜圆包配方见表 2-26。

表 2-26　甜圆包的基本配料

| 原料 | 质量/g | 烘焙百分比/% | 原料 | 质量/g | 烘焙百分比/% |
|---|---|---|---|---|---|
| 高筋粉 | 500 | 100 | 食盐 | 5 | 1 |
| 即发活性干酵母 | 5 | 1 | 奶粉 | 15 | 3 |
| 水 | 240 | 48 | 奶油 | 40 | 8 |
| 蔗糖酯 | 3 | 0.6 | 蛋液 | 60 | 1 |
| 白砂糖 | 100 | 20 | | | |

## 四、操作要点

### (一)面团调制

(1)将水、糖、蛋、面包添加剂置于搅拌缸中,以钩状搅拌器用"低速"开始搅拌。

(2)将奶粉、即发干酵母与面粉混合,放入搅拌机。"低速"搅拌搅拌至"拾起阶段",然后将速度切换成"中速"搅拌。

(3)面团搅拌至"扩展阶段"时加入油脂。

(4)当油脂与面团混合均匀后,加入食盐搅拌,搅拌至"完成阶段"。

(5)将面团移出搅拌缸,稍滚圆,置于涂油的钢盆内。

### (二)发酵

将盛好面团的钢盆放置在醒发箱内(温度 28~30℃,相对湿度 75%~85%)发酵,时间约 45 min。

### (三)分割、搓圆、成型

将发酵好的面团分割成 60 g/个的小面团,静置 20 min 后搓圆,放在涂油的烤模(或烤盘)内。搓圆的方法,即是将面团放在工作台上(或手掌心),轻握并扣住面团,做定点绕圆回转,面团表层会因不断地转动而伸展至光滑状(图 2-14)。

### (四)醒发

将装有生坯的烤模(或烤盘)置于醒发箱内(35~38℃,相对湿度为 80%~85%)醒发,醒发时间为 45~60 min。

### (五)烘烤

将发酵好的面包生坯表面刷上蛋水,入 190℃的炉中,烘烤约 15 min。

### (六)冷却

出炉的面包(图 2-15)置于空气中自然冷却至其中心温度下降到 32℃,整体水分含量为 38%~44%。冷却后的面包可用塑料袋进行包装。

图 2-14 搓圆

图 2-15 甜圆包产品

## 五、训练结果

1. 对所生产的面包品质进行感官分析,参照标准对产品进行评定。

2. 对所制作面包的营养成分和化学组分如水分、蛋白质、灰分、糖分等进行分析,对产品质量进行评定。

## 六、思考与讨论

1. 面团发酵的机理是什么？结合实验讨论影响面团发酵的因素。

2. 通过对制作面包的综合分析评定,结合实验讨论面包生产中易出现的问题及改善面包品质的方法。

### 技能训练二　全麦吐司面包的制作

## 一、训练目的

1. 掌握一次法生产全麦吐司面包的生产工艺。
2. 学会全麦吐司面包的烘烤技术。

## 二、设备、用具

和面机、醒发箱、面团分割机、远红外线电烤炉、案板、刮板、温度计、台秤、面包烤模、烤盘、塑料袋。

## 三、原料配方

全麦吐司面包配方见表 2-27。

表 2-27　全麦吐司面包的基本配料

| 原料 | 烘焙百分比/% | 质量/g | 原料 | 烘焙百分比/% | 质量/g |
| --- | --- | --- | --- | --- | --- |
| 高筋粉 | 80 | 800 | 软式面包改良剂 | 0.3 | 3 |
| 全麦粉 | 20 | 200 | 奶粉 | 3 | 30 |
| 白砂糖 | 5 | 50 | 水 | 67 | 670 |
| 食盐 | 1.8 | 18 | 植物油 | 8 | 80 |
| 干酵母 | 1 | 10 | | | |

## 四、操作要点

1. 和面

将除植物油以外的所有配料放入搅拌机中,先用慢速搅拌 3 min,然后用快速搅拌 4 min;最后加入植物油,用慢速搅拌 2 min、快速搅拌 2～5 min,搅拌好的面团温度以 26～28℃为佳。

2. 静置、撒粉

将面团静置 40～60 min,然后进行撒粉,再静置 20～30 min。

3. 分割、搓圆

将静置好的面团分割成 250 g/个的面团,搓圆,松弛 10～20 min。

4. 成型

先将面团压平,然后卷成圆柱形,放入吐司面包模具中,收口朝下。

5. 发酵

在温度 35～38℃、相对湿度 80%～85%的醒发室内发酵 40～60 min。

6. 烘烤

当面团醒发到 80% 的大小；放入 190℃ 的烤炉中，烘烤 40～45 min。然后，从烤炉中取出脱模（图 2-16）。

## 五、训练结果

1. 对所生产全麦吐司面包品质进行感官分析，参照标准对产品进行评定。

2. 分析制作的全麦吐司面包质量缺陷，并找出改进方法。

图 2-16　全麦吐司面包

## 六、思考与讨论

1. 为什么全麦吐司面包的烘烤条件与甜圆包的不同？品质上有何差异？

2. 生产全麦吐司面包的关键技术有哪些？

### 技能训练三　卡夫康吐司面包的制作

## 一、训练目的

1. 熟悉二次发酵法制作面包的生产工艺。

2. 了解面包专用改良剂的用途。

## 二、设备、用具

和面机、醒发箱、面团分割机、远红外线电烤炉、案板、刮板、温度计、台秤、面包烤模、烤盘、塑料袋。

## 三、原料配方

卡夫康吐司面包配方见表 2-28。

## 四、操作要点

1. 中种面团的制作

先把中种配料放进搅拌缸，先用慢速搅拌 3 min，然后快速搅拌 1 min；将搅拌好的面团松弛 100～120 min。

2. 主面团的制作

在松弛好的中种面团中加入主面团的配料（除植物油），先慢速搅拌 3 min，后快速搅拌 2 min，再加植物油慢慢搅拌，搅好的面团温度以 26～28℃ 为佳。然后，将面团从搅拌缸中取出，松弛 20～25 min。

表 2-28   卡夫康吐司面包的基本配料

| 原料 | 烘焙百分比/% | 质量/g | 备注 |
|---|---|---|---|
| 高筋粉 | 70 | 1 400 | |
| 干酵母 | 1 | 20 | 中种面团 |
| 水 | 40 | 800 | |
| 高筋粉 | 5 | 100 | |
| 卡夫康欧式面包预拌粉 | 25 | 500 | |
| 软式改良剂 | 1 | 20 | |
| 白砂糖 | 10 | 200 | |
| 食盐 | 1 | 2 | 主面团 |
| 奶粉 | 2 | 4 | |
| 植物油 | 6 | 12 | |
| 水 | 25 | 500 | |

3. 成型

将面团分割成 250 g/个的面团,根据不同的模型形状,搓成圆形或者椭圆形,然后松弛 10~15 min,再放入吐司模具内。

4. 发酵

将面团放在温度 35℃、相对湿度 80%的醒发室内醒发 60~80 min,面团醒发到八成满即可,然后盖上盖子。

5. 烘烤

将发酵好的面团放入 210℃的烤炉中,烘烤 40 min,然后取出冷却(图 2-17)。

图 2-17   卡夫康吐司面包

## 五、训练结果

1. 对所生产卡夫康吐司面包品质进行感官分析,参照标准对产品进行评定。

2. 分析制作的卡夫康吐司面包质量缺陷,并找出改进方法。

## 六、思考与讨论

1. 一次发酵法生产的面包与二次发酵法生产的面包品质有何差别?

2. 二次发酵法生产面包的关键技术有哪些?

# 项目三　饼干加工工艺

【学习目标】

(1)了解饼干的概念、特点、分类。

(2)熟悉饼干常用材料。

(3)掌握酥性饼干、韧性饼干、苏打饼干等制作原理、工艺。

(4)能够写出饼干面团调制时的原料添加顺序。

(5)掌握饼干生产中常见质量问题及解决方法。

【技能目标】

(1)能够选用生产饼干的合适原辅材料。

(2)掌握饼干面团的调制要求。

(3)能掌握生产各种饼干制作技术及要点。

(4)能处理饼干加工中出现的问题并提出解决方案。

## 任务一　概述

饼干是以小麦粉(可添加糯米粉、淀粉等)为主要原料,加入(或不加入)糖、油脂及其他辅料,经调粉(或调浆)、成型、烘烤等工艺而制成的口感酥松或松脆食品。饼干是由面包发展而来的,最早在法国出现了"biscuit"一词,指把面包片再烤一次,即是烤面包片。

饼干的生产历史较短,发展却很快。无论国内外,目前大中城市已基本上实现了饼干生产机械化。广东生产的饼干还远销港、澳、东南亚等国家和地区。

### 一、饼干的分类

国家标准《饼干》(GB/T 20980—2007)按生产工艺将饼干分为13类。

1. 酥性饼干

以小麦粉、糖、油脂为主要原料,加入膨松剂和其他辅料,经冷粉工艺调粉、辊压或不辊压、成型、烘烤制成的表面花纹多为凸花,断面结构呈多孔状组织,口感酥松或松脆的饼干。

2. 韧性饼干

以小麦粉、糖(或无糖)、油脂为主要原料,加入膨松剂、改良剂及其他辅料,经热粉工艺调粉、辊压、成型、烘烤制成的表面花纹多为凹花,外观光滑,表面平整,一般有针眼,断面有层次,口感松脆的焙烤食品。

3. 发酵饼干

以小麦粉、油脂为主要原料,酵母为膨松剂,加入各种辅料,经调粉、发酵、辊压、叠层、成型、烘烤制成的酥松或松脆、具有发酵制品特有香味的饼干。

4. 压缩饼干

以小麦粉、糖、油脂、乳制品为主要原料,加入其他辅料,经冷粉工艺调粉、辊印、烘烤成饼坯后,再经粉碎、添加油脂、糖、营养强化剂或再加入其他干果、肉松、乳制品等,拌和、压缩而成的饼干。

5. 曲奇饼干

以小麦粉、糖、糖浆、油脂、乳制品为主要原料,加入膨松剂及其他辅料,经冷粉工艺调粉、采用挤柱或挤条、钢丝切割或辊印方法中的一种形式成型、烘烤制成的具有立体花纹或表面有规则波纹的饼干。

6. 夹心饼干(或注心)

在饼干单片之间(或饼干空心部分)添加糖、油脂、乳制品、巧克力酱、各种复合调味酱或果酱等夹心料而制成的饼干。

7. 威化饼干

以小麦粉(或糯米粉)、淀粉为主要原料,加入乳化剂、膨松剂等辅料,经调浆、浇注、烘烤制成多孔状片子,通常在片子之间添加糖、油脂等夹心料的两层或多层的饼干。

8. 蛋圆饼干

以小麦粉、糖、鸡蛋为主要原料,加入膨松剂、香精等辅料,经搅打、调浆、挤注、烘烤制成的饼干。

9. 蛋卷

以小麦粉、糖、油(或无油)、鸡蛋为主要原料,加入膨松剂、改良剂及其他辅料,经调浆(发酵或不发酵)、浇注或挂浆、烘烤卷制而成的蛋卷。

10. 煎饼

以小麦粉(可添加糯米粉、淀粉等)、糖、油(或无油)、鸡蛋为主要原料,加入膨松剂、改良剂及其他辅料,经调浆或调粉、浇注或挂浆、煎烤而成的煎饼。

11. 装饰饼干

在饼干表面涂布巧克力酱、果酱等辅料或喷撒调味料或裱粘糖花而制成的表面有涂层、线条或图案的饼干。

12. 水泡饼干

以小麦粉、糖、蛋为主要原料,加入膨松剂,经调粉、多次辊压、成型、热水烫漂、冷水浸泡、烘烤制成的具有浓郁蛋香味的疏松、轻质的饼干。

13. 其他饼干

## 二、饼干的特点

饼干具有营养丰富、水分含量少(低于6.5%)、口感酥松、体积小、便于携带、可长期储存等优点。又因为品种各不相同,特点也各异:韧性饼干表面光滑平整,断面有层次感,口感松脆;酥性饼干有花纹,断面疏松多孔,口感酥松;发酵饼干口感酥松有层次感,而且有发酵特有的风味。饼干已作为军需、旅行、野外作业、航海、登山等多方面的重要主食品。饼干品种正向休闲化和功能化食品方向发展。

# 任务二 韧性饼干生产工艺

## 一、韧性饼干加工原理

韧性饼干的层次感比较强,口感比较脆,这要求面团有较高的延伸性,为了达到工艺要求,韧性面团在调制过程中经历了两个阶段。第一阶段形成了具有较好面筋网络的面团。首先通过低速搅拌使小麦粉吸收水分而水化,初步形成面团,然后面团在调粉机内经过不断重复地折叠、揉捏、摔打,并和配方内的盐、乳粉中的蛋白质分子等结合成网状结构,使面团具有最佳的弹性和伸展性。第二阶段降低面团弹性、增强可塑性。在调粉机继续搅拌下,已经形成的面筋结构受到破坏,面筋分子间的水分从结合键中析出,面团表面会再度出现水的光泽,从而使面团变得柔软松弛、弹性降低、延伸性增强。

## 二、原料选用

### 1. 小麦粉

韧性饼干要求有较高的膨胀率,宜用中筋粉(筋性高些),湿面筋含量一般控制在26%~30%。面筋含量过高,也会影响产品的质量。因此,配入适量的淀粉进行调整,使之符合产品要求。

### 2. 糖

糖、油比例大约为2:1,用糖量增高,油脂用量也相应提高,这样才有利于操作。低油饼干一般都采用液体油脂。

### 3. 磷脂

磷脂是一种很理想的食用天然乳化剂,在糕点和饼干中广泛使用,配比量一般为油脂的5%~15%,用量过多会使制品有异味。

### 4. 疏松剂

一般都是采用复合疏松剂,总配比量为面粉的1%左右。单独使用小苏打,因用量过大,会使制品内部发黄有碱味;单独使用碳酸氢铵,制品的胀发率过大。小苏打随着温度升高而加速分解,而碳酸氢铵在低温时就很快分解,两者配合就能达到理想的饼干结构。

### 5. 水

水主要用于调节面团硬度,如果调节面团时不直接使用糖粉和葡萄糖浆,水主要是用来溶化砂糖,加水量一般为砂糖量30%~40%。

### 6. 其他

为了防止油脂酸败,在夏天各食品厂往往在油脂中加入抗氧化剂。常用的抗氧化剂有BHA、BHT、PG。按照国家规定的标准,其用量为油脂的0.01%。

　　为了缩短韧性面团调粉时间和降低面团弹性,在配方中常使用亚硫酸盐作为面团改良剂。这种改良剂具有很强的还原性,可以使面筋蛋白质中的二硫键断裂,使面团变得柔软和松弛。有的工厂采用焦亚硫酸钠,使用量掌握在 100 kg 面粉用 20%焦亚硫酸钠溶液 400～600 mL。这要根据面筋含量等情况灵活掌握,如果用量不足,效果不显著;用量过多,会造成断头现象,可以适当增加蛋白酶。在面团中使用质量较差的油脂时,就不宜使用还原剂,因为易引起制品的酸败。根据国家规定,饼干中的亚硫酸钠最大使用量不得超过 0.45 g/kg,残留量以 $SO_2$ 计不得超过 0.05 g/kg。

　　乳品和食盐等作为风味料,能提高产品的营养价值,可以适量配入。有的配方还加入鸡蛋等辅料。在饼干中都采用耐高温的香精油,如香蕉、橘子、菠萝、椰子等香精油。用量应符合食品添加剂手册的规定。

## 三、韧性饼干生产工艺

### (一)生产工艺流程

　　韧性饼干一般都采用冲印成型方法,其工艺流程见图 3-1。

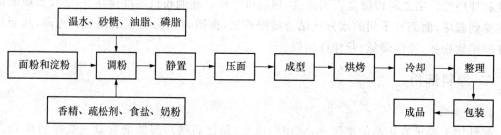

图 3-1　韧性饼干生产工艺流程

### (二)韧性饼干生产工艺要点

#### 1. 原材料预处理

生产中,对各种原材料处理要适当,这样才能保证产品的质量。

　　(1)小麦粉在使用前过筛,除去粗粒和杂质,使面粉中混入一定量的空气,有利于饼干的疏松。

　　(2)砂糖不易充分溶化,如果直接用砂糖会使饼干坯表面有可见的糖粒,烘烤后,饼干表面出孔洞,影响外观。一般用糖粉或将砂糖溶化为糖浆,过滤后使用。

　　(3)普通液体植物油脂、猪油等可以直接使用。奶油、人造奶油、氢化油、椰子油等油脂在低温时硬度较高,可用搅拌机搅拌使其软化或放在暖气管旁加热软化。切勿用直火熔化,否则会破坏油脂的乳状结构而降低成品的质量。

　　(4)疏松剂,如小苏打、碳酸氢铵等用冷水溶解,过滤后使用。

　　(5)奶粉过筛后使用。

　　(6)各种原料的计量必须正确。

#### 2. 韧性面团的调制

韧性面团的调制与一般酥性饼干面团有很大的不同,它是在蛋白质充分水化的条件下调制成的。这种面团要求具有较强的延伸性,适度的弹性,柔软而光润,并且要求有一定程度的可塑性。这种面团制成的饼干其胀发率较酥性饼干大得多。

韧性面团是通过两个阶段完成的。第一阶段是使面粉适宜条件下充分涨润,使面筋蛋白质水化物彼此连接起来,形成面筋的网状结构。第二阶段是继续搅拌,将已形成的湿面筋在机桨不断撕裂下,逐渐超越其弹性限度而使弹性降低。韧性面团所发生的质量问题,绝大部分是由于面团未充分调透,没有很好地完成第二阶段就投入辊压和成型所造成的。其实在面团调制接近终了时,湿面筋含量会逐步下降,面筋吸收的水分会析出使面团变得较为柔软,并且弹性显著减弱,这便是调粉完毕的重要标志。

韧性面团一般是先将油、磷脂、糖、乳等辅料加热水或热糖浆在搅拌机中搅拌均匀,再加面粉进行面团的调制。如使用改良剂,应在面团初步形成时加入,然后在调制过程最后加入疏松剂和香料,40 min 左右即可调制成韧性面团。最后加入疏松剂和香精是为了减少挥发损失。

韧性面团温度较高,一般控制在 38～40℃。冬天使用 90～100℃糖水直接冲入面粉,这样在调粉过程中就会形成部分面筋变性凝固,降低湿面筋的形成量,有助于降低弹性,同时可使面团温度保持在适当范围内。

适宜的面团温度是降低黏度使生产顺利进行的重要条件,亦是使面团符合上述各种物理性状的关键,同时冬天面粉预热亦是重要的措施。

韧性面团要求比较柔软,面团含水量应保持在 18%～21%。其可使面团调粉时间缩短,延伸性增大,弹性减弱,成品酥松度提高,面皮压延光洁度提高,不易断裂,操作顺利。

此外,剩余头子需要在下次制作时掺入。因头子经长时期胀润,蛋白质胶粒表面的附着水及游离水在静置中逐步转化为结合水,面筋形成程度比较高,所以掺入面团中的数量要严格控制,一般只能加入 1/10～1/8。

3. 面团静置

在使用筋性高的面粉或面团弹性过强时,采取调粉完毕后静置 15～20 min,甚至 0.5 h 后再生产的办法来降低弹性。面团在长时间的机桨拉伸运转中,产生一定强度的张力,使面团弹性一时降不下来,静置片刻,既能消除张力,同时还能达到减弱黏性的目的。

4. 面团的辊压

韧性面团一般都需要经过辊压,再冲印。辊压可以排除面团中部分气泡,防止饼干坯在烘烤后产生较大的孔洞,还可以提高面团的结合力,使成品表面光滑,有较好的层次结构。

韧性面团的辊压次数为 9～13 次,辊压时需要多次折叠并旋转 90°。通过辊压面团使其压制成一定厚度的面片。假如在辊压过程中不进行折叠与 90°旋转,则面片的纵向张力超过横向张力,成型后的饼干坯会发生纵向收缩变形。

韧性面团的操作方法很不统一,亦有不经过辊压而直接进入成型机的辊筒进行压片,但是质量不如前者为好。

韧性面团辊压过程如图 3-2 所示。

5. 韧性饼干的成型

韧性饼干是采用冲印机冲压成型,这种机器使用范围很广泛,不仅能生产韧性饼干,而且也用于其他饼干,如发酵饼干和某些酥性饼干等。

目前各食品厂已将旧式的冲印成型机改为摆动式冲印机,其优点是帆布运动方式可由间歇式改为连续式的匀速运动形式,为原来使用铁盘为烘烤载体改为钢带作载体创造了条件。间接式的帆布运转若与连续式的烤炉钢带配合运动,要使饼干坯十分均匀地落到钢带上是极

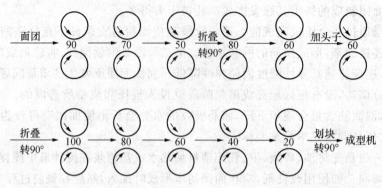

注:两辊之间距离单位为mm

**图3-2  韧性面团辊压**

其困难的,特别是在需要调节炉速时矛盾更为突出。所以,摆动式冲印机的使用就显得十分必要了。所谓摆动式冲印就是冲头并不像旧式机械那样上下往复运动,而是垂直冲到帆布上后,与下面活动的橡皮下模(垫板)合模,再随帆布与面带向前运动一步,然后呈弧线摆回原来的位置,这就改变了旧式机械的运动方法。旧式机的冲头垂直冲下时,帆布不动冲出花纹,刀口冲断皮子形成饼坯后,即有偏心轮动作使冲头提起,这时帆布才向前走一步,这就是间歇的动作。

冲印成型机操作要求十分高,要皮子不粘辊筒,不粘帆布,冲印清晰,头子分离顺利,落饼时无卷曲现象。

由于韧性饼干面团弹性大,烘烤时易于产生表面起泡,底部洼底,即使采用网带或镂空铁板亦只能解决洼底而不能杜绝起泡,所以必须要有针孔。

轧制面带时,先将韧性面团撕裂或轧成小团块状在成型机的第一对辊筒前的帆布输送带上堆成60～150 mm厚,由输送带穿过第一对辊筒,轧成30～40 mm厚的初轧面带,见图3-3。

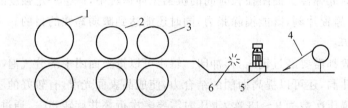

**图3-3  冲印成型机示意图**
1.第一对压延辊  2.第二对压延辊  3.第三对压延辊
4.分头子帆布  5.冲印机头  6.旋转刷

这里有几个问题必须注意:第一对辊筒直径必须大于第二、三对辊筒,一般200～300 mm。这样能使辊筒的剪切力增大,即使是比较硬的面团亦能轧成比较紧密的面带。由成型机返回的头子应均匀地平摊在底部,因为头子坚硬,结构比较紧密。此外,面团压成薄片后表面水分蒸发,比新鲜面团来得干硬,铺在底部使面带不易粘帆布。发现粘帆布后表面可撒少许面粉,发现冲印后粘帆布,可在第一对辊筒前的帆布上撒些面粉。辊筒必须有刮刀,使其在旋转中自行刮清表面的粉屑,防止越积越多,造成面带不光和粘辊。辊筒加工要求光洁度高、硬度高,这是使面团表面光润的条件之一。

辊筒运转速度和面团堆积厚度及面团硬度有关,并且与第二道帆布及第二对辊筒的运转速度有关。要随时加以调节,保证面带不被拉断或拉长,亦不致重叠拥塞,破坏皮子的合理压延比和结构。如果辊筒间的面带绷得太紧,将会使纵向张力增强,造成冲印后的饼坯在纵向变形。

面带通过第二对辊筒后已比较薄,为 10～12 mm,应防止断裂,特别是在面团软硬有变化时更应注意,如若需要,可撒适量面粉。

第三对辊筒压成的面带厚度 2.5～3 mm。当然,这要根据不同品种进行调节,一般由司炉人员可根据饼干规格来检测,随时加以校准,在校对厚度时,前面第二对辊筒和帆布速度要相应调节。

面带经毛刷扫清面屑和不均匀的撒粉后即可冲印。

6. 韧性饼干烘焙与冷却

(1)韧性饼干的烘焙　烘烤炉的种类很多,小规模工厂多采用固定式烤炉,而大型食品工厂则采用传动式平炉。

传动式平炉一般是 40～60 m 长。根据烘焙工艺要求分几个温区。前部位为 180～200℃,中间部位为 220～250℃,后部位为 120～150℃。饼干坯在每一部位中有着不同的变化,即膨胀、定型、脱水和上色。烤炉的运行速度应根据饼坯厚薄进行调整,厚者温度低而运行慢,薄者则相反。

饼干坯由载体(钢带或网带)输入烤炉后为开始阶段,由于饼坯表面温度低,使炉内最前部分的水蒸气冷凝成露滴,凝聚在饼干的表面增大饼坯的水分。这段时间很短,但是饼干坯表面结构中的淀粉粒,在高温高湿条件下迅速膨胀糊化,使烘焙后的饼干表面产生光泽。

当冷凝阶段过后,饼干坯很快进入膨胀、定型、脱水和上色阶段。

由于炉温很高,饼坯表面的温度很快达到100℃。在烘焙过程中表面温度继续升高,最后可达到180℃,而中心层的温度上升缓慢,约在 3 min 时才能达到100℃。

炉温不宜过高,如果在高温条件下不供给水蒸气,则会使饼干表面颜色变暗而后焦煳。强烈高温会使饼干坯的水分急剧蒸发干燥,在外表面形成硬壳使水扩散困难,往往会造成外焦里生的现象,所以控制炉温是很重要的。

随着温度的变化,饼坯中的水分以及炉内的相对湿度也发生着变化。饼坯中主要含有两种形式的水,即游离水和结合水。前者在烤炉中易于排除,后者仅能部分排除。

在烘焙过程中,饼坯的水分变化可划分为三个阶段,如图 3-4 所示。

第一阶段到 $t_1$ 时为止,烘焙时间约为 1.5 min。由于高温作用,饼坯表面水分蒸发,高温蒸发层的蒸汽压力大于饼坯内部低温的压力,一部分水分又被迫从外层移向饼坯中心。这一阶段,饼坯中心的水分大约可增加 1%～1.5%,所排除的主要是游离水。

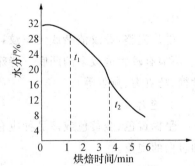

图 3-4　韧性饼干在烘焙中的水分变化

第二阶段是从 $t_1$ 到 $t_2$,水分蒸发面向饼干内部推进,饼干坯内部的水分逐层向内部扩散。由于饼坯很薄,蒸发面很快推进到中心层,最后中心层的水分亦强烈地向外扩散并蒸发。这个阶段排除了游离水外,还有结合水。

第三阶段是从 $t_2$ 以后开始的,这时整个饼坯的温度都达到100℃。这个阶段是属于干燥阶段,水分排出的速度比较慢,排出的主要是结合水。在烘焙过程中,影响水分排出的因素有炉内相对湿度、温度、空气流速及饼干厚度等。炉内相对湿度低有利于水分蒸发,但在烘烤初期相对湿度过低会使饼干表面脱水太快,使表面很快的形成一层外壳,造成内部水分向外扩散困难,影响了饼干的成熟与质量。因此,增加炉内相对湿度有利于饼干的烘焙。

炉内空气流速大,方向与饼干垂直有利于水分的蒸发。饼干的水分高,干燥过程较慢,烘焙时间就比较长。糖、油辅料少结构坚实的面团比糖、油等辅料多的疏松面团难烘烤。饼干厚,内部水分向外扩散慢,需要长时间烘烤,表面易焦煳。因此,厚饼干需要低温长时间烘焙。

饼坯的形状和大小也影响着烘烤的速度。在其他条件都相同的条件下,饼坯的表面积的比值愈大,烘焙的速度愈快,最理想的形状是长方形。

饼坯在网带或烤盘上排列愈稀疏,接受热量愈多,反之则受到热量愈少,水分蒸发愈缓慢。为了提高烘烤速度和保证烘烤成品质量,饼坯应排列均匀,提倡满带或满盘。

固定式烤炉的烘烤温度一般选用在 $220 \sim 240 ℃$ 范围,烘烤时间 $3.5 \sim 5$ min,饼坯厚度在 $2 \sim 3$ mm。

(2)韧性饼干的冷却  刚出炉的饼干温度很高,必须把饼干冷却到 $38 \sim 40 ℃$ 才能包装,如果趁热包装,不仅饼干易变形,而且会加速饼干酸败变味,降低贮存中的稳定性。

在冷却过程中,饼干水分发生剧烈的变化。饼干经高温烘烤,水分是不均匀的,中心层水分高,为 $8\% \sim 10\%$,外部水分低。冷却时内部水分向外转移。随着饼干热量的散失,转移到饼干表面的水分继续向空气中扩散,$5 \sim 6$ min,水分挥发到最低限度;之后的 $6 \sim 10$ min 属于水分平衡阶段;再后饼干就进入吸收空气中水分的阶段。但上述数据并不是固定的,会随着空气的相对湿度、温度以及饼干的配料等发生变化,因此,应该按照上述不同因素来确定冷却时间。根据经验,当采用自然冷却时,冷却传送带的长度为炉长的 1.5 倍才能使饼干达到要求的温度和水分要求。

饼干不能用强烈的冷风冷却,否则容易发生碎裂。这是因为热量交换过程,水分急剧变动,使固体各微粒间相对位置发生变化而产生位移,由于饼干内部产生应力使饼干碎裂。

## 四、韧性饼干的质量标准

1. 形态

外形完整,花纹清晰或无花纹,一般有针孔,厚薄基本均匀,不收缩,不变形,可有均匀泡点,不应有较大或较多的凹底。特殊加工品种表面或中间允许有可食颗粒存在(如椰蓉、芝麻、砂糖、巧克力、燕麦等)。

2. 色泽

呈棕黄色、金黄色或该品种应有的色泽,色泽基本均匀,表面有光泽,无白粉,不应有过焦和过白的现象。

3. 滋味与口感

具有该品种应有的香味,无异味,口感松脆细腻,不粘牙。

4. 结构

断面结构有层次或呈多孔状。

### 五、韧性饼干加工中常见的质量问题与解决方法

1. 韧性饼干太坚韧(表 3-1)。

表 3-1　韧性饼干太坚韧

| 原因 | 解决方法 | 原因 | 解决方法 |
| --- | --- | --- | --- |
| 搅拌不适当 | 搅拌适当 | 面粉太多 | 减少面粉用量 |
| 糖太少 | 增加糖的用量 | 面团太硬 | 缩短搅拌时间 |

2. 韧性饼干太干(表 3-2)。

表 3-2　韧性饼干太干

| 原因 | 解决方法 | 原因 | 解决方法 |
| --- | --- | --- | --- |
| 面粉太多 | 减少面粉用量 | 烘烤过度或温度过低 | 控制烘烤时间和温度 |
| 起酥油不够 | 增加起酥油用量 | 液体不够 | 增加液体材料用量 |
| 烘烤过度 | 控制烘烤时间和温度 | | |

# 任务三　酥性饼干生产工艺

## 一、酥性饼干加工原理

为了制成适应加工需要的酥性或甜酥性面团,调粉操作首先应将油脂、糖、水(或糖浆)、乳、蛋、疏松剂等辅料投入调粉机中充分混合、乳化成均匀的乳浊液。在乳浊液形成后加入香精、香料,以防止香味大量挥发。最后加入小麦粉调制 6~12 min。这样小麦粉在一定浓度的糖浆及油脂存在的状况下吸水胀润受到限制,不仅限制了面筋蛋白的吸水,控制面团的起筋,而且还缩短面团的调制时间。

在酥性面团调制时主要是减少水化作用,控制面筋的形成;避免由于面筋的大量形成导致面团弹性和强度增大,可塑性降低,引起饼坯的韧缩变形;防止面筋形成的膜在焙烤过程中引起饼坯表面胀发起泡。

## 二、原料选用

1. 小麦面粉

酥性饼干不要求有很高的膨胀率,一般使用低筋粉,湿面筋含量控制在 24% 左右,含糖、油量较高的甜酥性饼干,要求面筋含量在 20% 左右。如用高筋粉制作酥性饼干就必须采用淀粉调整,即稀释面筋的浓度。加淀粉量要根据面粉中的面筋含量而定。

2. 油脂

在配方中油脂用量超过 10% 时,应加一些固体油脂来提高熔点。例如有些配方的油脂用

量特别大,甚至达到60%(占面粉总量)。在这种情况下应考虑全部使用固体油脂,否则会影响成品的质量。

3. 砂糖

由于糖具有强烈的吸水性,使用糖浆可以防止水与面粉蛋白质直接接触而过度胀润,这是控制形成过量面筋的有力措施。因此,食品厂都将砂糖制成糖浆,浓度一般控制在68%。为了使部分砂糖转化成为糖浆,可以在砂糖中添加少量的食用盐酸,用量为 1 kg 砂糖加 6 mol/L 盐酸 1 mL,糖浆必须通过中和及过滤才能使用。

4. 其他辅料

要求同韧性饼干。

## 三、酥性饼干生产工艺

### (一)生产工艺流程

酥性饼干加工的基本工艺流程如图 3-5 所示。

辅料预混合 → 调粉 → 辊印成型 → 烘烤 → 冷却 → 整理 → 包装

图 3-5　酥性饼干工艺流程

### (二)酥性饼干生产工艺要点

1. 酥性面团的调制

酥性面团要求有较大程度的可塑性和有限的弹性。在操作过程中还要求面团有结合力,不粘辊及模具。成品有良好的花纹,具有保存能力,形态不收缩变形,烘烤后具有一定的膨胀率。要达到上述的目的,最重要的是要控制面筋的吸水率。

酥性面团不能太软,过软的面团含水量高,易形成大量的面筋;过硬的面团无结合力而影响成型,所以要严格控制面团的含水量。酥性面团的水分在16%~18%,甜酥性面团的水分约在13%~15%。

此外,还要注意面团的温度,面团温度过低会造成黏性增大,结合力较差而无法操作,致使表面不光,花纹不清,韧缩变形。温度过高时,酥性面团的弹性增大,甜酥性面团则容易"走油"。

酥性面团温度以保持26~30℃为好,甜酥性饼干面团温度应保持在19~25℃。

2. 酥性饼干的辊印成型

高油脂饼干一般都是采用辊印机成型。辊印成型的饼干花纹是冲印无法比拟的,尤其生产在配方中加入椰丝、小颗粒果仁(如芝麻、花生、杏仁等)的品种更为适宜。

辊印成型的方法是面团调制完毕后,置于加料斗中,在喂料槽辊及花纹辊相对运动中,面团首先在槽辊表面形成一层结实的薄层,然后将面团压入花纹辊的凹模中。花纹辊压入的面团表面不能十分平服,经切线方向的刮刀切去多余的面屑,花纹辊中的饼坯受到包着帆布的橡胶辊吸力面脱模。饼坯由帆布输送入烤炉网带或钢带,如图 3-6 所示。

辊印成型要求面团稍硬一些,弹性小一些。面团过软会造成喂料不足,脱模困难,刮刀铲不清饼坯底板上多余的面屑,使饼坯外圈留有边尾,形态不完整。弹性过大会出现半块或残缺不全的饼坯。但面团亦不能过硬及弹性过小,过硬的面团同样会使压模不结实,造成脱模困难及残缺,烘出饼干表面有裂纹,破碎率增大。

3. 酥性饼干的烘焙与冷却

糖、油用量较多的饼干可以用高温短时间的烘烤方法。例如甜酥性饼干在烘烤时,其表面温度几乎在 0.5 min 内即升到 100℃,如图 3-7 所示。

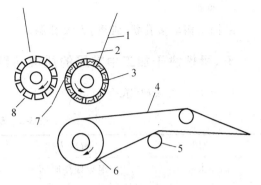

**图 3-6 辊印示意图**

1. 加料斗 2. 面团 3. 花纹辊 4. 帆布带
5. 紧张辊 6. 橡皮脱模辊 7. 刮刀 8. 喂料槽辊

酥性饼干由于烘烤时间较短,水蒸气蒸发量较韧性饼干为少。见图 3-8。

如果对高糖、高油脂饼干亦采用像韧性饼干一样的较低温度烘烤,饼干入炉后就容易发生"油摊"(饼坯呈不规则形膨大)和破碎。因此,需要一入炉就使用高的面火和底火迫使其凝固定型。这种饼干不需要膨胀过大,结构紧密一些也不失其疏松的特点,不必担心其僵硬,多量油脂足够使制品入口而化。

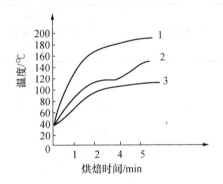

**图 3-7 甜酥性饼干在烘烤**
**过程中的温度变化**

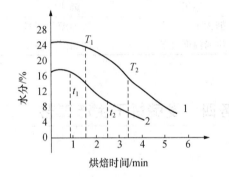

**图 3-8 饼干在烘烤中的水分变化**

固定式烤炉的烘烤温度一般控制在 240～260℃ 范围,烘烤时间为 3.5～5 min。

饼干烘烤完毕后,必须进行冷却。夏、秋、春季节,可采用自然冷却法,也可以使用吹风,但空气流速不宜超过 2.5 m/s,如果冷却过快,水分蒸发过快,易产生破裂现象。

冷却最适宜的温度为 30～40℃,室内相对湿度为 70%～80%。

## 四、酥性饼干的质量标准

1. 形态

外形完整,花纹清晰,厚薄基本均匀,不收缩,不变形,不起泡,不得有较大或较多的凹底。特殊加工品种表面或中间允许有可食颗粒存在(如椰蓉、芝麻、砂糖、巧克力、燕麦等)。

2. 色泽

呈棕黄色或金黄色或该品种应有的色泽,色泽基本均匀,表面略带光泽,无白粉,不应有过焦、过白的现象。

3. 滋味与口感

具有该品种应有的香味,无异味,口感酥松或松脆,不粘牙。

4. 组织

断面结构呈多孔状,细密,无大孔洞。

### 五、酥性饼干加工中常见的质量问题与解决方法

1. 酥性饼干太硬(表 3-3)。

表 3-3    酥性饼干太硬

| 原因 | 解决方法 | 原因 | 解决方法 |
|------|----------|------|----------|
| 面团太硬 | 缩短搅拌时间 | 烘烤过度或烘烤温度过低 | 烘烤时间和温度控制适当 |
| 面粉太多 | 减少面粉用量 | 液体不够 | 增加液体材料用量 |
| 起酥油不够 | 增加起酥油用量 | | |

2. 酥性饼干颜色太浅(表 3-4)。

表 3-4    酥性饼干颜色太浅

| 原因 | 解决方法 | 原因 | 解决方法 |
|------|----------|------|----------|
| 糖太少 | 增加糖的用量 | 没有烤熟 | 充分烘烤成熟 |
| 烘烤温度过低 | 调高烘烤温度 | | |

## 任务四    发酵饼干生产工艺

### 一、发酵饼干加工原理

发酵饼干面团的调制和发酵一般采用二次调粉二次发酵法。

第一次调粉与发酵:第一次调粉首先用温水溶化鲜酵母或用温水活化干酵母,然后加入过筛后的小麦粉中,最后加入用以调节面团温度的温水,在卧式调粉机中调制 4～6 min。冬天使面团的温度达到 28～32℃,夏天 25～28℃。调粉完毕的面团送入发酵室进行第一次发酵。第一次调粉时使用的小麦粉,应尽量选择高筋粉。第一次发酵要求发酵室的理想发酵温度为 27℃,相对湿度为 75%,发酵时间为 6～10 h。发酵完毕后,面团 pH 有所降低,pH 为 4.5～5。通过面团较长时间的发酵,一方面使酵母在面团中大量繁殖,为第二次发酵奠定基础。另一方面酵母在繁殖过程中产生的二氧化碳气体使面团体积膨大,内部组织呈海绵状结构;生成的代谢产物使面团产生发酵所特有的风味。

第二次调粉与发酵:第二次调粉是在第一次发酵好的面团(也称作酵头)中加入其余的小麦粉和油脂、精盐、糖、鸡蛋、乳粉等除疏松剂以外的原辅料,在调粉机调制 5～7 min。搅拌开始后,慢慢撒入小苏打使面团的 pH 达中性或略呈碱性。小苏打也可在搅拌一段时间后加入,这样有助面团光滑。第二次调粉时使用的小麦粉应尽量选择低筋粉,这样有利于产品口味酥松、形态完美。调粉结束冬天面团温度应保持在 30～33℃,夏天 28～30℃。第二次调粉是决定产品质量的关键,要求面团柔软,便于辊轧操作。第二次发酵又称为延续发酵,要求面团在

温度 29℃、相对湿度 75％的发酵室中发酵 3～4 h。

## 二、原料选用

### 1. 面粉

发酵饼干要求有较大的膨胀率,应使用高筋粉,其湿面筋含量 30％左右。但是为了提高饼干的酥松程度,一般都配入 1/3 的低筋粉(湿面筋含量 24％～26％)。

### 2. 油脂

食用精炼油,利于提高产品的质量。

为了提高饼干的酥松度,第二次调粉时加入少量的小苏打;为了提高发酵速度,也可加入少量的饴糖或葡萄糖浆。精炼猪油起酥性对制成细腻松脆的苏打饼干最有利。植物起酥油虽然在改善饼干的层次方面比较理想,但酥松度稍差,因此可以用植物起酥油与优良的猪板油掺和使用达到互补效果。

### 3. 酵母

在苏打饼干的生产中,酵母的好坏是关系整个工艺过程的重要因素,如果酵母的性能不好,就会给饼干生产带来难以弥补的损失。所以,生产前应对酵母进行品质鉴定和选择。韧、酥性饼干都采用化学疏松剂,而发酵饼干则采用酵母作为疏松剂。

### 4. 其他

为了丰富饼干的品种、改善品质和增添风味,常用的辅料还有食盐、乳制品、小苏打等。对于食盐等水溶性辅料,一般采用水溶解、过滤除杂处理,乳粉使用前调成乳液状或与小麦粉混合均匀后使用,小苏打一般在调粉完毕后使用。

## 三、发酵饼干生产工艺

### (一)生产工艺流程

发酵饼干加工基本工艺流程,如图 3-9 所示。原辅料预处理

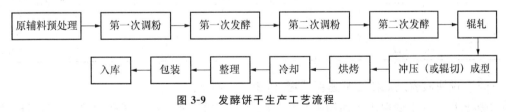

**图 3-9 发酵饼干生产工艺流程**

### (二)发酵饼干生产工艺要点

#### 1. 发酵饼干的面团调制与发酵

(1)第一次调粉和发酵 第一次调粉通常使用面粉总量 40％～50％的面粉,加入预先用温水活化好的鲜酵母水。酵母用量为 1％～1.5％,再加入用以调节面团温度的温水。加水量应根据面粉中面筋含量而定,面筋含量高的加水量就大。标准粉加水量 40％～42％,特制粉约 42％～45％,在卧式调粉机中调制 4 min。面团温度在冬天应控制在 28～32℃,夏天 25～28℃,调粉完毕即可进行第一次发酵。

第一次发酵目的是使酵母在面团内得到充分的繁殖,以增加面团的发酵潜力。此外,酵母在面团中呼吸与发酵时产生二氧化碳使面团膨松。经长时间发酵,二氧化碳量达于饱和,面筋

网络结构处于紧张状态,继续产生的二氧化碳气体使面膨胀超出其抗张限度而塌陷。再加上面筋的溶解和变性等一系列的物理化学变化,使面团弹性降低到足够的程度,这样就达到了第一次发酵的目的。

发酵 4～6 h 即能完成,此时面团 pH 4.5～5。

(2)第二次调粉和发酵　将其余 50%～60%面粉和油脂、精盐、磷脂、饴糖、奶粉、鸡蛋、温水等原辅料,加入第一次发酵好的酵头中,用调粉机调制 5 min 左右。冬天面团温度应保持 30～33℃,夏天 28～30℃。从前后两次调粉时间来看,都非常短,因为长时间调粉会使饼干僵硬。第二次发酵的面粉应尽量选用低筋粉,这样可以使饼干的酥松度提高。第二次调粉时的加水量是无法规定的,这与第一次发酵程度有关,第一次发酵愈老,加水量就愈少。小苏打应在调粉完毕时加入,这样有助于面团的光润。第二次发酵的配料中有大量的油脂、食盐等物质,使酵母作用变得困难,但由于酵头中大量酵母的繁殖,使面团具有较强的发酵潜力,所以 3～4 h 即可发酵完毕。

(3)影响面团发酵的几种因素

①温度　酵母繁殖的最适宜温度是 25～28℃,发酵最佳温度应是 28～32℃。然而夏天面团常受气温及酵母发酵和呼吸所产生的能量的影响,使面团温度迅速升高,所以要控制低一些。冬天调制完毕的面团在发酵初期会降低温度,到后期回升,所以应当控制高一些,通常在发酵完毕后面团温度将比初期提高 5℃ 左右。实践证明,如果面团温度升高到 34～36℃ 时,会使乳酸含量显著地增加,琥珀酸和苹果酸的含量亦有少量增长。所以高温发酵必须短时间,否则面团极易变酸,其结果将会影响酵母的繁殖,因而习惯上不采取高温的办法。如果温度过低,则发酵速度缓慢,而长时间的发酵会使面团发得不透,同时也会造成产酸过高的状况。所以掌握合适的温度是非常重要的。表 3-5 是温度与面团膨松体积的关系。

表 3-5　温度与面团体积的关系

| 试样号 | 面粉/g | 加水量/mL | 发酵温度/℃ | 原来体积/mL | 4 h 后体积/mL | 6 h 后体积/mL | 8 h 后体积/mL |
|---|---|---|---|---|---|---|---|
| 1 | 400 | 176 | 30 | 482 | 801 | 857 | 857 |
| 2 | 400 | 176 | 25 | 482 | 776 | 865 | 865 |
| 3 | 400 | 176 | 20 | 482 | 584 | 713 | 776 |

表 3-5 说明温度过低使发酵速度减慢,体积发得不足。

②加水量　加水量取决于面粉吸水率。较软的面团湿面筋形成度高,抗胀力弱,所以发得快,体积大。但必须注意发酵后的面团会变得更柔软,所以调制面团时不能过软。另一种情况是筋力过弱的面团不能采用软粉发酵,否则发酵完毕后会使面团变得弹性过低,造成僵硬。表 3-6 是加水量与体积的关系。

表 3-6　加水量与体积的关系

| 试样号 | 面粉/g | 酵母/g | 加水量/mL | 发酵温度/℃ | 原来体积/mL | 4 h 后体积/mL | 6 h 后体积/mL | 8 h 后体积/mL |
|---|---|---|---|---|---|---|---|---|
| 1 | 400 | 1.3 | 168 | 30 | 482 | 785 | 800 | 800 |
| 2 | 400 | 1.3 | 176 | 30 | 482 | 807 | 857 | 857 |
| 3 | 400 | 1.3 | 184 | 30 | 482 | 931 | 1 023 | 893 |

从表3-6可以看出,试样3号发酵6 h已足够了,面团体积已膨胀大到极限,8 h后体积反而减少,说明面团已塌陷回降,这样面团会变得极黏,酸度过高。除非第二次发酵所用的面粉的筋力极强和过高的面筋量,否则就不应选择这样的条件。试样1和2之间的关系说明在正常情况下面团体积随加水量增加而增大。

③用糖量 在发酵面团中不能大量用糖,糖浓度高的面团会产生较大的渗透压力,使酵母细胞萎缩,并造成细胞原生质分离而大大地降低酵母的活力。一般在第二次发酵时面团中加入1%~1.5%的饴糖或葡萄糖浆有助于加快发酵速度。

④用油量 发酵饼干用油量和酥松度有密切关系,油脂也是影响发酵的物质之一。因为油会在酵母细胞膜周围形成一层不透性的薄膜而阻止酵母正常的代谢。使用液体油脂,由于分散度较高的关系而变得更为剧烈,所以通常使用猪油或固体起酥油,一般以部分油脂和面粉、食盐等拌成油酥在辊轧时加入。

⑤用盐量 发酵饼干用盐量一般是1.8%~2%。盐虽然能增强面筋的弹性和韧性,并能抑制杂菌作用,但是使用过量的盐也会抵制酵母的发酵作用。通常以食盐总量的30%在第二次发酵时加入,其余70%在油酥中拌入,以防止对酵母发酵作用的影响。

除上述因素外,面粉性能及酵母质量也极为重要。

**2. 发酵饼干面团的辊轧与成型**

(1)面团的辊轧 发酵面团是海绵状组织,在未加油酥前压延比不宜超过1:3,防止过薄,影响饼干膨松。加油酥后压延比亦不能太小,否则新鲜面团与头子不能轧得均匀,烘烤出的饼干膨松度不均匀,色泽有差异。这是因为头子已经经过成型机辊筒压延的机械作用,而产生机械硬化现象。又经第二次成型的机械作用,则蓬松的海绵状结构变得结实,表面坚硬,烘烤时影响热的传导,不易上色,饼干僵硬,满版饼干中会出现花纹。

发酵饼干面团夹入油酥后,更应注意压延比。一般要求1:2到1:2.5之间,否则表面易压破,油酥外露,膨胀率差,饼干颜色又深又焦,成为残次品。

发酵面团一般需要辊轧11~13次,折叠4次,并旋转90°。一般包油酥两次,每次包入油酥两层,详见图3-10。

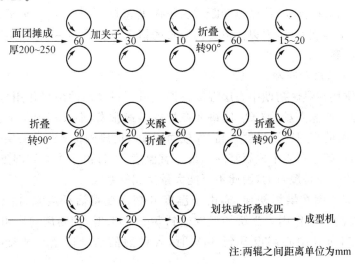

**图3-10 发酵饼干辊压**

　　（2）冲印成型　发酵面团经辊轧后，折叠成匹状或划成块状进入成型机。首先要注意面带的接缝不能太宽，由于接缝处是两片重叠通过辊轧，压延比陡增，易压坏面带上油酥层次，甚至使油酥裸露于表面成为焦片。面带要保持完整，否则会产生色泽不均匀的残次品。

　　发酵饼干的压延比要求甚高，这是由于经过发酵的面团有着均匀细密的海绵结构，经过夹油酥辊压以后，使其成为带有油酥层的均匀的面带。压延比过大将会破坏这种良好的结构，而使制品不酥松、不光润。

　　在面带压延和运送过程中不仅应防止绷紧，而且要让第二对和第三对辊筒轧出的面带保持一定的下垂度，如图 3-11 所示，使压延后产生的张力立即消除，否则容易变形。

　　在第三对辊筒后面的小帆布与长帆布交替处，要使之形成波浪形皱状，让经过三对辊筒压延后的面带消除纵向张力，防止收缩变形，如图 3-12 所示，让折皱的面带在长帆布输送过程中自行摊开，再冲印成型。

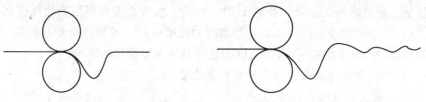

图 3-11　辊压面带下垂　　　　　　　图 3-12　波浪形折叠状

　　发酵饼干的印模与韧性饼干不同，韧性饼干采用凹花有针孔的印模，发酵饼干不使用有花纹的针孔印模。因为发酵饼干面团弹性较大，冲印后花纹保持力很差，所以一般只使用带针孔的印模就可以了。

　　冲印成型后必须将饼坯的头子分离，头子用另一条 20° 的斜帆布向上输送，再回到第一对辊筒前面的帆布上重复压延。头子分离帆布的角度不能太大。旧式机由于机身长度的限制，有的竟达到 25°～30°，头子既不易向上输送而下滑，又易断裂。头子分开后，长帆布应立即向下倾斜，防止饼坯卷在第二条帆布之间。

　　长帆布与头子帆布之间的距离，在不损坏饼坯的情况下要尽可能压得低，最好在长帆布下垫一根直径为 10 mm 的圆铁，使已经冲断的头子向上翘起，易于分离。头子帆布的一头由木辊筒传送，另一头是扁铁刀刃，刀刃在不损伤帆布的情况下尽量薄一些，这实际上亦是降低第二条帆布之间的距离。

　　3. 发酵饼干的烘焙与冷却

　　发酵饼干的饼坯在烘烤初期中心层温度逐渐上升。饼坯内的酵母作用也逐渐旺盛起来，呼吸作用十分剧烈，产生大量的 $CO_2$ 使饼坯在炉内迅速胀发，形成海绵状结构。除酵母的酒精酶活动外，蛋白酶的作用亦因温度升高，而较面团发酵时剧烈得多。中心层的温度达到 45～60℃ 时，是蛋白酶水解蛋白质生成氨基酸的最适宜温度，不过由于中心层温度的迅速增高，使得这种作用进行的时间是短暂的，因此不可能大量生成氨基酸。

　　面粉本身的淀粉酶在烘烤初期，亦由于温度升高而变得活跃起来，由于一部分淀粉受热而膨胀，使淀粉酶容易作用。当饼坯温度达到 50～60℃ 时，淀粉酶的作用加大，生成部分糊精和麦芽糖。当饼坯中心温度升到 80℃ 时，各种酶的活动因蛋白质变性而停止，酵母死亡。

　　发酵时面团中所产生的酒精、醋酸在烘烤过程中受热而挥发，但乳酸的挥发量极少。一般饼干坯的 pH 经烘烤后会略有升高。这是由于醋酸和其他低沸点有机酸挥发,同时小苏打受热分解使饼干中带有碳酸钠。pH 虽然稍有升高,但并不能消除过度发酵面团所产生的酸味,这是因为烘烤时乳酸不能大量驱除。

在烘烤时由于温度逐渐上升而使蛋白质脱水,其水分在饼坯内形成短暂的再分配,并被激烈膨胀的淀粉粒吸收。这种情况只存在于中心层,表面层由于温度迅速升高,脱水剧烈而不明显。因此饼干表面所产生的光泽不完全是依赖其本身水分的再分配生成糊精,而必须依靠炉中的湿度来生成。当温度升到 80℃ 时,蛋白质便凝固,推动其胶体的特性。在烤炉中饼坯的中心层只需经过 1.5 min 左右,就能达到蛋白质变性定型阶段。

烘烤的最后阶段是上色阶段。此时由于饼干坯已脱去了大量水分进入表面棕黄色反应和焦糖化反应的变化。烘烤制品的棕黄色反应最适条件是 pH 6.3,温度 150℃,水分在 13% 左右。

pH 对发酵饼干的烘烤上色关系甚大。如果面团发酸过度,pH 下降,在烘烤时期明显不易上色,这是由于发酵过度的面团中糖类被酵母和产酸菌大量分解,致使参与棕黄色反应的糖分减少所致。如甜饼干烘烤时,除了棕黄色反应外,后期尚有糖分的焦糖化反应存在。在甜饼干配方中除砂糖外,奶制品和蛋制品亦有上色作用,都属于棕黄色反应类型。

发酵饼干的烘烤温度,入炉初期需要底火旺盛,上火可以低一些,使饼干处于柔软状态,有利于饼干坯体积的膨胀和 $CO_2$ 气体的逸散。实验证明,如果炉温过低,烘烤时间过长,饼干易成为僵片。进入烤炉中区,要求上火渐增而底火渐减,这样可以使饼干坯膨胀到最大限度把体积固定下来,以获得良好的产品。如果这个阶段上火不够,饼坯不能凝固定型,可能出现塌顶,成品不疏松。最后阶段上色时的炉温通常低于前面各区域,以防色泽过深。固定式烤炉一般选用 250～270℃,烘烤时间为 4～5 min。发酵饼干烘烤完毕,必须冷却到 38～40℃ 左右才能包装。其他要求与上述饼干相同。

### 四、发酵饼干的质量标准

1. 形态

外形完整,厚薄大致均匀,表面有较均匀的泡点,无裂缝,不收缩,不变形,不得有凹底。特殊加工品种表面允许有工艺要求添加的原料颗粒(如果仁、芝麻、砂糖、盐、巧克力、椰丝、蔬菜等颗粒存在)。

2. 色泽

呈浅黄色、谷黄色或该品种应有的色泽,饼边及泡点允许褐黄色,色泽基本均匀,表面略有光泽,无白粉,不应有过焦、过白的现象。

3. 滋味与口感

咸味或甜味适中,具有发酵制品应有的香味,以及该品种特有的香味,无异味,口感酥松或松脆,不粘牙。

4. 组织

断面结构层次分明或呈多孔状。

### 五、发酵饼干加工中常见的质量问题与解决方法

1. 发酵饼干太脆易碎（表 3-7）

**表 3-7　发酵饼干太脆易碎**

| 原因 | 解决方法 | 原因 | 解决方法 |
|------|----------|------|----------|
| 搅拌不适当 | 适当搅拌 | 鸡蛋不够 | 增加鸡蛋用量 |
| 糖太多 | 减少糖的用量 | 起酥油过多 | 减少起酥油用量 |
| 膨松料过多 | 减少膨松剂的用量 | | |

2. 发酵饼干粘在烤盘上（表 3-8）

**表 3-8　发酵饼干粘在烤盘上**

| 原因 | 解决方法 | 原因 | 解决方法 |
|------|----------|------|----------|
| 搅拌不适当 | 搅拌适当 | 盘中涂油不当 | 盘中涂油适量 |
| 糖太多 | 减少糖的用量 | 烤盘不干净或不平坦 | 选用干净平坦的烤盘 |

# 任务五　曲奇饼干生产工艺

## 一、曲奇饼干加工原理

曲奇饼干是一种近似于点心类食品的饼干，是饼干中配料最好、最高档的产品。其标准配比是油∶糖＝1∶1.35，（油＋糖）∶面粉＝1∶1.35，饼干的含水量不大于7%。面粉筋性较小，光润而柔软，可塑性好。饼干的结构虽然比较紧密，但由于油脂用量高，使其产品质地极为酥松，有入口即化的感觉。产品用具有浮雕立体感的凸花印模生产，花纹深，立体感较强。曲奇饼干块形一般较小，但制品较厚以防止饼干破碎。

## 二、原料选用

面粉适宜选用中筋粉，因为面团要求有较高的可塑性。油脂宜选用固体油脂。糖宜选用糖粉。

## 三、曲奇饼干生产工艺

### （一）生产工艺流程

曲奇饼干生产工艺流程如图 3-13 所示。

图 3-13　曲奇饼干生产工艺流程

### (二)曲奇饼干生产工艺要点

**1. 面团的调制**

使用固态油脂,面团温度保持在 $19\sim24℃$,以保证面团中的油脂呈凝固状态。调粉时的配料次序与一般酥性饼干基本相同,调粉时间也大体相仿。

生产曲奇饼干的面团一般不使用或极少使用糖浆,而以糖粉为主。这是由于辅料用量大,调粉时加水量甚少的缘故。调粉时,因油脂量较大,为防止面团中油脂因流散度过大而造成"走油",所以不能使用液态油脂。

夏季生产曲奇饼干时,要对所用的原辅材料采用降温措施。例如,面粉要进冷藏库,投料的温度不得超过 $18℃$,油脂、糖粉亦应放置于冷风库中,调粉时所加的水,可以采用部分冰水或轧碎的冰屑,以调节和控制面团的温度。

**2. 曲奇饼干的成型**

这种面团尽量避免在夏季操作过程中温度升高,同时因面团黏性也不太大,一般不需要静置和压面,调粉完毕后可直接进行成型。成型方式可用辊印成型、挤压成型、挤条成型及钢丝切割成型等多种机械生产,一般不大使用冲印成型的方法。

曲奇饼干采用辊印成型的方法,既是为了生产不同品种的需要,同时也是为了尽可能使用不产生头子的成型方法,以防止头子返回掺入新鲜面团中,造成面团温度升高。

**3. 曲奇饼干的烘烤**

曲奇饼干面团的糖、油含量高,但是不能采用高温烘烤的方法。这是因为曲奇饼干的块形要比酥性饼干厚 $50\%\sim100\%$,这就使它在同等表面积的情况下,饼坯水分含量较一般酥性饼干高。一般在 $250℃$ 的温度下烘烤为 $5\sim6\ \text{min}$。曲奇饼烤熟后,常易产生表面积摊得过大的变形现象。除调粉时适当提高面筋胀润度外,还应注意在饼干定型阶段的烤炉中区的温度控制。其方法之一是采用将中区湿热空气输送到烤炉前区的装置;其二是将湿热空气直接排出。

**4. 冷却**

当室温 $25℃$、相对湿度 $85\%$时,从出炉到水分达到最低值的冷却时间大约 $6\ \text{min}$,水分相对稳定时间为 $6\sim10\ \text{min}$,饼干的包装,最后选择在稳定阶段进行。

## 四、曲奇饼干的质量标准

**1. 形态**

外形完整,花纹或波纹清楚,同一造型大小基本均匀,饼体摊散适度,无连边。花色曲奇饼干添加的辅料应颗粒大小基本均匀。

**2. 色泽**

表面呈金黄色、棕黄色或该品种应有的色泽,色泽基本均匀,花纹与饼体边缘允许有较深的颜色,但不得有过焦、过白的现象。花色曲奇饼干允许含有添加辅料的色泽。

**3. 滋味与口感**

有明显的奶香味及该品种特有的香味,无异味,口感松软。

**4. 组织**

断面结构呈细密的多孔状,无较大孔洞。花色曲奇饼干应具有该品种添加辅料的颗粒。

## 五、曲奇饼干加工中常见的质量问题与解决方法

### 1. 曲奇饼干摊度太大（表3-9）

表3-9 曲奇饼干摊度太大

| 原因 | 解决方法 | 原因 | 解决方法 |
|---|---|---|---|
| 糖太多 | 减少糖的用量 | 面团太少或太软 | 增加面粉用量 |
| 膨松剂过多 | 减少膨松剂用量 | 液体过多 | 减少液体材料用量 |
| 炉温太低 | 适当调高炉温 | 烤盘涂油过多 | 烤盘适量涂油 |

### 2. 曲奇饼干粗糙（表3-10）

表3-10 曲奇饼干粗糙

| 原因 | 解决方法 | 原因 | 解决方法 |
|---|---|---|---|
| 面粉太强 | 选用低筋面粉 | 糖的用量不当 | 调整糖的用量 |
| 面粉太多 | 减少面粉用量 | 搅拌时间太长或搅拌方法不当 | 调整搅拌时间和方法 |
| 油脂用量少 | 增加油脂用量 | | |

### 3. 曲奇饼干缺少味道（表3-11）

表3-11 曲奇饼干缺少味道

| 原因 | 解决方法 | 原因 | 解决方法 |
|---|---|---|---|
| 原料质量差 | 选用优质原料 | 原料称量不准确 | 准确称量原料 |
| 调味料风味散失 | 选用优质调味料 | 烤盘不干净或不平坦 | 选用干净平坦的烤盘 |

### 4. 曲奇饼干不摊开（表3-12）

表3-12 曲奇饼干不摊开

| 原因 | 解决方法 | 原因 | 解决方法 |
|---|---|---|---|
| 搅拌不适当 | 搅拌适当 | 膨松剂太少 | 增加膨松剂用量 |
| 糖太少 | 增加糖的用量 | 焙烤温度太高 | 降低焙烤温度 |
| 面粉太硬或太多 | 使用适量的低筋面粉 | 盘中涂油太少 | 盘中涂油适量 |
| 油脂太少 | 增加油脂用量 | 液体用量不够 | 增加液体材料用量 |

### 5. 曲奇饼干表面或外壳太甜（表3-13）

表3-13 曲奇饼干表面或外壳太甜

| 原因 | 解决方法 | 原因 | 解决方法 |
|---|---|---|---|
| 搅拌不适当 | 搅拌适当 | 糖太多 | 减少糖的用量 |

曲奇饼干面团配料中油、糖的用量更高，而且面团的弹性要求更低一些，因此加水量不能过多，否则面筋蛋白质就会大量吸水，为湿面筋的充分形成创造了条件，甚至可使调好的面团

在输送、静置及成型工序中,由于蛋白质继续吸水胀润而形成较大的弹性。在调制时加水量极少,一般不用或仅用极少量的糖浆,甜味料以糖粉为主。由于脂肪的用量较大,所以不宜使用液态的油脂,否则易使饼干面团"走油",面团在成型时缺少结合力。要避免"走油"现象的发生,不仅要使用固态油脂,而且要求面团温度保持在19~24℃。

烘烤温度要求要高,否则容易造成"油摊"。

## 任务六 威化饼干生产工艺

威化饼干又称华夫饼干,是以小麦粉(或糯米粉)、淀粉为主要原料,加入乳化剂、膨松剂等辅料,经调浆、浇注、烘烤制成多孔状片子,通常在片子之间添加糖、油脂等夹心料的两层或多层的饼干,具有酥脆、入口易化的特点。威化饼干通常分为普通型和可可型(添加可可粉原料的威化饼干)两种类型。

### 一、威化饼干生产原理

威化饼干由单片饼干与馅心组成,单片是由面粉、淀粉、油脂、水及化学膨松剂组成的浆料,经烘烤而成的疏松多孔薄片。威化饼干的馅心是以油脂为基料,加上糖粉、香料等辅料搅拌而成的浆料。

调好的混合面浆在密闭的制片炉内受高温的作用,使浆体中膨松剂在短时间内急剧分解,成熟大量的二氧化碳和氨气,在这些气体和高温作用下,混合面浆开始胀发、糊化、定型,从而使威化片形成了多孔性的组织结构。在以后的加热过程中,威化片内水分大量蒸发,炉内压力渐渐消失,由于威化片内的成分发生的美拉德反应和焦糖化反应,而使威化片呈现出淡黄色色泽和特色风味。

### 二、威化饼干原料选用

#### 1. 小麦粉

应选用低筋粉,以减少调浆时起筋。蛋白质含量很低的小麦粉生产的威化饼片质地脆弱易碎,用生产面包用的高筋粉生产的饼片质地坚硬;这两种小麦粉在饼片脱卸时都易造成破碎。

#### 2. 淀粉

添加一定量的淀粉,可以降低面筋的含量,起到调节面筋胀润度的作用,同时可增加面浆的塑性,使制品有较大的松脆性。所以,配入一定量的淀粉,一方面可降低面筋的含量,改善单片的组织结构,另一方面又能增加威化单片表面的光泽度。但是,添加量要有一定比例,一般约为面粉量的8%~15%,宜选用淀粉开始糊化温度较高的品种。

#### 3. 水

调制面团时的加水量,直接影响到威化单片的品质,对操作也有一定影响。加水量过多,会造成浆料浓度太稀,浇好的片易于流动,产生边皮和头子多,烘烤成的单片也太薄,容易脆裂而成废品。反之,加水量过少,由于面浆太厚,流动性差,不能充满烤模铁板,容易产生缺角的"秃片",废料也会增多。所以,加水量一定要恰到好处,一般约为面粉量的150%。

**4. 膨松剂**

一般饼干常用的化学膨松剂为小苏打、碳酸氢铵等。小苏打影响威化饼片的最终 pH,并会影响其烘烤时的着色。面浆稠度与碳酸氢铵用量的配合,是控制面浆铺展度和威化饼片种类最好的方法。

**5. 油脂**

油脂是威化饼干的重要原料。油脂的熔点要求在 34~40℃。在夏天可以适当高些,冬天则可以低些。为方便起见,最好使用液体植物油,如花生油、棉籽油、葵花籽油。只要注意在搅拌机中分散之前保证不使脂肪凝固,也可以使用热的"固态"脂肪,如棕榈油、牛脂。

虽然脂肪对威化饼干的起酥性几乎没有作用,但配方存在脂肪的威化饼片表面比较光滑。

**6. 糖粉**

馅心的主要原料是糖。应先将白砂糖磨成糖粉,糖粉的粗细度直接影响威化饼干的口感。因为,威化饼干的特点是入口即化,所以糖粉颗粒太粗,在食用时,糖粉不能马上溶化,口感不细腻,有粗糙感。糖粉磨细后要通过细度为 100~120 目的筛。

**7. 鸡蛋**

鸡蛋是脂肪与乳化剂的一种来源,有助于提高威化饼干质量,改善货架期。

**8. 卵磷脂**

为了节约成本,最好使用液体大豆卵磷脂与脂肪或油一起混合使用而不用粉状卵磷脂。

**9. 食盐**

食盐通常是作为风味增强剂添加的,用量为面粉的 0.25%。

## 三、威化饼干的生产工艺

### (一)威化饼干的生产工艺流程

威化饼干的生产工艺流程如图 3-14 所示。

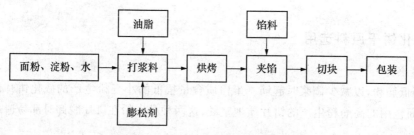

**图 3-14 威化饼干的生产工艺流程**

### (二)威化饼干的生产工艺要点

**1. 调制面浆**

调制面浆,就是指把按配方规定的面粉、淀粉、蓬松剂、油脂及水投入搅打容器中进行搅拌,经过充分搅拌混合,使其形成具有一定黏度和流动性、符合威化饼干生产要求的料浆。

一般先将水倒入搅拌机,逐步加入小麦粉、淀粉、膨松剂,先慢速搅拌均匀,再快速搅打至 16~18 波美度,料浆调制结束时的温度以 19~22℃ 为宜,最高不要超过 25℃。

制作威化饼干的料浆,要求混有均匀的空气,这样可助于烘烤,得到蓬松的制品。要达到

这个目的,要注意以下几点:

(1)加水量适中,水温适当。

(2)原辅料中的膨松剂、食盐最好事先溶解在水中,然后与面粉和淀粉混合。

(3)搅拌器开始速度不能太快,搅拌好的面浆应无结块、粘连现象。

(4)料浆温度过高,容易挥发变质,造成料浆有酸臭味,制成的威化单片还容易脆裂;控制面浆的温度还可防止面浆起筋。

(5)要注意掌握好搅浆的最佳时间,调浆时间为 7~9 min。调浆时间过长,容易造成浆料"起筋",使威化单片不松脆。

(6)面浆要现打现用。

2. 面浆过滤

面浆调制后虽然面浆中混入了空气,但由于空气上升并冒出面浆使面浆黏度降低,同时由于搅拌不完全,可能使面浆中含有少量结块,因此需要用筛子过滤去除团块和面筋束。另外,还要不停搅拌防止面浆分层。

3. 面浆挤注和烘烤

烤炉是工艺过程的中心,它同时完成了威化饼干的成型和烘烤。最初威化饼干是用手握的夹板在明火上烤制的,每次只能烤制一张,夹板由一对坚固的金属板构成,当面浆置于其中后立即拴紧,以抵抗烘烤时面浆中的水突然变成水蒸气所承受的巨大力量。现在这一技术已经实现机械化,几乎所有威化烤炉仍然遵循这个工作原理。

制片机的烤模温度均匀与否,是关系到产品质量的关键。烤模在烘烤时的温度,一般不超过 170℃。在夏、秋季时节,预热 21 min 左右,在春、冬季时节,预热 24 min 左右即可生产。烘烤时间在 1.5~2 min,平均 2 min。如果发现片子过嫩或过老现象应当调节炉温、速度,使之色泽一致。

4. 调制馅心

油与糖粉的配比一般为 1:2。从目前的威化饼干发展的趋势看,应降低糖粉的用量。可以添加变性淀粉作为填充剂和黏结剂,达到减少糖的目的。为了突出风味,可以增加一定量的花生酱、芝麻酱、果酱或杏仁酱。也可以添加变性淀粉作黏结填充剂,然后添加鲜味剂和风味剂,制成咸味威化饼干。

威化饼干馅心的投料顺序如图 3-15 所示。

**图 3-15 威化饼干馅心的投料顺序**

夹心馅料的调制时间一投控制在 10~15 min。搅拌的目的是使糖粉与油脂混合均匀,而且通过搅拌,充入大量空气,使得夹心的料酱体积膨大、疏松、洁白、比重轻,有助于改善威化饼干的品质及降低成本。

调制夹心馅料时,应控制馅料的温度,一般控制在 22℃为宜,不超过 25℃。调制好的馅料应均匀、细腻、无颗粒。

5. 涂夹心

威化饼干夹心是按一定的图形和重量要求,将已经制备好的夹心酱均匀涂刮到威化片的表面,然后依次将它们叠合,便成为有二层威化片、一层夹心酱的夹心威化。一般的威化饼干是用3层单片夹2层馅料。

涂夹馅料的均匀度,不仅关系到威化夹心饼干的品质和口味,而且对成本有很大的影响。为此,一定要按规格操作。片子与心子的比例一般是片子占1/3,心子占2/3。

在涂夹馅心的操作过程中,要做到几点:

(1)单片和夹好的大片都要做到轻拿轻放。

(2)色泽老嫩分档以后再涂夹心,保持面、底色泽均匀一致。

(3)缺角饼片应用刮刀裁齐后使用,或进行填补,以保持平整。

(4)各种颜色的夹心要分清,不可混合,保持美观,而且可以防止渗味。

自动夹心机可通过装置调节夹心酱料厚度和重量,也可以调节夹心层次和威化片叠合威化张数,生产效率高,产品质量好。

**6. 冷却**

夹心威化的冷却应在合适的条件下进行,既要使每层夹心冷却后能凝固硬化,片与片之间能够黏结叠合牢固,又不至于冷却过度而影响威化品质。

**7. 切块**

冷却后的威化,必须按一定规格切成小块。

## 四、威化饼干生产中常见质量问题与解决方法

**1. 威化饼干僵片(表3-14)**

表3-14　威化饼干僵片

| 原因 | 解决方法 | 原因 | 解决方法 |
| --- | --- | --- | --- |
| 花板烤模不密封 | 花板烤模密封 | 烘烤速度太快 | 适当降温延长烘烤时间 |
| 炉温过低 | 适当调高炉温 | 浆料已起筋 | 控制面浆调制速度和时间 |
| 浆料太厚 | 浆料稠薄适宜 | | |

**2. 威化饼片重量(或厚度)不准确(表3-15)**

表3-15　威化饼片重量(或厚度)不准确

| 原因 | 解决方法 | 原因 | 解决方法 |
| --- | --- | --- | --- |
| 烘板间距设置不合理 | 烘板间距设置合理 | 烘板关闭速度不准确 | 烘板关闭速度合理 |
| 挤注面浆体积不恰当 | 挤注面浆体积适当 | 烘烤时间不准确 | 烘烤时间恰当 |
| 面浆黏度不恰当(太稀、太稠) | 面浆黏度适宜 | | |

# 任务七　蛋卷饼干生产工艺

蛋卷是以小麦粉、糖、鸡蛋为主要原料,添加或不添加油脂,加入膨松剂、改良剂及其他

辅料,经调浆、浇注或挂浆、烘烤卷制而成的蛋卷。蛋卷是传统的优质高档食品,以松脆或酥松、香甜可口,营养价值高而受到广大消费者喜爱。传统的蛋卷是以发酵法调制浆料,用两块铁板夹起来在煤炉上焙烤制成,此法早已淘汰。目前市面上的蛋卷按生产设备划分为两类:机制蛋卷和手制蛋卷,机制蛋卷是采用自动蛋卷机生产,手制蛋卷是用手工煎蛋卷机生产。

### 一、蛋卷生产原理

将面粉、砂糖、鸡蛋、水等原料搅拌成乳状浆料,该浆料是一个多相分散体系,以砂糖、鸡蛋的水溶液为分散介质,分散相有固相淀粉粒、液相脂肪球和以鸡蛋蛋白为发泡剂形成的气相空气泡。当浆料烘烤时,水分和空气受热膨胀,膨松剂受热产生气体,形成网状蛋卷皮子,趁热卷制、冷却、切割成蛋卷。

### 二、原料选用

1. 小麦粉

使用低筋粉,湿面筋含量为 $21\% \sim 26\%$ 。

2. 鸡蛋

最好采用新鲜鸡蛋,使用前要进行感官检验,剔除腐败变质的,鸡蛋要随用随打。

3. 砂糖、油脂、淀粉、膨松剂

符合国家食用标准。

### 三、蛋卷的生产工艺

#### (一)蛋卷的生产工艺流程

蛋卷的生产工艺流程如图 3-16 所示。

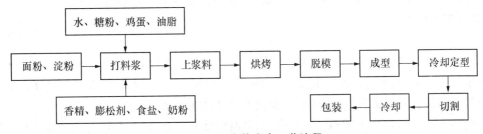

**图 3-16　蛋卷的生产工艺流程**

#### (二)蛋卷的生产工艺要点

1. 调制浆料

(1)搅打蛋液　鸡蛋洗净、去壳,然后将蛋液、砂糖、适量温水一同放入打蛋机中搅打成均匀的蛋液。国内厂家大都采用立式搅拌机打浆,打浆时可采用低速—高速—低速的工艺,打浆要充分,时间不应少于 10 min。

(2)拌入淀粉和面粉　在搅拌机转速为低速的情况下,将过筛的面粉、淀粉均匀加入上述蛋液中,搅拌成糊状,稀稠适度,拌粉的时间不能过长,一般以 $1 \sim 2$ min 为宜;最后加入油脂、香精、香料搅拌均匀。

在搅拌适度的料浆中拌入淀粉和面粉时,拌粉要均匀,既防止料浆出现薄厚不均匀的现象,又要防止出现干粉颗粒。调制好的料浆要马上用完,随调随用。放置过久,会出现浆料分层和"起劲"现象,影响制成品的质量。如果夏季放置时间过长,可能会滋长微生物,影响制品质量。

2. 上浆成皮片

蛋卷的上浆是由机械自动完成的。将搅打好的浆料存入储浆桶,然后用机械将料浆打入输出浆桶,经特殊的阀门装置,使料浆均匀、自动分布到辊筒的表面。因为辊筒的表面经过预热,所以料浆接触到辊筒就会使蛋白质变性凝固、淀粉糊化,使液态的浆料变成固化的薄膜,黏附于辊筒表面。薄膜的厚度可按要求自行控制,一般为 0.8~1 mm。

新的蛋卷上浆辊筒容易粘辊,所以要事先进行处理。一般是将辊筒加热到 200~240℃,涂上食用植物油,使辊筒表面碳化发黑。经过多次处理后,辊筒的表面发黑发亮,在此情况下,面皮不会粘辊。辊筒表面的光洁度与辊筒表面的温度,对蛋卷的品质影响很大,如果辊筒温度过低,则上浆的黏附性就差,难以形成完整的皮膜;辊筒表面的光洁度差,则会影响蛋卷成品的色泽均匀。不仅蛋卷的光洁度差,而且影响水分的蒸发,对口味有一定的影响。

3. 烘烤

蛋卷烘烤以电或煤气装置为热源。由辊筒运转,连续烤制。在上浆或入模前,要先将炉温升到 200℃以上。由于蛋卷的皮膜仅有 0.8~1 mm,故烘烤时脱水速度和成熟速度均很快,一般只要 25~30 s。水分大量蒸发,使浆料中各种物料在高温下发生一系列的物理和化学变化,蛋卷烘烤的表面温度一般 150~200℃,然而底火温度可高达 350~450℃。

烘烤时要根据浆料浓度调整烘烤条件,浆料浓度高,含水量低,脱水快,烘烤时间短;反之,则脱水慢,烘烤时间长。

另外,还有使用自熟蛋卷机烘烤蛋卷的,先将自熟蛋卷机预热 15 min,蘸取少量食用油将自熟蛋卷机上、下压模板擦拭干净,用勺子盛 50 g 左右浆料放在压模上,压下上模,待模内水蒸气跑完,取出即可。

4. 成型

蛋卷与其他焙烤食品的不同之处是先烘烤后成型。在成型前先将皮膜从辊筒上平整完好地脱下来,使蛋卷的皮子自动离开辊筒,进到搓卷成型装置,连续卷制成有一定旋角的蛋卷圆筒。由于皮子保持一定的温度,皮子离开辊筒时处于柔软状态。

一般皮子从辊筒到搓卷,需要 2~3 s。如果时间太长就难以卷制成圆筒形,皮子发硬就成为废品。

5. 冷却切割

当螺旋形蛋卷圆筒源源不断进入冷却部分时,温度为 80℃左右,处于柔软状态,如果没有冷却设备以帮助蛋卷圆筒一起转动,蛋卷圆筒就会顿时松开。冷却辊采用两只辊筒,平行并作同方向转动,使蛋卷圆筒在转动中冷却,向前送入切断装置。

切断机将已冷却的蛋卷切成规格所要求的、长短一致的成品。切断的蛋卷再进入整形冷却辊,然后进入冷却运输带进行冷却,一般冷却 2 min 左右即可装箱。

### 四、蛋卷生产中常见质量问题与解决方法

1. 蛋卷成型时破碎（表 3-16）

表 3-16 蛋卷成型时破碎

| 原因 | 解决方法 | 原因 | 解决方法 |
|---|---|---|---|
| 焙烤后未及时成型 | 烘烤后及时成型 | 配方不准确 | 适当调制配方 |

2. 蛋卷僵硬（表 3-17）

表 3-17 蛋卷僵硬

| 原因 | 解决方法 | 原因 | 解决方法 |
|---|---|---|---|
| 烘烤过度 | 适当调制烘烤条件 | 搅拌方式不准确 | 加入面粉后慢慢搅拌 |
| 配方不准确 | 适当调制配方 | | |

# 任务八　蛋圆饼干生产工艺

蛋圆饼干是以小麦粉、糖、鸡蛋为主要原料，加入膨松剂、香精等辅料，经搅打、调浆、挤注、烘烤制成的饼干，蛋圆饼干呈冠圆形或多冠圆形，外形完整，大小、厚薄基本均匀，味甜、口感松脆，断面结构呈细密的多孔状，无较大孔洞。

### 一、蛋圆饼干生产原理

将砂糖粉、面粉、鸡蛋、膨松剂等原材料充分搅拌，逐步形成以水为分散介质、空气为分散相、具有表面活性的蛋白质为起泡剂的一个均匀体系，该体系中的空气被液相包围，成为具有大量泡沫的膏状体，经成型、烘烤后成为颜色金黄（或棕黄色）、味甜、口感松脆的制品。

### 二、蛋圆饼干生产原料的选用

1. 小麦粉
蛋圆饼干要求使用低筋粉，如果使用高筋粉就必须加入更多的淀粉来降低面粉面筋含量，湿面筋含量应控制在 20% 左右。

2. 糖
一般选用白砂糖，使用前将砂糖磨制成糖粉。

3. 膨松剂
为了降低鸡蛋用量，可以添加少量的碳酸氢铵增加产品酥松度。

4. 其他
一般根据生产需要加入不同的香精香料。

### 三、蛋圆饼干的生产工艺

#### (一)蛋圆饼干的生产工艺流程

蛋圆饼干的生产工艺流程如图 3-17 所示。

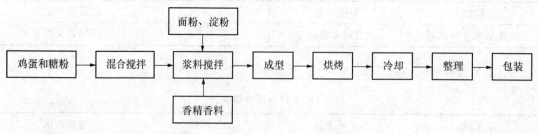

图 3-17　蛋圆饼干的生产工艺流程

#### (二)蛋圆饼干的生产工艺要点

1. 浆料搅拌

(1)将鸡蛋和糖粉倒入打蛋机内,在 30℃左右条件下搅拌 15~20 min,打至蓬松状态。

(2)慢慢加入面粉和淀粉搅匀,以防大量面筋生成。

(3)加入香精香料搅拌均匀(以防过早加入而导致香气过量散失)。

2. 成型

蛋圆饼干的成型是将调制好的浆料,用挤浆的方式滴加在烤炉的钢带或烤盘上的,一次成型,进炉烘烤。蛋圆饼干的成型设备主要有两大类,一类是以烤盘为载体的间隙挤出滴加式成型机,另一类是以钢带为载体的连续挤出滴加式生产流水线,由挤浆部分、烤炉部分及冷却部分组成。

另外,还有手工成型方式,可以将浆料装入裱花袋用手工在烤盘上挤出成型,但成型速度慢,产品大小不均匀。

3. 饼坯整理

当料浆经过活塞挤到钢带上后,成型嘴与饼坯之间的浆料仍然牵连在一起,但成型嘴上升时,浆料才被拉断,拉断后的浆料下沉到饼坯表面形成一个凸起的尖顶,静置一段时间,使凸起部分自然下塌,有利于成熟后产品外形美观。

4. 烘烤

蛋圆饼干的烘烤温度一般为 180~190℃,时间 10~15 min。在烘烤过程中可以分为三个阶段:

(1)饼坯的胀发　蛋圆饼干的胀发主要依靠鸡蛋在搅打过程中形成的气泡,这些气泡被蛋白质薄膜包裹,当饼坯烘烤时,这些气体膨胀而使饼坯体积增大;同时,饼坯内加入的膨松剂受热后产生气体,也有助于饼坯体积膨松,形成了蛋圆饼干的多孔状结构。

(2)饼坯的定型　当饼坯加热到一定程度时,淀粉开始糊化,蛋白质开始变性凝固,饼坯内部胀发作用停止,游离水蒸发完毕,部分结合水被蒸发,饼坯得以定型。

(3)饼坯上色　蛋圆饼干配料中的蛋、糖在烤炉中发生美拉德反应,赋予了蛋圆饼干金黄(或棕黄色)色泽。

5.冷却

刚出炉的蛋圆饼干温度较高,饼干质地较软,待其冷却到 60℃ 以下时,用铲刀铲下,当冷却到 38℃ 以下时,便可进行整理、包装。

**(三)注意事项**

(1)原料配比一定要得当,否则影响蛋糊起发和面浆的稠度。蛋糊起发度不够,影响产品的质地;面浆过稠挤出时发硬,影响产品形态,面浆过稀则挤出时过于流散,不易成型。

(2)掌握蛋液搅打条件(原料温度、搅打速度等),确保蛋液的打发度。

(3)蛋液中加入面粉时,要轻轻拌入,防止面筋过量生成。

(4)调好的面浆及时使用,防止胀润后的面粉颗粒和未溶化的糖粒下沉。

## 四、蛋圆饼干生产中常见质量问题与解决方法

1.蛋圆饼干坚韧(表 3-18)

表 3-18 蛋圆饼干坚韧

| 原因 | 解决方法 | 原因 | 解决方法 |
| --- | --- | --- | --- |
| 搅拌不适当 | 搅拌适当 | 面粉太多 | 适当减少面粉用量 |
| 糖太少 | 适当增加用糖量 | 面粉太硬 | 选用低筋粉 |
| 鸡蛋太少 | 适当增加鸡蛋用量 | 烘烤温度太低 | 适当提高烘烤温度 |

2.蛋圆饼干颜色太浅(表 3-19)

表 3-19 蛋圆饼干颜色太浅

| 原因 | 解决方法 | 原因 | 解决方法 |
| --- | --- | --- | --- |
| 糖太少 | 适当增加用糖量 | 没有烤熟 | 烘烤成熟 |
| 烘烤温度过低 | 适当提高烘烤温度 | | |

3.蛋圆饼干粘在烤盘上(表 3-20)

表 3-20 蛋圆饼干粘在烤盘上

| 原因 | 解决方法 | 原因 | 解决方法 |
| --- | --- | --- | --- |
| 糖太多 | 适当减少用糖量 | 盘中涂油不当 | 烤盘中涂油适当或采用不粘烤盘 |

**【思考题】**

1.饼干的种类有哪些?

2.为什么面团调制是饼干生产的关键工序?

3.影响韧性面团调制的因素有哪些?

4.饼干的成型方法有哪些?

【技能实训】

## 技能训练一 韧性饼干的制作

### 一、训练目的

1. 了解韧性面团的调制原理和技术。

2. 了解生产韧性饼干主要原料及其工艺作用。

3. 掌握韧性饼干制作的工艺流程和操作要点。

### 二、设备、用具

食品搅拌机,远红外线电烤炉,烤盘,台秤,面筛,模具,压片机,饼干成型机等。

### 三、原料配方

韧性饼干配方见表 3-21。

表 3-21　韧性饼干配方　　　　　　　　　　　　　　　　　　　　　g

| 原料 | 低筋粉 | 鸡蛋 | 精制油 | 糖粉 | 食盐 | 芝麻 | 香草香精 |
|------|--------|------|--------|------|------|------|----------|
| 质量 | 700 | 1 000 | 70 | 700 | 10 | 适量 | 微量 |

### 四、韧性饼干生产工艺流程

韧性饼干生产工艺流程如图 3-18 所示。

图 3-18　韧性饼干生产工艺流程

### 五、操作步骤与要点

1. 调制面团

先将油脂、糖、乳、蛋等辅料与热水或热糖浆,在调粉机中搅拌均匀,再加小麦粉进行面团的调制。如使用改良剂,则应在面团初步形成时(调制 10 min 后)加入。然后在调制过程中分别加入疏松剂与香精,继续调制。前后 25 min 以上,即可调制成韧性面团。

2. 静置

韧性面团调制成熟后,必须静置 10 min 以上,以保持面团性能稳定,然后进行辊轧操作。

3. 辊轧

韧性面团辊轧次数一般需要 9~13 次,辊轧时多次折叠并旋转 90°。通过辊轧工序以后,面团被压制成厚薄均匀、形态平整、表面光滑、质地细腻的面带。

4. 成型

经辊压工序轧成的面带,经冲印或辊切成型机制成各种形状的饼坯。

5. 烘烤

韧性饼坯在炉温 240~260℃,烘烤 3.5~5 min,其成品含水率达到 2%~4%。

6. 冷却

烘烤完毕的饼干,其表面层与中心部位的温度差很大,外表温度高,内部温度低,热量散发迟缓。为了防止饼干出现裂缝与外形收缩,必须冷却后再包装。

## 六、训练结果

1. 将制作的韧性饼干参照标准进行评分和评定。
2. 分析制作的韧性饼干的质量缺陷,并找出改进方法。

## 七、思考与讨论

1. 为什么韧性饼干表面为凹花纹?
2. 分析韧性面团辊轧工序对产品的影响。

### 技能训练二 酥性饼干的制作

## 一、训练目的

1. 了解酥性面团的调制原理和技术。
2. 了解生产酥性饼干主要原料及其工艺作用。
3. 掌握酥性饼干制作的工艺流程及操作要点。

## 二、设备、用具

食品搅拌机,远红外线电烤炉,烤盘,台秤,面筛,模具,饼干成型机等。

## 三、原料配方

酥性饼干配方见表 3-22。

表 3-22 酥性饼干配方

g

| 原料 | 低筋粉 | 奶油 | 牛奶 | 糖粉 | 甜苹果酱 | 香草素 | 食用红色素 |
|---|---|---|---|---|---|---|---|
| 质量 | 500 | 250 | 150 | 200 | 50 | 少许 | 少许 |

## 四、生产工艺流程

酥性饼干生产工艺流程如图 3-19 所示。

图 3-19 酥性饼干生产工艺流程

## 五、操作步骤与要点

1. 调制面团

先将糖、油脂、乳品、蛋品、疏松剂等辅料,与适量的水投入调粉机内均匀搅拌形成乳浊液,然后将过筛后的小麦粉、淀粉加入调粉机内，调制 6～12 min，最后加入香精香料。

2. 辊轧

面团调制后不需要静置即可轧片。一般以 3～7 次单向往复辊轧即可，也可采用单向一次辊轧，轧好的面片厚度为 2～4 mm，较韧性面团的面片厚。

3. 成型

可采用辊切成型方式进行。

4. 烘烤

酥性饼坯炉温控制在 240～260℃，烘烤 3.5～5 min，其成品含水率为 2%～4%。

5. 冷却

饼干出炉后应及时冷却，使温度降到 25～35℃，在夏、秋、春的季节中，可采用自然冷却法。如果加速冷却，可以使用吹风，但空气的流速不宜超过 2.5 m/s。

## 六、训练结果

1. 将制作的酥性饼干参照标准进行评分和评定。
2. 分析制作的酥性饼干的质量缺陷，并找出改进方法。

## 七、思考与讨论

1. 为什么酥性饼干表面为凸花纹？
2. 分析酥性饼干与韧性饼干面团调制的区别。

### 技能训练三　葱油曲奇的制作

## 一、训练目的

1. 了解曲奇饼干面团的调制原理和技术。
2. 了解生产曲奇饼干主要原料及其工艺作用。
3. 掌握曲奇饼干制作的工艺流程及操作要点。

## 二、设备、用具

食品搅拌机，远红外线电烤炉，烤盘，台秤，面筛，模具，饼干成型机等。

## 三、原料配方

葱油曲奇配方见表 3-23。

表 3-23　葱油曲奇配方 g

| 原料 | 低筋粉 | 酥油 | 精制油 | 糖粉 | 食盐 | 味精 | 蜂蜜 | 水 | 香葱 |
|---|---|---|---|---|---|---|---|---|---|
| 质量 | 3 000 | 1 000 | 900 | 800 | 50 | 10 | 50 | 350 | 150 |

## 四、生产工艺流程

葱油曲奇饼干生产工艺流程如图 3-20 所示。

**图 3-20 葱油曲奇饼干生产工艺流程**

## 五、操作步骤与要点

1. 面糊的调制

先将糖粉、酥油、精制油快速打发至发白,加入食盐、味精和蜂蜜搅拌均匀,然后分次加入水搅打均匀。再将切碎的香葱慢慢加入拌匀,最后慢慢加入面粉拌均匀。

2. 成型

将调好的面糊装入带有裱花嘴的裱花袋内,在烤盘内裱成"S"形、长条形或圆形。

3. 烘烤

上火 190℃,下火 170℃,烘烤 17～20 min。

4. 冷却

将烤好后的葱油曲奇从炉中取出,让其在烤盘内自然冷却。

## 六、训练结果

1. 将制作的葱油曲奇参照标准进行评分和评定。
2. 分析制作的葱油曲奇的质量缺陷,并找出改进方法。

## 七、思考与讨论

1. 为什么葱油曲奇配方中要加入一部分液态油脂(精制油)?
2. 葱油曲奇配方中精制油的用量是否要控制在一定的比例范围之内?

# 项目四 蛋糕与裱花蛋糕加工工艺

【学习目标】

(1)清楚蛋糕的概念及分类。

(2)学会蛋糕的基本加工工艺及操作要点。

(3)了解蛋糕制作常用材料的种类及作用。

(4)掌握裱花蛋糕制作原理、方法等。

【技能目标】

(1)能独立制作普通型海绵蛋糕与戚风蛋糕。

(2)学会奶油的打发方法。

(3)能够掌握影响蛋糕品质的因素。

(4)能掌握蛋糕糊的搅拌方法和技术。

(5)能够分析解决蛋糕制作中出现的质量问题及解决方法。

## 任务一 概述

蛋糕是以鸡蛋、面粉、糖为主要原料,经打蛋、注模、烘烤而成的组织松软的制品。

### 一、蛋糕的分类

蛋糕的分类方法很多,不同的分类方法得到的结果不同。按照蛋糕用料和制作工艺,蛋糕可分为清蛋糕、油蛋糕、戚风蛋糕,这三大类型是各类蛋糕制作及品种变化的基础,由此演变而来的还有各种水果蛋糕、果仁蛋糕、巧克力蛋糕、裱花蛋糕和花色小蛋糕等。

1. 清蛋糕(乳沫类蛋糕)

清蛋糕的特点是由清蛋糊制作的,属于高蛋白、低脂肪、高糖分食品。根据成熟方法不同而分为烘蛋糕和蒸蛋糕,并且还可制成长方形、圆形、梅花形、桃形等不同形状。常见的品种有广式莲花蛋糕、京式桂花糕、宁绍式马蹄蛋糕等。清蛋糕是制作花式蛋糕的基础,以其膨松绵软而广受欢迎。

2. 油蛋糕(面糊类蛋糕)

油蛋糕的制作除使用鸡蛋、糖和面粉外,还需使用相当数量的油脂以及少量的化学疏松剂,主要依靠油脂的充气性和起酥性来赋予产品特有的风味和组织。油蛋糕营养丰富,具有高蛋白、高热量的特点,质地酥松、滋润,具有油脂的特有风味,保质期长,冬季可达 1 个月,适于旅游、航海、登山之远途携带。常见的品种有京式大油糕、布丁蛋糕等。

3. 戚风蛋糕

戚风蛋糕又称泡沫蛋白松糕,此类蛋糕结合了混合面糊类蛋糕及乳沫类蛋糕的生产特点,以改善蛋糕的组织与颗粒。戚风蛋糕质地非常松软,柔韧性好;其水分含量高,口感滋润嫩爽,存放时不易发干,而且不放乳化剂,蛋糕风味突出,因而特别适合生产高档卷筒蛋糕及奶油装饰蛋糕。通常生日蛋糕的底坯,可用海绵蛋糕类的配方,也可用戚风蛋糕类的配方,具体应根据各地消费者口味、特点来选择适当的配方。

4. 裱花蛋糕

由蛋糕坯和装饰料组成,其制品装饰精巧,图案美观。

## 二、蛋糕的特点

蛋糕具有香味浓郁,组织松软,富有弹性,气孔细密均匀,软似海绵,营养丰富,入口软绵,容易消化吸收的特点。但是由于其产品含水量、含糖量较高,贮藏期短。

## 三、蛋糕加工基本原理

### (一)蛋糕的膨松原理

蛋糕的膨松主要是物理性能变化的结果。经过机械高速搅拌,使空气充分混入坯料中,经过加热,空气膨胀,坯料体积疏松而膨大。用于蛋糕膨松充气的原料主要是蛋白和奶油。

蛋白是黏稠的胶体,具有起泡性。蛋白液的气泡被均匀地包在蛋白膜内,受热后气泡膨胀。油蛋糕的起发与膨松主要是依靠油脂,黄油在搅拌过程中能够大量拌入空气而起发。

1. 蛋白质的膨松

鸡蛋是由蛋白和蛋黄两部分组成。蛋白是一种黏稠的胶体,具有起泡性,当蛋白液受到急速连续的搅打时,空气充入蛋液内形成细小的气泡,这些气泡被均匀地包裹在蛋白膜内,受热后空气膨胀时,凭借胶体物质的韧性,使其不至于破裂。蛋糕糊内气泡受热膨胀至蛋糕凝固为止,烘烤中的蛋糕体积因而膨大。

蛋白保持气体的最佳状态是在呈现最大体积之前。因此,过分地搅打会破坏蛋白胶体物质的韧性,使保持气体的能力下降。蛋黄不含有蛋白中胶体物质,保留不住空气,无法打发。但在制作清蛋糕时,蛋黄与蛋白一起搅拌很容易与蛋白以及拌入的空气形成黏稠的乳状液,同样可保存拌入的空气,烘烤成体积膨大的疏松蛋糕。

2. 奶油的膨松

制作奶油蛋糕时,糖和奶油在搅拌过程中,奶油里拌入了大量空气并产生气泡。加入蛋液继续搅拌,油蛋料中的气泡就随之增多。这些气泡受热膨胀会使蛋糕体积膨大、质地松软。为了使油蛋糕糊在搅拌过程中能拌入大量的空气,在选用油脂时要注意油脂的以下特性。

(1)可塑性　塑性好的油脂,触摸时有粘连感,把油脂放在手掌上可塑成各种形态。这种油脂与其他原料一起搅拌,则可以提高坯料保存空气的能力,使面糊内有充足的空气,促使蛋糕膨胀。

(2)融合性　融合性好的油脂,搅拌时面糊的充气性高,能产生更多的气泡。油的融合性和可塑性是相互作用的,前者易于拌入空气,后者易于保存空气。如果任何一种特性不良,要么面糊充气不足,要么充入的空气保留不佳,都易于泄漏,则会影响制品的质地。

(3)油脂所具有的良好油性　这也是蛋糕松软的重要因素。在坯料中油脂的用量要恰到好处,否则会影响制品的质地。

此外,在制作蛋糕过程中,加入乳化剂能起到油脂同样的作用。有时也加入一些化学疏松剂,如泡打粉等,它们在制品成熟过程中,能产生二氧化碳气体,而使成品更加松软,更加膨胀。

### (二)蛋糕的熟制原理

熟制是蛋糕制作中最关键的环节之一。常见的熟制方法是烘烤和蒸制。制品内部所含的水分受热蒸发,气泡受热膨胀,淀粉受热糊化,疏松剂受热分解,面筋蛋白质受热变性而凝固、固定,最后蛋糕体积增大,蛋糕内部组织形成多孔洞的瓜瓤状结构,而使蛋糕松软且有一定弹性。

蛋糕面糊外表皮层在高温烘烤下,糖类发生美拉德和焦糖化反应,颜色逐渐加深,形成悦目的金黄色或褐色,具有令人愉快的蛋糕香味。制品在整个熟制过程中所发生的一系列物理、化学变化,都是通过加热产生的,因此,大多数制品的成熟,主要是炉内高温作用的结果。在烘焙食品行业中,素有"三分做,七分火"之说。所谓"火"即火候,指烘烤设备的性能,操作时烘烤温度、时间、烤炉内湿度等因素。只有这些条件都配合得当,才能烤出品质优良的蛋糕制品。

## 四、蛋糕特殊原料

### (一)蛋糕乳化剂(蛋糕油)

#### 1. 蛋糕乳化剂的性能

在蛋糕面糊的搅打过程中,常常需要加入蛋糕乳化剂,蛋糕乳化剂可吸附在空气—液体界面上,能使界面张力降低,液体和气体的接触面积增大,液膜的机械强度增加,有利于浆料的发泡与泡沫的稳定。使面糊的比重和密度降低,而烘出的成品体积增加;同时还能够使面糊中的气泡分布均匀,大气泡减少,使成品的组织结构变得更加细腻、均匀。使用蛋糕乳化剂有如下优点:

(1)提高蛋糕面糊泡沫的稳定性。

(2)缩短了蛋液搅打时间。

(3)简化了蛋糕生产工艺流程。

(4)显著提高蛋糕质量,改善蛋糕内部组织,增大蛋糕体积,延长了保鲜期。

(5)提高蛋糕的出品率。

#### 2. 蛋糕乳化剂的添加量和添加方法

(1)蛋糕乳化剂的添加量　一般是鸡蛋用量的 3%～5%。

①鸡蛋用量>200%(以面粉计),蛋糕乳化剂的使用量为 4%左右。

②鸡蛋用量为 140%～160%(以面粉计),蛋糕乳化剂的使用量为 6%左右。

③鸡蛋用量<140%(以面粉计),蛋糕乳化剂的使用量为 8%左右。

此外复合疏松剂用量越多,则蛋糕乳化剂用量越少;水的用量越多,蛋糕乳化剂的用量越多;蛋糕乳化剂的用量增加 1%,水的使用量要增加 1.25%。

（2）添加方法　蛋、糖搅打至糖充分溶化后再加入乳化剂。蛋糕乳化剂一定要在面糊的快速搅拌之前加入，这样才能充分地搅拌溶解，也就能达到最佳的效果。

3. 添加蛋糕乳化剂时注意事项

（1）蛋糕乳化剂一定要保证在面糊搅拌完成之前能充分溶解，否则会出现沉淀结块现象。

（2）面糊中加有蛋糕乳化剂后，不能长时间的搅拌，因为过度的搅拌会使空气拌入太多，反而不能够稳定气泡，导致气泡破裂，最终造成制品体积下陷，组织变成棉花状。

### （二）塔塔粉

塔塔粉的化学名为酒石酸钾，它是制作戚风蛋糕必不可少的原材料之一。

1. 塔塔粉的功能

（1）调节蛋液的 pH，改变蛋液微碱性为微酸性环境。

（2）增加蛋白膜的强度，保持蛋液泡沫组织的稳定性，增大蛋糕体积。

2. 塔塔粉的添加量和添加方法

添加量是全蛋的 $0.6\%\sim1.5\%$，与蛋清和砂糖一起拌匀后搅拌。

### （三）液体

1. 液体的选择

蛋糕所用液体大都是鲜牛奶，也可使用淡炼乳、脱脂牛奶或脱脂奶粉加水，如要增加特殊风味还可加果汁或果酱作为液体的配料。

2. 液体的功能

（1）调节面糊的稀稠度。

（2）增加蛋糕的水分。

（3）使蛋糕组织细腻，降低油性。

（4）改善蛋糕产品的风味。

## 五、蛋糕加工工艺要点

蛋糕加工的基本工艺流程如图 4-1 所示。

配料 → 面糊调制 → 装盘(装模) → 烘烤 → 冷却 → 成品

**图 4-1　蛋糕加工的工艺流程**

### （一）原料的要求及准备

原料准备阶段主要包括原料清理、计量，如鸡蛋清洗、去壳，面粉和淀粉的疏松、碎团等。面粉、淀粉一定要过筛（60 目以上）疏松一下，否则，可能有块状粉团进入蛋糊中，而使面粉或淀粉分散不均匀，导致成品蛋糕中有硬心。

### （二）搅打

搅打操作是蛋糕加工过程中最为重要的一个环节，其主要目的是通过对鸡蛋和糖或油脂和糖的强烈搅打而将空气卷入其中，鸡蛋形成泡沫，油脂由于搅打充气而蓬松，为蛋糕多孔状结构奠定基础。

1. 清蛋糕蛋液的搅打

（1）原料选择　面粉应用低筋面粉；鸡蛋要新鲜，因为鲜鸡蛋的蛋白黏度比较高，形成的泡沫稳定性好;其他配料如赋香剂、色素需要在搅打时加入,以便混合均匀。

(2)蛋糊的搅打程度　蛋糊打得好坏将直接影响成品蛋糕的质量,特别是蛋糕的体积质量。蛋糊打得不充分,则烘烤后的蛋糕胀发不够,蛋糕的体积变小,蛋糕松软度差;蛋糊打过头,则因蛋糊的"筋力"被破坏,持泡能力下降,蛋糊下塌,烘烤后的蛋糕虽能胀发,但因其持泡能力下降而出现表面"凹陷"现象。打好的鸡蛋糊成稳定的泡沫状且乳白色,体积为原来的2.5倍左右。

(3)打蛋的温度控制　蛋糊的起泡性与持泡能力,还与打蛋时的温度有关。打蛋时新鲜蛋清的温度应控制在17～22℃。温度过高,蛋清的胶黏性减弱,起泡性增强,易于起泡胀发,但持泡能力下降;温度过低,蛋清稠度太大,不易拌入空气,打发时间较长。因此,冬季打蛋时应采取保暖措施,如用热水,保持蛋液温度20℃左右,以达到良好的搅打效果,以保证蛋糊质量。

(4)油脂能影响蛋白的搅打　油脂破坏蛋清的起泡性,使蛋清液起泡量减少和气泡易消失。当容器周围残留有油脂时,起泡性变差。因此,打蛋时容器一定要清洁。

(5)打蛋时间要控制好　搅打时间过长会使蛋液中混入的空气过多,蛋白薄膜易破裂,造成蛋液质量降低;搅打时间过短,混入空气不够,制品不易起发。

2.油蛋糕油脂的搅打

(1)原料选择　面粉应选低、中筋面粉;鸡蛋要新鲜;油脂要选用可塑性、融合性好的油脂,以提高空气的拌和能力。

(2)油脂搅打的程度　将油脂(奶油、人造奶油等)稍微变软后放入搅拌机内搅打,搅打至呈淡黄色、蓬松而细腻的膏状即可。

### (三)拌粉

拌粉是将过筛后的面粉与淀粉混合物加入蛋糊中搅匀的过程。对清蛋糕来说,若蛋糊经强烈的冲击和搅动,泡就会被破坏,不利于烘烤时蛋糕胀发。因此,加粉时要慢慢将面粉倒入蛋糊中,同时轻轻翻动蛋糊,以最轻、最少翻动次数,拌至见不到干粉为止。

对油蛋糕来说,则可将过筛后的面粉、淀粉和疏松剂慢慢加入打好的人造奶油与糖的混合物中,用打蛋机的慢档或人工搅动来拌匀面粉。

### (四)注模

蛋糕成型一般都要借助于模具,选用模具时要根据制品特点与需要灵活掌握。如蛋糕糊中油脂含量较高,制品不易成熟,选用模具不能过大;蛋糕糊中油脂成分少,组织松软,容易成熟,选择模具的范围比较大。一般常用模具的材料为不锈钢、马口铁、金属铝,其形状有圆形、长方形、桃心形、花边形等,还有高边和低边之分。

搅拌完成的面糊,依其产品性质的不同,确定模具是否需涂油。例如,油蛋糕及清蛋糕,于装模前需先垫入烤模纸,或涂上薄油后再撒少许干粉(面粉),使其烘烤完成后易于脱模;而戚风类蛋糕则因面糊的密度低,故装模前不应涂油或垫纸,否则产品烘烤后,会因热胀冷缩而下陷。

注模操作应该在15～20 min完成,以防蛋糕糊中的面粉下沉,使产品质地变硬。注模时还应掌握好灌注量,一般以填充模具的7～8成为宜,不能过满,以防烘烤后体积膨胀溢出模外,既影响了制品外形美观,又造成了蛋糕糊的浪费;反之,如果模具中蛋糕糊灌注量过少,制品在烘烤过程中,会由于水分挥发相对过多,而使蛋糕制品的松软度下降。

**(五)熟制**

1. 烘烤

烘烤是完成蛋糕制品的最后加工步骤,是决定产品质量的重要一环,烘烤不仅是熟化的过程,而且对成品的色泽、体积、内部组织、口感和风味也有重要的作用。

烘烤的主要目的:

(1)使拌入蛋糕糊中的空气受热膨胀,或使疏松剂发生反应,产生气体,形成蛋糕的疏松结构。

(2)使蛋糕糊中的蛋白质凝固,形成蛋糕疏松结构的骨架,将气泡胀大的结构固定下来。

(3)使蛋糕糊中的淀粉糊化,即蛋糕的熟化。

(4)通过蛋糕糊中一些成分在受热时所发生的变化而得到好的色、香、味。

蛋糕烘烤的工艺条件主要是烘烤温度和烘烤时间,工艺条件同原料种类、制品大小和厚薄有关。蛋糕烘烤的炉温一般在200℃左右。油蛋糕的烘烤温度为160~180℃,清蛋糕的烘烤温度为180~220℃,烘烤时间10~15 min。在相同的烘烤条件下,油蛋糕比清蛋糕的温度低,时间长一些。因为油蛋糕的油脂用量大,配料中各种干性原料较多,含水量较少,面糊干燥、坚韧,如果烘烤温度高,时间短会发生内生外煳的现象。而清蛋糕的油脂含量少,组织松软,易于成熟,烘烤时要求温度高一点,时间短一些。长方形大蛋糕坯的烘烤温度要低于小圆形蛋糕和花边型蛋糕,时间要稍长些。

蛋糕在烘烤过程中一般会经历胀发、定型、上色和熟化4个阶段。

(1)胀发 制品内部的气体受热膨胀,体积迅速增大。

(2)定型 蛋糕糊中的蛋白质凝固,制品结构定型。

(3)上色 当水分蒸发到一定程度后再加上蛋糕表面温度的上升,其表面形成了美拉德反应和焦糖化反应,使蛋糕表皮色泽逐渐加深而产生金黄色,同时也产生了特殊的蛋糕香味。

(4)熟化 随着热的进一步渗透,蛋糕内部温度继续升高,原料中的淀粉糊化而使制品熟化,制品内部组织烤至最佳程度,既不粘手,也不发干,且表皮色泽和硬度适当。

面糊装模后入炉前,应依产品性质及所需条件的不同,事先将烤箱调整为适当的温度、时间等,再入炉烘烤。入炉前应先将烤炉预热至产品所需的温度,以免入炉后因烤炉的温度不够,而影响产品的胀发、组织品质以及烤熟所需的时间等。并且在烘烤的过程中,即烘烤所需时间的2/3时,将烤盘掉头,以使整个产品都能均匀受热,而烤出最佳的产品品质与色泽。

烘烤过程中如下火温度太高,产品尚未达其熟度时,可降低烤温或将原烤盘的下方再垫一个烤盘,预防产品底部上色太早;同理,若上火温度太高使表面上色太早时,则可视情况盖上牛皮纸,以降低产品直接受热的温度。

蛋糕烤熟程度可以根据蛋糕表面颜色深浅或蛋糕中心的蛋糊是否粘手为标准。成熟的蛋糕表面一般为均匀的金黄色。若有像蛋糊一样的乳白色,说明并未烤透;蛋糕中的蛋糊仍粘手,说明未烤熟;不粘手,烘烤即可停止。蛋糕烘烤时不宜多次拉出炉门做烘烤状况的判断,以免面糊受热胀冷缩的影响而使面糊下陷。常用的判断方法有:

(1)眼试法 烘烤过程中待面糊中央已微微收缩下陷,有经验者可以收缩比率判断。

(2)触摸法 当眼试法无法正确判断时,可借手指检验触击蛋糕顶部,如有沙沙声及硬挺感,此时应可出炉。

(3)探针法　初学者最佳判断法,此法是取一竹签直接刺入蛋糕中心部位,当竹签拔出时,竹签无生面糊粘住时即可出炉。

2. 蒸制

蒸蛋糕时,先将水烧开后再放上蒸笼,大火加热蒸 2 min 后,在蛋糕表面结皮之前,用手轻拍蒸笼边或稍振动蒸笼以破坏蛋糕表面气泡,避免表面形成麻点;待表面结皮后,火力稍降,并在锅内加少量冷水,再蒸几分钟使糕坯定型后加大炉火,直至蛋糕蒸熟。出笼后,撕下白细布,表面涂上麻油以防粘皮。冷却后可直接切块销售,也可分块包装出售。

### (六)冷却、脱模、包装

蛋糕出炉后,应趁热从烤模(盘)中取出,并在蛋糕面上刷一层食用油,使表面光滑细润,同时也起保护层的作用,可减少蛋糕内水分的蒸发。然后,平放在铺有一层布的案台上自然冷却,对于大圆蛋糕,应立即翻倒,底面向上冷却,可防止蛋糕顶面遇冷收缩变形。成功地将制品脱模,是烘烤制作的最后步骤,待脱模后再视其需要进行适当的装饰。以圆模脱模为例,其脱模基本程序为:蛋糕出炉待冷却后沿蛋糕边缘往下压,再将烤模倾斜,使蛋糕易于脱离烤模。最后一手固定烤模底盘,一手轻拖住蛋糕,使其完全剥离烤模;对油脂蛋糕,出炉后,应继续留置在烤模(盘)内,待温度降低烤模(盘)不烫手时,将蛋糕取出冷却。在蛋糕的冷却过程中应尽量避免重压,以减少破损和变形。蛋糕冷却后,要迅速根据需要进行包装,以减少环境条件对蛋糕品质的影响。

# 任务二　清蛋糕加工工艺

清蛋糕是蛋糕的基本类型之一,它是以鸡蛋、面粉、糖为主要原料制成的,具有浓郁的蛋香味,且质地松软,其结构类似多孔海绵,因而,也称作海绵蛋糕。国外清蛋糕又称泡沫蛋糕。在清蛋糕的配方中,蛋的比例越高,糕体越疏松,产品的质量越好。蛋不仅起发泡疏松作用,而且鸡蛋的蛋白质凝固在制品的成型中也有显著作用。中高档海绵蛋糕几乎完全靠蛋的搅打起泡使制品膨松,产品气孔细密,口感及风味良好。低档海绵蛋糕由于用蛋量少,制品的膨松较多地依赖泡打粉和发泡剂,因而产品的气孔比较粗大,口感及风味较差。

## 一、清蛋糕糊搅拌原理

由于鸡蛋具有融合空气及膨大的作用,当蛋液或蛋清受到急速而连续地搅拌,能使空气充入蛋液内形成细小的气泡,受热后空气膨胀时,凭借胶体物质的韧性使其不至于破裂,使得蛋糕糊烘烤成体积膨大而疏松的蛋糕。

表 4-1 为蛋液搅拌过程中气泡变化特征,适宜于制作蛋糕的是第二、三阶段。

## 二、清蛋糕搅拌方法

1. 全蛋法海绵蛋糕搅拌方法

全蛋法海绵蛋糕搅拌技术的一般步骤为:

(1)正确称好各种原辅料,分别放置。

(2)将鸡蛋、糖、食盐混合采用热水浴等方式加热到43℃,边加热边搅拌。

(3)将蛋液用打蛋器打至浓稠松软状,以搅打痕迹在停止搅拌后尚能停数秒钟下沉为最佳(表4-1第二、三阶段)。

(4)加入液体原料拌均匀。

(5)分3~4次加入过筛后的面粉、玉米粉、复合膨松剂等,加入时应小心且不让蛋沫中的气泡破灭。慢慢搅拌面粉,直到全部面粉拌入即可。

表 4-1　蛋液气泡变化特征

| 搅拌阶段 | 泡沫状态 | 泡沫特征 |
| --- | --- | --- |
| 第一阶段 | 稀疏 | 浓厚蛋白崩解,变稀,泡大而透明,易于流动 |
| 第二阶段 | 湿泡 | 泡沫小,有光泽,显得水灵的,有弹性 |
| 第三阶段 | 密泡(不易破灭) | 泡沫细小,乳白,无光泽,倾入容器中不流动 |
| 第四阶段 | 干燥的泡 | 雪白,脆而易于破灭 |

如果在蛋糊中要加入黄油等油脂时,待加入面粉以后,仔细加入融化的黄油,混合均匀;但不要过度搅拌,以免蛋糊中气泡破灭而导致制品变硬。

**2. 分蛋法海绵蛋糕搅拌方法**

分蛋法海绵蛋糕搅拌方法有将蛋黄、蛋白分开搅打后混合再拌入面粉的方法,也有采用戚风蛋糕搅拌方法。下面介绍蛋黄、蛋白分开搅打后混合再拌入面粉的方法。

(1)正确称好各种原辅料,分别放置。蛋白蛋黄分开,分别放在一个干净的容器中。注意蛋白中不可渗入一丝蛋黄,也不能沾到水或油。

(2)将蛋黄、部分糖、食盐混合采用热水浴等方式加热到43℃,边加热边搅拌。

(3)将蛋清和剩余的糖用打蛋器打至发泡、湿润状;再分数次将打好的蛋清轻轻地拌入蛋黄泡沫中,搅拌至光洁为止。

(4)分数次加入过筛后的面粉、玉米粉、复合膨松剂等慢慢搅拌,直到全部面粉拌入为止。

**3. 天使蛋糕搅拌方法**

(1)正确称好各种原辅料,分别放置。蛋清以水浴方式微微加热。

(2)将面粉与糖混合过筛。

(3)将蛋清中加入适量塔塔粉、剩余糖,打至湿性发泡。

(4)拌入面粉与糖,混合均匀至被充分吸收。

**4. 乳化剂法海绵蛋糕搅拌方法**

现介绍几种利用蛋糕乳化剂生产蛋糕的方法:

(1)将蛋、砂糖、水及乳化剂一起搅打约 2 min,使其均匀混合。拌入低筋粉搅打 5~6 min,加入融化的白脱油或色拉油,拌匀,灌模,烘烤。

(2)用牛奶、水将乳化剂充分化开,再加入鸡蛋、砂糖等一起快速搅打至浆料呈乳白色细腻的膏状,在慢速搅拌下逐步加入筛过的面粉,混匀即可。

(3)先将牛奶、水、乳化剂充分化开,再加入其他所有原料一起搅打成光滑的面糊。

（4）将所有的原料放入搅拌容器中一起搅打（操作环境温度过低或材料温度过低时不宜采用此法，其可能导致砂糖不能充分溶化）。

### 三、清蛋糕搅拌的注意事项

（1）面粉最好使用低筋粉。

（2）生产海绵蛋糕一定要用液态油，固态油脂需事先融化。

（3）蛋糊打好后，小麦粉应预先过筛以打散其中的团块，然后进行拌粉（如使用膨松剂，可以先与小麦粉混合）。拌粉时要轻轻地混合均匀，机器开慢档，如搅拌速度快，时间过长，面粉容易起筋，制品内部存在无孔隙的僵块，外表不平。总之，调制好的蛋糕糊要均匀，既无白粉块存在，又不能起筋。

（4）在使用分蛋法生产海绵蛋糕过程中，分蛋时蛋白绝不能沾上一点油和蛋黄，否则无法打发。

（5）面糊入炉前，烤炉要预热到所需要的烘烤温度。

（6）无论机器或人工打蛋，都要顺着一个方向搅打，有利于空气顺利而均匀地吸入。打蛋时，蛋液必须和糖一起搅打，糖的加入能使蛋白膜黏稠、富有弹性而不易破裂，提高泡沫的稳定性。

（7）调制好的蛋糕糊要及时使用，不要放置过久，因胀润后的粉粒及溶化的糖粒相对密度大于蛋液，容易下沉。

### 四、制作实例

#### （一）东北清蛋糕

1. 原料配方（表4-2）

表4-2　东北清蛋糕配方　　　　　　　　　　　　　　　　　　　%

| 原料 | 面粉 | 白糖 | 蛋液 | 饴糖 | 植物油 | 碳酸氢铵 |
|---|---|---|---|---|---|---|
| 焙烤百分比 | 100 | 100 | 87 | 8.7 | 4.4 | 0.9 |

2. 生产工艺流程（图4-2）

图4-2　东北清蛋糕生产工艺流程

3. 制作方法

（1）搅打蛋浆　蛋去壳，将蛋浆、白糖、饴糖放入打蛋机搅打至蛋液松发，起泡成乳白色，加适量水和碳酸氢铵，再搅打12 min。

（2）调糊　将过筛的面粉渐渐放入蛋浆中搅拌均匀。

（3）浇模　烤模刷植物油，将蛋糊舀入烤模。

（4）烘烤　炉温控制在200～220℃。

### (二)桂花蛋糕(苏式)

1. 原料配方(表4-3)

表4-3　桂花蛋糕(苏式)配方　　　　　　　　　　　　　%

| 原料 | 面粉 | 白糖 | 蛋液 | 桂花 | 香油 |
|------|------|------|------|------|------|
| 焙烤百分比 | 100 | 131 | 154 | 3.9 | 15.4 |

2. 工艺流程(图4-3)

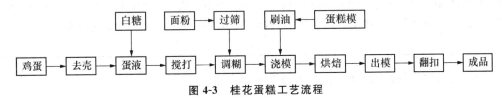

图4-3　桂花蛋糕工艺流程

3. 制作方法

(1)配料　根据制作蛋糕的量,按配方比例准备和称量好料。在配方中可加入(或不加)白糖重1/10的饴糖。加桂花称之"桂花蛋糕",不加桂花则为普通蛋糕。

(2)调糊　鸡蛋去壳,将蛋浆、白糖等一同入打蛋机中搅打,打发至2.5倍左右,蛋浆呈乳白色,液体变厚为止。然后将面粉过筛拌入蛋浆中调至成糊,调糊时防止生筋,但面粉应注意均匀。

(3)浇模　将蛋糕模刷油,舀蛋糊入模内(八成满),即入炉烘烤。蛋糕模有多种,根据模具形状来命名,如梅花蛋糕。

(4)烘烤　入炉温度为180℃,出炉温度为200~220℃,熟后出炉。

## 五、清蛋糕的质量标准

1. 规格形状
外形饱满,大小均匀,无皱纹、裂口和毛边等现象。

2. 色泽
深黄色或黄褐色,面底色泽均匀,内部组织淡黄色,油润有光。

3. 组织状态
呈海绵状,富有弹性,气孔细密均匀,无糖粒、无粉块、无大空隙。

4. 口味口感
入口软润,甜香味纯正,具有明显的蛋香味,无粗糙感和粘牙现象,无蛋腥气、氨臭等异味。

## 六、清蛋糕加工中常见的质量问题与解决方法

### 1. 蛋糕糊搅打不易起发(表 4-4)

表 4-4　蛋糕糊搅打不易起发

| 原因 | 解决方法 |
| --- | --- |
| 因蛋清在 17~22℃的情况下,其胶黏性维持在最佳状态,起泡性能最好,温度太高或太低均不利于蛋清的起泡。温度过高,蛋清变得稀薄,胶黏性减弱,无法保留打入的空气;温度过低,蛋清的胶黏性过大,在搅拌时不易拌入空气,所以会出现浆料搅打不起的现象。 | 夏天可先将鸡蛋放入冷凉的环境至适合的温度;而冬天则要在搅拌面糊时在缸底加温水升温,或将蛋液升至适宜的温度后,再加入打蛋机中搅打。 |

### 2. 蛋糕在烘烤过程中有时会出现下陷或底部结块(表 4-5)

表 4-5　蛋糕在烘烤过程中有时会出现下陷或底部结块

| 原因 | 解决方法 |
| --- | --- |
| 冬季容易出现,因为气温低,部分材料不易溶解 | 尽量使室温和材料温度达到适温 |
| 配方不平衡,面粉比例少,水分太少,总水量不足 | 配方要掌握好平衡 |
| 鸡蛋不新鲜,搅拌过度,充入空气太多 | 鸡蛋要保持新鲜,搅拌时注意别打过度 |
| 面糊中柔性材料太多,如糖和油的用量太多 | 适当减少糖、油的用量 |
| 面粉筋力太低,或烘烤时炉温太低 | 不要用筋力太低的面粉,特别是掺入淀粉的时候要注意,烤时炉温适宜 |
| 蛋糕在烘烤中尚未定型,因受震动而下陷 | 蛋糕在进炉后的前 12 min 不要开炉门或受到震动 |
| 面糊未及时使用或注模后未及时烘烤 | 面糊应及时使用或注模后要及时烘烤 |

### 3. 蛋糕表面出现斑点(表 4-6)

表 4-6　蛋糕表面出现斑点

| 原因 | 解决方法 |
| --- | --- |
| 搅拌不当,部分原料未能完全搅拌溶解和均匀 | 快速搅拌之前一定要将糖等材料完全搅拌溶解 |
| 泡打粉未拌匀,糖的颗粒太大 | 泡打粉一定要与面粉一起过筛,糖尽量不要用太粗的 |
| 面糊内总水分不足 | 注意加水量 |
| 糖没有溶化 | 糖完全溶化 |

### 4. 海绵类蛋糕表皮太厚(表 4-7)

表 4-7　海绵类蛋糕表皮太厚

| 原因 | 解决方法 |
| --- | --- |
| 配方不平衡,糖的使用量太大 | 配方中糖的使用量要适当 |
| 进炉时面火过大,表皮过早定型 | 注意炉温,避免进炉时面火太大 |
| 炉温太低,烤的时间太长 | 炉温不要太低,避免烤制时间太长 |

5. 蛋糕膨胀体积不够(表4-8)

**表4-8　蛋糕膨胀体积不够**

| 原因 | 解决方法 |
| --- | --- |
| 鸡蛋不新鲜,配方不平衡,柔性材料多 | 尽量使用新鲜鸡蛋,注意配方平衡 |
| 搅拌时间不足,浆料未打发起,面糊密度太大 | 搅拌要充分,使面糊达到起发标准 |
| 加油后搅拌得太久,使面糊内空气损失太多 | 注意加油时不要一下倒入,拌匀为止 |
| 面粉筋力过高,或慢速拌粉时间太长 | 如面粉筋力太高可适当加入淀粉 |
| 搅拌过度,面糊稳定性和保气性下降 | 打发为止,不要长时间的搅拌 |
| 面糊装盘数量太少,未按规定比例装盘 | 装盘分量不可太少,要按标准 |
| 进炉时炉温太高,上火过大,使表面定型太早 | 进炉炉温要避免太高 |

6. 蛋糕内部组织粗糙,质地不均匀(表4-9)

**表4-9　蛋糕内部组织粗糙,质地不均匀**

| 原因 | 解决方法 |
| --- | --- |
| 搅拌不当,有部分原料未搅拌溶解,发粉与面粉未拌匀 | 注意搅拌程序和原则,原料要充分拌匀 |
| 配方内柔性材料太多,水分不足,面糊太干 | 配方中的糖和油不要太多,注意面糊的稀稠度 |
| 炉温太低,糖的颗粒太粗 | 糖要充分溶解,烤时炉温不要太低 |
| 发粉用量大 | 减少发粉用量 |

7. 制作海绵蛋糕时鸡蛋很难打发(表4-10)

**表4-10　制作海绵蛋糕时鸡蛋很难打发**

| 原因 | 解决方法 |
| --- | --- |
| 搅拌缸或搅打器有油 | 搅拌缸或搅打器不应有油 |
| 鸡蛋不新鲜 | 新鲜鸡蛋 |
| 鸡蛋温度太低 | 可将鸡蛋温度加热升至40℃ |
| 搅拌缸太大,而鸡蛋却很少 | 搅拌缸大,鸡蛋量增多 |
| 蛋黄已产生胶质 | 需要冷冻蛋黄来解决 |
| 加入了油质香料与鸡蛋一起搅拌 | 油质香料不同鸡蛋一起搅拌 |
| 搅拌机速度太慢 | 搅拌机速度应加快 |
| 如果在冬天,蛋在加热升温时被烫熟 | 如果在冬天,蛋在加热升温时温度不宜过高,防止鸡蛋熟化 |

# 任务三　油蛋糕加工工艺

油脂蛋糕也是蛋糕的基本类型之一,在西点中占有重要的地位,油脂蛋糕的配方中除了使用鸡蛋、糖和面粉外,它与清蛋糕的主要不同在于使用了较多的油脂(特别是奶油)以及化学疏松剂。其目的为润滑面糊以产生柔软的组织,并有助于在搅拌过程中,拌入大量的空气而产生膨大作用。属于此类的蛋糕有魔鬼蛋糕、大理石蛋糕等。而使面糊类产生膨化效果的另一主要原因,即是"当面糊搅拌时,拌入了大量空气所致";因此,不同的搅拌器具与搅拌速度,对于面糊的密度有着不可分的关系。

油脂蛋糕口感油润松软,质地酥散、滋润,营养丰富,带有油脂,特别是奶油的香味。但其弹性和柔软度不如海绵蛋糕。

### 一、油蛋糕糊搅拌原理

制作油蛋糕时,糖、油在进行搅拌过程中,黄油里拌入了大量空气,并产生气泡。加入蛋液继续搅拌,油蛋糊中的气泡就随之增多。这些气泡受热膨胀会使蛋糕体积膨大,质地松软。另外,在制作油蛋糕时,有时也加入一些化学膨松剂,它们在制品成熟过程中,能产生 $CO_2$,从而使蛋糕制品更加松软,更加膨胀。

### 二、油蛋糕糊搅拌方法

油蛋糕生产方法有粉油搅拌法、糖油搅拌法、分步搅拌法等,最常用的为粉油搅拌法和糖油搅拌法。

1. 糖油搅拌法

"糖油搅拌法"可加入更多的糖和水分,至今仍用于各式面糊类蛋糕,主要是烤出来的蛋糕体积较大、组织松软。糖油搅拌法的制作程序为:

(1)将稍微软化的奶油(或其他油脂)放入搅拌缸内,用浆状搅拌器低速将油脂慢慢搅拌至呈柔软的状态。

(2)将糖粉(或细砂糖、绵白糖等)、食盐和调味料等倒入搅拌缸内,并用中速搅拌至松软且呈绒毛状。

(3)将蛋液分次加入,并以中速搅拌均匀;且每次加入蛋时,需先将蛋液搅拌至完全被吸收才加入下一批蛋液;然后加入水和牛奶搅拌均匀。

(4)刮下缸边的材料继续搅拌,以确保缸内及周围的材料均匀混合。

(5)然后加入过筛的面粉(奶粉、膨松剂需预先过筛混入面粉中),轻轻混入浆料中,搅拌均匀,但不要过分搅拌,以尽量减少面筋生成。

(6)加入果干、果仁等,混匀即可。

2. 粉油搅拌法

"粉油搅拌法"适用于水分较高的油蛋糕,尤其更适用于低熔点的油脂,此搅拌方法简便而不易失败,蛋糕组织紧密而松软,质地也较为细腻、湿润。制作程序为:

(1)将油脂稍微软化后置于搅拌缸内,用浆状搅拌器以中速将油脂搅打至蓬松状,加入与油脂等量的面粉,然后以低速搅拌数分钟,使面粉与奶油搅拌均匀,最后用高速拌打至呈松发状。

(2)将糖粉(或细砂糖、绵白糖等)与食盐加入已打发的粉油中,以中速拌打至均匀。

(3)将蛋、糖液体分 2~3 次加入已打发的粉油中,以中速搅打松发、均匀细腻。并于搅拌过程中停机刮缸,使缸内所有材料混合均匀。

(4)最后再将配方中的果仁以低速拌匀,再用橡皮刮刀或手彻底搅拌均匀即可。

3.分步搅拌法

(1)将蛋液和糖以水浴形式加热到35～40℃,用钢丝搅拌器将蛋、糖打发。

(2)油脂、盐、面粉用桨状搅拌器搅打蓬松。

(3)蛋糖液分次加入,并以中速搅拌均匀;每次加入蛋糖液时,需先将蛋糖液搅拌至完全被吸收才加入下一批蛋糖液。

此方法生产的蛋糕体积膨胀较大,组织松软细腻,但搅拌较为复杂。

### 三、影响油蛋糕搅拌的因素

1.油脂种类

油脂的种类、性质决定了油脂的打发性能。氢化油、起酥油的机械胀发性比奶油、人造奶油好。

2.糖的颗粒大小

糖的颗粒越小,油脂结合空气能力越大。糖的颗粒越大,油脂打发所需时间越长。

3.配料温度

冷油脂(16℃以下)太硬,在搅拌过程中无法形成气室;油脂温度太高(24℃以上),则由于油脂质地太软也无法形成气室。配料温度在21℃时,乳化作用最好。

4.搅拌速度

搅拌速度过快,摩擦作用导致配料温度升高,导致形成气室量太少,而且气室大小不一、粗糙。

5.加液体速度

一般情况下,液体要在油脂打发后分次加入,边加边搅拌油脂,待液体被充分吸收后,再次加入液体。如果液体加入速度过快,液体不能被充分地吸收,将会出现油水分离现象。

6.液体量

液体量必须按照正确配方平衡所需数量添加,液体量加入过多,油脂将在乳化过程中无法包住所有的水分。

### 四、油蛋糕糊搅拌的注意事项

1.正确选用面粉

面粉筋力大,会增加蛋糕的韧性,导致顶部变圆拱形;面粉筋力过小,蛋糕易碎。生产添加膨松剂的蛋糕如马德拉蛋糕、新型葡萄干蛋糕时,需要使用中筋粉,能够得到满意的结构和外形。生产切块蛋糕时,应使用低筋粉,以获得最佳的结构和风味。生产樱桃蛋糕或重水果切块蛋糕时,应该使用中筋粉,可使樱桃能保持在蛋糕中的位置,并防止蛋糕破碎。

2.注意配方平衡

脂肪的数量不应超过蛋,脂肪的数量也不应超过糖,而糖的数量不应超过液体,每份超过鸡蛋数量的面粉应加入0.9份液体;每份超过鸡蛋数量的面粉,还应加入发酵粉0.025～0.5份;糖应为总混合料的20%左右。

## 五、制作实例

### (一)重奶油蛋糕

1. 原料配方(表 4-11)

表 4-11　重奶油蛋糕配方 %

| 原料 | 低筋面粉 | 奶粉 | 乳化白油 | 奶油 | 乳化剂 | 细砂糖 | 盐 | 蛋液 | 牛乳 |
|---|---|---|---|---|---|---|---|---|---|
| 焙烤百分比 | 100 | 0.8 | 40 | 40 | 3 | 100 | 2 | 88 | 17 |

2. 生产工艺流程(图 4-4)

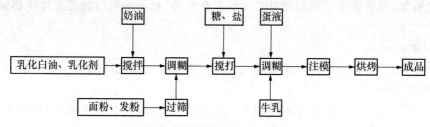

图 4-4　重奶油蛋糕生产工艺流程

3. 制作方法

(1)将乳化白油及乳化剂放入搅拌缸内用搅拌器以中速打软。

(2)将奶油续加缸内继续以中速搅拌。

(3)将面粉、发粉一起过筛后加入缸内,并于上述原料中用低速搅拌均匀 1~2 min。

(4)改用高速将其打发约 10 min,搅打至松软绒毛状并呈乳白色;中途需停机刮缸 3~4 次,使搅拌缸内的材料充分混合均匀。

(5)将糖、盐加入,用中速搅拌均匀约 3 min。

(6)将蛋液分 3~4 次加入,以中速搅拌,每次加蛋时需停机刮缸。

(7)将牛乳徐徐加入,以中速搅拌均匀,停机后搅拌缸再用橡皮刮刀充分搅拌。

(8)将烤模纸装入烤模中,依所需面糊量装入烤模,即可入炉烘烤。

4. 产品质量要求

(1)组织　应细致柔软而富有弹性。

(2)口感　应爽口湿润、不粘牙,咸甜适中。

(3)风味　应具该种蛋糕浓郁香味。

### (二)大油蛋糕

1. 原料配方(表 4-12)

表 4-12　大油蛋糕配方 %

| 原料 | 面粉 | 白糖 | 蛋浆 | 猪油 | 瓜子仁 | 青梅 | 桂花 |
|---|---|---|---|---|---|---|---|
| 焙烤百分比 | 100 | 133 | 133 | 33 | 3.3 | 3.3 | 3.3 |

2. 生产工艺流程(图 4-5)

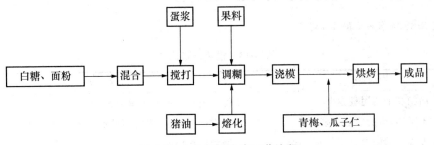

图 4-5  大油蛋糕生产工艺流程

3. 制作方法

(1)熔化猪油  按规定称量猪油于一容器中,然后将容器置于40℃左右温水中,使猪油稍微熔化,以备调糊所用。

(2)拌料  面粉过筛与白糖同入搅拌器中混合均匀,再加入蛋浆搅拌均匀,并使其成为乳白色蛋糕糊。

(3)调糊  将蛋糕糊、桂花逐渐加入温油中,拌和成均匀的面糊。

(4)浇模  将梅花形或桃形蛋糕模具涂抹好油,然后摆入烤盘中,将面糊注入模内,每模注料 45 g,或 90 g(成品 6~12 个/500 g)。

(5)烘烤  进炉温度超过 180℃左右,出炉温度约为 220℃。待成品表面棕红色,即可出炉。

4. 产品质量要求

(1)规格形状  梅花形或桃子形,无缺陷。

(2)色泽  表面棕红色,内部淡黄色。

(3)组织状态  质地松软,有弹性,无杂质。

(4)口味口感  酥软油润,香甜爽口,不粘牙。

## 六、油蛋糕的质量标准

1. 规格形状

块形整齐、大小均匀。

2. 色泽

表面呈棕红色或金黄色,内部呈微黄色,色泽均匀一致。

3. 口味口感

香甜适口,具油蛋香味,韧性、弹性兼备。

4. 内部组织

气孔细密,不含杂质。

## 七、油蛋糕加工中常见的质量问题与解决方法

### 1. 重油蛋糕很硬（表 4-13）

**表 4-13　重油蛋糕很硬**

| 原因 | 解决方法 |
|------|----------|
| 配方内糖和油的用量太少 | 配方内糖和油的用量增大 |
| 配方不平衡,蛋的用量太多 | 配方调整平衡,蛋的用量不要超过油的 10% |
| 面糊搅拌不够松发 | 面糊搅拌松发 |
| 疏松剂过少 | 加适量疏松剂 |

### 2. 重油蛋糕表面经常有白色斑点（表 4-14）

**表 4-14　重油蛋糕表面经常有白色斑点**

| 原因 | 解决方法 |
|------|----------|
| 配方内糖的用量太多或颗粒太粗 | 配方内糖的用量减少或使用砂糖粉 |
| 碱性化学膨松剂用量太大 | 碱性化学疏松剂用量减少 |
| 烘烤时炉温太低 | 烘烤时炉温升高 |
| 搅拌不够充分 | 充分搅拌 |
| 面糊搅拌不均匀 | 面糊搅拌均匀 |
| 所用油脂的熔点太低 | 选用熔点适宜的油脂 |
| 面糊搅拌后的温度过高 | 夏季,面糊搅拌时,缸壁外放冰块降温 |
| 液体原料用量不够 | 增加液体原料 |

### 3. 重油蛋糕经常在烘烤时很好,一出炉即收缩（表 4-15）

**表 4-15　重油蛋糕经常在烘烤时很好,一出炉即收缩**

| 原因 | 解决方法 |
|------|----------|
| 配方内化学疏松剂过多 | 配方内化学疏松剂减少 |
| 搅拌过久 | 搅拌不宜过久 |
| 蛋的用量不够 | 蛋的用量增加 |
| 糖和油的用量太多 | 糖和油的用量减少 |
| 面粉筋度太低 | 添加一些高筋粉 |
| 在烘烤尚未定型时,烤盘变形或有其他的震动 | 在烘烤尚未定型时,不应有震动 |

### 4. 重油蛋糕表面中间隆起太高（表 4-16）

**表 4-16　重油蛋糕表面中间隆起太高**

| 原因 | 解决方法 |
|------|----------|
| 搅拌过久,致使面粉出筋 | 搅拌适度 |
| 配方内柔性原料不够 | 配方内柔性原料增加 |

续表4-16

| 原因 | 解决方法 |
| --- | --- |
| 面糊太硬,总水量不足 | 总水量按配方加入 |
| 所用面粉筋力都太高 | 采用专用蛋糕粉 |
| 烘烤时炉温太高 | 烘烤时炉温降低 |
| 鸡蛋的用量太多 | 鸡蛋的用量减少 |
| 面糊搅拌后温度过低 | 鸡蛋加热后搅拌 |
| 面糊拌得不够均匀 | 面糊搅拌均匀 |

# 任务四　戚风类蛋糕加工工艺

戚风类蛋糕,是与面糊类蛋糕、乳沫类蛋糕均有不同的另一类蛋糕。所谓戚风,是英文的译音,港澳地区译作雪芳,意思是像打发蛋白那样柔软,而戚风蛋糕的搅拌方法是把蛋黄和蛋清分开,把蛋白搅打得很膨松、很柔软,所以,将这类蛋糕称之为戚风蛋糕。此类蛋糕是综合了面糊类蛋糕和乳沫类蛋糕的优点。它是采用分蛋法,即蛋白与蛋黄分开搅打再混合而制成的一种海绵蛋糕。其质地非常松软,柔韧性好。此外,戚风蛋糕水分含量高,口感滋润嫩爽,存放时不易发干,而且不含乳化剂,蛋糕风味突出,因而,特别适合高档卷筒蛋糕及鲜奶装饰的蛋糕坯。

虽然戚风蛋糕及天使蛋糕都是以"蛋白乳沫"为基本材料,但基本原料和搅拌的最后步骤则有所不同,戚风蛋糕的材料比分蛋式海绵蛋糕多加了发粉与塔塔粉,所用原料有蛋、糖、油、牛奶、面粉、发粉、塔塔粉等7种,天使蛋糕的基本原料有蛋白、塔塔粉、糖及面粉。另外,戚风蛋糕所使用的蛋白打发程度,应较天使蛋糕所打发的蛋白要硬,且勿打过头使质地变得干燥。制作天使蛋糕时是将干性物料拌入蛋白中,而制作戚风蛋糕时,则是将面粉、蛋黄、油与水先调制成面糊再拌入蛋白中。

## 一、戚风蛋糕搅拌原理

蛋白经机械搅打具有良好的起泡性,蛋黄中的卵磷脂具有亲水、亲油的双重特性。将蛋白、蛋黄分开搅打的方法,能让蛋白、蛋黄充分地发挥各自的特性和作用,使戚风蛋糕比全蛋打发的蛋糕更加细腻、润软而富有弹性。

一般可将打发蛋白分为起泡期、湿性发泡期、硬性发泡期、棉花期四个阶段。

1. 起泡期
蛋白经搅打后呈液体状态,表面有很多不规则的气泡。

2. 湿性发泡期
蛋白经搅打后逐渐凝固,表面不规则气泡消失,转变为均匀的细小气泡,洁白而有光泽,提起打蛋器,见打蛋器上的蛋白尖峰下垂,以手指勾起呈细长尖峰,且尾巴有弯曲状,如图4-6所示。

3. 硬性发泡期

继续搅打蛋白，蛋白泡沫颜色雪白而无光泽，无法看出气泡组织，提起打蛋器，可见到打蛋器上的蛋白呈坚硬尖峰，尾巴部分不会弯曲或微微地弯曲，如图 4-7 所示。

4. 棉花期

将硬性发泡期蛋白继续搅拌，打发至蛋白成为球形凝固状，以手指勾起无法成尖峰状，形态似棉花如图 4-8 所示，故又称为棉花期，此时表示蛋白搅拌过度，无法用来制作蛋糕。

图 4-6　湿性发泡期　　　　　图 4-7　硬性发泡期　　　　　图 4-8　棉花期

## 二、戚风蛋糕搅拌技术

戚风蛋糕与天使蛋糕、分蛋法蛋糕都是用蛋白泡沫制成的，在搅拌方法上最后步骤有所不同。生产天使蛋糕是将面粉、糖的混合物搅入蛋白中；分蛋法生产则是将蛋黄和蛋清分别打发后混合，然后拌入面粉；生产戚风蛋糕则是将面粉、蛋黄、油、水等调制的面糊搅入蛋白中。

1. 蛋黄糊部分的搅拌

先将工具洗净擦干，将蛋白、蛋黄小心分开，分放两个盆中；糖分成两份，一份用于蛋白糊，另一份用于蛋黄糊。然后用桨状搅拌器将蛋黄和糖中速搅拌几分钟，再加入混合均匀的液体油、牛奶或果汁等，最后加入过筛的面粉和化学疏松剂，轻轻搅拌均匀即可。

2. 蛋白糊部分的搅拌

蛋白糊部分的搅拌，是戚风类蛋糕制作的最关键工作。首先要求把搅拌缸、搅拌器清洁干净，无油迹，然后加入蛋白和塔塔粉，以中速搅打至湿性发泡，再加入细砂糖，打至干性发泡（即用手指勾起蛋白糊，蛋白糊可在指尖上形成一向上的尖峰）即可。

3. 蛋白糊与蛋黄糊的混合

先取 1/3 打好的蛋白糊加入到蛋黄糊中，用手轻轻搅匀。拌时手掌向上，动作要轻，由上向下拌和，拌匀即可。切忌左右旋转，或用力过猛，更不可搅拌时间过长，避免蛋白部分受油脂影响而消泡，导致制作失败。拌好后，再将这部分蛋黄糊加到剩余的 2/3 蛋白糊内，也是用手轻轻搅匀，要求向上。

两部分面糊混合好后，其面糊性质应与高成分海绵蛋糕相似，呈浓稠状。如果混合后的面糊显得很稀、很薄，且表面有很多小气泡，则表明是蛋白打发不够，或者蛋白糊与蛋黄糊两部分混合时搅拌得过久，使蛋白部分的气泡受到蛋黄部分中油脂的破坏而导致消泡，这时蛋糕的机体组织均受到影响。

## 三、戚风蛋糕搅拌时注意事项

（1）凡与打蛋白接触的工具必须无油脂，所有工具最好事先洗干净，最好用开水烫几分钟。

(2)生产乳沫类蛋糕时,不能添加蛋糕乳化剂。

(3)此法生产的戚风蛋糕,可以用于生产卷筒蛋糕和露面蛋糕,而全蛋法生产蛋糕在卷筒时容易断裂。

(4)砂糖不要过早放入蛋清中,否则砂糖溶化而影响打蛋效果,一般要在打蛋清时才加砂糖。

## 四、制作实例

### (一)巧克力戚风蛋糕卷

1. 原料配方(表 4-17 和表 4-18)

表 4-17　巧克力戚风蛋糕卷蛋黄部分配方　　　　　　　　　　　　　%

| 原料 | 低筋面粉 | 苏打粉 | 牛乳 | 香草香精 | 可可粉 | 色拉油 | 蛋黄 | 糖 | 盐 |
|---|---|---|---|---|---|---|---|---|---|
| 焙烤百分比 | 100 | 3 | 28 | 1 | 20 | 48 | 50 | 90 | 2 |

表 4-18　巧克力戚风蛋糕卷蛋白部分配方　　　　　　　　　　　　　%

| 原料 | 蛋白 | 细砂糖 | 塔塔粉 |
|---|---|---|---|
| 焙烤百分比 | 100 | 66 | 0.5 |

2. 制作方法

(1)可可面糊的调制　将可可粉过筛倒入热水(55℃)中拌溶即为可可液。低筋面粉与苏打粉过筛入钢盆中,续加入糖、盐拌匀,再依顺序倒入色拉油、蛋黄及牛乳于上述原料中,并用搅拌器充分搅拌均匀。拌匀后即成可可面糊。

(2)蛋白糊的调制　蛋白加入塔塔粉,以中速打至湿性发泡后分次加入细砂糖,再继续用中速打至湿性接近干性发泡。

(3)两种蛋糊混合　取 1/3 已打发的蛋白加入上述可可面糊中,用橡皮刮刀或用手轻轻拌均匀。再将拌均匀的可可面糊倒回 2/3 蛋白糊中,继续轻轻搅拌均匀。

(4)装模、烘烤　面糊倒入已垫纸的长方形烤盘中,并用薄片塑胶板抹平,再入炉烘烤,炉温上火 200℃,下火 170℃,烤 20～25 min。

(5)蛋糕出炉冷却　蛋糕出炉待完全冷却后,底部垫纸抹上奶油霜,并在卷心部划 2～3 刀浅刀痕(目的是便于卷收时的操作且可预防造成中间呈空心有孔洞的缺陷)。

要做瑞士卷应取与蛋糕等长的面棍来操作。

左手压住垫纸,右手将面棍往后拉,施力平均且尽可能地粗细一致,最后再松开右手,将上方剩余的纸用蛋糕卷按住,使力约 20 min 后定型,然后按规定分割蛋糕长度。

### (二)香草戚风蛋糕

1. 原料配方(表 4-19 和表 4-20)

表 4-19　香草戚风蛋糕蛋黄部分配方　　　　　　　　　　　　　%

| 原料 | 低筋面粉 | 发酵粉 | 色拉油 | 蛋黄 | 香草香精 | 牛乳 | 细砂糖 | 盐 |
|---|---|---|---|---|---|---|---|---|
| 焙烤百分比 | 100 | 3 | 50 | 75 | 1 | 60 | 30 | 2 |

表 4-20　香草戚风蛋糕蛋白部分配方　　　　　　　　　　　%

| 原料 | 蛋白 | 细砂糖 | 塔塔粉 |
|---|---|---|---|
| 焙烤百分比 | 150 | 99 | 1 |

2. 制作方法

(1)蛋黄糊调制　加入蛋黄,搅至细砂糖与盐溶化,再加入水,继续搅打,打到一定程度后,再依次加入已事先过筛混匀的面粉、发酵粉、香草香精混合物,快速搅打数分钟,直至用手挑起以后,面糊往下倾为止,最后再慢速搅拌 2～3 min。

(2)蛋白糊调制　加入蛋清快速搅打,直至搅拌到白沫状,把糖加入,打发后,蛋白糊挺拔得像公鸡尾状,可以停止搅拌,蛋白糊形成。

(3)两种蛋糊混匀　取 1/3 已打发的蛋白糊加入拌匀的蛋黄糊中搅拌均匀;然后将其再倒入剩余的打发后的蛋白糊中,轻轻搅拌均匀即可。

(4)装模　把混匀的蛋糊装入事先铺好油纸的模具中,不要装得太满,装六成满即可。

(5)烘烤　同海绵蛋糕烘烤技术一样。

(6)冷却　先冷却,后脱模,再继续冷却。

## 五、戚风蛋糕的质量标准

1. 组织

细致柔软而富弹性。

2. 口感

清爽可口、不粘牙,咸甜适中。

3. 口味

具该品种蛋糕特有的浓郁香味。

## 六、戚风蛋糕加工中常见的质量问题与解决方法

戚风蛋糕加工中常见的质量问题基本上同海绵蛋糕相似,但由于原料和工艺的不同,还要注意表 4-21 中的问题。

表 4-21　戚风蛋糕加工中的质量问题与解决方法

1. 分蛋要小心,不能使蛋白沾到一丝蛋黄或油;同时打蛋器设备要清洗干净,否则蛋白就无法打发。

2. 蛋白要打到硬干性发泡。

3. 蛋黄与糖、油、牛奶等要搅拌均匀。

4. 化学疏松剂要随面粉过筛以后,才能加入面糊。

5. 防止奶油水果蛋糕中水果沉底的方法:增加面粉或鸡蛋用量;用面筋较高的面粉;加入面粉量 1% 的塔塔粉等。

6. 戚风蛋糕生产时,蛋白的温度控制非常重要,蛋白最适搅打温度应是 17℃,打发好的蛋白膏温度 21℃ 左右。温度过低,蛋白打发体积不够;温度过高,打发蛋白膏体积过大,泡沫不稳定,最终蛋糕体积小。

7. 戚风蛋糕蛋白打发终点的判断:打发蛋白至蛋白膏密度为 17～15 g/100 mL 为最佳;密度高于 17 g/100 mL,打进的空气量太少,蛋糕体积不够;密度低于 15 g/100 mL,蛋白泡沫不稳定,最终蛋糕体积下降。

续表4-21

8. 戚风蛋糕加入塔塔粉的理由:这与鸡蛋存放时间长短有关,鸡蛋存放时,蛋白逐渐分解变稀,稀蛋白起泡性好,但稳定性差,所以应加 2%～3% 塔塔粉稳定蛋白泡。

9. 打蛋白时加入糖的时机:糖对蛋白泡沫有稳定作用,但会阻碍起泡,如过早加入糖,则起泡较慢,泡沫体积不足,所以,打发蛋白时,一般在泡沫起发 1/3～1/2 时,加入细糖。

## 任务五 裱花蛋糕加工工艺

裱花蛋糕是在清蛋糕、混合蛋糕或油蛋糕坯表面进行裱花装饰的蛋糕,按不同的装饰材料和蛋糕坯将裱花蛋糕分为以下五类。

(1)蛋白裱花蛋糕 以清蛋糕为坯,用蛋白装饰材料加工制成的裱花蛋糕。

(2)奶油裱花蛋糕 以清蛋糕为坯,用奶油装饰材料加工制成的裱花蛋糕。

(3)人造奶油裱花蛋糕 以清蛋糕为坯,用人造奶油装饰材料加工制成的裱花蛋糕。

(4)植脂奶油蛋糕 以含少量油脂的蛋糕为坯,用植脂奶油装饰材料加工制成的裱花蛋糕。

(5)其他类裱花蛋糕 以清蛋糕、油蛋糕或混合型蛋糕为坯,用其他装饰材料制成的裱花蛋糕。

虽然裱花蛋糕的种类繁多,但生产工艺主要是蛋糕坯的制作和裱花装饰。蛋糕坯的制作在前面已经叙述,本任务主要探讨蛋糕的裱花装饰。裱花装饰的效果主要由裱花人员的技艺来决定,为了提高裱花的技艺,裱花人员必须具备相关的知识,同时需要不断学习和练习,才能制作深受消费者喜欢的裱花蛋糕。

### 一、蛋糕裱花常用的装饰材料

1. 蛋白装饰料(蛋白膏)

以鸡蛋白、白砂糖和水为原料,增稠剂为辅料,经搅打、糖水熬制、冲浆等工艺制成的白色膏状物。

2. 奶油装饰料(奶油膏)

以奶油(或人造奶油)、白砂糖和鸡蛋等为原料,经搅打、糖水熬制、冲浆等工艺制成的乳黄色膏状物。

3. 植脂奶油装饰料(人造掼奶油)

以植物脂肪为原料,糖、玉米糖浆、水和盐为辅料,添加乳化剂、增稠剂、品质改良剂、酪蛋白酸钠、香精等经搅打制成的乳白色膏状物。

4. 鲜乳脂(掼奶油)

从新鲜牛奶中提取,乳脂含量一般在 30% 以上,经加糖搅打制成的乳白色膏状物。

5. 白马糖

又称风糖、方橙、翻糖,大多用于蛋糕、面包、大干点的浇注(涂衣、挂霜),也可作为小干点的夹心等。用途很广,可作中点和西点的表面装饰。

### 6. 巧克力

巧克力融化以后,覆盖在蛋糕表面进行装饰,也可以用来写字或做饰物。

### 7. 新鲜水果、水果罐头

如猕猴桃、草莓、柠檬、橘子罐头、桃罐头、樱桃罐头等。

### 8. 其他

如杏仁膏、果胶、可可粉、糖粉、银糖珠、生日卡等。

## 二、蛋糕裱花的常用设备和工具

制作蛋糕裱花所需要的工具和设备较多,大小形状各异,功能也有差别,认识和掌握常用工具设备的种类、功能对培养和提高蛋糕裱花技能有积极作用。

### (一)设备

制作蛋糕裱花所需要的主要设备有打蛋机、冷藏柜、空调等。打蛋机有手动式打蛋机和电动打蛋机之分,电动打蛋机又有手提式电动打蛋机和台式电动打蛋机两种。

### (二)工具

蛋糕装饰需要的工具较多,但常用的工具主要有蛋糕装饰转台、刀具、裱花嘴、裱花袋和喷枪等。

#### 1. 蛋糕装饰转台

有金属和塑料两种,可边旋转边抹奶油。

#### 2. 打蛋器和打蛋盆

打蛋器和打蛋盆大都用不锈钢制造,可以打发蛋白、奶油和融化巧克力。

#### 3. 网筛

使用网筛可将糖粉和可可粉筛在蛋糕上。

#### 4. 刮刀、刮板

常用的刮刀为柔软的橡皮刮刀,可以搅拌面糊和混合材料。刮板根据软硬情况分为软刮板和硬刮板,软刮板可以刮平面糊,硬刮板有拌匀面团和切割的功能。刮板按其用途还可分为欧式刮板、普通刮板,有铁质,也有塑料材质;欧式刮板形状各异,一般可分为细齿刮片类、粗齿类,主要用来制作蛋糕坯表面刮平和划出纹饰,方便快捷。

#### 5. 裱花嘴和裱花袋

(1)裱花嘴　裱花嘴有星形、圆形、半圆形、排齿形等,裱花嘴形式多种多样(图 4-9),奶油通过裱花嘴做边、做花、做动物等来进行各种造型。

(2)裱花嘴转换嘴　裱花嘴转换嘴(图 4-10)是调换裱花嘴的中间装置,用在裱花袋前端,用来调节裱花嘴旋转方向,使用比较方便,多为硬质塑料,规格有大号、中号、小号。

(3)裱花袋　裱花袋(图 4-11)主要用来结合裱花嘴,盛装奶油,通过手的握力,使奶油通过裱花嘴挤出和蛋糕表面装饰造型之用;也可以用来盛装果膏,在蛋糕表面淋酱装饰之用。常用的裱花袋主要有布胶袋和塑料袋两种;布胶袋使用寿命长,但易脱胶、成本高;塑料袋使用寿命短、成本低、卫生,可一次性使用。

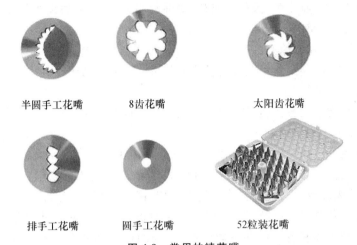

半圆手工花嘴　　　　8齿花嘴　　　　　　太阳齿花嘴

排手工花嘴　　　圆手工花嘴　　　52粒装花嘴

图 4-9　常用的裱花嘴

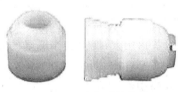

图 4-10　裱花嘴转换嘴

图 4-11　裱花袋

6. 刀具

(1)刮平刀　刮平刀是抹坯必用的工具,有长、短之分,如 8 寸、10 寸、12 寸。

(2)锯齿刀　锯齿刀分粗锯齿刀和细锯齿刀两种,粗锯齿刀可用来切割蛋糕坯,也可用来抹坯,制作奶油面装饰纹理;细锯齿刀主要用来切割蛋糕坯之用。

(3)水果刀具　水果刀具是蛋糕装饰不可缺少的工具,在蛋糕造型装饰中,很多装饰与水果分不开,切割水果造型是水果蛋糕装饰的重要手段之一。

(4)铲刀　铲刀有平口铲刀和斜口铲刀等,多用来制作拉糖造型和巧克力造型之用,可以铲巧克力花瓣、巧克力花、巧克力棒,也可以用来制作拉糖造型。

7. 喷笔

喷笔由气泵、输气管、喷笔三个部分组成,主要用途是结合其他奶油食品造型,进行色彩处理,是将食用色素滴入喷笔色料斗中,通过气压将色浆喷出来处理色彩,喷笔上色具有易着色和色素用量少等特点,是食品着色的理想工具。

8. 模具

模具是蛋糕装饰成型用具的一部分,主要有蛋糕坯模、慕斯模、巧克力模等。

### 三、裱花装饰的工艺美术基础

#### (一)蛋糕装饰色彩的应用

1. 利用食品固有的色彩

食品中最理想的色彩应是食品本身所固有的色彩。制作时,首先要考虑的是利用食品固有的天然色泽,如咖啡的咖啡色、蛋的蛋黄色、奶油的奶黄色、水果的天然色彩等。

2. 通过食用色素着色

除部分装饰蛋糕利用其原有的色泽外,相当一部分装饰蛋糕是通过添加食用色素来呈现各种鲜艳的色彩或花纹,使用食用色素时色彩要尽可能与原料的固有色相符。

3. 通过工艺手段着色

如刷蛋着色、糖类焦化着色、烘烤着色、巧克力和封糖及镜面果胶的覆面着色等。

4. 正确掌握色彩的使用技巧

(1)正确选用色彩　如冷色、暖色和中性色的合理使用。

(2)了解色彩的情感与象征意义　色彩能够表现情感,这与人的联想有关。例如红色代表热烈、热情;橙色代表温暖、引人食欲;黄色代表希望、高贵;蓝色代表无限、深远、永恒;绿色代表青春、和平、环保;紫色代表浪漫、优雅;黑色代表刚健、稳重;白色代表纯洁、神圣等。另外,不同的国家、不同的民族有着不同的色彩爱好,不同的地理环境也有着不同的色彩需求。所以,在制作蛋糕之前要熟悉色彩的特点,然后根据产品的特点、当地的风俗习惯与购买者的需求等,选择适宜的色调。如节庆、祝福之类蛋糕的色彩以暖色调为主。

(3)色彩的调和　色彩的调和是将色环中一些浓淡接近,或类似的色彩相互调配,而取得一种和谐的色感。配色的方法主要有同种色配合、类似色配合和原材料固有色的配合等。

(4)色彩对比　两种以上的色彩,以空间或时间关系相比较,能比较出明显的差别,并产生比较作用,被称为色彩对比。色彩的对比手法主要有色相对比、明度对比、纯度对比、冷暖对比、同时对比、面积对比等。这种方法在裱花蛋糕的装饰中经常采用,如裱花时经常使用乳白色的奶油和红色的玫瑰花,通过白色来衬托玫瑰花的颜色。

**(二)蛋糕装饰的创意和构图**

蛋糕裱花创意和构图,反映了裱花师在创意思维领域的开发与运用能力。蛋糕设计与会做蛋糕是两码事,前者要求具有创意蛋糕的设计能力和临阵即兴创作的能力,后者则是许多人习惯的那种不设计只会做师傅教的几个固定款式的蛋糕,或只会模仿他人做的蛋糕款式。

1. 明确创作意图

创意是指所要表达的创作意图,想要反映什么? 想要表达哪些内容? 选用什么原料反映? 采取何种形式表达? 针对这些问题裱花师要深思熟虑,反复推敲,方能确定。

2. 主题鲜明

主题是蛋糕中主要形象,有主次之分,次是陪衬,起着突出主题的作用。主题是作品的灵魂,一个作品应有鲜明的创意主题,它能反映作品的精髓所在。裱花师要对蛋糕裱花的目的、食用者的情感和意愿等情况进行分析,明确创作主题,如祝寿、祝贺乔迁、庆典、迎新年等。

3. 构思精巧

蛋糕的构思是裱花蛋糕装饰艺术创作中的前期准备,是创作前的立意。"构思"指运用心思,在明确主题后,做出相应的表现形式、合理的色泽搭配、适宜的容器配备等方面的选择。

(1)蛋糕坯的选择　蛋糕坯分为圆形、方形、异形三种,蛋糕坯的组合形式有单层、双层和多层三种形式。蛋糕形态设计也反映主题的式样,例如,心形代表情感和爱情;卡通形象代表活泼;阿拉伯数字形、字母形则直接表现主题构思。

(2)颜色搭配　蛋糕裱花时选择的色彩不宜多,也不宜过浓,一般以清淡雅致为好;而且主色调与配色调应主次分明、协调。

（3）表现手法　裱花中一般的表现手法有仿真形式、抽象形式、卡通形式三种。"仿真形式"指按照某一事物的具体形象特征进行克隆模仿；"抽象形式"指以某些或某一事物的具体特征，进行提炼，概括或夸张的手法创造、总结出新的形象概念；"卡通形式"介于前两者之间，既有明显的仿真特征，又有某些抽象的表达形式。

（4）线条、花纹与图案　在蛋糕裱花时，线条、花纹的合理选用与配合，不但能够弥补蛋糕抹面的不足，而且能起到画龙点睛的作用；正确使用花朵、生肖、卡通动物等图案，既可衬托主题，又能达到妙笔生花的效果。如在儿童的生日蛋糕裱上适合的生肖或卡通动物；给老年人的生日蛋糕裱上寿桃和松鹤；结婚纪念日蛋糕裱上百合，寓意天长地久，百年好合。

### 4. 合理布局

布局在美术工艺中又称构图，它是在构思的基础上，对食品造型的整体进行设计。构图包括图案、造型的用料、色彩、形状大小、位置分配等内容的安排和调整，是对裱花蛋糕画面内容、形式和整体的考虑和安排。

（1）构图的要点　按照变化中求统一的构图原则，构图有如下三个要点。

①蛋糕主题图形的位置。

②蛋糕非主题图形的位置以及与蛋糕主题图形的关系。

③蛋糕底形的位置以及与图形的关系。

在这三个要点中，第一要点是构图的决定因素，它在蛋糕中的位置决定了蛋糕的样式。

（2）构图的样式　构图的样式分为对称式构图和均衡式构图两大类。

①对称式构图　主形置于蛋糕表面中心，非主形置于主形两边，起平衡作用，即上下对称、左右对称或四方对称等。对称式构图体现着统一的形式美原理，其特点是端庄、严谨、安定、整齐。如处理不当，又会产生单调与呆板的效果。

②均衡式构图　其是通过对纹样重心的调整，使假设中心线或支点两侧的图案构成因素达到量上的均衡关系。一般将主形置于一边，非主形置于另一边，起平衡作用，达到强调性、不安性、高注目性的效果。其要点是掌握好纹样的重心，使纹样构成取得和谐呼应，达到感觉平稳、变化丰富的效果，但把握不好，很容易产生紊乱和失衡之感。

另外，有些裱花师把构图的样式分四种，除对称式构图和均衡式构图外，还有放射式和合围式构图。放射式有力量和运动之感，但把握不好容易产生松散或膨胀之感；合围式有圆满、凝聚之感，但把握不好容易产生紧张或收缩的感觉。

（3）布局中需注意的问题

①在图案设计中，要运用变化与统一的形式美原理，正确处理好整体与局部的关系，掌握好在变化中求统一，在统一中求变化、局部变化服从整体的构成要求，使图案达到"变中求整"、"平中求奇"，变化与统一完美结合的审美效果。

②图案内容要疏密适当。疏就是要使图案的某些部分宽敞，留有一定的空间；密就是使图案的某些部分紧凑集中。蛋糕面积有限，构图不可"疏可走马，密不通风"。在图案布局时，既要防止布局松散、零乱，又不能使布局拥挤闭塞，密不透风。只有疏密互相对比，互相映衬，才能使图案收到既变化又统一的效果。

③图案的构成要体现出整齐美与节奏美，具有较强的装饰性。在图案的构成中，要精心安排形的起伏、渐变，线的起伏、交错，形象的条理性反复，使纹样能产生优美的节奏与韵律，创作

出生动而富有活力的图案。

④在裱花蛋糕立体造型中,要注意高与低、大与小拼摆的比例关系等。

**(三)裱花图案的基本形式**

裱花是裱花蛋糕工艺美术中的重要组成部分,其图案制作是裱花蛋糕图案中的一个主要内容。自然界的景物是繁多的,反映在裱花蛋糕美术中,也是变化无穷的。但这些千变万化的图案中,是有规律可寻找的,都是根据基本技法变化而来的。

1. 数字与字母构成的图案

西式糕点中的图案的基本结构是阿拉伯数字中的"1、2、3、4、5、6"与英文"S、O、C"等字母组合而成的。

2. "S"形

西式糕点中,组成图案的基本形是阿拉伯数字和部分英文字母,但最基本的是英文字母"S"形,富于变化。

## 四、蛋糕的装饰手法

**(一)抹面**

1. 抹面的要求

抹面主要是借助抹刀与蛋糕装饰转台,将装饰料均匀地涂抹在蛋糕的表面,使蛋糕表面光滑均匀,达到端正、平整、圆整和不露糕坯的要求。

2. 抹面的步骤

首先将烤好并已经冷却的蛋糕坯按照要求用锯齿刀剖成若干层,去掉蛋糕屑,将其中一层蛋糕坯放在蛋糕装饰转台上,表面涂抹装饰料,上面又放一层蛋糕坯,然后在第二次放的蛋糕坯表面涂抹装饰料,如此反复直到蛋糕坯"夹心"完成。再在蛋糕坯顶部涂抹装饰料,边转动蛋糕装饰转台,边利用抹刀将装饰料均匀涂抹至表面各处;表面抹匀后,再将多余的装饰料涂抹至蛋糕坯侧边,边转动蛋糕装饰转台边涂抹,直到成品表面和侧面光滑均匀、没有多余装饰料的模样为止(图 4-12)。

1.将蛋糕坯剖成若干层后置于转台上"夹心",边转动转台边用抹刀将装饰料均匀涂抹至表面各处。

2.表面抹匀后,再将多余的装饰料涂抹至蛋糕坯侧边,要求边转动转台边进行涂抹。

3.抹面完成的成品表面光滑均匀,端正、平整、圆整、顶面与蛋糕侧面边垂直和不露糕坯及没有多余装饰料。

**图 4-12 抹面的步骤**

**(二)覆盖**

1. **覆盖的要求**

覆盖就是将液体料直接淋挂在蛋糕坯表面,冷却后凝固、平坦、光滑,不粘手,常用于巧克力蛋糕、糖面蛋糕等。

2. **覆盖的步骤**

覆盖所用的材料有巧克力、封糖、镜面果胶等。首先将涂好奶油等装饰料的蛋糕坯送进冰箱冷冻 20 min 以上,等奶油等装饰料凝固以后,从冰箱取出蛋糕坯移至底下垫着烤盘的凉架上,将调制到最佳使用温度的巧克力或封糖或镜面果胶等从蛋糕坯中央表面倒出,并利用抹刀将分布不均的淋酱涂抹平整,将淋酱完成的蛋糕坯,再放入冰箱冷藏,待表面的淋酱凝固后,即可将四周修边。如图 4-13 说明了使用巧克力覆盖蛋糕表面的过程。

1.将涂好奶油等装饰料的蛋糕坯送进冰箱冷冻20 min以上。

2.将冷冻的蛋糕坯从冰箱中取出放在底下垫着烤盘的凉架上,然后将溶化的巧克力酱从蛋糕中央表面倒出,并利用抹刀将分布不均的淋酱涂抹平整。

3.将淋酱完成的蛋糕,再放入冰箱冷藏,待表面的巧克力淋酱凝固后,即可将四周修整。

图 4-13　覆盖的步骤

**(三)裱形**

1. **裱花袋裱形**

裱花袋裱形是先用一只手的虎口抵住裱花袋的中间,翻开内侧,另一只手将装饰料装入,不宜装满,装入量为裱花袋体积的 70％左右,待装好后,翻回裱花袋,同时用手捏紧袋口并卷紧,排除袋内的空气,使裱花袋结实硬挺。裱花时,一只手卡住袋子的 1/3 处,另一只手托住裱花袋下方,并以各种角度和速度对着蛋糕坯,在不遮住视力的条件下挤出袋内材料,以形成各种花样,要求线条和花纹流畅、均匀和光滑。

2. **纸卷裱形**

纸卷裱形是将装饰料装入用油纸或玻璃纸做好的纸卷内(约为纸卷体积的 60％),上口包紧,根据线条、花纹的大小剪去纸卷的尖部,用拇指、食指和中指捏住纸卷挤料和裱出细线条或细花纹,也可以"写"出各种祝福的文字。

3. **捏塑**

捏塑是用手工将具有可塑性的材料捏制成形象逼真的动物和花卉等装饰物来装饰裱花蛋糕。

4. **点缀**

蛋糕基本成型后,把各种不同的可食用再制品(如巧克力饰品等)或干、鲜果品,按照不同造型的需要,摆放在蛋糕表面适当的位置,增加蛋糕的艺术性。

### 五、蛋糕裱花的注意事项

1. 蛋糕的装饰要与国家、地区和民族的习惯及消费者的需要相吻合

不同的国家和地区具有不同的风俗礼节和饮食习惯,对图案、花纹、颜色、装饰料等的使用均有嗜好,蛋糕装饰要因地制宜、因人而异。

2. 裱花蛋糕具有食用性和艺术性

裱花蛋糕是供人食用的,也就是说"可食性"是其主要功能,在配料和制作上要考虑色、香、味、形、营养等;裱花蛋糕是一种艺术的再创作,必须具有较高的艺术性,使其在食用时得到物质上的享受,同时在精神上亦受到美的熏陶;即观之悦目,食之惬意,融艺术性、趣味性、欣赏性、食用性于一体。

3. 裱花蛋糕的主题要明确,构图和布局要合理

一个作品只有一个主题,是蛋糕中最主要形象,决定了宾主之位。在突出主题内容的同时,要注意次要内容与主要内容的呼应,以确保造型图案的完整性。

裱花蛋糕是一种艺术品,不能将各种图案和装饰料紊乱地堆在蛋糕上,构图要清新自然、协调,图案要美观大方、具有时代气息;图案布局时既要防止布局稀稀拉拉、零乱分散,又不能使布局拥挤闭塞、密不透风。裱花蛋糕只有主题明确、构图和布局合理,疏密互相对比,互相映衬,裱花蛋糕的图案才能做到既变化又统一的效果。

4. 掌握裱花的基本要领

掌握好裱花嘴的角度和高低。裱花嘴的倾斜角度及高低关系到裱花的质量,如蛋糕围边时,倾斜角度太大,裱出的花纹容易脱落;倾斜角度太小,裱出的花边显得瘦小。

掌握好裱花的速度和用力轻重。裱花的力量轻重及快慢与裱出的花卉、线条是否生动、美观有密切的关系。如常裱的"S"形,要达到两端圆而略粗、中间稍细的效果,就要轻重有别,快慢适当,若平均用力,裱出的花形则显得呆板。

### 六、蛋糕装饰的软材料制作

#### (一)蛋白膏的制作

蛋白膏主要是由蛋清和糖(或糖浆)一起搅打制成的,多用于蛋糕表面装饰。

1. 蛋白膏配料 (表 4-22)

表 4-22　蛋白膏的基本配方　　　　　　　　　　　　　　　　　　　　　　　kg

| 原料 | 蛋清 | 白砂糖 | 葡萄糖 | 琼脂 | 柠檬酸 | 水 |
|------|------|--------|--------|------|--------|------|
| 质量 | 1 | 5 | 0.5 | 0.01 | 0.005 | 1.35 |

2. 制作方法

蛋白膏的制作方法主要有冷法、热法和糖浆法三种。从食品安全角度来讲用糖浆法制作最安全,产品的稳定性也最好。以糖浆法为例介绍蛋白膏的制作方法。

(1)将琼脂加水浸泡 15 min 左右,加热溶化、过滤后备用;砂糖、葡萄糖加水烧开后再加入琼脂继续加温至 110℃ 左右即成糖浆(琼脂不可过早加入,否则影响其胶黏性和糖浆色泽)。

（2）先将蛋白、柠檬酸倒入搅拌器内，中速搅打至原来体积的 3 倍，然后冲入糖浆。边冲边打，继续搅打至蛋白能挺住不塌为止。

### （二）白马糖的制作

白马糖又称风糖、封糖、方橙、翻糖，大多用于蛋糕、面包、大干点的浇注（涂衣、挂霜），也可作为小干点的夹心等。用途很广，可作中点和西点的表面装饰。

1. 白马糖配料（表 4-23）

表 4-23　白马糖的基本配方　　　　　　　　　　　　　　　　　kg

| 原料 | 砂糖 | 水 | 葡萄糖浆 |
| --- | --- | --- | --- |
| 质量 | 5 | 1.5 | 1 |

2. 制作方法

先将砂糖和水放入锅中，用慢火煮沸，煮沸后改用大火继续加热到 115℃离火。待糖浆冷却至 65℃左右时倒入搅拌器内，用钩状搅拌头中速搅拌，直到全部再度变为细小结晶，松弛 30 min。把已松弛完成的结晶糖放在工作台上用手揉搓，至光滑细腻为止，放在塑料袋中或有盖的容器中，继续熟成 24 h 后使用。

### （三）奶油膏的制作

1. 奶油膏配料（表 4-24）

表 4-24　奶油膏的基本配方　　　　　　　　　　　　　　　　　kg

| 原料 | 奶油 | 蛋液 | 白砂糖 | 香兰素 | 柠檬酸 | 水 |
| --- | --- | --- | --- | --- | --- | --- |
| 质量 | 20 | 4 | 6 | 0.010 | 0.003 | 3 |

2. 制作方法

（1）将砂糖和水加热熔化，煮沸至 115℃，然后加入柠檬酸溶解，即为糖浆（图 4-14 中 1）。

（2）将鸡蛋放入搅拌机中搅拌后，倒入糖浆（图 4-14 中 2），搅拌至冷却。再加入人造奶油（图 4-14 中 3），用中速搅拌至细腻、有光亮感为止（图 4-14 中 4）。

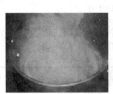   

1.熬糖　　　　2.鸡蛋打发后冲入糖浆　　　3.加入奶油搅打　　　4.奶油打发至光洁细腻

图 4-14　奶油膏生产过程

### （四）植脂奶油膏的制作

1. 植物奶油膏配料

植脂奶油（成品）。

2.制作方法

(1)先将植脂奶油从冷冻柜中取出解冻。

(2)待植脂奶油呈半解冻状态时,倒入搅拌缸(倒入的量应占搅拌缸的20%～40%),先用慢速搅打至冰碴溶化,然后用中速搅打至奶油呈黏稠状,再用中高速打发至软峰状,最后用中慢速搅拌至奶油均匀、细腻为止。

## 七、裱花蛋糕的外观和感官特性要求

裱花蛋糕的质量与裱花蛋糕感官特性、理化指标和微生物指标紧密相关,其中裱花蛋糕感官特性对消费者的选购有着重要的影响。

1.蛋白裱花蛋糕感官特性(表4-25)

**表4-25  蛋白裱花蛋糕感官特性(SB/T 10329—2000)**

| 项  目 | 要  求 |
|---|---|
| 色泽 | 顶面色泽鲜明,裱酱洁白,细腻有光泽,无斑点;蛋糕侧壁具有装饰料色泽 |
| 形态 | 完整,不变形,不缺损,不塌陷;抹面平整,不露糕坯;饰料饱满、匀称,图案端庄,文字清晰,表面无结皮现象 |
| 组织 | 气孔分布均匀,无粉块,无糖粒 |
| 口感及口味 | 糕坯松软,饰料微酸,爽口;无异味 |
| 杂质 | 无可见杂质 |

2.奶油裱花蛋糕感官特性(表4-26)

**表4-26  奶油裱花蛋糕感官特性(SB/T 10329—2000)**

| 项  目 | 要  求 |
|---|---|
| 色泽 | 顶面色泽淡雅;裱酱乳黄,有奶油光泽,色泽均匀,无斑点;蛋糕侧壁具有装饰料色泽 |
| 形态 | 完整,不变形,不缺损,不收缩,不塌陷,不析水,抹面平整、细腻,不露糕坯,饰料饱满、匀称,图案美观,裱花造型逼真,文字清晰,表面无裂纹 |
| 组织 | 糕坯内气孔分布均匀;无粉块,无糖粒,夹层饰料厚薄基本均匀 |
| 口感及口味 | 糕坯绵而软,裱酱细腻,口感油润,有奶油香味及品种应有的风味,滋味纯正;无异味 |
| 杂质 | 无可见杂质 |

3.人造奶油裱花蛋糕感官特性(表4-27)

**表4-27  人造奶油裱花蛋糕感官特性(SB/T 10329—2000)**

| 项  目 | 要  求 |
|---|---|
| 色泽 | 顶面色泽淡雅;裱酱浅黄色,有奶油光泽,色泽均匀,无斑点;蛋糕侧壁具有装饰料色泽 |
| 形态 | 完整,不变形,不缺损,不收缩,不塌陷,不析水,抹面平整、细腻,不露糕坯,饰料饱满、匀称;图案端庄,裱花造型逼真,文字清晰,表面无裂纹 |

续表4-27

| 项 目 | 要 求 |
|------|------|
| 组织 | 糕坯内气孔均匀,无粉块,无糖粒 |
| 口感及口味 | 糕坯松软,裱酱细腻,口感油润及有品种应有的风味,无异味 |
| 杂质 | 无可见杂质 |

4. 植脂奶油裱花蛋糕感官特性(表4-28)

**表 4-28　植脂奶油裱花蛋糕感官特性(SB/T 10329—2000)**

| 项 目 | 要 求 |
|------|------|
| 色泽 | 色泽淡雅;裱酱乳白或产品原有色泽,微有光泽,色泽均匀,无色素斑点,无灰点;蛋糕侧壁呈装饰料色泽 |
| 形态 | 完整,不变形,不缺损,不收缩,不塌陷,不析水,抹面平整、细腻、无粗糙感,不露糕坯,饰料饱满,匀称;图案端庄,表面无裂纹 |
| 组织 | 夹层厚薄均匀,糕坯内气孔均匀,无粉块,无糖粒;夹层饰料厚薄均匀 |
| 口感及口味 | 糕坯滋润绵软爽滑;裱酱油润不腻,有品种应有的风味,甜度适中;无异味 |
| 杂质 | 无可见杂质 |

5. 其他类裱花蛋糕感官特性(表4-29)

**表 4-29　其他类裱花蛋糕感官特性(SB/T 10329—2000)**

| 项 目 | 要 求 |
|------|------|
| 色泽 | 具有品种应有的色泽,无斑点;糕坯侧壁具有该品种应有的色泽 |
| 形态 | 形态完整,不变形,不缺损,不收缩,不塌陷,抹面平整,不露糕坯;图案端庄,文字清晰 |
| 组织 | 具有品种应有的特征;气孔分布均匀;无糖粒,无粉块;糕坯夹层饰料厚薄均匀 |
| 口感及口味 | 滋味纯正,甜度适中;糕坯松软,具有品种应有的风味,无异味 |
| 杂质 | 无可见杂质 |

【思考题】

1. 简述蛋糕的分类及特点。
2. 简述蛋糕加工的基本原理。
3. 简述清蛋糕糊的调制原理。
4. 写出油蛋糕的制作方法。
5. 写出戚风蛋糕的制作过程。
6. 清蛋糕生产中常见的质量问题有哪些?
7. 油蛋糕生产中常见的质量问题有哪些?
8. 一位小朋友要过十岁生日,需要定做一个大生日蛋糕。试根据其特定的需要,设计两款生日蛋糕。

9. 制作裱花图案需要注意哪些问题？

10. 如何正确打发和使用植脂奶油？

【技能训练】

### 技能训练一　海绵蛋糕的制作

## 一、训练目的

1. 了解生产蛋糕的主要原料及其工艺作用。

2. 掌握蛋糊调制的方法及打发程度的判定。

3. 掌握海绵蛋糕制作的工艺流程和操作要点。

## 二、设备、用具

打蛋器、远红外线电烤炉、烤盘、蛋糕烤模、电子秤、面筛、面盆、模具，油刷、手套、不锈钢勺等。

## 三、原料配方

海绵蛋糕配方见表 4-30。

表 4-30　海绵蛋糕配方　　　　　　　　　　　　　　　　　　　　　　%

| 原料 | 低筋粉 | 白砂糖 | 色拉油 | 泡打粉 | 鸡蛋 | 水 | 香兰素 |
|------|--------|--------|--------|--------|------|-----|--------|
| 焙烤百分比 | 100 | 100 | 6.3 | 适量 | 125 | 3.8 | 少许 |

## 四、生产工艺流程

海绵蛋糕工艺流程如图 4-15 所示。

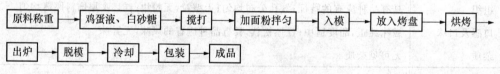

图 4-15　海绵蛋糕生产工艺流程

## 五、操作要点

1. 原料准备

按配方称取鲜鸡蛋，洗涤后去壳，蛋液打入打蛋器搅拌；再按配方称取低筋面粉、泡打粉等，并过筛打碎粉块。

2. 打蛋糊

将蛋液加糖在打蛋器中搅拌，使糖基本溶化，再用高速搅打至蛋液呈乳白色，有泡沫出现，加少许水、香兰素继续搅打至泡沫稳定、呈黏稠状时停止。打发的程度比原容积增加 1.5～2 倍，时间为 15～25 min。

3. 调面糊

将过筛后的泡打粉、低筋粉拌入蛋浆中至无粉块即可。

4. 注模

将调好的蛋糊注入已涂过油的烤模中,高度约占烤模的 2/3。

5. 烘烤

将注入蛋糊的烤盘放入已预热到 190℃的烤箱中烘烤,烘烤时间为 15 min,烘烤至棕黄色即可。

6. 冷却、脱模、包装

烘烤结束后立即取出,出炉后稍冷却,然后脱模,再继续冷却,包装。

## 六、训练结果

1. 感官检验

对所生产蛋糕品质进行感官分析,参照标准对产品进行打分评定。

2. 理化指标的检验

对所制作蛋糕的营养成分和化学组分如水分、蛋白质、灰分、糖分等进行分析,对产品质量进行评定。

## 七、思考与讨论

1. 制作蛋糕时为什么要用低筋面粉? 调粉时为什么不宜用力搅拌?
2. 打蛋时为什么不能先加水?
3. 针对各自产品对出现的问题进行分析并提出解决方案。

### 技能训练二　戚风毛巾卷的制作

## 一、训练目的

1. 了解戚风蛋糕的制作的一般过程和操作方法。
2. 掌握蛋白糊和蛋黄糊的打发及混合调制技术。
3. 掌握烘烤技术。

## 二、设备、用具

烤箱,蛋糕烤盘,打蛋器,盆,勺,刀,电子秤,面筛等。

## 三、原料配方

戚风毛巾卷原料配方见表 4-31、表 4-32。

表 4-31 戚风毛巾卷蛋黄部分配方　　　　　　　　　　　%

| 原料 | 低筋粉 | 蛋黄 | 细砂糖 | 水 | 色拉油 | 盐 | 粟粉 | 泡打粉 |
|---|---|---|---|---|---|---|---|---|
| 焙烤百分比 | 100 | 98 | 33 | 67 | 13 | 1.7 | 17 | 1.3 |

表 4-32　戚风毛巾卷蛋白部分配方　　　　　　　　　　　　　　%

| 原料 | 蛋白 | 细砂糖 | 塔塔粉 |
|---|---|---|---|
| 焙烤百分比 | 175 | 106.7 | 2.7 |

## 四、操作要点

### 1. 调蛋黄糊

先将蛋黄部分的低筋粉、粟粉、泡打粉过筛,然后加入色拉油、蛋黄、水、细砂糖、盐用打蛋器搅拌均匀,搅拌成光滑的面糊。

### 2. 调蛋白糊

将蛋白部分的蛋白、塔塔粉一起用中速搅拌均匀,然后用高速搅打至湿性发泡后,改用中速把细砂糖慢慢加入,然后再用高速搅拌至中性发泡,再用中速搅拌 2～3 min。

### 3. 两糊混合

把打发好的蛋白的 1/3 加入搅拌好的蛋黄面糊中,用手轻轻拌匀,然后倒入剩余的 2/3 蛋白中,用手轻轻拌匀。

### 4. 装盘

装盘时应在盘底部铺纸或油布。

### 5. 烘烤

炉温上火 180℃,下火 140℃左右,时间约为 25 min。

### 6. 装饰

成品冷却后,涂上一层果酱或抹上奶油,将成品卷起来。

## 五、训练结果

### 1. 感官检验

对所生产蛋糕品质进行感官分析,参照标准对产品进行打分评定。

### 2. 理化指标的检验

对所制作蛋糕的营养成分和化学组分如水分、蛋白质、灰分、糖分等进行分析,对产品质量进行评定。

## 六、思考与讨论

1. 讨论糖在蛋黄糊和蛋白糊中加入的比例多少为宜。
2. 为什么戚风蛋糕易回缩?
3. 如何控制烘烤温度?

技能训练三　裱花基础练习

## 一、训练目的

1. 熟悉奶油膏的制作和使用。
2. 学会裱花嘴和裱花袋的使用,练习掌握裱花的基本要领。

## 二、设备、用具

刮板、台秤、烤盘、裱花嘴、裱花袋、油纸或玻璃纸、搅拌机、刮平刀、橡皮刮刀、蛋糕装饰转台、蛋糕模型、蛋糕坯。

## 三、原料配方

裱花奶油膏配方见表4-33。

表 4-33  奶油膏的配方                                                   kg

| 原料 | 蛋液 | 砂糖 | 人造奶油 | 柠檬酸 | 香兰素 | 白兰地酒 | 水 |
|------|------|------|----------|--------|--------|----------|-----|
| 质量 | 0.2 | 1.5 | 6 | 0.006 | 适量 | 适量 | 0.5 |

## 四、操作要点

### (一)奶油膏的制作

**1. 熬糖浆**

将砂糖和水加热熔化,煮沸至115℃,然后加入柠檬酸溶解,即为糖浆。

**2. 搅打**

将鸡蛋放入搅拌机中搅拌,然后倒入糖浆中,搅拌至冷却;再加入人造奶油,用中速搅拌至细腻、有光亮感为止。

### (二)在案板上练习裱形

**1. 裱花袋和纸卷的装料**

按蛋糕的装饰手法中裱形要求装料。

**2. 基本形的练习**

(1)按不同类型裱花样式练习(图4-16)。

(2)按蛋糕的装饰手法裱形中的要求练习(图4-17)。

**3. 动物的裱制**

(1)小鸡的制作过程  先用平口裱花嘴挤出小鸡的身体和尾巴;再用同样的裱花嘴小心地挤出小鸡的头部和手,用纸卷挤出鸡冠和胸口的粉色装饰;然后用平口裱花嘴挤出小鸡的腿,用纸卷挤出脚趾及脸部的眼睛和嘴巴,最后用纸卷包上巧克力点上眼睛(图4-18)。

(2)小猴的制作过程  用平口裱花嘴挤出小猴的腿和身体;再用同样的裱花嘴小心地挤出小猴的头部和手,用纸卷挤出小猴的白色脸部;然后用平口裱花嘴挤出小猴的尾巴,用纸卷挤出脚趾及手指和耳朵,最后用纸卷包上巧克力点上眼睛、鼻尖和嘴唇(图4-19)。

(3)小熊的制作过程  先用平口裱花嘴挤出小熊的身体和腿部;再用同样的裱花嘴小心地挤出小熊的头部和尾巴,然后用平口裱花嘴挤出小熊的脸,用纸卷挤出脚趾、手指和耳朵,最后用纸卷包上巧克力点上眼睛、鼻尖和嘴唇(图4-20)。

### (三)在蛋糕模型上练习裱形

(1)当在案板上能熟练地裱出花形后,把蛋糕模型放在蛋糕装饰转台上,用奶油膏进行裱形装饰。

1.将裱花嘴放入纸卷,装入装饰料后包紧,垂直地握住纸卷,挤压后,迅速地提起,拉出一个花样。

2.按一定的角度挤压纸卷,裱出贝壳形的花纹,一个裱好后一个连着其后。

3.按一定的角度挤压纸卷,裱一个,然后再裱一个与前一个方向相反的。

4.用油纸做一个裱花袋,在袋子的前端剪出一个"V"字形,然后按一定的角度挤压,会形成一种叶子状的图案。

5.用细的裱花头拉出细条的图案。

6.拉细线时,提起裱花袋,往上一提。

7.用油纸做一个裱花袋,在袋子的前端剪出一个"W"字形,然后按一定的角度挤压。

8.制作编织物状的图案。垂直地挤压裱花袋,拉出一条直线。然后在直线上拉出几小条。

9.在刚拉好的一条的旁边再来一条。

10.使用注射状的裱花枪,垂直裱花。

11.将裱花袋装上裱花头,装入装饰。

12.垂直挤压裱花袋,裱出星状图案。

**图 4-16　不同类型的裱花样式**

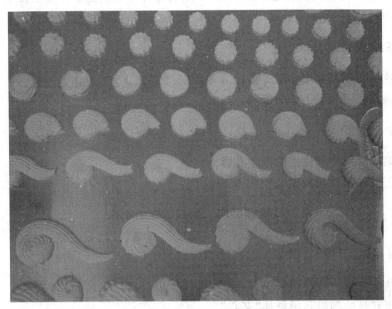

**图 4-17 裱花嘴裱出的花形**

**图 4-18 小鸡的制作过程**

**图 4-19 小猴的制作过程**

**图 4-20 小熊的制作过程**

（2）当在蛋糕模型上能熟练地裱形装饰后,用烤好并冷却的蛋糕代替蛋糕模型放在蛋糕装饰转台上,用奶油膏进行裱形装饰。

## 五、训练结果

1. 将裱花练习结果参照标准进行评分和评定。
2. 分析裱花练习效果不佳的原因。

## 六、思考与讨论

1. 影响奶油膏制作和使用的因素有哪些?
2. 如何正确使用裱花袋和纸卷裱形?

### 技能训练四　生日蛋糕的制作

## 一、训练目的

1. 熟悉植脂奶油的打发和使用。
2. 学会蛋糕坯的剖层和用奶油"夹心"。
3. 熟练掌握蛋糕的裱花装饰技术。

## 二、设备、用具

刮板、台秤、裱花嘴、裱花袋、油纸或玻璃纸、搅拌机、烤炉、烤盘、抹平刀、橡皮刮刀、蛋糕装饰转台、蛋糕模型。

## 三、原料配方

生日蛋糕配方见表 4-34。

表 4-34　生日蛋糕的基本配料

| 原料 | 质量/g | 烘焙百分比/% | 备注 |
|---|---|---|---|
| 低筋粉 | 200 | 100 | 蛋糕坯 |
| 鸡蛋 | 500 | 250 | |
| 泡打粉 | 2 | 1 | |
| 精制油 | 70 | 35 | |
| 食盐 | 2 | 1 | |
| 糖粉 | 100 | 50 | |
| 砂糖 | 125 | 62.5 | |
| 塔塔粉 | 4 | 2 | |
| 水 | 90 | 45 | |
| 植脂奶油 | 适量 | | 装饰 |

## 四、生产工艺流程

生日蛋糕生产工艺流程如图 4-21 所示。

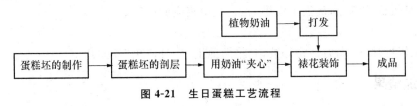

**图 4-21 生日蛋糕工艺流程**

## 五、操作要点

### (一)蛋糕坯的制作

1. 分蛋

将鸡蛋中的蛋黄和蛋清分开,放在不同容器中备用。

2. 面粉、泡打粉过筛

将泡打粉与面粉混匀过筛。

3. 调制蛋黄面糊

将糖粉、食盐、水、精制油一起搅拌均匀,依次加入面粉与泡打粉的混合物与蛋黄拌匀,即成蛋黄面糊。

4. 调制蛋白糊

将蛋清、砂糖与塔塔粉放入搅拌机中搅打到湿性发泡,取 1/3 的蛋白糊拌入蛋黄面糊中,拌匀后再加入剩余 2/3 的蛋白糊中,轻轻地拌匀,即为生产蛋糕的面糊。

5. 入模烘烤

将面糊装入蛋糕模具,放在烤炉中烘烤。烘烤条件为上火和下火温度均为 170℃,烘烤时间约为 50 min。

6. 冷却

待蛋糕烤熟后取出,覆于网架上,冷却后脱模。

7. 蛋糕坯的分割

将蛋糕坯子用锯齿刀将蛋糕剖成厚薄均匀的三层坯子。

### (二)植脂奶油的打发

按照任务五中植脂鲜奶油的打发要求,将植脂鲜奶油打发。

### (三)蛋糕坯的"夹心"

将剖成的三层蛋糕坯子去掉蛋糕屑,将其中一片放在转台上,在蛋糕表面涂抹适量的植脂奶油;将另一片蛋糕放在植脂奶油上,再在第二次放的蛋糕表面涂抹适量的植脂奶油;最后将剩余的一片蛋糕放在最上面。

### (四)裱花装饰

1. 抹面

在"夹心"的蛋糕坯上面涂抹植脂鲜奶油,一边转动转台一边利用抹刀将装饰料均匀涂抹至表面各处。表面抹匀后,再将多余的植脂奶油涂抹至蛋糕侧边,边转动转台边进行涂抹,直到蛋糕表面和四周光滑均匀为止。

2. 裱形

根据生日蛋糕的特点,确立平面中心点,裱出相应的图案。

3. 点缀

用水果、银糖珠、巧克力饰物等装饰,最后插上"生日快乐"的插片。

## 六、训练结果

1. 将制作的裱花蛋糕参照标准进行评分和评定。

2. 分析制作的裱花蛋糕的质量缺陷,并找出改进方法。

## 七、思考与讨论

1. 如何保存剩余的植脂奶油?

2. 如何提高裱花蛋糕的装饰效果?

# 项目五　月饼生产工艺

【学习目标】

(1)了解月饼的分类及其特点。

(2)掌握月饼的制作工艺及要点。

(3)了解月饼饼皮的调制方法。

(4)理论联系实际,分析月饼在生产中常见的质量问题及解决方法。

【技能目标】

(1)通过本项目学习掌握皮面制作技术和包馅技术。

(2)掌握月饼的烘烤技术,

(3)熟悉馅料及糖浆的制作技术。

## 任务一　概述

月饼又称胡饼、官饼、小饼、月圆饼等,是一种节日食品。在我国中秋吃月饼,端午吃粽子、元宵吃汤圆已是一种民间习俗。古往今来,人们把月饼当作一种吉祥的象征。所以,中秋节必食月饼。月饼种类有广式、京式、苏式和潮式等,目前主要以广式为主。随着人民生活水平提高和科学技术的发展。月饼品种增多,将更加多样化和个性化。产品质量也有很大的提高,由高糖、高脂逐渐向健康、营养型月饼趋势发展,今后健康型月饼将成为月饼市场主旋律。

### 一、月饼的分类

#### (一)按生产工艺分类

1. 浆皮月饼

浆皮月饼主要特点是用专用的糖浆来调制面团的,其月饼丰满油润,皮薄馅多,清香肥厚,腴而不腻,能很好地保持饼皮和馅心中的水溶性或油溶性物质,组织紧密,松软柔和,不易干燥、变味,便于储存和运输。如广式月饼。

2. 酥皮月饼

酥皮月饼皮面是由两种面团组成的,外皮是筋性面团,内层为油酥面团,经过擀片、折叠、再擀片、折叠多次制成的,层次多而且分明。如苏式月饼等。

### 3. 混糖酥月饼

混糖酥月饼特点是色泽、外观与浆皮相似,不同的是在调制面团时,采用糖粉、油、水充分乳化调制而成。此类月饼主要分布在潮州、福建地区。

### 4. 油酥月饼

油酥月饼皮面是由面粉、糖粉、黄奶油和蛋充分乳化调制而成,饼皮口感酥松。主要分布在北京、沈阳等地,如京式月饼。

### 5. 其他类月饼

其他类月饼包括赖皮月饼和近年来新式冰皮月饼等。

## (二)按地区以及其风味特点分类

### 1. 广式月饼

广式月饼是以广东地区制作工艺和风味特点为代表,使用小麦粉、转化糖浆、植物油和碱水等制成饼皮,再经包馅、成型、刷蛋液、烘烤等工艺制成的,是目前月饼市场的主流。占整个市场60%以上。广式月饼闻名于世,基于它的选料和制作技艺无比精巧,其特点是皮薄松软、油光闪闪、色泽金黄、造型美观、图案精致、花纹清晰、不易破碎、包装讲究、携带方便,是人们在中秋节送礼的佳品。也是人们吃饼赏月不可缺少的佳品。

广式月饼分咸、甜两大类。月饼馅料的选材十分广,除用绿豆、莲子、橄榄仁、核桃仁、芝麻等果料外,还可选用咸蛋黄、叉烧、糖冬瓜、虾米、橘饼、陈皮、柠檬叶等多达二三十种原料,近年又发展到使用凤梨、哈密瓜、草莓等水果,甚至还使用鲍鱼、鱼翅、瑶柱、鳄鱼肉等较名贵的原料做馅。

### 2. 京式月饼

京式月饼是以北京地区制作工艺和风味特色为代表的,它在配料上重油、轻糖,使用提浆工艺制作糖浆皮面团,或糖、水、油、面粉制成酥皮面团,经包馅、成型、烘烤等工艺加工而成的。京式月饼花样众多,其特点主要是甜度及皮馅比适中,一般皮馅比4:6,重用麻油,口味清甜,口感松脆。主要产品有自来红月饼、自来白月饼等。其做法如同烧饼,外皮香脆可口,以油酥面团作为皮面,馅料有咸、有甜,以甜味为主。

### 3. 苏式月饼

苏式月饼是以苏州地区制作工艺和风味特色为代表,它使用小麦粉、饴糖、油、水等制皮,小麦粉、油制酥,经制酥皮、包馅、成型、烘烤等工艺加工而成。苏式月饼起源于上海、江浙及周边地区,唐朝诗人苏轼的诗句"小饼如嚼月,中有酥和饴"说的就是苏式月饼。苏式月饼的特点是"酥性",它的馅被压得紧紧的,用牙轻轻一嗑便酥散了,馅料有五仁、豆沙等,甜度高于其他类月饼。饼皮由水油皮和油酥皮面组成。皮厚但层次分明,松脆可口。馅料有咸有甜。

### 4. 潮式月饼

潮式月饼产于广东潮汕地区,以重油、重糖为特点,外形近似苏式,用料略似广式。馅心多采用冬瓜条,配以肥膘丁、猪油、芝麻、葱油、绿豆、柑橙、瓜子仁等,代表品种有老婆月饼、冬瓜月饼、百果月饼等,其中以老婆月饼最闻名。其特点是饼皮酥润,馅心肥软,带有浓郁葱香味,具有甜、香、肥、厚的特殊风味。

### 5. 其他类月饼

除以上四大类以外,还有台式以及一些有地区特色的月饼。

### (三)按加工熟制方法分类

1. 烘烤类月饼

烘烤类月饼是以烘烤为最后熟制工序的月饼。绝大部分的月饼属于这种。

2. 熟粉成型类月饼

熟粉成型类月饼是将米粉或面粉等预先熟制,然后制皮、包馅、成型的月饼。如冰皮月饼。

### (四)按馅料特点分类

1. 硬馅料月饼

硬馅料月饼以五仁月饼、叉烧月饼、什锦月饼等为代表。其馅料主要以果汁、白糖、果胶等为原料。

2. 蓉沙类月饼

蓉沙类月饼以豆沙月饼、豆蓉月饼、白莲蓉月饼、红莲蓉月饼、板栗蓉月饼等为代表。其馅料主要是以豆类、莲子、白糖、脂肪等为原料。

3. 水果馅料类月饼

水果馅料月饼以哈密瓜月饼、凤梨月饼、草莓月饼等代表。其馅料主要以果汁、白糖、果胶等为原料。

4. 水产制品类月饼

水产制品类月饼是指在馅料中添加虾米、鱼翅、鲍鱼、瑶柱等水产制品的月饼。

## 二、月饼加工工艺

### (一)原料选择与处理

1. 饼皮的主要原料

(1)面粉　应选用符合国家标准的低筋面粉或月饼专用面粉。

(2)白砂糖或糖浆　在京式和苏式月饼中用的糖要选细糖。如果颗粒大要进行粉碎。广式月饼是用糖浆,所以也称浆皮月饼。糖浆是用白糖加酸熬煮而成的。

(3)膨松剂类　在月饼生产中常用膨松剂有泡打粉和碱水。广式月饼用碱水,其他类月饼用泡打粉。

(4)油脂类　月饼生产用油脂主要是用花生油、起酥油或黄奶油。

2. 制馅的主要原料

(1)果仁类　如核桃仁、瓜子仁、杏仁、芝麻、橄榄仁、腰果等,这类原料主要用于制作五仁、叉烧、什锦等硬馅类月饼和芝麻蓉、核桃蓉等蓉沙类月饼。

(2)糖及糖制品　如白糖、冬瓜条、橘饼、水晶肉等,这类原料主要用于制作五仁、叉烧、什锦等硬馅类的月饼。

(3)豆类和种子类　如莲子、红豆、绿豆、赤豆等,这些原料主要用于红豆沙、绿豆沙、莲蓉等蓉沙类月饼。

(4)水果类　如草莓、哈密瓜、水蜜桃、橙子等各种水果汁,这些原料主要用于制作各种水果馅料。

(5)辅料　主要有果胶、琼脂、稳定剂、香料、香精及防腐剂等。

### (二)面团调制

#### 1. 广式月饼

它是以糖浆、碱水、面粉、油等为原料,经过充分混合而成的一种浆皮面团。这种面团操作方便,皮薄馅多。

#### 2. 苏式月饼

它是由筋性面团和油酥面团两种经过多次擀折后形成一种多层结构,且层次分明的皮面。

#### 3. 京式月饼

它是以糖、泡打粉、面粉、油和水等为原料,经过充分混合而成的一种水油性面团。这种面团制作的月饼皮厚、酥松。

### (三)制馅

不同馅料有不同的制作方法,首先要进行原料处理。果仁类原料要进行精选、精洗、烘烤或油炸熟化;水果类的原料要精选、精洗后榨汁;豆类的原料精选后要经过浸泡、熟化、打浆和脱水等处理。

### (四)成型

月饼的成型包括:分坯、包饼、印模成型。分坯是分别把皮面和馅料按一定的比例分成团。包饼是用皮面包馅料,包饼时厚薄要均匀。印模成型是把包好的饼压入饼模中形成。

### (五)烘烤

月饼的烘烤根据不同种类有所区别,京式月饼和苏式月饼可以一次性烘烤,烘烤温度底火为 $180\sim200℃$,面火为 $200\sim220℃$;烘烤的时间为 $25\sim30$ min。广式月饼要分次烘烤,目的是使月饼的花纹清晰。第一次预烤为 $220\sim240℃$,烘烤时间为 $15\sim20$ min;冷却后刷蛋液再进行第二次烘烤,烘烤温度底火 $200\sim220℃$,面火为 $220\sim230℃$,烘烤时间为 $20\sim25$ min。

### (六)冷却与包装

月饼包装分冷包装和热包装,冷包装是指月饼完全冷却后进行的包装封口。热包装是月饼冷却到 $60\sim70℃$ 后进行包装封口。

# 任务二　广式月饼生产工艺

## 一、原料与配方

广式月饼配料讲究,皮薄馅多,美味可口,花样繁多,不易破碎,也易于保存,近年来发展极为迅速。它的品名一般以馅料的主要成分而定,如五仁、豆沙、莲蓉、枣泥、椰蓉、火腿。它的原料极为广泛,如蛋黄、皮蛋、香肠、冬菇、奶粉、鸡丝都可作为原料,并且一种皮可包多种馅心,可生产众多的花色品种。

### (一)饼皮配方

广式月饼属浆皮类糕点,其饼皮主要由小麦粉、转化糖浆、油和碱水组成。不同地区、不同厂家配方不同,高档品种饼皮含油量较高,相对碱水稍多,糖浆浓度亦高,成品饼皮松软,皮色稍深;而中低档品种饼皮含油量较低,相对碱水较少,糖浆浓度较低,成品饼皮皮色较浅。见表5-1。

表 5-1　广式月饼皮配方

| 配方 | 低筋粉/kg | 转化糖浆/kg | 花生油/kg | 碱水/g | 饼皮用料比例/% |
|---|---|---|---|---|---|
| 1 | 25 | 20 | 6 | 370 | 面粉 100 转化糖浆 80 花生油 24 碱水 1.5 |
| 2 | 10 | 8.5 | 2.5 | 200 | 面粉 100 转化糖浆 85 花生油 25 碱水 2 |
| 3 | 7.5 | 6.3 | 1.9 | 180 | 面粉 100 转化糖浆 85 花生油 25.3 碱水 2.6 |
| 4 | 10 | 7.5 | 3 | 400 | 面粉 100 转化糖浆 75 花生油 30 碱水 4 |

近年来,有企业推崇色泽较浅的金黄色饼皮,重油轻碱。采用含乳化剂的专用油见表5-2。

表 5-2　重油轻碱的广式月饼皮配方

| 配方 | 低筋粉/kg | 转化糖浆/kg | 专用油/kg | 碱水/g | 丙酸钙/g | 饼皮用料比例/% |
|---|---|---|---|---|---|---|
| 1 | 30 | 21 | 9 | 450 | | 面粉 100 转化糖浆 70 花生油 30 碱水 1.5 |
| 2 | 23.2 | 20 | 7 | 400 | 141 | 面粉 100 转化糖浆 86 花生油 30 碱水 1.7 |
| 3 | 10 | 8.5 | 2.5 | 200 | | 面粉 100 转化糖浆 85 花生油 25 碱水 2 |

### (二)馅料

广式月饼馅料,过去都是自己炒制,需要一定经验和设备,现在馅料已经形成工业化生产,除了特色品种外,大多采用专门生产馅料的厂家生产,制作月饼变得便捷。目前,国内馅料企业数以千计,生产广式月饼馅料品种达几百种,现介绍几种(表5-3)。

表 5-3　广式月饼常用工业化生产的馅料品种举例

| 类型 | | 花色品种举例 | 说明 |
|---|---|---|---|
| 蓉沙类 | 莲蓉 | 纯莲蓉、白莲蓉、红莲蓉、莲味蓉 | 以莲子为主料加工而成,口感细腻。除油糖以外,莲子含量达到或超过60%方可命名为莲蓉,低于60%称为莲味蓉。莲蓉要注明莲子含量 |
| | 豆沙 | 红(赤)豆沙、绿豆沙、芸豆沙、鹰嘴豆沙 | 以豆类植物为主料加工而成,口感细腻,具有该品种应有的风味 |
| | 薯蓉 | 香芋蓉、土豆蓉、紫甘薯蓉、百合蓉 | 以含淀粉的可食性植物根茎类为主料加工而成,口感细腻,具有该品种应有的风味 |
| | 仁蓉 | 栗蓉、桂花栗蓉、花生蓉、麻蓉 | 以花生、芝麻、栗子等籽仁为主料加工而成,口感细腻,具有该品种应有的风味 |
| | 调味蓉 | 可可蓉、咖啡蓉、红酒蔓越梅蓉、猪肉松蓉、牛肉蓉、茶蓉 | 以白豆蓉或莲蓉为基料加入命名的相应辅料制成,具有该品种应有的风味 |

续表5-3

| 类型 | | 花色品种举例 | 说明 |
|---|---|---|---|
| 果蔬类 | 水果类 | 枣泥、桂花枣泥、山楂蓉、苹果蓉、哈密瓜馅、草莓馅、 | 以含果胶的水果为主料加工而成,黏稠、爽口,具有该品种应有的风味 |
| | 蔬菜类 | 芦笋馅、南瓜馅、果味馅 | 以冬瓜、南瓜为主料加工而成,黏稠、爽口,具有该品种应有的风味 |
| 果仁类 | | 五仁、百果馅 | 以果仁、蜜饯等为主料,冬瓜酱取代了传统果仁馅中的糕粉、熟面,经搅拌而成,馅软,适合机器包馅 |
| 无蔗糖类 | | 无蔗糖莲蓉、无蔗糖赤豆沙、无蔗糖五仁馅、无蔗糖南瓜馅 | 以麦芽糖醇、山梨糖醇、木糖醇等甜味料取代蔗糖,成品热量相对较低。以此为馅,制成糖尿病人也能食用的月饼。然而,摄入量过多,可能会腹泻,宜在标签上明示 |

　　广式月饼要求酥软,油糖比例恰当,馅料含水量一般在18％左右。因此,选择馅料一定要留意馅料的水分和脂肪含量。不宜采用水分高、脂肪含量低的豆沙和莲蓉制作广式月饼,因为它容易造成产品离壳现象和霉变。有的在馅料中加入防腐剂,虽然不易霉变,但产品贮存一段时间后,容易产生砂糖结晶现象。

### (三)皮馅比

　　GB 19855月饼国家标准规定,广式月饼馅心占月饼总量70％以上。广式月饼的特点是皮薄馅多,品牌企业生产的广式月饼充分发扬这一特点,控制较严,见表5-4。

表 5-4　部分品牌企业广式月饼皮馅比

| 成品规格/(g/个) | 饼馅占月饼总量/% | 成品规格/(g/个) | 饼馅占月饼总量/% |
|---|---|---|---|
| 50 | 70 | 175 | 80 |
| 100 | ≥70 | ≥175 | ≥80 |
| 125 | 75 | | |

## 二、广式月饼生产工艺流程

　　广式月饼生产工艺流程如图 5-1 所示。

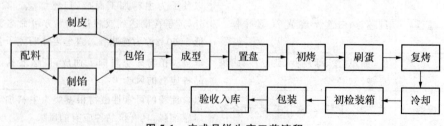

图 5-1　广式月饼生产工艺流程

## 三、广式月饼生产工艺要点

　　广式月饼品种虽多,但工艺大同小异。现以广式莲蓉月饼为例。

**(一)原料配料**

1. 原料要求

(1)小麦粉　宜采用低筋粉,湿面筋含量在 22%～24% 为佳。

面粉筋力过高,面团的韧性和弹性大,造成面团可塑性差,加工时易收缩变形,焙烤后饼皮欠松软和细腻、易发皱、产生裂纹,图案花纹不清晰、回油慢,光泽差。

面筋含量和筋度过低,会造成面团缺少应有的韧性和弹性、粘手粘模,给月饼成型带来困难。

月饼专用粉是根据广式月饼要求配制的,用于广式月饼制作。

(2)转化糖浆　用白砂糖、水和酸加工而成。现有成品转化糖浆出售。要求糖浆色泽褐黄,黏稠液体,浓度为 76～80°,pH 4 左右,糖浆中转化糖为 57% 左右,其中果糖含量 27% 左右,葡萄糖含量 30% 左右。转化糖浆的浓度高,月饼的回油、回软效果好。用糖度计测转化糖浆糖度为 76°～78° 或用波美表测定,为 40～42 波美度。

(3)碱水　早期生产广式月饼采用草木灰浸出液,现在一般采用食碱($Na_2CO_3$)加水泡制而成。其方法是:将 5 kg 碱倒入 5 kg 水中,让其完全溶化成碱水;滤去碱水中杂质及其他污物,使碱水保持纯净、清爽;将碱水倒入缸中,贮存 2 d 后,才能投料使用。现有碱水成品出售,俗称枧水。在选择市售枧水时,应了解其浓度,若浓度低,会造成其加入量加大而减少糖浆使用量,影响月饼质量。在生产广式月饼时加入碱水的作用主要有四点:①与月饼配料中糖浆的酸起中和反应,去除酸味;②与配料中的植物油起皂化反应,使油与糖浆混合均匀,避免饼皮产生油泡,增加饼皮的延展性;③碱水与酸中和时产生的 $CO_2$ 可使月饼适度膨胀,饼皮松软;④使饼皮上色,产生美丽的棕红色。

(4)植物油　油脂有助于保持月饼水分,使产品柔软,同时,返油后可使饼皮产生明亮的光泽。有助于提高月饼的货架期。传统的广式月饼一般都采用花生油,因为它具有花生香味,与蓉沙类的馅料口味协调。其次,烘烤后回油快。

近年来,橄榄油和月饼专用油在广式月饼生产中也得到运用。月饼专用油含有乳化剂,能帮助油脂与碱水、糖浆快速混合,使浆料变得均匀。可有效地控制面筋形成的速度,适当降低面团的弹性和韧性,使面团具有良好的可塑性、延展性和滋润性,有利于包馅成型和脱模。

(5)月饼防腐剂　为防止月饼霉变,可在饼皮添加脱氢醋酸钠或丙酸钙、丙酸钠。脱氢醋酸钠用量为 0.5 g/kg,丙酸钙、丙酸钠用量为 2.5 g/kg。

2. 配料品种、数量

配好的原、辅材料集中堆放整齐,称量要准确,符合质量要求,无杂质,无变质料混入。

**(二)饼皮制作和分摘**

1. 饼皮调制

(1)面粉过筛。

(2)糖浆、碱水中速搅拌 1 min,加入油搅拌 3 min,投入面粉搅拌 4～5 min。

2. 调制要求

(1)调制好的饼皮面团要求不夹粉面,软硬适中,皮面光滑,不粘手,无杂质。

(2)调好的饼皮面团放入专用盛器内胀润,存放时间为 15～20 min,再进入下道工序。

3. 饼皮分摘

要求块形光滑而不粘手,重量符合要求(表5-5)。

**表5-5    广式月饼饼皮规格重量**                                    g/只

| 成品规格 | 125 | 100 | 50 |
|---|---|---|---|
| 饼皮重量 | 39 | 32 | 16 |

### (三)馅料制作

1. 计量、分摘

要求大小一致,用电子秤(精度0.1 g)抽检馅心重量误差不超过2%(表5-6)。

**表5-6    广式月饼馅心规格重量**                                    g/只

| 成品规格 | 125 | 100 | 50 |
|---|---|---|---|
| 馅心重量 | 93 | 74 | 37 |

2. 捏馅心

搓成圆球形,要求圆整、形态一致。

### (四)包馅

1. 包馅过程

(1)取分摘好的皮料,用手掌将饼皮压成圆形薄片。

(2)左手拿起饼皮,右手拿馅心放在皮料中间,左手大拇指把馅按实,右手虎口逐步收拢、收口,包成圆球形(图5-2)。

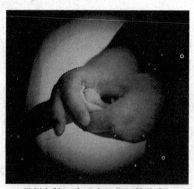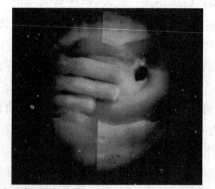

1.月饼包馅(左手大拇指把馅按实)      2.右手虎口握住皮收口,右手虎口逐步收拢、收口

图5-2    广式月饼包馅

2. 包馅要求

包好的生坯不露馅、不歪、不斜,收口朝下,放在专用板上。饼皮和馅心按3∶7比例要求,部分生坯重量要求见表5-7。

表 5-7 广式月饼规格重量 g/只

| 成品规格 | 125 | 100 | 50 |
|---|---|---|---|
| 生坯重量 | 135 | 108 | 54 |

### (五)成型、置盘

**1. 入模**

包好馅的月饼生坯放在饼模内(收口朝上),用手轻轻压实(图 5-3)。

**2. 脱模**

如用木饼模,便将木印模侧边轻敲一下,再将木饼模轻敲击案板,将饼拍出;如用气模,饼底朝下,右手捏住气门,饼自然落下,按规定要求置烤盘(图 5-4)。脱模的要求如下:

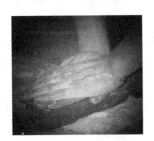

图 5-3 入模按实

图 5-4 广式月饼脱模置盘

(1)要求印出来的月饼,四边边角分明,花纹玲珑清晰,无干粉,底板平整。

(2)无裙边,不露馅,无异物混入。

(3)烤盘上间距应相等,排列整齐。

**3. 置盘**

将脱模的生坯放在烤盘上。烤盘置饼数量视烤盘大小和饼规格而定。例如,成品规格 125 g/只,每盘置放 36 只;成品规格 100 g/只,每盘置放 49 只;成品规格 50 g/只,每盘置放 64 只。

### (六)初烤

**1. 喷水**

在月饼生坯喷洒水,目的是去掉饼面上干粉;要求喷洒均匀。

**2. 入炉**

调节炉温,进行第一次烘烤;温度控制(软货上火 210~230℃,下火 170℃;硬货上火200~220℃,下火 170℃),时间 5 min;饼面呈微黄色即能进入下一道刷蛋液工序。如果饼面深黄色才进入刷蛋液工序,则饼熟后变瘀血色。

软货是指蓉沙类、果蔬类广式月饼,硬货是指果仁类广式月饼。

### (七)刷蛋液

**1. 制作鸡蛋液**

选用鲜鸡蛋,打碎蛋黄、蛋清,经过过滤成蛋液,置清洁卫生的容器内,要求蛋液无结块、杂质;蛋液用 80 目筛子过滤,筛子上不留明显的蛋清。用鼻嗅蛋液有无异味。

2. 刷蛋液

在经初烤的月饼表面刷鸡蛋液。刷得均匀,上、下四周均应刷到,不出现堆积及刷不到的状况(图 5-5)。

图 5-5　初烤的广式月饼
表面刷鸡蛋液

### (八)复烤

1. 温度控制

温度控制(软货上火 210～230℃,下火 170℃;硬货上火 200～220℃,下火 170℃),出炉月饼中心温度 85～87℃;烘烤时间一般为 10～15 min。

炉温和烘烤时间与饼大小、类型以及烤炉类型有关,饼大,炉温低,烘烤时间长;饼小,炉温高,烘烤时间短。五仁类、肉禽类月饼俗称硬货,莲蓉、豆沙类月饼俗称软货,硬货炉温要比软货低,烘烤时间长。因为硬货的原料有些是生的,软货的馅料是熟的,软货炉温低,烘烤时间长容易爆裂和变形。

烤炉有隧道炉、烤箱、旋转炉等,有的有上、下火,有的没有。此外,温度计的探头安装部位,不同烤炉生产企业有差异,因此,表上显示的炉内温度也有差异。生产者必须经过试验,得出合理的烘烤温度和时间。

切忌急火快烘,易造成外焦里不熟,饼不熟,则饼边不膨胀,带青色或乳白色,饼身出现收缩和离壳现象,保管上也易发生霉变。

2. 月饼烤熟标志

(1)饼身四周微凸,呈腰鼓状,饼面没有凹缩现象。

(2)花纹边角清晰。

(3)色泽为饼皮呈金黄色、光亮,饼边呈象牙色,不生不焦,底部无焦斑。

3. 测试成品中心温度

温度计测试成品中心温度,每天同一品种测试一次。测中心温度的温度计使用前后必须用酒精棉擦干净。

### (九)冷却、初检装箱

1. 风冷

热饼要冷透,达到常温。

2. 装箱

箱底铺纸,残次品要剔除,合格品装入箱内,箱边贴品名数量批号(装箱日期);品名数量批号(装箱日期)要正确。

有些厂家为使出厂的广式月饼色面油润,增加了一道回油工艺。即将烤熟的广式月饼包装后置回油间,贮存一段时间,使饼面和馅心的脂肪达到平衡,让月饼充分回油,再经检验、入库。

### (十)感官要求

1. 形态

外形饱满,表面微凸,轮廓分明,品名花纹清晰,无明显凹缩和爆裂、塌斜、坍塌、露馅现象。

2. 色泽

饼面棕黄或棕红,色泽均匀,腰部呈乳黄或黄色,底部棕黄不焦,无污染。

3. 内部

饼皮厚薄均匀,无夹生。蓉沙类馅料细腻无僵粒;椰蓉类馅心色泽淡黄、油润;果仁类果仁大小适中,拌和均匀。无杂质。

4. 滋味与口感

饼皮松软,具有该品种应有的风味,无异味。

## 四、广式月饼加工中常见的质量问题与解决方法

1. 月饼饼皮不回软、不回油、不光亮(表5-8)

**表5-8 月饼饼皮不回软、不回油、不光亮**

| 原因 | 解决方法 |
|---|---|
| 糖水比例不适宜 | 糖：水＝100：(40～50)比较适宜 |
| 转化剂种类及用量 | 目前我国各地普遍使用柠檬酸作为蔗糖的转化剂,广东等地则是使用新鲜果汁来煮制转化糖浆的。柠檬酸的使用量为蔗糖的 0.05％～0.1％。 |
| 糖浆成熟温度不适宜 | 一般为110～115℃ |
| 煮制时间和糖浆浓度 | 煮制时间应以转化糖浆的浓度要求为准,糖浆浓度一般为75％～80％ |
| 加热容器 | 使用铜锅和不锈钢锅为宜 |
| 转化糖浆的转化率 | 转化糖浆的正常转化率为75％ |

2. 烤制后月饼皮颜色过深(表5-9)

**表5-9 烤制后月饼皮颜色过深**

| 原因 | 解决方法 |
|---|---|
| 表皮刷蛋液过多,蛋液不匀、过稠 | 表面刷蛋液适量、均匀 |
| 蛋液中加入奶粉过多 | 蛋液中加奶粉适量 |
| 搅拌月饼面团中加入酱色或酱油 | 和月饼面团时可不加酱色或酱油 |
| 月饼面团中加入小苏打或碱水过量 | 月饼中加小苏打或碱水适量 |
| 转化糖浆转化过高 | 转化糖浆转化适宜 |
| 烘烤温度过高 | 烤炉温度适宜 |

3. 月饼收腰、凹陷、凸起、变形、花纹不清(表5-10)

**表5-10 月饼收腰、凹陷、凸起、变形、花纹不清**

| 原因 | 解决方法 |
|---|---|
| 面粉筋力过大,面团韧性太强 | 面粉筋力得当,面团韧性适宜 |
| 转化糖浆浓度过低 | 转化糖浆浓度适宜 |

4. 月饼露馅、表面开裂（表 5-11）

表 5-11　月饼露馅、表面开裂

| 原因 | 解决方法 |
| --- | --- |
| 包馅时封闭不紧 | 包馅时封闭要紧 |
| 馅料质量差，配比不合理 | 馅料质量好，配比合理 |
| 饼皮中加入了过量膨松剂、碱水、小苏打等 | 饼皮中加入适量的膨松剂、碱水、小苏打等 |
| 馅料中使用了较多的膨胀原料 | 馅料中使用适量的膨胀原料 |

5. 月饼底部产生焦糊、有黑色斑点（表 5-12）

表 5-12　月饼底部产生焦糊、有黑色斑点

| 原因 | 解决方法 |
| --- | --- |
| 底火烘烤温度过高 | 底火烘烤温度适宜 |
| 皮、馅比例不适当 | 皮、馅比例适宜 |
| 烤盘不干净 | 烤盘干净 |

6. 馅料质量问题（表 5-13）

表 5-13　馅料质量问题

| 原因 | 解决方法 |
| --- | --- |
| 馅料不纯正 | 馅料纯正 |
| 馅料不细腻 | 馅料细腻 |

# 任务三　苏式月饼生产工艺

苏式月饼的生产年代较其他月饼早，早在北宋时期就有制作。其特点是重油、重糖，外皮酥松，皮薄馅多，其馅料大多使用核桃仁、瓜子仁、松子仁、猪油等天然辅料。苏式月饼是酥皮月饼的主要代表产品。

## 一、配方

### （一）饼皮配方

苏式月饼是采用酥皮包馅的月饼。酥皮包馅的月饼除了苏式月饼外，还有京式翻毛月饼、杨式黑麻月饼、潮式月饼、闽式酥皮月饼等，他们酥皮的皮、酥配方及皮酥比例和苏式月饼不一样，产品各具风味特色。

苏式月饼饼皮是由水油皮包油酥经折叠制成，水油皮是由小麦粉、油和水组成，油酥是由小麦粉和油擦制而成。苏式月饼酥皮配方见表 5-14。

表 5-14 苏式月饼酥皮配方 kg

| 项目 | 富强粉 | 饴糖 | 猪油 | 水 | 饼皮用料烘焙百分比/% |
|---|---|---|---|---|---|
| 皮料 | 22 | 2.5 | 6.6 | 7.7 | 富强粉100 猪油30 饴糖11 水35 |
| 酥料 | 12 | — | 5.5 | — | 富强粉100 猪油45.8 |

用于制作苏式月饼饼皮的油可以是猪油,也可以用植物油。但制作净素苏式月饼必须用植物油。

### (二)馅心配方

苏式月饼馅料一般由月饼生产企业自配见表 5-15。

表 5-15 部分苏式月饼馅料配方 kg

| 品名 | 熟面粉 | 猪油 | 白糖 | 核桃仁 | 松仁 | 瓜仁 | 芝麻屑 | 火腿 | 糖冬瓜 | 青杏干 | 橘皮 | 糖桂花 | 玫瑰花 | 葱 | 生姜 | 味精 | 食盐 |
|---|---|---|---|---|---|---|---|---|---|---|---|---|---|---|---|---|---|
| 百果 | 11.5 | 6 | 23 | 5 | 1.5 | 1 | — | — | 1.5 | 2 | 1 | — | 0.5 | — | — | — | — |
| 椒盐 | 7.1 | 7 | 14 | 2 | 1 | 0.7 | 1.5 | — | — | 0.5 | 0.75 | — | — | — | — | — | 适量 |
| 松子火腿 | 11 | 9.3 | 21 | 3.5 | 4 | 2.5 | — | 3 | — | — | — | — | — | 1 | 0.2 | 0.1 | — |

### (三)皮馅比

苏式月饼的馅料占月饼总量为 40%～50%。传统特色苏式月饼要求馅料占月饼总量为 50%。

苏式月饼馅料,除了豆沙以外,大多是自己拌制,现拌现用,充分体现本企业特色。苏式月饼馅料的特点是含水量较少,手捏成团,稍碰即碎。

## 二、苏式月饼生产工艺流程

苏式月饼生产工艺流程如图 5-6 所示。

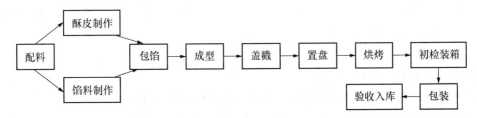

图 5-6 苏式月饼生产工艺流程

## 三、苏式月饼生产工艺要点

苏式月饼品种虽多,但工艺大同小异。现以苏式百果月饼为例。

**（一）配料**

1. 原料要求

（1）小麦粉　宜采用中筋粉,湿面筋含量在 27%～30% 为佳。调制水油面团,面粉筋力适当,制成的面团有一定延展性和可塑性。

（2）饴糖　水油皮中加饴糖,目的是使制品适度上色。因为饴糖可以与面团中的氨基酸在高温下发生美拉德反应,使月饼表面产生金黄色。饴糖的添加量根据品种特色有所增减。

（3）油脂　在皮料加油的目的是使制成的水油面团表面光滑、柔韧、有延展性。便于包酥。因此,要根据面粉中的面筋含量情况决定加油的数量。对含面筋高的面粉应多加油,反之要少加油。若面筋含量低、加油量高,则油脂的反水化作用加强,会减弱或破坏蛋白质分子间各种键的结合力,制成的面团延展性差,不利于制作酥皮。油在酥料中起至关重要的作用,由于面粉中的含水量和面筋含量有多有少,酥料中加入的油可有所增减。一般为 45%～50%。制成的酥性面团软硬度必须和水油面团一致。

（4）水　加水量和水温的影响。一般加水量占面粉的 35%～40%。加水过多,面团中游离水增多,面团太软不易成型;加水过少,蛋白质吸水不足,使面筋胀润度差。应根据季节和气候变化确定水温。夏季面团温度应控制在 60～70℃,冬季为 70～80℃。油、糖、水混合后的水温为 50℃ 左右。

（5）果仁　制作特色苏式果仁类月饼,果仁应烤熟,成品果香可口。在烤盘上铺上白纸,放上果仁,厚度不宜超过 3 cm。炉温约 100℃,烤 15 min 左右。一般可在糕点烘烤结束后,利用烤炉余温烘烤。

2. 配料品种、数量正确

配好的原、辅材料集中堆放整齐,称量要准确,符合质量要求,无杂质,无变质料混入。

**（二）酥皮制作**

1. 水油面团调制

（1）用清洁布将料斗擦洗干净,插上电源线试运转数下。

（2）将熟猪油、饴糖置于搅拌机料斗中,开启电源搅拌,混合后加热水,搅匀,然后倒入小麦粉搅拌成团。

（3）要求面团光滑不粘手,有良好延伸性和可塑性,不夹生面。调好的面团放入专用盛器内胀润 10～15 min,再进入下道工序。

2. 油酥面团的调制

油酥的粉、油比例为 1∶0.47。

（1）熟猪油和小麦粉置于搅拌机料斗中,开启电源搅拌,混合均匀。

（2）要求油酥面团软硬度和水油面团相一致,无干粉块,无杂质。

3. 包酥

酥皮的比例为二份水油面团和一份油酥面团。操作方法如下:

（1）将油酥和水油面团分别按要求称量,搓成光滑的圆球(图 5-7 中 1)。

（2）取一团油酥包入水油皮中。

（3）将包酥的面团擀开,擀成长方形,要用力平缓,使酥面厚薄均匀。切下两边不规则部分,再一剖二。

（4）把切下的边条分别放在二块含酥面皮中，逐步卷起来（图5-7中2）。

（5）将含酥面皮卷搓成长条，卷条粗细一致（图5-7中3）。

1.按要求称量　　　　　　2.逐步卷起来　　　　　3.卷搓成长条

**图 5-7　大包酥过程**

4．分摘

将含酥长条按规格要求分摘成小块酥皮。酥皮只块要清楚，光滑而不粘搭，分量正确（允许误差＋3%～－1%，表5-16），在盘上排列整齐。

**表 5-16　苏式月饼饼皮规格重量**　　　　　　　　　　　　g/只

| 成品规格 | 83.3 | 50 |
| --- | --- | --- |
| 饼皮重量 | 45 | 27 |

### （三）制馅

1．馅料搅拌

将油、糖投入搅拌机中搅拌，待油、糖拌匀后，再加入果料、蜜饯、熟面粉和适量水拌和，搅拌时间约10 min。拌成的馅料，手捏成团，稍碰即碎。馅内无糖块、粉块及杂质等异物。

2．计量、捏馅

捏成馅心要搓成圆球形（图5-8），大小一致（表5-17）。

1.捏芯　　　　　　　2.圆球形百果馅心（百果馅果仁清晰可见）

**图 5-8　计量与捏馅**

**表 5-17　苏式月饼馅心规格重量**　　　　　　　　　　　　g/只

| 成品规格 | 83.3 | 50 |
| --- | --- | --- |
| 馅心重量 | 45 | 27 |

**(四)包馅、成型、盖戳、置盘**

**1. 包馅**

(1)将酥皮两端摘口处折向里边,用手掌按扁,压成圆形薄片,馅心置于薄片中,由下而上逐步收口,使饼皮四周厚薄均匀,收口紧密完整。

(2)不露馅、不歪、不斜,收口朝下,放在专用板上。部分苏式月饼生坯规格见表5-18。

表 5-18　苏式月饼生坯规格

g/只

| 成品规格 | 83.3 | 50 |
|---|---|---|
| 生坯重量 | 90 | 54 |

**2. 成型**

在饼坯收口处粘上垫肚纸,面朝下,揿成鼓墩状的饼形。要求呈扁鼓形,直径和厚度之比一般为5:1,形态圆整。

垫肚纸呈正方形,是苏式月饼的特色,其目的是既有利于馅内水汽蒸发达到月饼疏松目的,又可防止内馅外流。垫肚纸一般采用毛边纸裁切而成。有消费者反映个别月饼毛边纸黏合过牢,难以撕去。因而有些企业采用糯米纸替代毛边纸,取得较好效果。

**3. 盖戳**

正宗的苏式月饼表面不刷蛋液,月饼表面盖有红色品名印戳,便于消费者识别品种。因此,盖戳是一道工序。为凸显品牌和对消费者负责,品牌生产企业往往把企业名和品名都印在月饼上(图5-9)。

采用木印章盖戳,木印章刻有品名,图案有方形、三角形、圆形、八边形等,以方形为主。用木印章蘸取色素溶液盖在月饼正面,用力要均匀。要求戳记清晰。

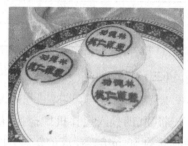

图 5-9　苏式月饼饼面上的品名和生产企业名称

**4. 置盘**

将饼坯放入无饼屑和污垢的烤盘,饼面朝下,摆放整齐,饼间距适当。月饼置盘宜交叉排放,成品字形,间隙适中,直观、斜观均成线。既能充分利用烤盘的面积,又能在烘烤时受热起发相互不碰边,受热均匀。要根据各制品大小的摊发程度,确定间隔距离。饼间距为1~2 cm。为保持烤盘清洁。烤盘使用后必须刮除黏结在烤盘上的饼屑和馅渣等物质,擦净焦屑、油污,以免污染下批产品。

**(五)烘烤**

**1. 预热烤炉**

月饼进炉烘烤,先预热烤炉。

**2. 进炉温度**

上火 220℃,下火 180℃,烘烤时间为 18 min。

**3. 成熟标志**

饼中心温度85℃以上。饼面金黄,腰部微凸,呈乳黄色即可出炉。测饼中心温度方法。月饼出炉后上冷却架,立即测中心温度。用温度计斜插月饼中心,至温度不再上升。

4. 烘烤时间

根据月饼大小和烤炉特点适当调整炉温和烘烤时间。烘烤苏式月饼,以前采用先将饼底朝下置盘中烤 5 min,使饼底平正,然后逐只翻身再烤至成熟,颇费时费工。现改为月饼成熟出炉,上覆烤盘,双手握住烤盘,立即翻身,同样可使饼面较平正(图 5-10)。

1.出炉月饼覆上烤盘双手握住　　　　　　2.翻身

**图 5-10　月饼出炉翻身**

### (六)感官要求

1. 形态

外形圆整,面底平整,略呈扁鼓形;底部收口居中不漏底,无僵缩、露酥、塌斜、跑糖、露馅现象,无大片碎皮;品名戳记清晰。

2. 色泽

饼面浅黄或浅棕黄,腰部乳黄泛白,饼底棕黄不焦,不沾染杂色,无污染现象。

3. 组织

酥层分明,皮馅厚薄均匀。馅松不韧,果仁粒形分明、分布均匀。无夹生、糖块、大空隙。无杂质。

4. 口味

酥皮爽口,具有该品种应有的风味且无异味。

## 四、苏式月饼加工中常见的质量问题与解决办法

1. 饼面焦黑,饼腰部呈青灰色(表 5-19)

**表 5-19　饼面焦黑,饼腰部呈青灰色**

| 原因 | 解决方法 |
| --- | --- |
| 炉温过高 | 适当降低炉温 |
| 饼间距过小 | 饼排列间距要均匀,间距不小于 1.5 cm |

2. 月饼露酥（表5-20）

表 5-20　月饼露酥

| 原因 | 解决方法 |
| --- | --- |
| 制酥皮时，压皮用力不均，皮破造成露酥 | 包酥与压皮用力要均匀 |
| 包馅时，将酥皮掀破 | 包馅时，酥皮刀痕要掀向里面 1.5 cm |

3. 饼馅外露（表5-21）

表 5-21　饼馅外漏

| 原因 | 解决方法 |
| --- | --- |
| 掀饼时封底没摆正，掀在左上 | 掀饼时封口居中 |
| 皮料太短 | 制皮时加水量要适当，不能过量 |
| 炉温过低，烘烤时间过长 | 适当提高炉温 |

4. 月饼变形（表5-22）

表 5-22　月饼变形

| 原因 | 解决方法 |
| --- | --- |
| 皮子过烂 | 掌握皮料用水，和面时，加水量和水温视天气、面粉干湿情况而定 |
| 置盘时手捏饼过紧 | 取饼置盘动作要轻巧 |

5. 月饼跑糖（表5-23）

表 5-23　月饼跑糖

| 原因 | 解决方法 |
| --- | --- |
| 油酥太烂 | 油酥中面粉和油的比例要适当，1 kg 面粉，0.5 kg 油，夏天可减少油量 |
| 底部收口没捏紧 | 包馅收口要捏紧 |

6. 皮层有僵块（表5-24）

表 5-24　皮层有僵块

| 原因 | 解决方法 |
| --- | --- |
| 采用大包酥，包酥不匀 | 包酥压皮，要压得均匀 |

7. 皮馅不均（表5-25）

表 5-25　皮馅不均

| 原因 | 解决方法 |
| --- | --- |
| 包馅时，掀皮不均 | 包馅时用手掌部掀酥皮，用力均匀，同时加强基本功训练，熟能生巧 |

8. 饼底有黑块或黑点(表 5-26)

表 5-26　饼底有黑块或黑点

| 原因 | 解决方法 |
| --- | --- |
| 烤盘未擦净 | 放置生坯前,烤盘一定要擦干净 |

# 任务四　京式月饼生产工艺

京式月饼原产北京地区,代表品种有提浆月饼、自来红、自来白和翻毛月饼(酥皮月饼)等,风味各异,有的艮酥、有的酥松、有的绵软,口味有纯甜、纯咸等特点。

提浆月饼起源于津京地区,原为宫廷月饼,现河北、山西、东三省等大部分地区都有生产。20 世纪 20 年代初传到上海,由于其花纹清晰,不易变形,看起来硬,吃起来酥而微脆,甜度低于广式月饼,有麻油香味,至今盛销不衰。提浆月饼虽不含防腐剂,但它的保质期较长,常温下存放 3 个月,品质不变。品种有百果提浆月饼,枣泥提浆月饼等,均脍炙人口。

图 5-11　自来红月饼外形和剖面

自来红月饼又称红月饼、丰收饼,是老北京传统月饼。扁圆形,表面棕黄色,有一棕黑色圆圈。入口酥化,有桂花香味(图 5-11)。

翻毛月饼(酥皮月饼)有玫瑰、枣泥、百果等馅。成品饼皮色洁白,绵软,入口即化。

## 一、京式配方

1. 提浆月饼的配方(表 5-27 和表 5-28)

表 5-27　提浆月饼饼皮配方　　　　　　　　　　　　　　　　　　　kg

| 项目 | 富强粉 | 芝麻油 | 白砂糖 | 饴糖 | 小苏打 | 饼皮用料烘焙百分比/% |
| --- | --- | --- | --- | --- | --- | --- |
| 皮料 | 37 | 9 | 13 | 6 | 0.1 | 富强粉100,芝麻油24～25,白砂糖35～35.5,饴糖16～16.5,小苏打0.25～0.28 |

表 5-28　部分提浆月饼馅料配方　　　　　　　　　　　　　　　　　　kg

| 项目 | 白砂糖 | 冰糖 | 熟面 | 枣泥 | 芝麻油 | 核桃仁 | 瓜子仁 | 松子仁 | 冬瓜糖 | 橘饼 | 糖青梅 | 青红丝 | 糖桂花 |
| --- | --- | --- | --- | --- | --- | --- | --- | --- | --- | --- | --- | --- | --- |
| 低档百果 | 16 | 3 | 8 | — | 8.5 | 3 | 0.5 | | | | | 2 | 1.5 |
| 高档百果 | 16 | | 5 | | 7 | 5.5 | 1.5 | 3 | 0.5 | 0.5 | 0.5 | | 1.5 |
| 枣泥 | — | — | | 44.8 | | 2 | 1.2 | | | | | | |

提浆饼历来有"阳春白雪"和"下里巴人"之分。低档百果配方是一款大众化的产品,馅中核桃仁、瓜子仁含量少,没有味佳、价高的松子仁,以青红丝取代蜜饯。高档的提浆饼,不仅花纹图案美观,更重要的是馅料配方甚佳,其中含有松子仁、瓜子仁、核桃仁等优质果料,其总含量超过 20%,此外,还加入糖青梅干、橘饼等蜜饯。入口有果香味。饼皮、馅料均含有麻油,麻油是一种健康油脂,含有维生素 E,故能延缓油脂氧化。

2. 自来红月饼的配方（表 5-29 至表 5-31）

**表 5-29  自来红月饼饼皮配方**  kg

| 项目 | 富强粉 | 芝麻油 | 白砂糖 | 饴糖 | 小苏打 | 饼皮用料烘焙百分比（%） |
| --- | --- | --- | --- | --- | --- | --- |
| 皮料 | 40 | 18 | 2 | 2 | 0.08 | 富强粉 100,芝麻油 44.5～45.5,白砂糖 4.5～5.5 饴糖 4.5～5.5 小苏打 0.2 |

**表 5-30  部分自来红月饼馅料配方**  kg

| 项目 | 白砂糖 | 冰糖 | 熟面 | 芝麻油 | 核桃仁 | 瓜子仁 | 冬瓜糖 | 糖青梅 | 青红丝 | 糖桂花 |
| --- | --- | --- | --- | --- | --- | --- | --- | --- | --- | --- |
| 低档 | 10 | 2 | 8 | 9.6 | 3 | 0.3 | | | 1 | 1 |
| 高档 | 9 | 2 | 6 | 8.6 | 5 | 1.3 | 0.5 | 0.5 | 0.5 | 1.5 |

**表 5-31  自来红月饼饰面料配方**  g

| 项目 | 饴糖 | 白砂糖 | 蜂蜜 | 食碱 | 水 |
| --- | --- | --- | --- | --- | --- |
| 皮料 | 200 | 100 | 50 | 10 | 0.08 |

3. 翻毛月饼（酥皮月饼）的配方（表 5-32 和表 5-33）

**表 5-32  翻毛月饼饼皮配方**  kg

| 项目 | 富强粉 | 猪油 | 白砂糖 | 饼皮用料烘焙百分比/% |
| --- | --- | --- | --- | --- |
| 皮料 | 1.5 | 0.2 | 0.1 | 富强粉 100,猪油 13.3～16,白砂糖 6.5～7 |
| 酥料 | 3 | 1.6 | — | 富强粉 100 猪油为 51～53 |

牛肉翻毛月饼的饼皮,是以麻油取代猪油。皮料中不放糖。配方如下:
皮料:小麦粉 1.3 kg,香油 200 g。
酥料:小麦粉 3 kg,香油 1.5 kg。

**表 5-33  部分翻毛月饼馅料配方**  kg

| 项目 | 白砂糖 | 饴糖 | 熟面 | 猪油 | 麻油 | 核桃仁 | 芝麻仁 | 酱牛肉 | 食盐 | 豆沙馅 | 糖玫瑰 | 花椒/g |
| --- | --- | --- | --- | --- | --- | --- | --- | --- | --- | --- | --- | --- |
| 玫瑰 | 1.5 | 0.3 | 1 | 0.7 | | 0.1 | | | | | 0.2 | — |
| 豆沙 | — | | | | 0.2 | | | | | 4 | 0.75 | — |
| 牛肉 | 1.4 | — | | 0.7 | | 0.8 | 0.3 | 0.3 | 1 | 0.03 | — | — | 2.5 |

## 二、生产工艺流程

### 1. 提浆月饼生产工艺流程(图 5-12)

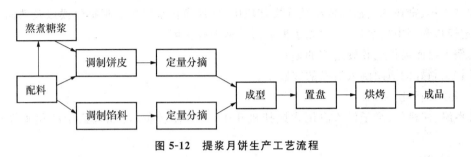

**图 5-12  提浆月饼生产工艺流程**

### 2. 自来红月饼生产工艺流程(图 5-13)

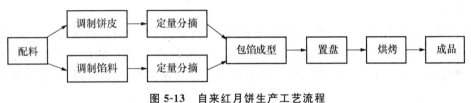

**图 5-13  自来红月饼生产工艺流程**

### 3. 翻毛月饼(酥皮月饼)生产工艺流程(图 5-14)

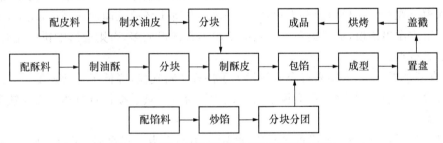

**图 5-14  翻毛月饼(酥皮月饼)生产工艺流程**

## 三、生产工艺要点

### (一)提浆月饼生产工艺要点

**1. 熬煮糖浆**

把 13 kg 白砂糖放入锅中,加入 4 kg 清水煮沸,直到糖粒完全溶解为止,再加放饴糖搅拌均匀,出锅冷却、过滤备用。

**2. 调制饼皮**

(1)将小麦粉过筛,去除粉中的杂质及异物。

(2)将过筛的面粉和芝麻油放入搅拌机中拌和。

(3)加入糖浆搅拌,揉和,直至搅匀,即得软硬适宜具有可塑性而无弹性的面团。

(4)将调制好的面团倒入洁净的容器中。

3. 调制馅料

(1)百果馅调制

①剔除果料、蜜饯中的杂质。

②将果料、蜜饯、糖、油等依次放入搅拌机中,酌加净化水搅匀。根据气候以及熟面的干湿度,确定馅料调制中加水量,馅料以手捏成形落地即碎为度。

③倒入熟面粉拌成软硬适宜的馅料。

④将调制好的面团倒入洁净的容器中。

(2)枣泥馅调制

将枣泥、核桃仁、瓜子仁依次倒入搅拌机斗中,若枣泥较稠,可加入适量净化水搅拌均匀即可。

4. 定量分摘

将皮料、馅料分成大块,再按产品规格要求分成小团、过秤。

5. 成型

(1)包馅　按照皮占60%,馅占40%的比例进行包制。取分摘好的皮料用手掌揿扁,揿成四周边稍薄,中间稍厚的圆形顺手拿起,然后将馅心放在皮子上的中间逐渐包起来收口即可。将包好的月饼生坯收口朝下放在固定的板上。为避免生坯粘板,须在板上稍微撒些干粉。

包馅时应注意揿皮不要揿得太大,否则底皮太厚;同时还要注意不露馅,收口时不要太厚,皮四周厚薄均匀。包馅时干粉不宜用多,否则影响质量;包馅速度不能太慢,以防走油。

(2)入模　在月饼印模内撒些干粉,将包好馅的月饼生坯放入印模内,收口朝上,用手掌揿实,不要让饼皮溢出饼模,造成露边。入模时干粉不宜撒得太多,否则会影响饼面光亮,饼面发白,误认为是霉点。

传统成型采用木模,近年来有企业研发了手持式塑料气模,降低了劳动强度。

(3)磕模　随手拿起印模,在案板上敲二、三下,用另一只手按住月饼随手敲在铁盘内。

6. 置盘

将饼坯花纹朝上放在揩干净的烤盘中,间距大小要适当。置盘时,应轻拿轻放,以免饼面产生捏印。

7. 烘烤

炉温230℃,烤制12 min左右,表面花纹呈深麦黄色即可出炉。

8. 感官要求

(1)形态　块形整齐,花纹清晰,无破裂、露馅、凹缩、塌斜现象。不崩顶,不拔腰,不凹底。

(2)色泽　表面光润,饼面花纹呈麦黄色,腰部呈乳黄色,饼底部呈金黄色,不青墙,无污染。

(3)组织　饼皮细密,皮馅厚薄均匀,果料均匀,无大空隙,无夹生,无杂质。

(4)滋味与口感　饼皮松酥,百果月饼有果仁滋味,枣泥月饼枣味浓郁无异味。

**(二)自来红月饼生产工艺要点**

1. 调制饼皮

将糖、油、开水、小苏打放入搅拌机中搅拌,搅匀后倒入小麦粉,继续搅拌至软硬适宜的面团。

2．调制馅料

将糖、油、熟粉依次放入搅拌机中搅拌均匀,再加入其他辅料继续搅均匀。

3．定量分摘

(1)饼皮分摘　取面团约 1.5 kg 左右放在面案上,用手按平,再用擀面杖擀薄,然后从中间切开,从外缘往里卷成条,摘成 30 小块。

(2)切馅　将馅摊成长方形馅块,然后切成长方条状的馅心。

4．包馅成型

(1)皮馅比为 6∶4,取馅包入皮中,包制时注意收口封严,不要偏皮露馅。

(2)将包好馅的半成品(收口向上)用手按成扁圆形生坯。

5．置盘

将定形后的半成品生坯翻个,收口朝下,放在盘内,间隔均匀。

6．饰面

(1)制磨水　将饴糖、白砂糖、蜂蜜、碱置于锅中,加入少量水,边加热边搅拌制成枣红色的浆水。

(2)印戳　在饼面上打印圆圈磨水戳。

7．烘烤

进炉温度为 210℃,炉中温度为 200℃,出炉温度为 210℃,烘烤 10 min 左右。

8．感官要求

(1)形状　扁圆形鼓状,上印磨水戳,块型整齐,不露馅,无黑泡。

(2)色泽　表面呈深棕黄色,平整,底呈金黄色,墙呈麦黄色,不青墙,磨水戳呈黑红色且端正整齐。

(3)内部组织　要求无空洞,不偏皮,不含杂质。

(4)滋味与口感　皮酥松不良,馅利口不粘,具有桂花香,无异味。

### (三)翻毛(酥皮)月饼生产工艺要点

1．饼皮调制

把白砂糖、水放入和面机内,进行搅拌,待糖溶化后,加入 200 g 猪油搅拌均匀,最后加入面粉,搅拌成软硬适宜、不粘手的皮面。

2．制油酥

先把面粉倒入和面机内,再把猪油总量的 90％ 加入和面机内,要求油酥的软硬程度与皮面相适合。如油酥面太干,可将剩余的 10％ 猪油适量加入调和,但要防止过于软烂。

3．炒馅

(1)先将糖和水放入锅内,加热熔化,再加入饴糖,继续熬制到糖水可以拉出糖丝为止,然后将猪油和事先过筛的面粉放在糖浆内搅拌均匀,直至馅的黏度适合并不结疙瘩为止。

(2)馅炒好后放在干净的容器内,用时再加放玫瑰。玫瑰花必须在包馅前加入,如放入玫瑰过早,使其水分外溢,馅易受潮,影响馅料质量。

4．制酥皮

(1)将水油皮和油酥分别分成 2 等份的大块。

(2)将皮面块用擀面杖擀压成长方形,使其两边薄,中间厚,再将酥块放在中间铺平,四面叠起用手压平,再擀成宽 50 cm 左右、长 100 cm 左右的长方形,切下两端以长度为准放在中间擀平,防止其两端皮酥不均,再用刀沿其长度方向从中间切开,一分为二,并从切处分别向外卷,使之成为直径适宜的酥皮长圆条。将破酥的面块分成 4 条。

5. 包馅

(1)将一块馅切成 4 条,以备包馅时搭配使用。

(2)将酥皮和馅分置左右于操作台上,用左手掐皮,系口向上,按成扁圆形,使其周围薄,中间厚,再用右手掐馅,进行包制,要求系口严整。

(3)成型。最后用手将包好的生坯按成扁圆形即可。

6. 置盘、盖戳

将成品码放在干净的烤盘内,行间保持一定的距离,不得粘连,然后盖上"玫瑰"字迹的红戳。

7. 烤制

入炉温度为 160℃,炉中温度为 165℃,出炉温度为 185℃,烤制 10～11 min 即可,产品出炉后须经 10～12 min 的冷却即为成品。

豆沙酥皮月饼、牛肉酥皮月饼烤制时,炉温稍高,进炉温度为 180℃,炉中温度为 230℃,出炉温度为 200℃。豆沙酥皮月饼烤制 12 min 左右。牛肉酥皮月饼烤制 10 min 左右。

8. 感官要求

(1)形态　外形圆整,饼面微凸,底部收口居中,不跑糖、不露馅。

(2)色泽　表面呈乳白色,底呈金黄色,不沾染杂色。品名钤记清晰。

(3)内部组织　酥皮层次分明,包心厚薄均匀,不偏皮,无夹生,无杂质。

(4)滋味和口感　酥松绵软,不垫牙,口感具有玫瑰香味,无异味。

# 任务五　其他月饼生产技术

我国幅员辽阔,各地资源不同,当地人民利用本地特产制成各具风味的地方特色月饼。除了广式、苏式和京式以外,还有潮式、宁式、滇式等。

潮式月饼原产广东潮汕地区,20 世纪中叶,传到上海,现广东、长三角大部分地区均有生产。其特点是采用酥皮包馅,酥皮的组成不同于苏式月饼,水油皮中含油量为 28%;酥仅占水油皮的 1/6。因此成品似有酥层,饼皮酥脆。馅制作精细,葱选用葱白,糖肉膘须先水煮后糖渍,豆沙需煮熟去壳,加糖、精炼油炒制。产品具有甘芳肥而不腻的特点,且皮脆馅软。

宁式月饼原产浙江宁波地区。其特点是采用酥皮包馅,酥皮的组成和苏式月饼相似,唯饼形较厚,以苔菜月饼为代表,饼皮松酥,馅料有浓郁的麻油香味,甜中带咸,咸里透鲜,有苔菜的特殊香味。

滇式月饼原产云南昆明地区,现云南、贵州、四川等地都有生产。以云腿月饼为代表。云腿月饼又称火腿坨,旧称火腿四两坨,是云南特有的月饼,风味独特。馅心选用宣威火腿,皮不分层次,但入口酥、松、脆而又柔软,故称"硬壳"月饼。

## 一、配方

### 1. 潮式月饼配方（表5-34和表5-35）

**表5-34　潮式月饼饼皮配方**　　　　kg

| 项目 | 富强粉 | 猪油 | 饴糖 | 水 | 饼皮用料烘焙百分比/% |
|---|---|---|---|---|---|
| 皮料 | 12 | 6 | 1 | 3 | 富强粉100，猪油为49～51，饴糖为8.3～8.5，水24.5～25.5 |
| 酥料 | 2 | 1.25 | — | — | 富强粉100，猪油为62～63 |

**表5-35　部分潮式月饼馅料配方**　　　　kg

| 项目 | 白砂糖 | 糕粉 | 猪油 | 白膘肉 | 白麻屑 | 瓜子仁 | 糖冬瓜 | 绿豆沙 | 青葱 |
|---|---|---|---|---|---|---|---|---|---|
| 老婆饼 | 7.5 | 3.25 | 3 | 3.5 | 2.5 | 1.6 | 8.5 | — | 0.26 |
| 绿豆沙 | — | — | — | — | — | — | — | 35 | — |

潮式月饼重油重糖。绿豆沙馅料脂肪含量较高，一般在15%以上。水分在18%左右。将馅料改为桂花红豆沙，即为流行于长三角的潮式红豆沙月饼。

### 2. 宁式月饼配方（表5-36和表5-37）

**表5-36　宁式月饼饼皮配方**　　　　kg

| 项目 | 富强粉 | 猪油 | 饴糖 | 饼皮用料烘焙百分比/% |
|---|---|---|---|---|
| 皮料 | 11 | 3 | 1 | 富强粉100，猪油为27～27.5，饴糖为9～9.5 |
| 酥料 | 5 | 2.5 | — | |

**表5-37　部分宁式月饼馅料配方**　　　　kg

| 项目 | 白砂糖 | 熟面粉 | 麻油 | 熟猪油 | 核桃仁 | 白麻屑 | 瓜子仁 | 糖桂花 | 糖冬瓜 | 红绿丝 | 火腿 | 苔菜粉 | 味精 | 白酒 |
|---|---|---|---|---|---|---|---|---|---|---|---|---|---|---|
| 苔菜月饼 | 12.5 | 7 | 6 | — | 1 | 2.5 | 1 | 1 | — | — | — | 1.5 | | |
| 火腿月饼 | 12.5 | 7 | — | 4.5 | — | — | — | 0.5 | 1 | 0.6 | 4 | — | 0.05 | 0.025 |

### 3. 滇式月饼配方（表5-38和表5-39）

**表5-38　滇式云腿月饼饼皮配方**　　　　kg

| 项目 | 富强粉 | 猪油 | 白糖粉 | 蜂蜜 | 碳酸氢铵 | 饼皮用料烘焙百分比/% |
|---|---|---|---|---|---|---|
| 皮料 | 6 | 3 | 0.5 | 0.4 | 0.01 | 富强粉100 猪油为49.5～50.5，白糖粉8～8.5，蜂蜜6.5～7，碳酸氢铵0.15～0.17 |

表 5-39　部分滇式云腿月饼馅料配方　　　　　　　　　　　　　　kg

| 项 目 | 绵白糖 | 蜂蜜 | 熟面粉 | 火腿 |
|---|---|---|---|---|
| 云腿月饼 | 4 | 0.4 | 0.5 | 4 |

## 二、生产工艺流程

1. 潮式月饼生产工艺流程(图 5-15)

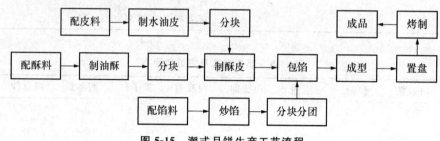

图 5-15　潮式月饼生产工艺流程

2. 宁式月饼生产工艺流程(图 5-16)

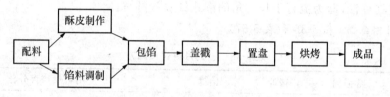

图 5-16　宁式月饼生产工艺流程

3. 滇式月饼生产工艺流程(图 5-17)

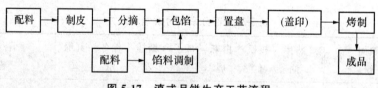

图 5-17　滇式月饼生产工艺流程

## 三、生产工艺要点

### (一)潮式月饼生产工艺要点

1. 饼皮调制

把猪油、饴糖放入和面机内,加 6 kg 左右开水(90℃)进行搅拌,待搅拌均匀后加入面粉,搅拌成软硬适宜、不粘手的皮面。

2. 制油酥

先把面粉倒入和面机内,再把猪油总量的 90% 加入和面机内,要求油酥的软硬程度与皮面相适合。如油酥面太干,可将剩余的 10% 猪油取适量加入调和。

3. 馅料调制

(1)分别将糖冬瓜切成小粒,洒水还潮,白膘肉煮熟切成丁块,瓜仁炒熟,白芝麻炒熟后碾成麻屑,香葱洗净取其白茎用刀剁碎。

(2)油、水、糖先行混合,再加白麻屑、瓜子仁、白膘肉、糖冬瓜和青葱等原料一起混拌成馅。绿豆沙月饼因馅料是采用现成绿豆沙馅料,省去馅料调制工序。

**4. 包馅成型**

(1)按包酥、包馅两步进行。由于该制品面较软烂,故用小包酥方法较适宜。为提高手工速度,可用双手同时操作。先各取皮料 36 g,按成圆片皮,再挑酥料 6 g 涂在圆片皮上,卷成小长条,折成小圆块,随即按成酥皮圆坯,要求边上薄中间厚,以利于包馅后正反面饼皮厚度相仿。这种圆坯内部酥层分隔,烤热以后饼皮起酥而且微见酥层,无僵片现象。

(2)包馅时,将皮坯按扁后摊在左手掌间,右手取馅料约 60 g 放在皮坯当中,边转边收口,将收口的饼坯尾尖倒折进去(折尾法),使用密封,防止油糖外泄。最后稍按成扁鼓形饼坯。

**5. 置盘盖印**

轻放入烘盘。面上盖"老婆饼"红印,盖印要轻,防止中心下陷。

**6. 烘烤**

(1)烤炉预热

(2)进炉温度 上火 220℃,下火 180℃,生饼坯入炉烘 3～4 min 后取出,将饼坯逐一翻身,然后再进炉烘熟。饼坯翻身后重入炉内至烘熟需 5～10 min,但必须视炉火大小具体掌握。如烘焙大只饼坯,因饼坯较厚,火力可稍为减弱,时间 8～15 min。生坯入炉前,不需存放过久,否则会出现走油现象,影响成品质量和得率。

(3)成熟标志 月饼中心温度 85℃以上。饼面金黄,腰部微凸,呈乳黄色即可出炉。

**7. 感官要求**

(1)形态 外形圆整扁平,无露酥、僵缩、跑糖、露馅现象,收口紧密。

(2)色泽 饼面黄色,呈油润感,腰部黄中泛白,饼底棕黄、不焦,不沾染杂色。

(3)内部组织 微见酥层,饼馅均匀,馅料软而略韧,果料大小适中,无夹生,无杂质。

(4)滋味和口感 饼皮酥脆,内质软韧,肥而清口,葱香味浓郁,无异味。

**(二)宁式月饼生产工艺要点**

**1. 酥皮制作**

(1)制油酥 将面粉放入和面机,然后放猪油拌匀,分团备用。

(2)和皮面 依次放入猪油、饴糖,再加适量开水拌匀,最后放入面粉继续搅拌,待调拌均匀后,分块备用。

(3)包酥 将皮面包好油酥,用走锤擀开,然后切成两块,搓成条状,分成大小均匀的面坯。

**2. 制馅**

苔菜月饼馅料调制方法,先放糖、油,加适量水搅拌,然后放入熟面粉和苔菜粉、糖桂花、核桃仁、瓜子仁,拌匀即可。

火腿月饼馅料调制方法,火腿蒸熟切丝;糖冬瓜切粒。将油、糖投入搅拌机中搅拌,待油、糖拌匀后,再加入糖冬瓜粒、火腿丝、红绿丝、糖桂花、味精、白酒、熟面粉和适量水拌和。拌成的馅料手捏成团,稍碰即碎。

**3. 包馅**

取酥皮包入馅心,按成扁鼓形,盖上红印。

4. 烘烤

(1)烤炉预热

(2)进炉温度　上火 220℃,下火 180℃,烘烤时间 18 min。

(3)成熟标志　饼中心温度 85℃以上。饼面浅棕黄色,腰部微凸,呈浅黄略白,无青色即可出炉。

5. 感官要求

(1)形态　大小均匀,圆正,周边鼓起。不走酥,不露馅,收口处无开裂。

(2)色泽　表面浅棕黄色,盖印正中清楚。腰边浅黄略白,无青色,底棕黄色,不焦。

(3)组织　酥皮光洁,层次均匀,苔菜细嫩色绿,果仁清晰,无粉块。火腿月饼剖面可见火腿丝。

(4)口味　皮酥,馅松。苔菜月饼有苔菜鲜味,麻油香味浓郁。火腿月饼松酥甜而鲜香可口。

**(三)滇式月饼生产工艺要点**

1. 制皮

将面粉、白糖粉、蜂蜜(400 g)混合加水搅和,加猪油、臭粉,搅拌成面团。

2. 制馅

(1)火腿洗净后蒸熟,剔去皮骨,肥瘦分开,切成 4 mm 见方的丁。

(2)将火腿丁(瘦火腿丁应占 70%)、蜂蜜、绵白糖、熟面粉混合均匀为馅。

3. 分摘

将饼皮面团分摘成重 150 g 剂子。

4. 包馅

将剂子按扁,包入馅,按捏成鼓形坯。

5. 置盘

将生坯整齐地摆入烤盘,间距要均匀。

6. 烘烤

(1)烤炉预热

(2)进炉温度　上火 200℃,下火 220℃,烘烤时间 20 min。

(3)成熟标志　饼中心温度 85℃以上。烤成饼面金黄色出炉。

7. 感官要求

(1)形态　扁圆形,形状饱满,无露馅现象。

(2)色泽　饼面金黄色、油润,饼底棕黄、不焦烟,不沾染杂色。

(3)内部组织　皮馅分明,不露馅,无夹生,无杂质。

(4)滋味和口感　香甜、绵软,甜而微咸,火腿香味浓郁,无异味。

**【思考题】**

1. 简述我国月饼的分类及其特点。

2. 月饼皮中加入碱水的目的是什么?

3. 简述广式月饼的加工技术。

4. 简述苏式月饼的加工技术。

5. 广式月饼加工中常见的质量问题及改进措施有哪些?

6. 如何制作月饼糖浆?

7. 传统的五仁月饼中五仁指哪几种果仁?

【技能训练】

### 技能训练一 水果月饼的制作

## 一、训练目的

1. 掌握水果月饼制作的工艺流程及操作要点。

2. 掌握卡拉胶在月饼制作中的应用。

## 二、用具、设备

设备面板、盆、月饼烤盘、烤箱、秤、绞碎机等。

## 三、原料配方

水果月饼配方见表5-40。

表 5-40 水果月饼配方 kg

| 皮料 | 面粉 | 砂糖 | 生油 | 其他辅料 |
|---|---|---|---|---|
| 计量 | 38 | 90 | 9 | 适量 |
| 馅料 | 水果 | 粟胶 | 卡拉胶 | 其他辅料 |
| 计量 | 250 | 120 | 120 | 适量 |

## 四、工艺流程及操作要点

1. 工艺流程

水果月饼生产工艺流程如图5-18所示。

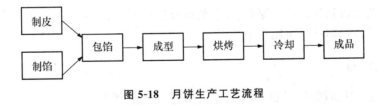

图 5-18 月饼生产工艺流程

2. 操作要点

(1)皮的制作 砂糖、生油、枧水等混合均匀,加入40%面粉,搅匀后放30 min,把剩余的面粉加入,和成团,醒发40 min。

(2)馅的制作 先将市售水果清洗干净,去皮、去核,然后用破碎机粉碎,将一半破碎后的水果、砂糖、粟胶加入夹层锅中,加盖,开机搅拌并加热,控制油温表面温度180℃以下。用剩下的一半水果浆浸入称量好的卡拉胶,要求浸透,若浸不透可加入少量水。称量好的澄面与生油一起开水油浆(生油留少许在后工序中加入)。夹层锅中的糖浆煮约80 min后除盖,加入浸透的卡拉胶继续加热。随着卡拉胶的溶解和发生胶黏作用,馅料逐步黏稠,继续煮至150 min

左右,此时加入澄面水油浆继续熬煮。不断加热搅拌,同时加入少许生油,蒸发水分使果浆熟发,此时果浆逐渐变得透明,再加入其他食品添加剂(柠檬酸、防腐剂等)。

待水分挥发到符合要求时上锅(经检验水分为 16%～18%),用铁盘装好冷却,即得果浆成品。

(3)包馅　称取醒好的皮料 20 g,用手压成薄饼,在月饼皮中间放入果料,两手相互配合,一手搂皮一手推馅,用饼皮把馅包好,口收紧后搓圆。

(4)成型　月饼坯子表面沾一层干面粉并稍稍搓成长圆形,放入月饼模具。用手轻轻把月饼坯子按扁,月饼模具放在台面上用手按压带弹簧的手柄,再提起模具将月饼轻轻推出。

(5)烘烤　所有的月饼都依次做好,放入烤盘中,月饼表面喷少许的清水,放入已预热的烤箱中上层,180℃上下火烤 5 min 至表面上色。取出烤盘,用刷子在月饼表面薄薄的刷一层蛋黄液,放入烤箱中层 180℃上下火烤 20 min 即可出炉。

(6)冷却　出炉的月饼晾凉,放入保鲜袋中密封,常温放置 1～2 d 至月饼回油饼皮变软即可食用。

## 五、质量评价

(1)色泽　优质月饼表面金黄,底部红褐,墙面乳白,火色均匀,表皮有蛋液以及油脂光泽;劣质月饼则不具备上述特征,还有崩顶现象。

(2)形状　优质月饼块形周正圆整,薄厚均匀,花纹清晰,表面无裂纹、不露馅;劣质月饼则大小不均,跑糖露馅严重。

(3)组织　优质月饼皮酥松、馅柔软,不偏皮偏馅,无空洞,不含杂质;劣质月饼皮馅坚硬、干裂,有较大空洞,含杂质异物。

(4)滋味　优质月饼甜度适当,馅料油润细腻,气味清香无异味;劣质月饼则相反。

### 技能训练二　蛋黄月饼的制作

#### 一、训练目的

1. 掌握蛋黄月饼制作的基本原理、工艺流程及操作要点。
2. 掌握食品添加剂在月饼制作中的应用。

#### 二、用具、设备

设备面板、盆、月饼模具、月饼烤盘、小白毛刷子、烤箱、秤等。

#### 三、原料配方

蛋黄月饼配方见表 5-41。

#### 四、工艺流程及操作要点

1. 工艺流程

蛋黄月饼生产工艺流程如图 5-19 所示。

表 5-41 蛋黄月饼配方 g

| 皮料 | 面粉 | 糖浆 | 豆油 | 枧水 | 月饼改良剂 |
|------|------|------|------|------|-----------|
| 计量 | 1 500 | 1 125 | 390 | 60 | 10 |
| 馅料 | 蛋黄/个 | 莲蓉/g | | | |
| 计量 | 100 | 2 000 | | | |

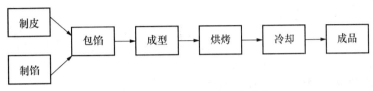

图 5-19 蛋黄月饼生产工艺流程

2. 操作要点

(1)皮的制作 糖浆、油、枧水、改良剂混合均匀,加入 40% 面粉,搅匀后放 30 min,把剩余的面粉加入,和成团,醒发 40 min。

(2)馅的制作 生的蛋黄要提前从冰箱中取出,不用弄熟,直接用就好,将蛋黄浸入酒中,浸泡 5 min 左右,放到烤盘中烘烤 5 min,然后取出冷却至室温后待用。一个蛋黄外包裹 20 g 莲蓉,揉成团,即完成馅的制作。

(3)包馅 称取醒好的皮料 20 g,用手压成薄饼,在月饼皮中间放入蛋黄莲蓉馅,两手相互配合,一手搂皮一手推馅,用饼皮把馅包好,口收紧后搓圆。

(4)成型 月饼坯子表面沾一层干面粉并搓成长圆形,放入月饼模具。用手轻轻把月饼坯子按扁,月饼模具放在台面上用手按压带弹簧的手柄,再提起模具将月饼轻轻推出。

(5)烘烤 所有的月饼都依次做好,放入烤盘中,月饼表面喷少许的清水,放入已预热的烤箱中上层,180℃上下火烤 5 min 至表面上色。取出烤盘,用刷子在月饼表面薄薄地刷一层蛋黄液,放入烤箱中层 180℃上下火烤 20 min 即可出炉。

(6)冷却 出炉的月饼晾凉,放入保鲜袋中密封,常温放置 1~2 d 至月饼回油饼皮变软即可食用。

## 五、质量评价

(1)色泽 优质月饼表面金黄,底部红褐,墙面乳白,火色均匀,表皮有蛋液以及油脂光泽;劣质月饼则不具备上述特征,还有崩顶现象。

(2)形状 优质月饼块形周正圆整,薄厚均匀,花纹清晰,表面无裂纹、不露馅;劣质月饼则大小不均,跑糖露馅严重。

(3)组织 优质月饼皮酥松、馅柔软,不偏皮偏馅,无空洞,不含杂质;劣质月饼皮馅坚硬、干裂,有较大空洞,含杂质异物。

(4)滋味 优质月饼甜度适当,馅料油润细腻,气味清香无异味;劣质月饼则相反。

# 项目六　中式糕点生产工艺

【学习目标】
(1)了解糕点的分类、特点及一般工艺流程。
(2)掌握糕点制作的关键工艺和常见的质量问题。
【技能目标】
(1)能够掌握各种面团(糊)的调制方法。
(2)掌握多种中式糕点制作技术。

## 任务一　概述

所谓糕点是指以粮、油、糖、蛋等为主料,添加(或不添加)适量辅料,经调制、成型、熟制等加工工序制成的食品。糕点品种多样,花式繁多。中式糕点泛指各种经由蒸、煮、烤、炸、煎等方式制作而成的传统中国式面食制品(如馒头、包子、烧饼、油条及其他类似品)。

中式糕点制作早在周朝就已经出现了有名的"周代八珍"和"楚宫名食"等食馔。至2 000多年前的先秦古籍《周礼·天官》中就有"笾人馐笾之实,糗饵粉粢。"的记载。其中的"糗"就是现今的炒米粉或炒面,"饵"则为糕耳或饼耳的总称。虽然这些都只是简单的加工而已,但已初具糕点的雏形。到了汉代,面点制作技术便有了很大的发展,此时出现了饼、粽、包(烙、蒸、煮)等名吃。发展至唐宋时期,糕点便已成为商品进行加工生产,此时的制作技术也有了进一步提高。据史料记载,当时的长安已有专业的"饼师"和专业的作坊从事糕点的加工制作,所采用的方法则以烘烤为主。宋代在制作技术上开始出现采用油酥分层和饴糖增色等工艺进行加工生产。当时苏东坡有"小饼如嚼月,中有酥和饴"的诗句。宋代的《东京梦华录》《梦粱录》等文献中记载当时的糕类主要有:蜜糕、乳糕、豆糕、重阳糕等。饼类主要有月饼、春饼、千层饼等,其所用馅料以枣泥、豆沙、蜜饯最为常见。发展至今,我国的糕点生产逐渐形成了各地区具有独特风味制作技艺,并在相互影响下,形成目前繁多的花色品种。

### 一、分类

中式糕点主要分为热加工糕点和冷加工糕点两大类。

1. 热加工糕点

烘烤糕点、油炸糕点、水蒸糕点、熟粉糕点及其他。其中烘烤类包括:酥类、松酥类、松脆类、酥层类、酥皮类、水油皮类、糖浆皮类、松酥皮类、硬酥皮类、发酵类、烘糕类、烤蛋糕类;油炸类包括:松酥类、酥皮类、水油皮类、酥层类、水调类、发酵类、糯糍类;水蒸类包括:蒸蛋糕类、印模糕类、韧糕类、发糕类、松糕类;熟粉糕类包括:热调糕类、印模糕类、切片糕类等。

酥皮　　　　　　　　　　　酥层

水调皮类

2. 冷加工糕点

冷调韧糕类、冷调松糕类、蛋糕类、油炸上糖浆类、萨其马类及其他。其中,冷调韧糕类:用糕粉、糖浆和冷开水调制成有较强韧性的软质糕团,经包馅(或不包馅)成型而成的冷作糕类制品;冷调松糕类:用糕粉、潮糖或糖浆拌和成松散性的糕团,经成型而成的松软糕类制品;上糖浆类:先制成生坯,经油炸后再拌(浇、浸)入糖浆的口感松酥或酥脆的制品;萨其马:以面粉、鸡蛋为主要原料,经调制面团、静置、压片、切条、过筛、油炸、拌糖浆、成型、装饰、切块而制成。

图 6-1 为部分糕点图。

切片糕　　　　　　　　　　印模糕

**图 6-1　部分糕点图**

## 二、面团的种类

(1)水油面团　具有一定筋性,良好的延伸性,主要作为酥皮糕点的外皮包油酥,也可单独用于包馅产品。

(2)油酥面团　属于塑性面团,无筋性,不能单独使用,只作为酥皮的内夹酥。

(3)酥性面团　属于塑性面团,基本上无筋性,主要用于重油酥类产品。

(4)筋性面团

强筋性面团(即水调面团):具有较强筋性和韧性,主要用于油炸类中点。

松酥面团:亦称混糖面团,面团筋性和韧性比筋性面团稍弱,主要用于油炸类和包馅类中点。

(5)糖浆面团　即有一定筋性,又有良好的可塑性,主要用于浆皮包馅中点,如中式月饼。

(6)发酵面团　属于筋性面团,主要用于油炸类,蒸制类,松酥类中点。

(7)米粉面团　包括水磨面团,冷调面团,热调面团,打芡面团。主要用于油炸类,各种团类中点。

## 三、常用设备

1. 烤炉

烤炉的热源主要有蒸汽、微波、电能、煤等,电热式烤炉以其结构简单、调温方便、自动控温等优点而被广泛选用。目前,应用最广的电热式烤炉为分层式烤箱,这种烤箱具有性能稳定、温度均匀、可调节底火和面火且各层制品互不干扰等优点。

2. 搅拌机

搅拌机一般分为手持式搅拌器和台式搅拌器两种,广泛用于浆料的搅拌混合或点心面团的调制,还可打发奶油膏和蛋白膏以及混合各种馅料。搅拌机通常由带有圆底的搅拌桶和三种不同形状的搅拌桨所组成,网状搅拌桨用于搅拌低黏度物料如蛋液与糖的搅打,扁平花叶状搅拌桨用于搅拌中黏度如油脂和糖的打发,以及点心面团的调制,勾状搅拌桨用于搅拌高黏度如面包面团的搅拌,搅拌速度可根据需要进行调控。此外台式小型搅拌机可用于搅打鲜奶油及混合馅料。

3. 和面机

一种专门用于调制面团的机械设备,主要有立式和卧式两种类型。其主要功能是使面团中面筋充分扩展,缩短面团的调制时间。

4. 醒发箱

能够进行调控温度和湿度的一种常用设备,为面团的发酵创造理想环境条件。

5. 炸锅

目前大多采用远红外电炸锅,其特点是能自动控制温度,有效地保障了制品的质量。

## 四、常用工具

1. 烤盘

用于摆放烘烤制品,传统烤盘的材质主要为铁制品和铝制品,相对于铁制品清洗后易生锈的特点,铝制品更容易清洗。目前,采用新型工艺、材质制得的特氟龙烤盘片以其抗黏性好、耐温范围广、无毒、具有防腐功能、可根据烤箱尺寸随意裁切等特点而被广泛使用。

2. 刀具

菜刀,用于制馅或切割面剂;抹刀(裱花刀),用于裱奶油或抹馅心用;锯齿刀用于蛋糕或面包切片;花边刀,其两端分别为花边夹和花边滚刀,前者可将面皮的边缘夹成花边状,后者由圆形刀片滚动将面皮切成花边。还有一些专用制品的刀具。

3. 模具

模具根据材质不同,分为铝制、铁质、木质、塑料材质等;根据使用方法不同,一种为成型模具,另一种为切压模具;根据外形不同,有圆形、花形、方形等多种外形。

4. 筛子

用于进行干性原料的过滤,主要有尼龙丝、铁丝、铜丝等。

5. 锅

可分两种,一种为加热用的平底锅,用于馅料炒制,糖浆熬制和巧克力的水浴溶化(炒制果酱必须用铜锅,切忌用铁锅,因为铁制品遇到果酸易氧化变色),另一类为圆底锅(或盆),用于物料的搅打混合。

6. 走锤

用于擀制面团时使用,走锤的材质主要有木制、塑料和金属三种,形状平、花齿及用于特殊制品的圆锥体(烧麦)。

7. 铲

常见材质主要有木、竹、塑料、铁、不锈钢等制品,用于混合、搅拌或翻炒原料。

8. 漏勺

在加工油炸制品时,往往和灌浆料同时操作,最少配备两把以上,以便于操作。

9. 长竹筷

主要用于在进行炸制过程中,进行翻滚操作。

10. 汤勺

有塑料、不锈钢、铜等品种,用于挖舀浆料如乳沫类蛋糕浇模用。

11. 羊毛刷

用于生产制品时油、蛋液、水、亮光剂的刷制。

12. 打蛋钎

用于蛋液、奶油等原料的手工搅拌混合。

13. 衡、量具

秤、量杯、量勺等。面点制作一定要有量的概念,尤其是西点,不能凭手或眼来估计原料的多少,必须按配方用衡器来称量各种原料,注明体积的液体原料可用量杯来量取。

14. 金属架

摆放烘烤后的制品,便于透气冷却或便于表面浇巧克力等物料。

15. 操作台

大批量制作可采用不锈钢、大理石或拼木面的操作台,小批量生产如家庭可在面板或塑料板上进行。

## 任务二　烘烤糕点生产工艺

烘烤类糕点是指烘烤熟制的一类糕点。主要分为:

(1)酥类　用较多的油脂和糖调制成塑性面团,经成型、烘烤而成的组织不分层次,口感酥松的制品。

(2)松酥类　用较少的油脂,较多的糖(包括砂糖、绵白糖或饴糖),辅以蛋品、乳品等并加入化学膨松剂,调制成具有一定韧性,良好可塑性的面团,经成型、熟制而成的制品。

(3)松脆类　用较少的油脂,较多的糖浆或糖调制成糖浆面团,经成型、烘烤而成的口感松脆的制品。

(4)酥层类　用水油面团包入油酥面团或固体油,经反复压片、折叠、成型后,熟制而成的具有多层次的制品。

(5)酥皮类　用水油面团包油酥面团制成酥皮,经包馅、成型后,熟制而成的饼皮分层次的制品。

(6)水油皮类　用水油面团制皮,然后包馅,经熟制而成的制品。

(7)糖浆皮类　用糖浆面团制皮,然后包馅,经烘烤而成的柔软或韧酥的制品。

(8)松酥皮类　用较少的油脂,较多的糖,辅以蛋品、乳品等并加入化学膨松剂,调制成具有一定韧性,良好可塑性的面团,经制皮、包馅、成型、烘烤而成的口感松酥的制品。

(9)硬酥皮类　用较少的糖和饴糖,较多的油脂和其他辅料制皮,经包馅、烘烤而成的外皮硬酥的制品。

(10)发酵类　用发酵面团,经成型或包馅成型后,熟制而成的口感柔软或松脆的制品。

(11)烘糕类 以糕粉为主要原料,经拌粉、装模、炖糕、成型、烘烤而成的口感松脆的糕点制品。

(12)烤蛋糕类 以鸡蛋、面粉、糖为主要原料,经打蛋、注模、烘烤而成的组织松软的制品。

烘烤类糕点品种丰富,样式繁多,下面介绍几类具有代表性的产品。

# 一、酥类糕点的生产

## (一)原料选用

酥类糕点生产的原料有面粉、白糖、油脂(植物油、猪油)、鸡蛋、小苏打、臭粉、果料、水等,其中油和糖用量特别大,一般小麦粉、油、糖的比例为1:(0.3～0.6):(0.3～0.5),加水较少,由于配料含有大量的油、糖就限制了面粉吸水,控制了大块面筋的形成,面团的弹性极小,可塑性较好,产品结构特别松酥,许多产品表面有裂纹,一般不包馅。典型的制品是各种桃酥。

## (二)酥类糕点生产原理

酥类糕点制作的关键在于面团调制。必须使油、糖、蛋、水等充分拌匀至乳化后,才能拌入小麦粉,边揉边擦,直至成团。不能使面团渗油或起筋,否则会影响制品的疏松。酥类糕点面团松散,成型时不要搓、擦,否则制品会发硬,可用印模或手工成型,成型后不宜久放,应及时入炉烤制。入炉温度要低,以保证制品的摊发度;出炉时温度要高,否则表面不易裂开。各种的酥类糕点在配方和制作工艺上都大同小异,其主要区别在于风味料、装饰料以及外形和大小的不同。

## (三)酥类糕点的生产工艺流程

### 1. 桃酥型

(1)产品特征 桃酥型糕点是以小麦粉、油脂、糖为主料,加入少量鸡蛋、适量的水和化学膨松剂,经调制面团、分块成型、烘烤熟制而成。成品不分层次,具有松、酥、香的特点。其典型代表品种为核桃酥。

(2)生产工艺流程 如图6-2所示。

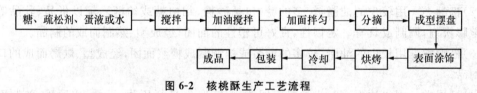

图6-2 核桃酥生产工艺流程

### 2. 薄片型

(1)产品特征 薄片型糕点在制作过程中经擀薄工序,成品呈薄片状。薄片型与桃酥型相比,饼坯中含油量略低,糖和水含量稍高,多数品种中芝麻用量较多,成品薄而酥脆。主要品种有椒盐薄脆、五香麻酥、洋钱饼、桃麻酥等。

(2)生产工艺流程 如图6-3所示。

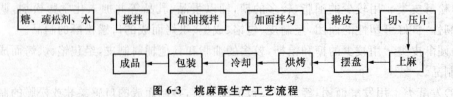

图6-3 桃麻酥生产工艺流程

### 3. 干点型

(1)产品特征 在酥类糕点中,干点型用油量较低,用蛋、水量偏高,其面团具有一定的可塑性和延伸性,在制作时加上不同的装饰面料,可形成多种花式制品。其成品外表光洁,具有干爽、松化、酥脆、香味浓郁的特点。常见的品种如冰糖饼、蛋奶酥饼、香兰酥和广式蛋奶光酥等。

(2)生产工艺流程 如图6-4所示。

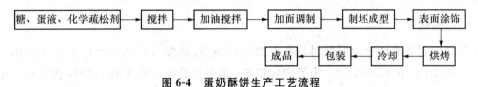

**图6-4 蛋奶酥饼生产工艺流程**

### (四)酥类糕点生产工艺要点

**1. 辅料预混合**

为了限制面筋蛋白质吸水胀润,应先把水、糖和鸡蛋投入和面机中搅拌均匀,再加油脂继续搅拌,使其乳化均匀,然后加入疏松剂、桂花、籽仁等继续搅拌均匀。

**2. 甜酥面团调制**

辅料预混合好后,加入过筛的面粉,拌匀即可。面团要求具有松散性、良好的可塑性,且面团不韧缩。因而要求使用薄力粉,有的品种还要求面粉颗粒粗一些好,因为粗颗粒吸水慢,能加强酥性程度,调制时以慢速调制为好,混匀即可。要控制搅拌温度及时间,防止大块面筋的生成。

**3. 分块**

将调制好的面团分成小块,搓成长圆条,以备成型。

**4. 成型**

酥类糕点有印模成型和挤压成型。目前,大多数小工厂仍采用手工成型法,而较大的工厂则采用桃酥机等设备成型。手工印模成型时,将成块后的面团按入模具内,用手按严削平,然后磕出。有的酥类糕点,成型后需要装饰,如成型后的核桃酥表面放上核桃仁或瓜子仁。桃仁酥原料中的桃仁和瓜子仁,先摆放在空印模具中心,成型后黏附在其表面。

**5. 烘烤**

酥类糕点品种多,辅料使用范围广,成型后大小不同,厚薄不一,因而焙烤条件很难统一规定。对于不要求摊裂的品种,一般第一、三阶段上下火都大,第二阶段火小。因为第一阶段为了定型,防止油摊,第二阶段生坯膨胀,温度低些,第三阶段上为了成熟,并加强呈色反应。对于需要摊裂的品种,在焙烤初始阶段,入炉温稍低一些,有利于疏松剂受热分解,使生坯逐渐膨胀起来并向四周水平松摊。同时在加热条件下糖、油具有流动性,气体受热膨胀、拉断或冲破表层,形成自然裂纹。一般入炉温度 160~170℃,出炉时温度升至 200~220℃,大约烘烤 10 min 即可。

**6. 冷却与包装**

刚出炉的糕点温度很高,必须进行冷却,如果不冷却就立即进行包装,糕点中的水分散发不出来,影响其酥松程度,成品温度应冷却到室温为好。

### 二、酥皮类糕点的生产

酥皮类糕点是中式糕点的传统品种,采用夹油酥或夹油的方法,制成酥皮再经包馅或不包馅成型、焙烤而制成。制品有层次,入口酥松。这种制皮方法在我国已有近千年历史,宋朝苏东坡曾说:"小饼如嚼月,中有酥和饴。"酥皮类糕点按其是否包馅分为酥皮包馅制品和酥层制品两大类。

#### (一)原料选用

酥皮包馅制品的坯料主要原料是小麦粉、水、油脂,其配方比例常为小麦粉∶油脂∶水为1∶(0.1~0.5)∶(0.25~0.5)。为了增加口味,许多制品在皮料中加白糖粉和饴糖。小麦粉一般选中筋粉(湿面筋含量为28%~30%)。油酥的配方一般采用油脂∶小麦粉=1∶2左右,不同的品种略有不同。辅料有果料、精盐、花椒面、味精等。层酥类糕点的主要原料是小麦粉、油脂、水,辅料有白糖、小苏打、精盐、薹菜粉等。

#### (二)酥皮类糕点生产原理

##### 1. 酥皮包馅制品

酥皮包馅糕点的种类很多,如京八件、苏式月饼、福建月饼、高桥松饼、宁邵式月饼等。这些产品的外皮呈多层次的酥性结构,内包各式馅料,馅料是以各种果料配制而成的,并多以糖制或蜜制、炒馅为主,如枣泥、山楂、豆沙、白果等。酥皮包馅制品还可进一步分为暗酥型和明酥型。

(1)水油面团的调制　水油面团是用小麦粉、水和油脂调制而成的筋性面团,具有一定的弹性、良好的延伸性和可塑性。调制时先将油脂和温水搅拌成乳化状态,再加入小麦粉搅拌,直至形成软硬适宜、延伸性较好的面团。水油面团的用油可根据面粉的面筋的含量来决定。面筋含量高的面粉应多加油脂。油脂的用量一般为小麦粉的10%~20%,个别品种超过40%。加水量一般为小麦粉的40%~50%。油脂用量多时,则少加水;反之则多加。一般用30~50℃的温水调粉。

(2)油酥面团的调制　油酥面团是一种以油脂和小麦粉为主制成的面团,可塑性强,基本无弹性。它是将小麦粉和油脂在和面机内搅拌2 min,然后取出分块,用手使劲擦透即成,因而又称擦酥。油酥面团用油量一般为小麦粉的50%左右。面团禁止加水,以防形成面筋。擦酥时要用力均匀,时间要长些,这样才能擦透,形成柔软的,可塑性强的面团。油酥面团的软硬度应与皮料接近,以利于包酥。油酥面团不能单独用来制作成品,而是用作酥皮类糕点的包酥。

##### 2. 酥层糕点

酥层糕点的制法与酥皮包馅的饼皮生坯制法相似,只是不包馅,而在酥油中添加调味料。它的皮料有多种类型,包括甜酥性面团、水油面团,有的也使用发酵面团。

(1)甜酥面团的调制　甜酥性面团是在小麦粉中加入大量的糖、油脂及少量的水,以及其他辅料制成的,这种面团的弹性和韧性极小,可塑性很好。甜酥面团的调制是先将油、水、糖和少量蛋液搅拌成乳状液,再加入小麦粉搅拌。由于水的用量很少,而且先与糖、油等形成乳化状态,而不是与小麦粉直接接触,加上大量糖和油脂的反水化作用,使面筋的形成大受限制,因而面团具有良好的可塑性和极小的弹性,内质疏松而不起筋。调制水和糖、油脂等原料必须预先充分乳化,搅拌小麦粉速度不宜快,并应严格控制温度和搅拌时间以防起筋。

(2)发酵面团的调制　发酵面团的制作有两种方法:一是使用酵母;二是使用面肥。现在多使用即发干酵母。面团发酵方法有两种,即一次性发酵法和二次发酵法。

### (三)酥皮类糕点的生产工艺流程

1.酥皮包馅制品(图 6-5)

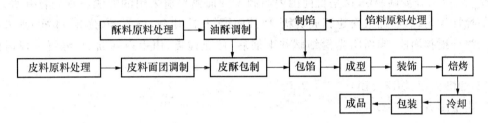

**图 6-5　酥皮包馅类糕点的生产工艺流程**

2.酥层糕点(图 6-6)

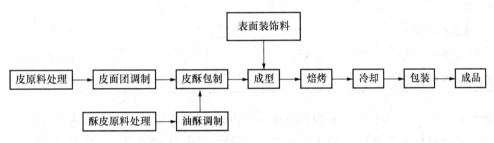

**图 6-6　酥层糕点的生产工艺流程**

### (四)酥皮类糕点生产工艺要点

1.酥皮包馅制品生产工艺要点

(1)水油面团的调制

①典型配方(表 6-1)

**表 6-1　水油面团的典型配方**　　　　　　　　　　　　　　　　　　kg

| 糕点名称 | 面粉 | 水 | 油脂 | 蛋 | 砂糖 | 淀粉糖浆 | 其他 |
| --- | --- | --- | --- | --- | --- | --- | --- |
| 京八件 | 100 | 50 | 45 | | | | |
| 广式冬蓉酥(皮) | 100 | 40 | 25 | | | 10 | 冬蓉 |
| 广式莲蓉酥 | 100 | 30 | 30 | | | | 莲蓉 |
| 小胖酥 | 100 | 32 | 18 | 27 | 6.8 | | |

②调制方法　水油面团按加糖与否分为无糖水油面团和有糖水油面团,糖的添加主要是为了使表皮容易着色和改善风味。水油面团按其包馅方式又可分为两种:一是单独包馅用的水油面团,面团的延伸性好,有时也称延伸性水油面团;二是包入油酥面团制成酥皮再包馅,这种面团延伸性差,有时也称弱延伸性水油面团。另外,熟制方式不同,水油面团也有差异,用于

焙烤的筋力强些,用于油炸的筋力差些。

目前,水调面团的调制根据加水的温度主要有如下三种方法:

a. 冷水调制法 首先搅拌油、饴糖,再加入冷水搅拌均匀,最后加入面粉,调制成团。用这种面团生产出的产品,表皮浅白,口感偏硬,酥性差,酥层不易断脆。

b. 温水调制法 将40~50℃的温水、油及其他辅料搅拌均匀,加入面粉调制成面团。这种面团生产出来的糕点,皮色稍深,柔软酥松,入口即化。

c. 热、冷水分步调制法 这是目前国内调制水油面团普遍采用的方法。首先将开水、油及饴糖等搅拌均匀,然后加入面粉调成块状,摊开面团,稍冷片刻,再逐步(分3~4次)加入冷水调制。继续搅拌面团,当面团光滑细腻并上筋后,停止搅拌,用手摊开面团,静置一段时间后备用。

(2)油酥面团(擦酥面团)

①典型配方(表6-2)

表6-2 油酥面团的典型配方 kg

| 糕点名称 | 面粉 | 油脂 | 其他 |
| --- | --- | --- | --- |
| 京八件 | 100 | 52 | |
| 广式莲蓉酥(酥料) | 100 | 50 | |
| 京式百果酥皮(酥料) | 100 | 50 | 着色剂少许 |
| 宁邵式千层酥(酥料) | 100 | 50 | |

②调制方法 调制时,油酥面团严禁使用热油调制,防止蛋白质变性和淀粉糊化,造成油酥发散。调制过程中严禁加水,因为加入水后,容易形成面筋,面团就会硬化而严重收缩;再者容易与水油面皮连结成一体,不能形成层次;产品经焙烤后表面发硬,失去了酥松柔软的特点。油酥面团存放时间长要变硬,使用前可再擦揉一次。

(3)皮酥包制 皮酥包制后应及时包馅,不易久放,否则易混酥。

(4)制馅

①馅料的种类 糕点中有不少品种需要包馅,而馅料的配制又反映着各地糕点的特色。由于包馅的糕点花色繁多,因而馅料的种类也很多。馅料按制作方式可分为擦馅和炒馅两大类。

擦馅是将糖、油、水以及其他辅料放入和面机内拌匀,然后加入熟面粉、糕粉等再搅拌,拌匀至软硬适度即制成擦馅。擦馅要求用熟制面粉,熟制的目的在于使糕点的馅心熟透不至于有夹生现象。面粉的熟制方法为蒸熟或烤熟。

炒馅是面粉与馅料中其他原辅料经过加热炒制成熟而制成的馅即炒馅。

②馅料的制作 馅料的种类很多,现选择中点中几种有代表性的产品介绍如下。

a. 豆沙馅 它是月饼、面包、豆糕、豆沙卷、粽子、包子等点心中常用的馅料。其制作方法为:将赤豆洗净除杂,入锅煮烂,煮熟后研磨取沙,然后将豆沙中多余水挤出。在锅中放入生油,将豆沙干块放入炒制,然后再放入油、糖充分混合,当达到一定稠度及塑性时,再将附加料投入,拌匀起锅即成。制作时应注意取沙以豆熟不过烂、表皮破裂、中心不硬为宜;油脂应分次加,以防结底烧焦;炒时最好采用文火,当色泽由紫红转黑、硬度接近面团硬度时取出。放在缸内冷却后浇上一层生油,加盖放阴凉处备用。

b. 百果馅　又称果仁馅,是由多种果仁、蜜饯组成,各地口味不同、配料各异,但制作方法基本相同。首先将各种果料除杂去皮,有的切成小丁,有的碾成细末。原料处理好后倒入和面机,将油、糖及各种配料投入,并加入适量水搅拌,最后加入糕粉或熟面粉搅拌,即可制成软硬适宜的馅心料。

c. 黑芝麻椒盐馅　此种馅料制作方法与百果馅基本相同,采用混拌方法,要求搅拌均匀使馅油润不腻、香味浓郁、甜咸适口。

(5)包馅　皮坯制好后即可包馅,皮馅比例大多为6:4、5.5:4.5、5:5、4:6等,少数品种有7:3或3.5:6.5的。将已分割好的皮坯压扁,要求中心部位稍厚,四周稍薄,包入馅料,收口要缓慢,以免破皮,一般在收口处贴一张小方毛边纸,以防焙烤时油、糖外溢。有的品种可在底部收口处留微孔,以便气体散发。

(6)成型　包馅后的饼坯一般都呈扁鼓形,如果要求制品表面起拱形,饼坯不需压得太平。大多数制品是圆形的,个别品种也有呈椭圆形的。而京八件主要用各种形状的印模成型。

(7)装饰　饼坯成型后,有些需要进行表面装饰,如在饼坯表面粘芝麻、涂蛋液、盖红印章等。盖印时动作要轻。有些品种还需要在表面切几条口子。

(8)烘烤　烘烤的条件随品种、形状的不同而异。饼坯厚者采用低炉温,长时间烘烤,饼坯薄者采用高炉温短时间烘烤。一般制品入炉温度为230℃,3~4 min后升至250℃,外皮硬结后降至220℃,烘10 min左右出炉。薄型品种烘烤6~9 min。厚型或白皮品种炉温掌握在180℃左右,不宜高温烘烤,否则制品表面易着色。时间可延长至10~15 min。

2. 酥层糕点工艺要点

(1)皮面团调制　一般要求调制出的面团有较好的延展性,能轧成薄片。薹菜千层酥所用的皮面团要求调制成甜酥性面团,罗汉饼所用的皮面团要求调制成水油面团,这两种面团的调制方法前面讲过。

(2)皮酥包制与成型　皮酥包制就是把油酥夹入皮层内,可以采用大包酥或小包酥的办法制成,然后折叠成型,根据制品要求,薹菜千层酥要求27层,罗汉饼只要求18层,饼成型后,薹菜千层酥需要在饼坯表面撒上装饰料,装饰料组成为:芝麻100 g,薹菜粉62.5 g,白糖粉100 g。

(3)烘烤与冷却　烘烤原则同酥类糕点,一般要求炉温200℃,烘烤后必须经过冷却后再进行包装。

## 三、实例

### (一)酥类——白油桃酥

1. 配方(表6-3)

表6-3　白油桃酥配方　　　　　　　　　　　　　　　kg

| 原辅料 | 富强粉 | 白糖 | 鸡蛋 | 猪油 | 桂花 | 核桃仁 | 碳酸氢铵 | 水 |
|---|---|---|---|---|---|---|---|---|
| 计量 | 24 | 11.5 | 2.25 | 12 | 1.25 | 2.5 | 适量 | 适量 |

2. 生产工艺流程(图 6-7)

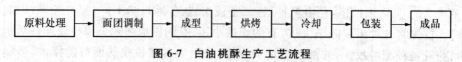

图 6-7　白油桃酥生产工艺流程

3. 生产工艺要点

(1)配料与和面　先将白糖、鸡蛋、碳酸氢铵、水放入和面机中搅拌,再放入猪油、桂花、核桃仁继续搅拌均匀,最后加入富强粉和制。和制时间不宜过长,防止面团上劲。

(2)分剂　将和好的面团分块,分别切成长方形条,再将其搓成长圆条,切成定量的面剂,然后扑上干面。

(3)磕模　将面剂放入模内,按沿削平,然后磕出。生坯要求模纹清晰,成型规整。

(4)码盘　将磕出的生坯按一定距离码入烤盘内,防止烘焙时成品互相粘连。

(5)烘焙　将盛有生坯的烤盘送入烘焙温度为 130~140℃ 的烤炉内,约烤 10 min,出炉温度为 280~290℃。

(6)冷却和包装　出炉后的装有产品的烤盘要交错码放,以利于冷却。待温度降至室温,即可包装、装箱、入库。

4. 质量要求

(1)规格形状　扁圆形,块形端正,大小厚薄一致,成品面积和表面的自然裂纹均匀,面积为生坯面积的 1.3~1.5 倍。

(2)色泽　深麦黄色,色泽一致,不焦煳。

(2)组织状态　具有均匀的小蜂窝,不生心,不欠火,不含杂质。

(3)口味口感　酥松适口,无异味,具有核桃、桂花的香味。

将上述配方中的猪油改为花生油,制得的产品即为素油桃酥。

**(二)酥皮类——葱油酥**

1. 原料配方(表 6-4)

表 6-4　葱油酥配方　　　　　　　　　　　　　　　　　kg

| 项目 | 特制面粉 | 猪油 | 白糖 | 芝麻 | 冬瓜糖 | 花生仁 | 植物油 | 糕粉 | 鲜葱 | 食盐 | 蛋液 |
|------|---------|------|------|------|--------|--------|--------|------|------|------|------|
| 皮料 | 24 | 2.5 | | | | | | | | | |
| 油酥料 | 6.75 | 3.5 | | | | | | | | | |
| 馅料 | | | 11 | 3 | 4 | 1.5 | 2.5 | 4 | | 0.2 | 0.75 |

2. 生产工艺流程(图 6-8)

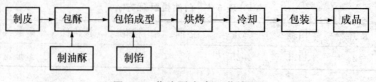

图 6-8　葱油酥生产工艺流程

3. 生产工艺要点

(1)制皮　特制面粉过筛,加猪油和水搅拌。水量为面粉重的40%~50%,其中80℃的热水占七成,先下热水,拌匀静置冷却,再下冷水;分多次边下边拌和,使粉、油、水充分融合形成面团。搅拌过程约10 min。

(2)制油酥　特制面粉过筛,加猪油糅合5 min左右,使粉、油充分融合。

(3)包酥　按皮15 g,油酥10 g的分量分料,以皮包油酥。压扁擀薄,折叠再擀薄,反复3~4次,制成酥皮。

(4)制馅　将花生油、白糖、瓜糖和芝麻粉下锅,用中火炒8~10 min。起锅稍冷后下葱汁。葱汁是将鲜葱洗净切成葱花,用绞磨机绞碎后用纱布包住拧出的。葱汁与炒制的馅料拌匀后下花生仁、糕粉,拌匀。

(5)包馅成型　取酥皮25 g,馅料27.5 g分料包馅,用手工擀成椭圆形,刷上面蛋后烘焙。

(6)烘焙　温度为180~210℃,烘焙7~8 min即可出炉。

(7)冷却、包装　出炉后自然冷却,然后包装。

4. 质量要求

(1)色泽　金黄色。

(2)规格形状　椭圆形块状,大小均匀,皮薄馅多,剖面酥层清晰,不翻酥、脱酥,馅料油润。

(3)口味口感　香甜,有芝麻、花生、葱的香味。

## 四、烘烤糕点生产中常见质量问题及改进措施

### (一)酥类糕点

1. 产品不酥脆、发硬(表6-5)

表6-5　酥类糕点产品不酥脆、发硬

| 原因 | 和面时面团起劲,形成大量面筋;配料中油量太少;烘烤时炉温太高 |
|---|---|
| 改进措施 | 使用低筋粉或蒸熟的面粉,和面和匀即可,不可和制太久,防止面团起劲,有的产品可采用开水或热水和面;配料中加大油量;烘烤时炉温应视产品体积的大小而定,体积小温度低些,体积大的温度高些 |

2. 产品青心、焦煳、表面色泽不佳(表6-6)

表6-6　酥类糕点产品青心、焦煳、表面色泽不佳

| 原因 | 烘烤炉温不当造成的 |
|---|---|
| 改进措施 | 视产品体积的大小、用料情况调整烘烤温度 |

### (二)酥皮类糕点

1. 酥皮类糕点酥层少(表6-7)

表6-7　酥皮类糕点酥层少

| 原因 | 水油皮、油酥硬度不合适;开酥方法不当 |
|---|---|
| 改进措施 | 水油、油酥调和时硬度要适宜;开酥方法适当 |

2. 酥皮类糕点跑糖、露馅（表 6-8）

表 6-8　酥皮类糕点跑糖、露馅

| 原因 | 配料不当，馅料中的糖、油过多，馅料中的定型熟粉过少；皮、酥、馅三者软硬不一致；开酥时，造成了"穿酥"、"破酥"等情况；包馅封口不严，皮馅分配不均，厚薄不一；制成的生坯放置过久，皮料干裂，烘烤温度过低，成熟时间过长 |
|---|---|
| 改进措施 | 配料糖、油、熟粉要适当；皮、酥、馅三者硬度要一致；开酥时不要造成"穿酥"、"破酥"等情况；包馅封口要严，皮馅分配要均，厚薄要一致；制成的生坯不要放置过久；烘烤温度升高 |

# 任务三　水蒸面食生产工艺

## 一、水蒸面食的特点及分类

水蒸面食是以面粉（一般指小麦面粉）为主要原料，经过和面、成型和汽蒸熟制而成的一类方便面制食品。水蒸面食包括发酵面食产品和蒸饺等。由于蒸制饺子等当前仍未形成工业化生产，故现主要探讨水蒸发酵面食的有关生产原理、生产技术和花色品种等问题。

### （一）水蒸面食的特点

水蒸发酵面食是目前馒头厂的主要系列产品，因此有人将其归类为广义的"馒头"，是我国的特色食品，享有"东方美食"的赞誉，被世界上称为"蒸制面包"。这类产品的主要特点如下：①以面粉，大多是小麦面粉为主要原料，所调制的面团一般具有一定的筋力；②以酵母为主要发酵剂，面坯必须经过发酵；③采用蒸汽加热的工艺进行熟制；④产品内部多为多孔结构，口感暄软而带有筋力，具有谷物本身的香味和发酵香味；⑤产品色泽与面粉颜色接近，一般纯小麦面粉所制产品为乳白色；⑥外形光滑饱满，花色造型种类繁多；⑦为固体方便食品，大多热食口感较好。

### （二）水蒸面食的分类

水蒸发酵面食是馒头加工厂、馒头作坊的主要产品。主要包括实心馒头、花卷、包子、蒸糕等主要类型。

1. 实心馒头

馒头又称为"馍"、"馍馍"、"卷糕"、"大馍"、"蒸馍"、"饽饽"、"面头"、"窝头"等。此类产品是以单一的面粉或数种面粉为主料，除发酵剂外一般少加或不添加其他辅料（添加辅助原料用以生产花色品种馒头），经过和面、发酵和蒸制等工艺加工而成的食品。

（1）主食馒头　以小麦面粉为主要原料，是我国最主要的日常主食之一。根据风味、口感不同可分为如下几种。

①北方硬面馒头　是我国北方的一些地区百姓喜爱的日常主食。面粉要求面筋含量较高（一般湿面筋含量＞28%），和面时加水较少，产品筋斗有咬劲，一般内部组织结构有一定的层次，无任何的添加风味，突出馒头的麦香和发酵香味。依形状不同又分刀切方形馒头、机制圆

馒头、手揉长形杠子馒头、挺立饱满的高桩馒头等。

②软性北方馒头 在我国中原地带，如河南、陕西、安徽、江苏等地百姓以此类馒头为日常主食。原料面粉其面筋含量适中，和面加水量较硬面馒头稍多，产品口感为软中带筋，不添加风味原料，具有麦香味和微甜的后味。其形状有手工圆馒头、方馒头和机制圆馒头等。

③南方软面馒头 是南方人习惯的馒头类型。南方小麦面粉一般面筋含量较低（一般湿面筋含量＜28％），和面时加水较多，面团柔软，产品比较虚绵。多数南方人以大米为日常主食，而以馒头和面条为辅助主食，南方软面馒头颜色较北方馒头白，而且大多带有添加的风味，如甜味、奶味、肉味等。有手揉圆馒头、刀切方馒头、体积非常小的麻将形状馒头等品种。

（2）杂粮馒头和营养强化馒头 随着人们生活水平的提高，开始重视营养、保健的主食馒头。目前营养强化和保健馒头多以天然原料添加为主。杂粮有一定的保健作用，如高粱有促进肠胃蠕动，防止便秘的作用，荞麦有降血压、降血脂作用，加之有特别的风味口感，杂粮馒头很受消费者青睐。常见的有玉米面、高粱面、红薯面、小米面、荞麦面等为主要原料或在小麦粉中添加一定比例的此类杂粮生产的馒头产品，包括纯杂粮的薯面、高粱、玉米、小米窝头和含有杂粮的荞麦、小米、玉米、黑米等的杂粮馒头。

营养强化元素主要有强化蛋白质、氨基酸、维生素、纤维素、矿物质等。由于主食安全性和成本方面的原因，大多强化添加料由天然农产品加工而来，包括植物蛋白产品、果蔬产品、肉类及其副产品和谷物加工的副产品等，如加入大豆蛋白粉强化蛋白质和赖氨酸，加入骨粉强化钙和磷等矿物质，加入胡萝卜增加维生素 A，加入处理后的麸皮增加膳食纤维等。

（3）点心馒头 以特制小麦面粉为主要原料，如雪花粉、强筋粉、糕点粉等，适当添加辅料，生产出组织柔软、风味独特的馒头。如奶油馒头、巧克力馒头、开花馒头、水果馒头等。该类馒头一般个体较小，其风味和口感可以与烘焙发酵面食相媲美，作为点心其消费量较少，是很受儿童欢迎的品种类型，也是宴席面点品种。

2. 花卷

花卷可称为层卷馒头，是面团经过揉轧成片后，不同面片相间层叠或在面片上涂抹一层辅料，然后卷起形成不同颜色层次或分离层次，也有卷起后再经过扭卷或折叠造型成各种花色形状，然后经醒发和蒸熟成为美观而又好吃的产品。花卷口味独特，比单纯的两种或多种物料简单混合更能体现辅料的风味，并形成明显的口感差异而呈现一种特殊感官享受。

（1）油卷类 油卷在一些地方被称为花卷、葱油卷等，是揉轧成的面片上再加上一层含有油盐的辅料，再卷制造型而成，具有咸香的特点。油卷的辅料层上可添加葱花、姜末、花椒粉、胡椒粉、五香粉、茴香粉、芝麻粉、辣椒粉或辣椒油、孜然粉、味精等来增加风味。

（2）杂粮花卷 杂粮花卷是揉轧后的小麦粉面片上叠加一层杂粮面片，再压合后，经过卷制刀切成型的产品。为了保证杂粮面团的胀发持气性，往往在杂粮面中加入一些小麦粉再调制成杂粮面团。白面和杂粮面的分层，使粗细口感分明，克服了纯粹杂粮的过度粗硬口感。常用于花卷的杂粮有玉米粉、高粱粉、小米粉、黑米粉等。

（3）甜味花卷 除油卷和杂粮花卷外，还有巧克力花卷、糖卷、鸡蛋花卷、果酱卷、豆沙卷、莲蓉卷、枣卷等甜味花卷。外观造型精致，洁白而美观，口味细腻甜香，冷却后仍然柔软，一些可以当作日常主食，一些是老幼皆宜的点心食品，发展潜力很大。

（4）其他特色花卷 做工精细，风味口感非常特别的一些花卷，如抻丝卷、五彩卷等。这些花卷风味和口感非常特别、颜色和形状美观，一般为宴席配餐和酒店的面点品种，也是百姓消费的高档面食。

3. 包子

包子是一类带馅馒头,是将发酵面团擀成面皮,包入馅料捏制成型的一类带馅水蒸面食。产品皮料暄软,突出馅料的风味,深受全国各地百姓的欢迎。包子的种类极多,一般分为大包(50~80 g 小麦粉做 1~2 个)、小包(50 g 小麦粉做 3~5 个)两类。大包子发酵足,小包子发酵得嫩,小包子成型、馅心都比较精细,多以小笼蒸制,随包随蒸随售。从馅心口味上分,有甜、咸之别。

(1)甜馅包子

①豆包 以豇豆、芸豆、绿豆、豌豆等为主料经蒸煮和破碎,除加糖外,有的还加红薯、大枣等制成豆馅或豆沙馅,包入面皮内,多成型为捏口朝下,表面光滑的圆形包子。口味甜中带有豆香。

②果馅包 包括果酱包、果脯包、果仁包、枣泥包、莲蓉包等。

③其他甜馅包子 有包入白糖或红糖的糖三角、糖腌猪油丁的水晶包、芝麻馅、油酥馅等包子品种。

(2)咸馅包子 咸馅包子习惯上捏成带有皱褶花纹的圆形,分为肉馅包子和素馅包子两大类。

①肉馅包子 肉馅品种非常多,包括由猪肉、羊肉、牛肉、鸡肉、海鲜等鲜肉绞碎加入调味料和蔬菜制成的鲜肉馅,也有经过加工后的肉品制成的肉馅,如叉烧馅、酱肉馅、扣肉馅、火腿馅等。肉馅包子显现出蒸食的特有肉香,是我国百姓普遍欢迎的主食品种之一。

②素馅包子 素馅一般由蔬菜、粉条、鸡蛋、豆腐、野菜、干菜等处理后剁碎和调味制成。常用的蔬菜有韭菜、芹菜、萝卜、白菜、茴香、豆角、萝卜缨、茭白、莴笋等,干菜泡发后也是非常好的馅料。素馅清素爽口,热量低,有一定的保健作用,因此,素馅包子在我国发达城市中是很受人们青睐的膳食。

4. 蒸糕

(1)发酵蒸糕 又称为发糕,是一类非常暄软的馒头,其面团调制得相当软,甚至为糊状,经过发酵、成型、醒发、蒸制而来,产品大多为甜味。常见的发糕有杂粮发糕、大米发糕、奶油发糕等。

杂粮或大米面生产发糕时往往添加一定量的小麦粉,用以增加面团的持气性。传统的发糕是将原料调制成糊状,经发酵后,倒入模盘中蒸制后切成方形、菱形或三角形等形状。现今许多馒头厂将原料调制成软面团,经发酵做型或不发酵直接做型,再充分醒发,蒸出的产品可保持做成的形状,并且经常在产品表面黏附一些果脯、芝麻、葡萄干等进行装饰,也可以在产品冷却后进行裱花装饰。

(2)蒸制蛋糕 以鸡蛋、面粉和白糖为主要原料,通过搅打蛋液起泡,拌入面粉持气的方法使产品松软。蒸制蛋糕内高效价蛋白质含量高,因为蒸制较烤制的温度低,蛋白质的有效性更好。带有鸡蛋的香味和非常柔软的组织形状,是很有发展潜力的食品品种。但没有烤制的焦香风味和口感,需要适当调节风味,使其得到更多人的青睐。

(3)特色蒸糕 以不同的面粉拌入一些具有特殊风味和色泽的配料,调制成面团或面糊,经过蒸制而成。其风味和外观特别,一般带有地方特色。

①印模糕类 以熟或生的原辅料,经拌和、印模成型、熟制或不熟制而成的口感松软的糕

点制品。

②韧糕类 以糯米粉、糖为主要原料,经蒸制、成型而制得的韧性糕类制品。

③松糕类 以粳米粉、糯米粉为主要原料调制成面团,经成型、蒸制而成的口感松软的糕类制品。

## 二、水蒸面食生产工艺流程

*1. 水蒸面食一次发酵法生产工艺流程*(图 6-9)

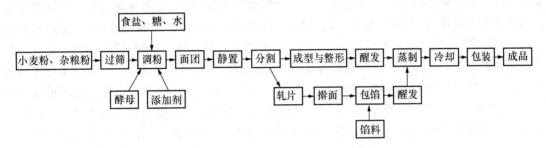

**图 6-9 水蒸面食一次发酵法生产工艺流程**

*2. 水蒸面食二次发酵法生产工艺流程*(图 6-10)

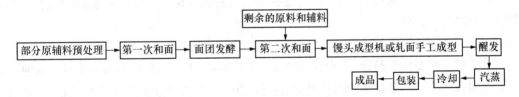

**图 6-10 水蒸面食二次发酵法生产工艺流程**

## 三、水蒸面食的生产工艺要点

### (一)材料的准备

生产蒸制面食主要是以面粉为主料,以酵母(面肥)、乳化剂等为辅料。对这些材料进行处理,以达到生产工艺要求。

*1. 面粉*

生产馒头的面粉要求有一定的筋力,蛋白质含量在 $10\%\sim11\%$。在使用前应进行过筛处理,以混入新鲜空气,有利于面团的形成和酵母的生长繁殖。在过筛的同时,筛中安装有磁铁,用以除去金属杂质。

*2. 水*

生产馒头用水要求透明、无色、无异味、无有害物质,应符合国家饮用水卫生质量标准。水的硬度应为中等硬度,稍呈酸性,因此,要对不符合要求的水质进行澄清、消毒、软化等处理。

*3. 酵母*

使用前要提前活化,经活化后加入面粉中。活化的方法是将酵母用温水(30℃左右)化开,并放置一段时间,活化时宜加入少许砂糖,以促进酵母的生长繁殖,待有大量气泡产生后即可加入面粉中。

### 4. 其他添加剂

均为食用级,符合国家标准。

### (二)和面

和面是水蒸面食生产的重要步骤。关键因素是加水量、加水温度及酵母用量,这些因素直接影响面团的性质及发酵速度。和面时加水量一般为面粉用量的 40% 左右,在此基础上应根据面粉的面筋含量、面粉的含水量,结合实际操作适当增减,保证面团软硬适度。加水温度夏天以普通自来水即可,冬天用温水,水温应在 30℃ 左右,切忌用过冷和过热的水,使面筋蛋白变性,影响面团的吸水率及面筋的形成。加入酵母的方法有两种。一种是加入面头;另一种是直接加入鲜酵母。酵母加入量应根据酵母活力、接种温度(季节)、发酵条件、面粉性质等情况而定。一般加入量为面肥 10%(面粉重),鲜酵母 1.0%～2.0%(面粉重),气温低时可适当多加,气温高时应适当少加;活力高少加,活力退化则适当多加。和面时间一般为 10～15 min。和面要求面筋和淀粉充分吸水,面团中不含有生面粉,软硬适度,不粘手,有弹性,面团表面光滑。

### (三)发酵

发酵是馒头生产的关键环节,是保证馒头质量的关键步骤。发酵方法有自然发酵法、酒酿发酵法和纯酵母发酵法。

### 1. 自然发酵法

自然发酵法即传统发酵法,亦称面肥发酵法,是利用天然(自然)酵母发酵面团。这种方法是将前次剩余的少量已发酵面团即面种,用温水化开,在和面时加入面粉中制成面团,并在适宜的环境条件下(温度 25～28℃,相对湿度为 80%)进行发酵,发酵时间为 3～4 h,面团体积增大 1 倍以上,即可完成发酵过程。自然发酵法的面种可重复循环利用,节约成本,但由于菌种长时间使用,容易老化,同时也容易造成其他杂菌(乳酸菌)的污染,使面团酸味过重,馒头质量不高。

### 2. 酒酿发酵法

即用压榨酵母或干酵母代替面种接入面团中发酵,所使用的酵母是从啤酒、米酒等酿造过程中分离出来的,酵母活力强,发酵速度快,纯度高,杂菌污染少,产酸少。产品质量较高,发酵方法与自然发酵法相同。

### 3. 纯酵母发酵法

是利用活性干酵母按一定的配方要求直接接入面团中完成面团发酵的方法。这种酵母是由培养的鲜酵母经低温真空干燥,真空保存,所以其纯度和活力都得到了较好的保持,使用方便,发酵速度快,且产生酵母特有的鲜香味,产品质量较高。

用以上三种发酵方法,根据实际发酵过程可分为两种情况,即一次发酵和两次发酵。

一次发酵是将发酵所需的各种材料一次调制成面团,一次性发酵,这种方法生产周期短,所用设备少,但酵母使用量多,成本高,产品质量不容易控制。二次发酵法又称中种法,第一次是将所需全部面粉的 60% 加入所需酵母和成软面团,在适宜条件下使之发酵,目的是扩大酵母菌的数量,然后将剩余的面粉及其辅料加入揉和,再继续发酵 0.5 h 左右,面团成熟。第二次发酵的目的是让面团充分起发膨松,面筋充分扩展,增加馒头中的香气。

### (四)中和

中和应根据生产实际情况灵活掌握,其目的是通过适当加入一定量的碱面(一般0.5%左右),中和因发酵过度或酵母不纯而引起的面团过酸的酸度,从而提高制品的口感,如果采用酒酿发酵法或活性干酵母发酵法,发酵正常不必进行此步操作。

### (五)成型

馒头成型方法有两种,一种是手工成型,即人工成型;一种是机械成型,即利用馒头成型机成型。手工成型速度慢,劳动强度大,效率低,但由于面团揉制均匀,手工成型馒头产品质量高,口感好。机械成型机是通过双辊螺旋的推、挤、压和定量切割,最后进行搓圆,完成成型操作。机械法速度快,效率高,劳动强度小,但由于机械搓圆不如人工均匀,揉制不充分,故其产品质量较差。

### (六)醒发

醒发又称最后发酵,是把成型后的面坯再经最后一次发酵,体积膨大,使其成为所需求的形状,醒发的目的有:①促使馒头体积膨大,保证馒头成品体积大而丰满;②使馒头内部形成松散的海绵状组织;③通过醒发使馒头表面光滑,裂缝弥合,提高外观质量。

醒发一般在单独的醒发室内进行,也可在操作间中进行,醒发场所应保持38~40℃的温度和80%左右的相对湿度。温度不能过低或过高,温度过低需要时间长,醒发效果不好,温度过高则发酵后的馒头坯气孔过大,内部组织粗糙。醒发时间一般在15~20 min,冬天气温稍低可延长至30 min。醒发后的馒头坯应在原有的基础上增加1~2倍,有经验的人可用手轻按馒头坯,所按凹陷能缓慢恢复原状,表示醒发已经成熟,即可入笼蒸制。

### (七)蒸制

馒头醒发后应及时上笼蒸制,上笼时应在蒸屉上涂一层食用油脂,防止底部粘连。传统的馒头蒸制是开水上屉,使蒸笼中馒头在沸水锅上受水蒸气的作用,体积进一步膨大和成熟。

蒸制时主要注意两方面:一是蒸制火候,要求炉火旺,蒸汽量足,这样制品色白个大,表面有光泽,质地松软,截面气孔均匀;如果炉火小,蒸汽不足,则馒头表面发黑,质地硬,有死面感,起发不好。另外,用鲜酵母发酵的馒头,在蒸制时,锅内要放凉水或温水,温度有一个缓慢上升的过程,使体积均匀增加,如果直接开水上屉,温度过高,会快速杀死酵母,出现死面或起发不好的现象。二是蒸制时间,时间短则熟透度不够,有死面感,食之发黏;时间过长则馒头发黑,无光泽。锅蒸一般为30~35 min,汽蒸一般为25 min左右。

### (八)冷却、包装

馒头出屉后应及时冷却,冷却的目的是使馒头便于短期存放,避免粘连。冷却的方法是自然冷却或风扇吹冷,冷却至馒头互不粘连为标准。馒头冷却后视情况可适当进行简易包装,以确保卫生要求。包装材料有塑料薄膜或透明纸,对馒头包装的基本要求是简易、经济、卫生,满足消费者的需要。

## 四、实例

### (一)绿豆糕

1. 配方(表 6-9)

表 6-9　绿豆糕配方　　　　　　　　　　　　　　　　kg

| 原辅料 | 绿豆 | 饴糖 | 植物油 | 白糖 | 豆沙 |
|---|---|---|---|---|---|
| 计量 | 18.5 | 3.5 | 7.5 | 12.5 | 10.5 |

注:豆沙配方:饭豆 33%,白糖 33%,饴糖 7%,植物油 17%,蜜玫瑰 3.3%。

2. 基本工艺流程(图 6-11)

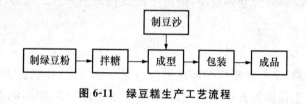

图 6-11　绿豆糕生产工艺流程

3. 工艺要点

(1)制绿豆粉　绿豆用沙拌炒,炒约 5 min,豆成金黄色,筛去沙,磨成瓣,筛去皮壳,洒温开水润湿,静置 2 h,磨成绿豆粉,过 80 目筛。

(2)拌糖　先将白糖、饴糖、植物油放入搅拌机搅拌均匀,再下绿豆粉,并加入 5% 左右温开水搅拌,使之融合即为绿豆糕粉。

(3)制豆沙　将饭豆煮熟、煨烂,再用纱布或擦筛揉挤、过滤,取浆去渣。将浆汁榨干得豆沙,再加白糖、饴糖、少量植物油。边炒边分多次自锅周边淋下植物油。当温度升至 110～115℃,滋润不粘手时即可起锅。

(4)成型　先将 2/5 的绿豆粉放入印模内作底,再将占成品 1/5 的豆沙捏成团夹入中间,然后用另外 2/5 的绿豆粉盖面,加上模盖压紧压实,即可脱模得成品。

(5)包装　用纸盒包装。

4. 质量要求

(1)规格形状　印模形状,无缺角掉边现象。

(2)色泽　黄绿色。

(3)组织状态　松软细腻,细嫩爽口。

(4)口味口感　芳香甘凉,有豆沙香味及突出的绿豆清香味。

### (二)花生酥糕

1. 配方(表 6-10)

表 6-10　花生酥糕配方　　　　　　　　　　　　　　　kg

| 原料 | 花生仁 | 白糖 | 香草粉 |
|---|---|---|---|
| 计量 | 29 | 25 | 0.15 |

2. 基本工艺流程(图 6-12)

图 6-12　花生酥糕生产工艺流程

3. 工艺要点

(1)炒花生仁　精选花生仁用沙炒成象牙色后,筛去沙,冷却,去皮。

(2)制糕粉　炒花生仁与白糖混合粉碎,或用石臼春制成粉,拌入香草粉,制成糕粉。

(3)成型　将制得的花生糕粉用印模压制成型。

(4)包装　脱模后用透明纸包装后装盒。

4. 质量要求

(1)规格形状　印模形状,块形整齐,花纹清晰,无缺角掉边现象。每盒 20 块,重 250 g。

(2)色泽　浅黄色。

(3)组织状态　酥松细腻。

(4)口味口感　香甜适口,具有浓郁的花生香味。

## 五、蒸制食品生产中常见质量问题及改进措施

1. 馒头蒸后表面易塌陷(表 6-11)

表 6-11　馒头蒸后表面易塌陷

| 原因 | 成型时有断层;面团醒发速度快;蒸汽不旺;酵母后劲不足;面粉质量差,筋力不足 |
|---|---|
| 改进措施 | 成型时注意排出气泡,使面团内外形成均一整体;降低面团发酵温度;旺火急蒸;使用发酵性强的酵母;采用中筋面粉 |

2. 馒头表皮无光泽、起皱或开裂(表 6-12)

表 6-12　馒头表皮无光泽、起皱或开裂

| 原因 | 醒发速度太快;蒸汽不足;馒头成型粗糙;面筋含量低 |
|---|---|
| 改进措施 | 降低发酵的温度;用旺火急蒸;保持面坯光滑,可用压面机压延3~4次;改用中筋面粉 |

3. 馒头过于膨胀蓬松(表 6-13)

表 6-13　馒头过于膨胀蓬松

| 原因 | 醒发时间过长;面粉筋度不够;酵母用量过大 |
|---|---|
| 改进措施 | 缩短醒发时间;采用筋力强的中筋粉;适当降低酵母的使用量 |

4. 馒头成品易老化、发硬、掉渣(表 6-14)

表 6-14　馒头成品易老化、发硬、掉渣

| 原因 | 面粉质量差;馒头成型时水分不足;搅拌不足;发酵不足 |
|---|---|
| 改进措施 | 改用中筋粉,用点改良剂;适量用水;充分搅拌,使面筋形成网络;选用发酵力强的酵母 |

5. 馒头发酵慢(表 6-15)

表 6-15　馒头发酵慢

| 原因 | 酵母量少或活力下降；和面温度太低，醒发温度不够；糖、油、盐比例高 |
|---|---|
| 改进措施 | 加大酵母用量，注意酵母低温保存；和面用温水，醒发温度升高；降低糖、油、盐用量 |

6. 馒头体积小(表 6-16)

表 6-16　馒头体积小

| 原因 | 面筋不够；酵母用量不足；发酵时间不够 |
|---|---|
| 改进措施 | 改用强力中筋粉；增大酵母用量；延长发酵时间 |

7. 馒头表皮起泡(表 6-17)

表 6-17　馒头表皮起泡

| 原因 | 主要是醒发湿度太大；成型有气泡；蒸时水滴在馒头表面 |
|---|---|
| 改进措施 | 醒发时湿度降低；成型时防止起泡；蒸时馒头表面无水滴 |

8. 馒头表皮起皱、收缩(表 6-18)
9. 馒头没发起来，成死面(表 6-19)

表 6-18　馒头表皮起皱、收缩

| 原因 | 面粉筋力太强；发酵过度；面团未松弛 |
|---|---|
| 改进措施 | 采用中筋粉；发酵适当；面团要松弛 |

表 6-19　馒头没发起来，成死面

| 原因 | 和面水温过高，将酵母烫死 |
|---|---|
| 改进措施 | 应该用温水和面 |

10. 馒头过硬不暄(表 6-20)

表 6-20　馒头过硬不暄

| 原因 | 酵母活性低或加量过少；加水过少面团过硬；醒发时间不足，馒头个头小而过硬；揉面不充分，面团过酸 |
|---|---|
| 改进措施 | 多加水和酵母量；和面至最佳状态并充分揉面；延长醒发时间使馒头内部呈细密多孔结构；调整好面团酸碱度，使产品柔软暄腾 |

11. 馒头底过硬(表 6-21)

表 6-21　馒头底过硬

| 原因 | 汽蒸时气压过大，时间过长；馒头机成型时，坯剂过大使旋大，扑粉卷入过多而形成旋处干硬 |
|---|---|
| 改进措施 | 减少汽蒸时气压，缩短汽蒸时间；坯剂大小要符合要求，且扑粉不宜过多 |

12. 馒头内部空洞不够细腻(表6-22)

**表6-22 馒头内部空洞不够细腻**

| 原因 | 和面不够或过度;成型揉面不足,未赶走所有气体,面团组织不细腻;加水少而延伸性差,醒发过度,出现大蜂窝状孔洞 |
|---|---|
| 改进措施 | 和面要保证时间和效率;充分揉面,赶走所有气体,使面团细腻;提高加水量,使面团柔软而延伸性增加;缩短醒发时间,防止膨胀过度而超过面团可承受的拉伸限度 |

13. 馒头层次差或无层次(表6-23)

**表6-23 馒头层次差或无层次**

| 原因 | 面团过软;馒头机扑粉下得太少;醒发温度过高,时间过长 |
|---|---|
| 改进措施 | 适当减少加水量;馒头机刀口处下扑粉,使较多的干面入坯中;降低醒发温度或减少醒发时间 |

# 任务四 油炸糕点生产工艺

## 一、油炸食品的概述

### (一)油炸食品

油炸是食品熟制和干制的一种方法,是以多量食油旺火加热使原料成熟的烹调方法。即将食品置于较高温度的油脂中,使其加热快速熟化的过程。油炸可以杀灭食品中的微生物,延长食品的货架期,同时,可改善食品风味,提高食品营养价值,赋予食品特有的金黄色。

### (二)油炸糕点分类

**1. 酥皮类**

用水油面团包入油酥面团制成酥皮,经包馅、成型、油炸而制成饼皮分层次的制品。

**2. 水油皮类**

用水油面团制皮,经包馅、成型、油炸而制成皮薄馅饱的制品。

**3. 松酥类**

使用较少的油脂,较多的糖和饴糖,辅以蛋品或乳品等,并加入化学疏松剂,调制成松酥面团,经成型、油炸而制成口感松酥的制品。

**4. 酥层类**

用水油面团包入油酥面团,经反复压片、折叠、成型、油炸而制成层次清晰、口感酥松的制品。

**5. 水调类**

以面粉和水为主要原料制成韧性面团,经成型、油炸而成口感松脆的制品。

6. 发酵类

利用发酵面团,经成型或包馅成型、油炸而制成外脆内软的制品。

7. 上糖浆类

先制成生坯,经油炸后再拌(浇、浸)入糖浆口感松酥或酥脆的制品。

8. 糯糍类

以糯米粉为主要原料,经包馅成型、油炸而制成口感松脆或酥软的制品。

### (三)油炸分类

1. 按油炸压力分

油炸可分为常压油炸、减压油炸和高压油炸三大类。面点食品多用常压油炸。常压油炸的油釜内的压力与环境大气压相同,通常为敞口,是最常用油炸方式,适用面较广,但油炸过程中营养素及天然色泽损失较大,因此,常压油炸比较适宜于粮食类食品的油炸成熟,如油炸糕点、油炸面包、油炸方便面的脱水等。

2. 按制品油炸程度分

油炸方法主要有浅层油炸和深层油炸,后者又可分为常压深层油炸和真空深层油炸。

3. 按油炸介质不同分

可分成纯油油炸和水油混合油炸。在工业上应用较多的是水油混合式深层油炸。水油混合式深层油炸是指在同一容器内加入水和油而进行的油炸方法。水油因相对密度大小不同而分成两层,上层是相对密度较小的油层,下层是相对密度较大的水层,一般在油层中部水平设置加热器加热。水油混合式深层油炸食品时,食品中残渣碎屑下沉至水层,由于下层水温比上层油温低,因而,炸油的氧化程度可得到缓解,同时沉入水层的食物残渣可以过滤去除,这样,可大大减少油炸用油的污染,保持其良好的卫生状况。

4. 按油炸制品风味口感的差异分

可分为清炸、干炸、软炸、酥炸、松炸、脆炸、卷包炸等基本油炸方法。

## 二、油炸原理

### (一)油炸的基本原理

油炸是以食用油脂为热传递介质。油脂的热容量为 $2 J/(℃ \cdot g)$,升温快,流动性好,油温高(可达 230℃左右)。油炸时热传递主要是以传导方式进行,其次是对流作用。热量首先由热源传递到油炸容器,油脂从容器表面吸收热量再传递到食品表面,而后一部分热量由食品表面的质点与内部质点进行传导而传递到内部,另一部分热量直接由油脂带入食品中,使食品内部各种成分快速受热而成熟或干制。

### (二)油炸过程

浸在热油中的食物表面被加热到水沸点时,水开始蒸发,引起食物表面脱水,因而形成有细微区别的外皮壳,随着炸制过程的深入,这种表面脱水迫使内部的水渗到外表面,外皮壳层的厚度继续增加,同时,一些油脂渗入因水分蒸发所形成的外皮壳内的空隙里。

食品在油炸时可分为如下五个阶段:

1. 起始阶段

将食品放入油内至食品的表面温度达到水的沸点这一阶段。该阶段没有明显水分的蒸发,热传递主要是自然对流换热。被炸食品表面仍维持白色,无脆感,吸油量低,食物中心的淀粉未糊化,蛋白质未变性。

2. 新鲜阶段

该阶段食品表面水分突然大量损失,外皮壳开始形成,热传递主要是热传导和强制对流换热,传热量增加。被炸食品表面有些褐变,中心的淀粉部分糊化、蛋白质部分变性。

3. 最适阶段

外皮壳增厚,水分损失量和传热量减少。热传递主要是热传导,从食品中逸出的气泡逐渐减少直至停止。被炸食品呈金黄色,脆度良好,风味佳,食品表面及内部的硬度适中、成熟度及吸油量适中。

4. 劣变阶段

被炸食品颜色变深,吸油过度,制品变松散,表面有变僵硬现象。

5. 丢弃阶段

被炸食品颜色变为深黑,表面僵硬、有炭化现象,制品萎缩。

## 三、油炸食品生产工艺

### (一)油炸食品生产工艺流程(图 6-13)

图 6-13 油炸食品生产工艺流程

### (二)油炸食品生产技术要点

1. 油炸温度

温度是影响油炸食品质量的主要因素。它不仅影响食品炸制的成熟速度、口感、风味和色泽,也是引起炸油本身劣变的主要因素。

根据实践经验和具体油炸要求,将油温分几个阶段:温油、热油、旺油及沸油。一般情况下,油温在 100℃ 以下,油面平静,无油沸响声及毒烟为温油;油温在 110~170℃,油面向四周翻动,香气四溢,油面基本平静为热油;旺油是在 180~220℃,油面由翻滚转向平静,表面有毒烟,搅动时有响声,此时油温已接近最高点;若继续加热,油温在 230℃ 以上时,全锅冒毒烟,油面翻滚并有较剧烈的爆裂响声,此时称之为沸油。在此阶段要特别注意安全,一般不宜再油炸食品。油炸过程中油温的选择与油炸时间的确定,要根据成品的质量要求和原辅材料性质、切块的大小、下锅数量的多少,以及产品调味等多方面来考虑确定。

通常认为油炸的适宜温度是指被炸食品内部达到可食状态,而表面正好达到所要求色泽的油温。一般油炸温度以 160℃ 左右为宜。油温高,炸油劣变快,产生气泡随时间也随油温升高而提前。多次油炸和长时间油炸的油脂黏度增加很多,流动困难。因而,油炸温度一般不要超过 200℃。

油温的控制以采用温度计为佳。温度过高时,应采取降温措施,如控制火源、添加凉油或增加生坯制品的投入量。油温过低时,应提高油温或减少生坯投入量等。

**2. 油炸时间**

食品油炸的时间与以下因素有关：食品的种类、油的温度、油炸的方式、食品的厚度和所要求的食品品质改善程度。油炸时间及油温的高低应根据食品的原料性质、块形的大小及厚薄、受热面积的大小等因素而定。油炸食品内部的最终水分含量主要由油炸对微生物的杀灭程度来决定。油炸时间过长会加速油的变质，如使制品色泽过深或变焦、黏度增高、口味不适即成废品，这就不得不经常更换油炸用油，使成本提高；油炸时间过短，则易造成制品不熟或炸不透，达不到质量要求。

**3. 炸油和投料量的关系**

油炸食品时，如果一次投料量过大，会使油温迅速降低，为了恢复油温就要加强火力，势必使油炸时间延长，影响产品质量。如果一次投料量过小，会使食品过度受热，易焦糊。不同食品的一次投料量也有所不同，应根据食品的性质、油炸锅的大小、火源强弱等因素来调整油脂和食品的比例。

**4. 炸油的质量**

炸油的成分直接影响油炸食品的质量。炸油应具有良好的风味、起酥性和抗氧化稳定性，在油炸过程中不易变质，使油炸食品具有较长的货架期。

**5. 炸油的补充与更换**

在油炸时从容器中失去的油量称为"减少的油"，减少的量必须用新油补充。减少的油除了被制品吸收外，还有油炸时作为挥发性物质从油中散失的分解物及油炸用具附着的油带到容器外面。

## 四、实例

### (一)江米条

**1. 配方**（表 6-24）

表 6-24　江米条配方　　　　　　　　　　　　　　　　　　kg

| 原辅料 | 江米粉(用作薄面) | 植物油 | 白糖 | 饴糖 | 桂花 | 江米粉 |
|---|---|---|---|---|---|---|
| 计量 | 2 | 8 | 9.5 | 8.5 | 0.5 | 37 |

**2. 生产工艺流程**（图 6-14）

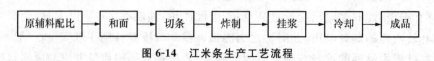

图 6-14　江米条生产工艺流程

**3. 工艺要点**

(1)和面　先用 3.5 kg 江米粉加水和成面团，上锅蒸熟成糊，将糊放入和面机内，加入饴糖搅拌均匀，然后加入其余的江米粉搅拌成面团。

(2)切条　将面团送入切片机内，切成面条，筛去浮粉。

(3)炸制　将江米条放入约 160℃ 的油锅内，炸熟捞出。

(4)挂浆　将白糖 8.5 kg 加水约 2 kg 熬至沸腾后，将桂花和熟坯条倒入拌浆机内与糖浆拌和至起砂即为成品。

(5)冷却、包装　冷却后即可包装。

4. 质量要求

(1)规格形状　条形长短一致，不起拐，不粘连，不碎。

(2)色泽　浅棕色，黏附的白糖均匀。

(3)口味口感　香甜有桂花香味，酥脆不艮。

### (二)开口笑

1. 配方(表6-25)

kg

**表6-25　开口笑配方**

| 原辅料 | 面粉 | 白糖 | 饴糖 | 蛋浆 | 桂花 | 芝麻仁 | 干面 | 植物油 | 小苏打 |
|---|---|---|---|---|---|---|---|---|---|
| 计量 | 25 | 6.5 | 5 | 2.5 | 0.5 | 3 | 1 | 9 | 适量 |

2. 生产工艺流程(图6-15)

**图6-15　开口笑生产工艺流程**

3. 工艺要点

(1)和面　将白糖、小苏打和适量水混合搅匀后，再加蛋浆、植物油搅拌，边搅边加入面粉、桂花，搅拌均匀成面团。

(2)制坯　先将芝麻仁用水打湿，将和好的面团分成小块，搓成直径为 2 cm 的圆条，切成 2 cm 长的圆柱，与芝麻仁一起摇滚，滚圆并粘上芝麻仁即为生坯。

(3)炸制　将炸油烧到160℃，将生坯倒入锅内，不要搅动，待生坯浮起后慢慢搅动，待生坯炸出裂口，颜色呈金黄色，捞出即为成品。炸制时油温不能过高，以免皮死心生。

(4)冷却、包装　出锅自然冷却后即可包装。

4. 质量要求

(1)规格形状　圆球形，外粘芝麻，表面有一裂口，大小均匀。

(2)色泽　开口表面浅棕色，颜色均匀。

(3)组织状态　芝麻黏附均匀，酥松不生，无硬心，有紧密的小蜂窝。

(4)口味口感　香甜酥脆，有浓郁的芝麻香味。

## 五、油炸食品生产中的质量问题及解决办法

1. 产品发僵、不松发(表6-26)

**表6-26　产品发僵、不松发**

| | |
|---|---|
| 原因 | 炸制油温过高，或升温过急，将产品烫死，影响松发；生坯中含水量不适当。 |
| 改进措施 | 选择适当的油温，升温应慢，使制品能充分松发；面制品可成型后立即炸制，或加入小苏打等帮助松发。糯米制品则应晾干后再炸制。 |

2. 产品出现油哈味(表 6-27)

表 6-27　产品出现油哈味

| 原因 | 用油不新鲜,用猪油作炸油也易氧化酸败;炸油使用过久;产品中油脂氧化酸败。 |
| --- | --- |
| 改进措施 | 新鲜的植物油作炸油,并定期更换炸油;使用油脂抗氧化剂,可考虑在产品配方中使用天然香料以使产品有较好的抗氧化性。 |

# 任务五　熟粉糕点生产工艺

熟粉糕点是将米粉、豆粉或面粉预先熟制,然后与其他原辅料混合而成的一类糕点。其中,冷调韧糕类是用糕粉、糖浆和冷开水调制成有较强韧性的软质糕团,经包馅(或不包馅)、成型而制成的冷作糕类制品;冷调松糕类指用糕粉、潮糖或糖浆拌和成松散性的糕团,经成型而制成的松软糕类制品;热调软糕类是用糕粉、糖和沸水调制成有较强韧性的软质糕团,经成型制成的柔软糕类制品;印模糕类是用熟制的米粉为主要原料,经拌和、印模成型而制成的口感柔软或松脆的糕类制品;切片糕类是以米粉为主要原料,经拌粉、装模、蒸制或炖糕、切片而制成的口感绵软的糕类制品。

熟粉糕点包括冷调韧糕类、冷调松糕类、热调软糕类、印模糕类、片糕类五类。

## 一、熟粉的制作

熟粉又称糕粉,由糯米加工制成,其制法是先将糯米淘洗干净,再用温水浸泡置箩中,夏季 4 h,冬季 10 h,待水分收干后即可炒制,将炒制后糯米再磨成米粉。糯米粉宜制作黏韧柔软的糕点,由于糯米的胚乳为粉状淀粉,排列疏松,含糊精较多,在结构上全部是支链淀粉,糊化后黏性很大,其制品具有韧性而柔软。

## 二、熟粉面团的调制方法

### 1. 打芡面团

选用糯米粉,取总量 10% 的糯米粉,加 20% 的水捏和成团,再制成大小适宜的饼坯。在锅中加入 10% 的水,加热至沸腾后加入制好的饼坯,边煮边搅,煮熟后备用。这过程为打芡或煮芡。

### 2. 水磨面团

先将糯米除杂洗净,浸泡 3～5 h 水磨成浆,沥水压干,然后与糖液搅拌而成。

### 3. 烫调米粉面团

将糯米糕粉、砂糖粉等原料用开水调制而成面团。因为糕粉已经熟制,再用沸水冲调,糕粉中的淀粉颗粒遇热大量吸水,充分糊化,体积膨胀,经冷却后形成凝胶状的韧性糕团。这种面团柔软,具有较强的韧性。

### 4. 冷调米粉面团

首先将制好的转化糖浆、油脂、香精等投入,混合均匀,再加入糯米粉充分搅拌,有黏性后加入冷水继续搅拌,当面团有良好的弹性和韧性时停止搅拌。当加入冷水时,糕粉中可溶性 $\alpha$-淀粉大量吸水而膨胀,在糖浆作用下使糕粉互相连接成凝胶状网络。调制中可分批加水,使面团中淀粉充分吸水膨润,降低面团黏度,增加韧性和光泽。多用于熟粉糕点。

### 三、熟粉糕点的生产工艺流程

熟粉糕点的生产工艺流程如图 6-16 所示。

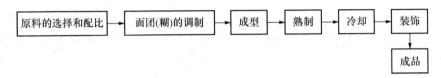

图 6-16 熟粉糕点生产工艺流程

### 四、熟粉糕点的生产工艺要点

1. 原料选择与配比

按比例取来糕粉(米粉、面粉、豆粉),白糖、饴糖、香油、植物油、猪油、香精、色素、大枣等其他原料。

2. 面团(糊)的调制

将熟粉放入和面机内,加入其他辅料及水和成软硬适宜的面团。

3. 成型

将和好的面团按要求制作成型。

4. 熟制

将成型好的糕坯用蒸锅或蒸柜蒸制成熟。

5. 冷却、装饰

将蒸熟品冷却好装饰、包装成品。

### 五、实例

#### (一)红枣年糕

1. 配方(表 6-28)

2. 生产工艺流程(图 6-17)

表 6-28 红枣年糕配方 kg

| 原料 | 江米粉 | 小红枣 |
| --- | --- | --- |
| 计量 | 25 | 3 |

图 6-17 红枣年糕生产工艺流程

3. 工艺要点

(1)和面 将江米粉放入和面机内,加少量水进行搅拌,直到用手握米粉不散不稀可成团时便可。

(2)蒸制 将米粉铺匀于笼屉中(屉内应放湿屉布),并在其表面均匀撒上洗净的小红枣,蒸制约 45 min 便可蒸熟。蒸熟后的年糕反扣在面案上,待冷却后用刀切块,便为成品。

4. 质量要求

(1)规格形状  方形。

(2)色泽  表面白色,不得加有白面,并黏附小红枣。

(3)口味口感  紧密,不含杂质。

**(二)新都桂花糕**

1. 配方(表 6-29)

表 6-29  新都桂花糕配方                                                    kg

| 原辅料 | 白糖 | 面粉 | 糯米 | 饴糖 | 熟猪油 | 蜜桂花 | 熟面粉 |
|---|---|---|---|---|---|---|---|
| 计量 | 16 | 4 | 4 | 0.8 | 4 | 2.5 | 20 |

2. 生产工艺流程(图 6-18)

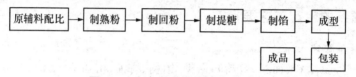

图 6-18  新都桂花糕生产工艺流程

3. 工艺要点

(1)制熟粉  将面粉装入蒸笼蒸熟(约蒸 20 min)取出冷却后,用粉碎机打细即可。

(2)制回粉  将糯米以热水淘净,捞起滤干,次日拌沙炒熟,不能炒黄。然后磨成细粉,摊在晒席上晾 2~3 d,手捏成团不散即可。

(3)制提糖  用白糖加入 5%的饴糖,再加糖重 20%的水,熬至 120℃左右,倒入搅拌机,加入少量化猪油搅拌,搅至糖料翻沙呈稠糊状时冷却称为提糖。

(4)制馅  将白糖、熟面粉、熟猪油、蜜桂花拌和均匀即可。

(5)成型  将回粉与提糖拌匀擦绒,以木框在案板上先铺 1/5 的糕粉作底,中间铺馅,面上再将 4/5 的糕使之黏结。然后用刀划成长方形条状。

(6)包装  按一定规格密封包装。

4. 质量要求

(1)规格形状  长方块形,厚薄均匀,块形完整,不松不散。

(2)色泽  底、面白色,中间黄色,无杂质。

(3)组织状态  滋润松软,细腻化渣。

(4)口味口感  香甜,有浓郁的桂花清香,无异味。

## 六、熟粉糕点生产中的质量问题及改进措施

1. 保质期不长,易霉变(表 6-30)

表 6-30  保质期不长,易霉变

| | |
|---|---|
| 原因 | 制糕粉的过程有微生物污染;生产环境不卫生;制湿糖的过程中被微生物污染。 |
| 改进措施 | 制糕粉的时候采用合理的吸湿方法,不长期存放;生产环境和生产过程应严格遵守卫生标准;成品可适当烘焙,可适当使用防霉剂。 |

## 2. 产品出现油哈味（表 6-31）

表 6-31　产品出现油哈味

| 原因 | 制湿糖或搅糖时用的油不新鲜；制湿糖或搅糖时用猪油也易酸败。 |
| --- | --- |
| 改进措施 | 尽量少用猪油，而用香油、植物油；可使用适当的油脂抗氧化剂。 |

【思考题】

1. 中点分为几大类别产品？
2. 原料预处理时对原料过筛的目的和作用是什么？
3. 中点有几大类面团？每类面团属于什么性质？
4. 制作酥类糕点要注意哪些问题？
5. 调制油酥时要注意哪些问题？

【技能训练】

### 技能训练一　椒盐桃酥的制作

#### 一、训练目的

1. 掌握椒盐桃酥制作的基本原理、工艺流程及操作要点。
2. 学会对椒盐桃酥成品做质量分析。

#### 二、设备、用具

和面机、远红外电烤炉、烤盘、模具、电子秤、面筛、天平等。

#### 三、原料配方

椒盐桃酥配方见表 6-32。

表 6-32　椒盐桃酥配方　　　　　　　　　　　　　　　　　　　　kg

| 原辅料 | 特制面粉 | 白糖 | 猪油 | 小苏打 | 碳酸氢铵 | 蛋浆 | 食盐 | 胡椒粉 |
| --- | --- | --- | --- | --- | --- | --- | --- | --- |
| 计量 | 25 | 12.5 | 12.5 | 0.15 | 0.125 | 3 | 0.02 | 0.01 |

#### 四、操作要点

1. 配料拌和

将白糖、蛋浆、碳酸氢铵、小苏打和食盐、胡椒粉一起搅拌 5 min 左右，要搅拌至蓬松。再加入猪油或香油，再搅拌 5 min 左右。再加入特制面粉，充分拌和。

2. 成型

用特制的模子挤压成型，模具可制成圆形、方形及其他花形，使产品形式多样。成型后的坯子如拇指般大小。

**3. 烘焙**

用铁盘盛着坯子入炉烘烤,炉温 130～160℃,烘烤 8～10 min,烤至桃酥呈谷黄色,表面有自然裂纹时即可出炉。

**4. 冷却、包装**

产品出炉后冷却至室温,即可包装入库。

## 五、质量要求

**1. 规格形状**

圆形、方形或其他花形,直径或边长 3 cm 左右,大小、厚薄均匀,表面有鸡爪形裂纹,每千克 60～72 块。

**2. 色泽**

谷黄色,无焦煳。

**3. 组织状态**

有均匀小蜂窝,无杂质。

**4. 口味口感**

酥脆香甜,略有咸味,有猪油或香油的香味,鲜美可口。

本品配料中若加葱汁即为葱油桃酥;加桂花即为桂花桃酥;加芝麻即为芝麻桃酥。

### 技能训练二　奶油风车酥的制作

## 一、训练目的

1. 掌握奶油风车酥制作的基本原理、工艺流程及操作要点。
2. 学会对奶油风车酥成品做质量分析。

## 二、设备、用具

和面机、远红外电烤炉、烤盘、模具、电子秤、面筛、天平、刀具、擀面棍等。

## 三、原料配方

奶油风车酥配方见表 6-33。

表 6-33　奶油风车酥配方　　　　　　　kg

| 皮料 | 面粉 | 蛋浆 | 精盐 | 清水 | 奶油 |
|---|---|---|---|---|---|
| 计量 | 20 | 2.5 | 0.4 | 11 | 1.75 |
| 奶油酥料 | 面粉 | 奶油 | 香兰素 | | |
| 计量 | 4.25 | 17.5 | 0.02 | | |
| 饰面料 | 蛋浆 | 白糖 | 薄面 | 苹果酱 | 食用色素 |
| 计量 | 2 | 9 | 0.75 | 1.75 | 适量 |

### 四、操作要点

**1. 制奶油酥**

把奶油、面粉、香兰素合在一起,擦匀,分成 10 块,制成扁长方块。放低温处静置冷却,使其凝固。

**2. 制皮**

面粉过筛后置于台板上围成圈,先加入水总量的 80%,再加入奶油、蛋浆、精盐,搅拌均匀后拌入面粉和成面团状,然后将余下的 20% 水,分 2～3 次揉于面团内,最后揉制成皮面团。揉好后分成 10 块,用湿布盖好,静置 20 min 左右,再将每块面团各糅合一次,用湿布盖好,静置备用。

**3. 包(破)酥**

取一块静置过的皮面,用刀割一个十字(深约占面团 1/3),将四角扒开,从四角中间用擀面棍或走锤向外擀(中间厚,边缘为中间的 1/4 厚),形成四花边形。擀好后将已凝固好的奶油酥放在花瓣中间,把四片的四个角片依次折回,将奶油酥包严。用擀面棍横竖压一压,按秩序压均匀,擀成长方片,再叠 3 层。依此法共擀叠 4 次,每次 3 层。擀叠 4 次后,再次冷却(硬固),即可成型。

**4. 成型**

将已包好酥、冷却好的酥皮面推成厚 0.5 cm 左右的面片,刷上蛋浆,撒粘上白糖,用刀切成 6 cm 的正方形片,再在四角切 4 刀(切口为角到中间的 1/2 左右),然后按顺序将四个角的一半折向中间,压一下使其粘牢,呈风轮形。在折角处刷上蛋浆,最后在风轮中间处挤一点红色苹果酱,找好距离,摆入烤盘,入炉烘烤。

**5. 烘焙**

在 160～180℃温度下,烘焙至表面金黄色,底面浅褐黄色,四周边白黄色,熟透出炉、冷却,装盒即为成品。每千克成品 40 块。

### 五、质量要求

**1. 规格形状**

为四角风轮形,中间有红色的苹果酱点,刀口处层次清晰,块形整齐、均匀。

**2. 色泽**

表面金黄色,有光泽,底面浅金黄色,周边浅黄白色,色泽一致,无焦煳。

**3. 组织状态**

起发均匀,层次多而分明,不浸油,无生心,内外无杂质。

**4. 口味口感**

酥松香甜,奶油味浓厚纯正。

# 项目七  西式糕点生产工艺

【学习目标】

(1)了解西点的分类。

(2)掌握清酥点心、混酥点心的制作工艺及要点。

(3)掌握泡芙、慕斯点心的制作工艺及要点。

【技能目标】

(1)能独立制作几种西点产品。

(2)能依据西点要求,选择原辅料及制定相关验收标准。

(3)能评价与分析所制作的西点质量。

## 任务一  概述

糕点是以面粉、食糖、油脂、蛋品、乳品、果料及多种籽仁等为原料,经过调制、成型、熟制、装饰等加工工序,制成具有一定色、香、味的一种食品。从概念上理解,糕点是糕、点、裹、食的总称。糕是指软胎点心;点是指带馅点心;裹指挂糖点心;食指既不带糖又不带馅的点心。至今人们仍无法确定糕点在何时、何地由谁发明出来的。据考证,地球上最早出现糕点的时期大约距今1万多年前的石器时代后期。我国有文献记载的糕点在商周时期,距今已有4 000多年的历史。糕点种类繁多,西式糕点一般指源于西方欧美国家的糕点,相对于中式糕点而言,泛指从国外传来的糕点。西式糕点品种很多,花色各异,各国都有自己的特点,又可分为法式、德式、瑞士式、英式、俄式、日式等。西点熟制的主要方法是烘焙,多数西点是甜的,而咸点较少。中式糕点装饰较为简单。西式糕点图案较为复杂、精致。生坯烤熟后多数需要美化,注重装饰,有多种馅料和装饰料,装饰手段很丰富,品种变化层出不穷。西式糕点选料上多用小麦粉、蛋、油、糖,油脂侧重于奶油,巧克力和乳制品使用也很多,水果制品如果干、鲜水果、果脯、果仁等也大量应用,香料多用白兰地、朗姆酒、咖喱粉等以及各种香精香料。风味上带有浓郁的奶香味,并常带有巧克力、咖啡或香精、香料形成的各种风味。

### 一、西式糕点的分类

#### (一)生产地域分类

根据其他世界各国糕点的特点,可分为法式、德式、美式、日式、意大利式、瑞士式等,这些都是各国传统的糕点。如日式糕点与其他各国糕点相比有以下特点,即低糖低脂;讲究造型;注重色彩;具有地方特色;包装精美。

#### (二)按广义的流通领域分类

(1)面类糕点　其糕点以小麦粉、蛋制品、糖、奶油(或其他油脂)、乳制品为主要原料,水果制品、巧克力等为辅料,有时为了突出特点,这些辅料的用量也可能较大。主要用烘烤方式熟制,如各式蛋糕等。

(2)糖果点心　最基本的原料是糖类中的蔗糖,并利用砂糖的特性,添加水果制品、巧克力等,主要采用煮沸、焙烤煎等加工。如各种风味的糖果等。

(3)凉点心　以乳制品、甜味料、稳定剂为主要原料,采用冷冻、冻结加工,如冰淇淋等。

#### (三)按生产工艺特点和商业经营习惯分类

传统的西式糕点可分为四大类,分别为面包、蛋糕、饼干和点心。

(1)面包类　主要指其中的点心面包(花色面包),如油炸面包圈、美式甜面包、花旗面包、丹麦式甜面包等。

(2)饼干类　主要指作坊式制作的饼干,工业化饼干中辅料含量多的饼干和花色饼干,如小西饼、夹馅、涂层饼干等。

(3)蛋糕类　主要有面糊类蛋糕、重奶油蛋糕、水果蛋糕、乳沫蛋糕、戚风蛋糕等各种西式蛋糕。

(4)点心类　主要有甜酥点心(塔类、派)、帕夫酥皮点心(松饼)、乔克斯点心(又称烫面类点心,如奶油空心饼)等。

#### (四)按面团(面糊)分类

(1)泡沫面团(面糊)制品　主要包括各种西式蛋糕等。

(2)加热面团制品(烫面类点心)　烫面面团(糊)是在沸腾的油和水的乳化液中加入小麦粉,使小麦粉的淀粉糊化,产生胶凝性,再加入较多的鸡蛋搅打成蓬松的团(糊)。用于制作乔克斯点心,国内称为搅面类点心,产品又称哈斗、泡夫、气鼓、爱克力、奶油空心饼等。

(3)甜酥面团制品(捏和面团)　甜酥面团是以小麦粉、油脂、水(或牛奶)为主要原料配合加入砂糖、鸡蛋、果仁、巧克力、可可、香料等制成的一类不分层的酥点心。该品种富于变化,口感松酥。用甜酥面团加工出的西点主要有部分饼干、小西饼、塔等。

(4)折叠面团制品　折叠面团是用水油面团(或水调面团)包入油脂,再经反复擀制折叠,形成一层面与一层油交替排列的多层结构,最多可达1 000多层(层极薄)。如帕夫酥皮点心、派、小西饼等。

(5)发酵面团(酵母面团)制品　如点心面包、比萨饼、小西饼等。

(6)其他面团(面糊)制品　上述各类制品以外的糕点。

### 二、西式糕点的特点

1. 原料的使用

面粉用量低于中式糕点,用牛奶、奶油、鸡蛋、糖的比例较大,辅之以果酱、可可粉、巧克力、水果等。

2．口味

突出奶油、果酱、巧克力、可可等的味道。

3．操作方法

以夹馅、挤糊、挤花为多、注重点缀。生坯烘烤后，多需美化装饰（夹馅、挤花、裱花）而后成品，装饰的图案比较精美，工序较多，制作复杂，比较讲究。

4．产品的名称

则以用料、形态命名，也沿用音译名。如奶油蛋糕、巧克力蛋糕、动物小点心等。

# 任务二　混酥类点心生产工艺

混酥类糕点是以面粉、油脂、糖为主要原料制成的一类不分层的酥点心。其主要类型有塔和派。塔为敞开的盆状，派为有加盖面的双面塔。这种类型的糕点主要通过馅心的不同来变化品种，形态多变，风味各异。

混酥类糕点面粉应选用筋力较小的中、低筋粉，操作时应尽量避免面筋水化作用，以免产品发硬。如果使用高筋粉，在面团调制和成型过程中容易产生较多的面筋，使制品在烘烤中发生收缩现象，导致产品脆硬，失去应有的松酥品质。

生产混酥类糕点的油脂必须具有较高的熔点、良好的可塑性与起酥性，如猪油、黄油、人造奶油、起酥油等。合格的混酥类糕点不能使用液体植物油来制造，液体植物油过于分散；也不能使用很硬的油脂来制造，很硬的油脂完全不能分散。

生产混酥类糕点使用的糖以细砂糖、糖粉、绵白糖为好，糖的晶体不能太大，否则搅拌时不易溶化，面团擀制困难，烘烤后表皮出现斑点。

由于油脂和糖在面团形成时的反水化作用，阻止了面筋的形成，使混酥面团不具备像面包面团那样的面筋网络，此种面团较其他面团松散，没有黏度和筋力，疏松性较好。另外，混酥面团中的油脂是紧紧依附在面粉颗粒的表面，使面粉颗粒被油脂所包围，颗粒与颗粒之间被分开，颗粒之间的距离加大，空隙中充满了空气，当面团烘烤时，空气受热膨胀，使得制品由此而产生酥松性。

## 一、混酥面团配方

混酥面团是以小麦粉、油脂、水（或牛奶）为主要原料配合加入砂糖、鸡蛋、果仁、巧克力、可可、香料等制成的一类不分层的酥点心。

典型配方见表 7-1。

表 7-1　混酥面团配方

kg

| 面团 | | 鸡蛋 | 绵白糖 | 面粉 | 油脂 | 其他 | 备注 |
|---|---|---|---|---|---|---|---|
| 无糖面团 | 1 | | | 100 | 50 | 水 50 | 也可用人造奶油、起酥油 |
| | 2 | | | 100 | 50 | 发粉 3，盐 3，水 27.5 | 使用冰水，也可换成白葡 |
| | 3 | | | 100 | 50 | 碳酸氢铵 0.5，水 32 | 萄酒 |

续表7-1

| 面团 | | 鸡蛋 | 绵白糖 | 面粉 | 油脂 | 其他 | 备注 |
|---|---|---|---|---|---|---|---|
| 低糖面团 | 1 | | 9.4 | 100 | 50 | 蛋黄6.7,水30 | |
| | 2 | | 19 | 100 | 50 | 盐0.8,水15.5 | |
| | 3 | | 4 | 100 | 50 | 蛋黄8,盐2.4,水30 | |
| 高糖面团 | 1 | 20 | 50 | 100 | 50 | | |
| | 2 | | | 100 | 50 | 糖粉30,水50 | |
| | 3 | | 43 | 100 | 50 | 水50,淀粉14 | |
| 低脂面团 | 1 | | 40 | 100 | 20 | 牛奶50,碳酸氢铵2 | |
| | 2 | 20 | 40 | 100 | 30 | 水6 | |
| | 3 | 13 | 40 | 100 | 40 | | |
| 中脂面团 | 1 | 13 | 60 | 100 | 55 | 蛋黄4 | |
| | 2 | 9 | 60 | 100 | 60 | 蛋黄4 | |
| | 3 | 12 | 47 | 100 | 67 | 蛋黄1 | |
| 高脂面团 | 1 | | 28 | 100 | 75 | 水16 | |
| | 2 | | | 100 | 80 | 糖粉27,蛋黄40 | |
| | 3 | | 50 | 100 | 100 | 蛋黄9 | 面团至少冷藏1 h后使用 |

## 二、生产工艺流程

混酥类点心生产工艺流程如图 7-1 所示。

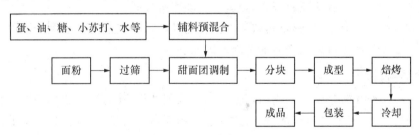

图 7-1　混酥类点心生产工艺流程

## 三、生产工艺要点

混酥点心面团是以面和油脂的混合物为主要原料。凡是以油脂和面粉为主要原料搅拌成型而制成的制品,都可以称为混酥点心。

### (一)原料选用原则

调制混酥面团的基本用料有面粉、黄油、糖粉、鸡蛋等。在实际制作生产中,为了增加混酥面团的口味和产品质量,往往在其中加入其他辅料或调味品以增加成品的风味和酥松性。例如:为了突出混酥面团的香味,可在调制混酥面团时,加入适量的香兰素或香草精;为了增强混酥面团的松酥性,可加大油脂的用量或加入适量的膨松剂;为了增加混酥面团的独特口味,可在调制面团时加入适量的柠檬皮、杏仁粉等。

(1)面粉　混酥类点心的特点是口感酥松,在选择面粉时一般情况下应选择筋力较小的面粉,面粉中蛋白质含量以10%左右为宜,如中筋粉或低筋粉,一般不选用高筋粉。如果面粉筋力太高,在面团调制和成型过程中容易产生较多的面筋,使面团的韧性增强,特别是面团调制时加水的情况下韧性现象更容易发生,使制品品质僵硬,甚至会有抽缩现象。

(2)油脂　混酥类点心要求产品的结构酥松,同时为了便于操作和具有完美的形状,生产混酥类点心的油脂必须具有较高的熔点、良好的可塑性和起酥性,如猪油、黄油、人造奶油、起酥油等。合格的混酥类点心不能用液态植物油或者很硬的油脂来制造,因为前者过于分散,而后者则完全不能分散。

猪油的熔点较高,板油约为28~30℃,肾脏部脂肪的熔点为35~40℃,具有很好的起酥性和可塑性,特别是烘烤后能产生诱人的特殊香味。黄油使产品的味道十分美妙,在批量生产中很少使用,主要是由于价格昂贵,而且易熔化(熔点为31~36℃)而使面团难于制作成型。人造奶油和起酥油也能使用,只要其易于分散到面团中即可。

(3)液体原料　对于面团中面筋的产生和面团的松脆程度以及成型起很大作用的原料是水。如果水分太多,则因面筋生成量过多而使面皮会变得粗糙,产品硬实;但是如果水分过少,面皮就会裂开而不便于操作和成型。

牛奶使产品更加营养丰富,而且在烘烤中迅速地使产品上色,但产品表皮的松脆性降低且增加生产成本。

(4)糖　生产混酥类点心时,以细砂糖、糖粉、绵白糖为好,糖的晶体不能太大,否则在搅拌中不易溶化,造成面团擀制困难,而且制品成熟后表皮会呈现一些斑点,影响产品的质量。

(5)食盐　食盐的主要作用是调节混酥类点心的风味。在制作混酥面团时,常需将食盐溶解在液体原料之中,再与其他原料混合,使其在面团中分布均匀。

(6)鸡蛋　在混酥面团中,鸡蛋与液体有类似的功能,起韧性作用,有利于面团的形成。同时,以鸡蛋代替部分液体可增加产品的色泽和风味。

## (二)面团调制

(1)糖油法　糖油法是先将油脂与糖粉一起放入搅拌机,搅打成蓬松而细腻的膏状。再分数次加入蛋液、水、牛奶等其他液体,最后加入过筛的面粉和膨松剂,搅打成光滑的面团。

这种方法适于高糖甜酥面团的调制,可以制作各种混酥类甜点,如各种派类、塔类及饼干类混酥甜点等。

(2)粉油法　粉油法是将油脂与等量的面粉一起放入搅拌机,搅打成蓬松的膏状,再加入糖粉搅打均匀后渐渐加入蛋液,再搅拌均匀,最后加入剩余的面粉和其他原料调制成面团。调制过程中面坯中的油脂要完全渗透到面粉中,这样才能使烘烤后的产品具有酥性特点,而且成品表面较平整光滑。

这种方法适于高脂甜酥面团的调制。用此方法制成的混酥面团广泛,可以制作各种混酥类甜点,如各种派类、塔类及饼干类混酥甜点等。

## (三)静置、成型

面团经混合搅拌调制,根据不同产品,可将调制好的面团放入冰箱冷藏。操作时将面团分成若干小面团,混酥面团应做到一次性擀平,并立即切割成型,面皮的厚度可根据具体的制品要求而定,一般以3mm厚为宜。面皮擀好后,按照不同制品和不同造型的要求,用刀或模具切割成一定形状,也可以将擀好的大块面皮切割成同烤盘底部同样大小的一整块,摆放上果脯、馅料,刷上蛋液,放入烤盘进炉烘烤。同时也可在烤熟后取出,再在每块面坯中间填馅,切割成型,并加以装饰。

(1)塔皮 将混酥面团搓成长条,切成均匀的小块(视模具大小而定),分别装入塔模内,捏制成型,放置 15 min 左右,底部戳些小孔,分别放些红豆,以防底部拱起变形。

(2)派皮 将混酥面擀成 3 mm 厚的面皮,共两块,一块做底,另一块做面。派盘内先刷一层黄油,放入一片面皮,用手指稍稍压平,将调制好的馅料倒入,中间略高,再盖上另一块面皮,周边用花夹子将上下两层的面皮夹牢,表面刷上蛋液,戳些小孔即可。

**(四)派、塔馅心制作**

(1)派馅 派馅种类很多,下面以苹果馅心的制作加以说明。苹果去皮核,切成小片。苹果、葡萄干加糖,用黄油炒至七八成熟时,加肉桂粉继续炒透,倒出,冷却待用。

(2)塔馅 塔馅种类很多,下面以吉士酱加以说明。先将吉士粉、蛋黄与牛奶搅匀,牛奶和糖煮沸后冲入搅透,上火煮沸,中途不断搅动,即得吉士酱,冷却待用。

**(五)烘烤**

将成型后的面坯摆放在烤盘上,间距恰当。对于块形较小的混酥面坯,由于烘烤胀发能力小,在摆放制品时要相应紧凑一点,否则烤炉会将产品边缘烤焦,颜色不均匀;至于烘烤胀发能力较大的面坯,在摆放制品时要相应稀疏一点,以免制品经过焙烤胀发后相互粘连。由于混酥面坯属于油糖类面团,产品种类较多,所以在烘烤成熟过程中,需要根据不同产品来采用适宜的炉温和烘烤时间。

烘烤温度:在通常情况下,烘烤混酥类点心时,一般采用中温烘烤。但由于混酥类点心品种繁多,大小、薄厚各异,要根据产品的要求和特点灵活掌握烘烤温度和时间。对于那些体积较大、较厚的制品来讲,需要低温长时间的烘烤,如在烘烤派类制品时,烤炉需 180℃的温度,而且上下温度也有差异,一般情况下,烤箱的下火温度要高于上火 5～10℃,这样才能保证制品面部、底部完全成熟。而对于小型的混酥类制品,像酥皮果塔、酥皮饼干等,在烘烤时,使用 200℃左右的中火,待制品表面淡黄色时即可出炉。

烘烤时间:一般情况下,烤箱的温度较高,烘烤制品所需要的时间就相对较短;温度较低所需的时间就相对较长。

1. 派的烘烤

(1)烘烤 烤炉温度为 200℃左右,烤 10～15 min,烤至金黄色即可。

(2)注意事项

①制作苹果馅时,灵活掌握火候,保持馅料均匀的颜色。

②鸡蛋液要刷均匀,以免烤出的成品颜色不一致。

2. 塔的烘烤

(1)烘烤 入炉烘烤温度为 180～210℃,烤至金黄色后,杏仁塔表面刷上果胶,即为成品。

(2)注意事项

①塔中挤入的馅料要适量,以防制品不丰满或馅料溢出,影响质量。

②烤炉温度适当,烘烤时间要依制品大小和薄厚而定。

③水果胶要刷均匀。

#### (六)派、塔的装饰

根据不同的品种采用不同的材料装饰。但无论怎样装饰,其效果都要淡雅、清新、自然。

## 四、混酥类点心生产中常见的质量问题与解决方法

### 1. 产品疏松性差(表 7-2)

**表 7-2　产品疏松性差的原因和解决方法**

| 原因 | 解决方法 |
| --- | --- |
| 面粉筋度太高,蛋白质含量过多 | 使用中、低筋面粉 |
| 面团搅拌时间过长或整形时揉搓过多 | 缩短面团的搅拌时间 |
| 面粉用量太多,油脂的用量不足 | 正确掌握面粉与油脂的比例 |
| 鸡蛋用量过少 | 加大鸡蛋的用量 |
| 膨松剂用量不足或失效,添加方法不当 | 选用保质期内的膨松剂;正确使用;适当增加膨松剂的用量 |
| 面团中液体成分较多 | 适当减少液体物质的用量 |
| 烘烤时间太短,没有烤熟 | 延长烘烤时间 |
| 使用碎料过多 | 减少碎料的用量 |

### 2. 产品的颜色过浅(表 7-3)

**表 7-3　产品颜色过浅的原因和解决方法**

| 原因 | 解决方法 |
| --- | --- |
| 烘烤温度过低或烤箱质量不佳 | 提高烤箱的温度 |
| 烘烤时间太短,没有烤熟 | 适当延长烘烤时间 |
| 面坯中的糖分含量少 | 适当增加糖的用量 |
| 反复揉搓面团 | 尽量一次成型,切勿反复使用 |
| 撒粉使用量过大 | 适当减少撒粉用量 |

### 3. 成品易散落,形状不完整(表 7-4)

**表 7-4　成品易散落和形状不完整的原因及其解决方法**

| 原因 | 解决方法 |
| --- | --- |
| 液体用量不足或过多 | 调整好配方中水分的比例 |
| 油脂选用不当或油脂用量过多 | 选用熔点高、可塑性好的油脂,适当减少油脂用量 |
| 烘烤的温度过低或烘烤时间不足 | 提高烤箱的温度或适当增加烘烤时间 |
| 面团反复揉搓擀制 | 生坯尽量一次成型 |
| 操作整形不当 | 严格按整形要求进行 |
| 面粉筋力过低 | 选用高筋粉或中筋粉 |
| 膨松剂和糖的用量太多 | 减少膨松剂和糖的用量 |

4. 产品收缩变形（表7-5）

**表7-5　产品收缩变形的原因和解决方法**

| 原因 | 解决方法 |
| --- | --- |
| 面团揉制和擀制过度 | 一次性擀好面坯 |
| 油脂用量不足 | 增加油脂用量 |
| 面粉筋力太高 | 使用低筋粉 |
| 液体用量过多 | 减少液体的用量 |
| 生坯拉扯过度 | 面团尺寸不够时，不要拉扯 |
| 面团静置时间不足 | 适当延长面团静置时间 |

5. 产品中馅料外溢（主要是指双层派）（表7-6）

**表7-6　产品中馅料外溢原因和解决方法**

| 原因 | 解决方法 |
| --- | --- |
| 顶部派皮未留气孔 | 顶部派皮留有气孔 |
| 上下派皮接合处未黏合 | 上下派皮接合处要黏合 |
| 烤箱温度过低 | 提高烤箱温度 |
| 水果过酸 | 使用含酸量较少的水果 |
| 填入热馅料 | 填入的馅料温度要适中 |
| 馅料中淀粉不足 | 增加馅料中淀粉含量 |
| 馅料中糖量过多 | 减少馅料中糖量 |
| 馅料过多 | 馅料用量适中 |

# 任务三　清酥类点心生产工艺

　　清酥类点心也叫奶油起酥糕点，是以面粉、油脂为主要原料，由两块不同质地的面团组成的。面团包入奶油，经反复压片、折叠、冷藏、烘烤而成的层次清晰，口感酥松的制品。清酥类点心具有层次清晰、入口香酥的特点。清酥类面团是西式面点制作中常用的面坯之一。

　　要制作好清酥点心，关键是要擀制好清酥面团，因为制作清酥面团难度较大，在制作过程中，面团与包裹的油脂软硬程度要一致，擀制面团时用力要均匀（采用开酥机擀制面团时，要一点一点压薄擀制，切忌一次性将其擀薄），每擀制折叠一次需进冰柜进行冷冻，同时要注意环境温度。

　　清酥类糕点一般不选用低筋粉，宜选择蛋白质含量为12％～15％的面粉。因为制作过程中面团需要包裹油脂进行折叠，如果面团筋力不够，在折叠过程中容易将面皮穿破，油和面层破坏，导致成品体积变小，层次不明显。使用蛋白质含量高的面粉可使制品烘烤时体积增大，面筋的韧性能够承受拉伸。但如果面粉筋力太强，面团在操作时韧性太强，产品容易变形，烘烤后会明显收缩。

　　清酥类糕点所选择的油脂必须具有一定的可塑性、硬度和较高的熔点。可以选用奶油、人造奶油、起酥油或其他固体动物油脂。水以冰水为宜，冰水使面团与油的硬度一致，搅拌面团时不粘手，容易操作，同时面团吸水量多。

　　清酥类点心形成层次和膨胀的原因主要有两点。

　　由湿面筋的特性所致。清酥面大多选用含面筋质较高的面粉，这种面粉中的面筋质具有很强的吸水性、伸延性和弹性，当面筋吸水和成面团时形成面筋网络，可以保存在烘烤中所产生的水蒸气，从而使面坯产生膨胀力，每一层面坯可随着空气的胀力而膨大，直到面团内水分完全被烤干或面团完全熟化，失去活性为止。

　　由于清酥面中有产生层次能力的结构和原料，因此烤制后形成层次。所谓结构是指起酥面坯在制作时，水面团和油脂互为表里，有规律地相互隔绝，当面坯入炉受热后，清酥面中的水面团因受热而产生蒸汽,这种水蒸气滚动形成的压力使各层开始膨胀,即下层面皮所产生的水蒸气压力胀起上层面皮,以此逐层胀大。随着面坯的熟化,油脂被吸收到面皮中,面皮在油脂的环境中会膨胀和变形,逐层产生间隔,随着温度的升高和时间的延长,面坯水分逐渐减少形成一层层"碳化"变脆的面坯结构。油面层受热渗入面坯中,面坯层由于面筋质的存在仍然保持原有的片状层次结构。

水油面团(或水调面团)是面粉、水及少量油脂(或不加油)调制而成的面团,由于所选用面粉一般含有较多的面筋质,在面团调制过程中便形成了较多的湿面筋,这种面团便具有了较好的延伸性、可塑性和弹性,于是赋予了面团保存空气和承受烘烤中水蒸气产生胀力的能力。清酥面坯加热后,每一层面皮随着空气的膨胀和面团内蒸汽产生的胀力而膨大,由于湿面筋的作用保持了面坯的完整,面坯不至于破裂而使产品体积膨大。

另外,油面团(或油脂)与水油面团(或水调面团)是互为表里,形成了一层面与一层油交替排列的多层结构。两层面之间的油脂像"绝缘体"一样将面层隔开,防止了面层之间的相互粘连,也是烘烤时所产生的水蒸气和气体不可穿越的屏障,留在层间的气体受热膨胀,并使面筋网络伸展,形成了众所周知的层状结构,然后油脂便熔化并沉浸于层状结构之中而使产品酥脆。

## 一、清酥类点心面团配方

典型配方见表 7-7。

表 7-7　清酥类点心面团配方 　　　　　　　　　　　　kg

| 面团 | | | | 面粉 | 油脂 | 其他 | 折叠方法 |
|---|---|---|---|---|---|---|---|
| 基本面团 | 包入折叠帕夫面团 | 面团包油 | 1 | 100 | 100 | 盐 2.4,水 50 | 3 折 6 次 |
| | | | 2 | 100 | ①20.8 ②67 | 盐 2.5,水 42 | 3 折 6 次 |
| | | | 3 | 100 | ①12.5 ②87.5 | 水 62.5 | 3 折 6 次 |
| | | 油包面团 | 1 | ①33 ②67 | ①61 ②5.6 | 蛋黄 2.8,盐 1.7,水 45 | 用粉①和油②调制成面团,包入其他面团 3 折 6 次 |
| | | | 2 | ①67 ②33 | 67 | 盐 2.1,水 42 | |
| | 速成帕夫面团 | | 1 | 100 | 125 | 盐 3,水 60 | 3 折 4 次 |
| | | | 2 | 100 | 80 | 蛋 10,盐 2,水 50 | |
| | | | 3 | 100 | 50 | 蛋黄 5,绵白糖 3,盐 1.6,奶 20,水 20,朗姆酒 2 | |

## 二、生产工艺流程

清酥类点心生产工艺流程如图 7-2 所示。

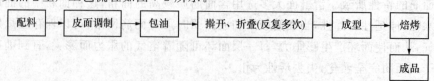

图 7-2　清酥类点心生产工艺流程

### 三、生产工艺要点

#### (一)原料选用

(1)面粉　清酥点心宜采用蛋白质含量为 10%～12% 的中筋面粉。因为筋力较强的面团不仅能经受住擀制中的反复拉伸，而且其中的蛋白质具有较高的水合能力，吸水后的蛋白质在烘烤时能产生足够的蒸气，从而有利于分层。此外，呈扩展状态的面筋网络是清酥点心多层薄层结构的基础。但是，筋力太强的面粉可能导致面层碎裂，制品回缩变形。如无合适的中筋面粉，可在高筋粉中加入部分低筋面粉，以达到制品对面粉筋度的要求。

(2)油脂　皮面(即面层)中加入适量油脂，可以改善面团的操作性能及增加成品的酥性。面层油脂可用奶油、麦淇淋、起酥油或其他固体动物油脂。油层油脂则要求既有一定硬度，又有一定可塑性，熔点不能太低。这样，油脂在操作中才能反复擀制、折叠，又不至于熔化。

传统清酥点心使用的油层油脂是奶油或麦淇淋("片状起酥油")。奶油虽能得到高质量的成品，但其熔点较低，操作不易掌握，特别是夏天，油脂熔化容易产生"走油"现象。所以，现在制作清酥类制品时都已采用了专用的麦淇淋——"片状起酥油"，它具有良好的加工性能，给清酥类点心的制作带来了极大的方便。

(3)水　水油面团(或水调面团)的弹性、可塑性、软硬度往往需要通过水分来调节，用水量约为面粉量的 50%～55%，而且必须使用冷水。

(4)食盐　食盐可以增加产品的风味，通常面团中的食盐用量为面粉量的 1.5%。如果所使用的油脂中含有食盐时，应根据具体情况酌情减少。

#### (二)面团的调制

(1)水油面团调制　首先将面粉与食盐、油脂一起放在搅拌机中搅拌，然后加水，搅拌至面团柔软、光滑、不粘手为止，然后取出面团放案板上，将面团分割、滚圆，进行静置。

(2)油面团(或油脂)调制　将油脂软化后放在搅拌机中慢速搅拌，然后加入面粉搅拌成均匀的油面团，将油面团取出放在工作台上，再将油面团擀成所需的正方形或长方形，放入冰箱冷藏。

如果使用专用的酥皮油，按照生产所需的数量擀薄即可。

#### (三)包油

##### 1.包油方法

(1)英式包油法　将水油面团擀成长方形，将油面团(或油脂)擀成宽与皮面相同、长约皮面的 2/3 的长方形，把擀好的油脂放在皮面上，并正好盖住皮面的 2/3，将皮面未盖有油脂的部分往中间折叠，再将另一端余下的 1/3 油脂和面皮一起往中间折叠，最后包好的面团即形成了一层面、一层油(面三层、油二层)交替重叠的五层结构，如图 7-3 所示。

(2)法式包油法　将调制好的水油面团用刀切成"十"字形裂口，放在工作台上，松弛 15 min 左右。面团经扩展后裂口向四周扩张，使展开的面团变成了正方形，再用走锤在裂口四角向外擀，擀成面团中央部分厚，四角较薄的状态。将油面团(或油脂)擀成和面团中央大小相同的正方形，将油面团(或油脂)放在皮面上，油面团(或油脂)的四条边正好与面团中央的正方形的四条边重合。再分别把四角的面皮一次包向中央的油面团(或油脂)，每片面皮必须完全覆盖油面团(或油脂)。这样，包好的面团就形成了二层面、一层油的三层结构，如图 7-4 所示。

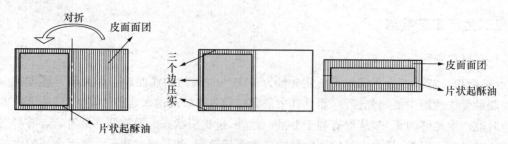

图 7-3　英式包油法示意图

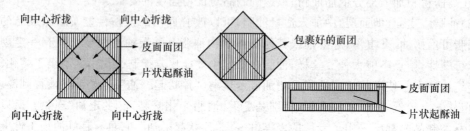

图 7-4　法式包油法示意图

　　（3）对折法　把水油面团擀成长方形，大小为油面团（或油脂）的两倍，将擀制或整形的油面团（或油脂）放在皮面的一半上，皮面以对折的方式把油脂完全包住，再将四周封闭捏紧，即形成了二层面、一层油的三层结构。

　　**2. 包油中应注意的问题**

　　（1）水油面团（或水调面团）调制后经过一定时间的静置才能包油。

　　（2）油面团（或油脂）的硬度与水油面团（或水调面团）的硬度应尽量一致，否则会影响到产品的层次。油面团（或油脂）太硬容易刺破水油面团（或水调面团），油面团（或油脂）太软不利于包油和容易走油。如果水油面团（或水调面团）太硬，影响面团的擀制和成型，甚至产品质量；如果水油面团（或水调面团）太软，易使油面团（或油脂）嵌进水油面团（或水调面团），油脂失去了"绝缘体"的作用，使面团缺乏层次。

　　**（四）折叠**

　　（1）三折法　三折法是将长方形面团沿长边方向分为三等分，两端的部分分别往中间折叠。折成的小长方形面团，宽度为原长的 1/3，呈三折状，如图 7-5 所示。

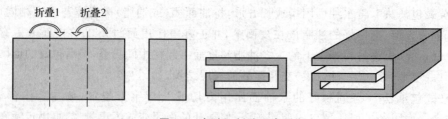

图 7-5　包油三折法示意图

　　（2）四折法　四折法是将长方形沿长边方向分为四等分，两端的两部分均往当中折叠，折至中线处，再沿中线折叠一次。最后折成的小长方形面团，其宽度为原长的 1/4，呈四折状，如图 7-6 所示。

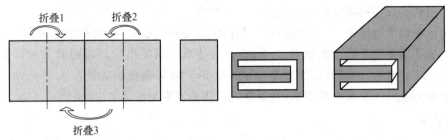

折叠1　折叠2

折叠3

**图 7-6　四折法示意图**

**（五）擀制**

将静置后的面坯,放在撒有少许干面粉的工作台上,先用走锤均匀地压一遍,使油面团（或油脂）在水油面团分布均匀,然后从面坯中间部分向前后擀开,当面坯擀至长度与宽度为 3∶2 时,使用三折法将面坯叠成三折,然后将面坯静置 20 min 左右。第二次擀制时,将面坯横过来,擀制成长方形面坯,按三折法将面坯叠成三折,再将面坯静置 20 min 左右。按以上方法,如此共折叠 3 次或 4 次,用湿布盖好放入冰箱备用。也可以使用酥皮机来擀面,将折叠好的面团置于酥皮机的传送带上,调节上下压轮间的间距,逐次擀至所需要的厚度即可。

**（六）冷藏处理**

擀制、折叠好的面团在休息（静置）或过夜保存时应放入塑料袋中,以防止表皮发干。调制好的清酥面团即可进入成型工序,也可作为半成品在低温下保存,需要用的时候,只需解冻即可擀制成型。

**（七）成型**

将折叠冷却完毕的面坯,放在工作台上用酥皮机压薄压平,或用走锤擀薄擀平,面皮的厚度应按产品的种类不同而异,一般在 0.2～0.5 cm,然后将面坯切割成型,或运用卷、包、码、捏或借助模具等成型方法,制成所需产品的形状。面坯成型后烘烤前应置于凉爽处或冰箱中静置 20 min 左右才能入炉烘烤,这样会让面坯松弛,减少收缩。

**（八）烘烤**

1. 烘烤温度与时间

清酥制品的成熟可以采用油炸和烘烤的方法,但大多数产品常常采用烘烤的方法来成熟。烘烤的一般方法是将成型后的半制品放烤盘中,静置 20 min 左右,然后放入已经预热好的烤箱中,使制品成熟。

清酥制品的烘烤温度和时间根据产品的要求而定,烤箱的温度一般在 200～220℃,时间约 20 min 左右。温度太低,就不能产生足够的水蒸气,那么面坯也不容易膨胀得很好;温度太高,会使面坯过早定型,抑制了膨胀程度。

对于烘烤体积较小的清酥制品宜用较高的炉温烘烤,适当缩短烘烤时间。对于体积较大的清酥制品,要采用稍微偏低的炉温烘烤,既保证了产品的成熟和松酥度,又可以防止产品表面上色过度;也可以先用高温烘焙至面坯充分膨胀,再把温度降到 175℃,然后烘烤至产品松脆即可。

2. 烘烤时应注意的事项

（1）面坯成型后焙烤前应置于凉爽处或冰箱中静置 20 min 左右才能入炉烘烤,这样会让面坯得到松弛,减少收缩。

（2）炉温达到设定的温度后才能将面坯入炉烘烤。

（3）清酥在烘烤过程中，不要随意将炉门打开，以免热气散失，影响制品的膨胀。

（4）要确认清酥制品已从内到外完全成熟后，才可将制品出炉。否则制品内部未完全成熟，出炉后会很快收缩，内部形成像橡皮一样的胶质，严重影响成品质量。

（5）根据制品的大小和质量要求，合理掌握烘烤的温度与时间。

**（九）装饰**

清酥点心的装饰多种多样，可根据品种的需要，选择不同的原料进行适当装饰。

### 四、清酥类点心生产中常见的质量问题与解决方法

清酥类点心的特点是色泽金黄、组织疏松、层次清晰、口感酥松，但由于生产工艺较为烦琐，容易出现产品膨胀不均匀、形状不规则、层次不清晰、口感不佳等问题，产品质量常常得不到保证。

1. 产品膨胀不均匀或形状不规则（表 7-8）

表 7-8　产品膨胀不均匀或形状不规则原因和解决方法

| 原因 | 解决方法 |
| --- | --- |
| 水油面团（或水调面团）太硬 | 调整面团的软硬度，适当增加水分 |
| 油面团（或油脂）与水油面团（或水调面团）的软硬度不一致 | 控制油脂与面团的温度 |
| 擀制不匀 | 擀面坯时用力要均匀 |
| 油面团（或油脂）包入前分布不均匀或厚薄不一 | 油面团包入前要混合均匀，不能有油脂疙瘩或干面粉；油面团（或油脂）要擀成厚薄一致的形状 |
| 面团在烤炉中受热不均匀 | 面坯摆放要整齐，不要放在靠炉门附近，烘烤时不要随意打开炉门 |
| 烘烤之前，面坯没有松弛或松弛不够 | 面坯烘烤之前要松弛 20 min 左右，才能入炉烘烤，且折叠期间也要几次松弛面团 |

2. 产品层次不清晰（表 7-9）

表 7-9　产品层次不清晰原因和解决方法

| 原因 | 解决方法 |
| --- | --- |
| 面团过硬，油脂过软 | 降低水面团硬度 |
| 油脂可塑性差 | 选用可塑性强的油脂 |
| 调制时间长 | 采用正确的方法调制面团 |
| 成型时刀具不锋利，切割动作不规范 | 选用较为锋利的成型刀具，切割应竖直、有力、均匀、迅速 |
| 烘烤的温度不当 | 正确掌握焙烤温度 |
| 面粉的质量差 | 选用高筋粉或中筋粉 |
| 烘烤过程中，多次打开炉门 | 在制品烘烤过程中，不要随意打开炉门 |
| 面团过软 | 调制软硬适度的面团 |
| 折叠次数过多 | 适当减少折叠次数 |

### 3. 产品口感不佳(表 7-10)

**表 7-10 产品口感不佳原因和解决方法**

| 原因 | 解决方法 |
| --- | --- |
| 油脂质量不佳或面粉不新鲜 | 选用新鲜的黄油或新鲜面粉 |
| 食盐用量太少 | 增加食盐的用量 |
| 油脂含量少 | 掌握正确的比例关系 |
| 烤盘不洁净 | 烤盘应保持洁净 |

### 4. 产品膨胀效果不好(表 7-11)

**表 7-11 产品膨胀效果不好原因和解决方法**

| 原因 | 解决方法 |
| --- | --- |
| 油脂用量过多或过少 | 根据产品的特点,决定油脂的使用量 |
| 面团擀得太薄或折叠次数太多 | 擀制的面团厚薄适当,折叠次数不能太多 |
| 炉温太低或太高 | 正确选用烘烤条件(炉温和时间) |
| 面坯接合处使用液体太多 | 面坯接合处液体使用量要减少 |

### 5. 烘烤时油脂外溢(表 7-12)

**表 7-12 烘烤时油脂外溢原因和解决方法**

| 原因 | 解决方法 |
| --- | --- |
| 油脂太多 | 适当减少油脂的用量 |
| 折叠次数不够 | 增加面坯的折叠次数 |
| 烤炉温度太低 | 适当提高烤炉温度 |

## 任务四 泡芙类点心生产工艺

泡芙又称气鼓、哈斗、乔克斯,是西点中常见的甜点之一。泡芙是以水或牛奶加油脂煮沸后烫制面粉,搅入鸡蛋,通过挤糊、烘烤或炸制、填馅、表皮装饰等工艺而制成的一类点心制品。具有外表松脆,色泽金黄,形状美观、皮薄馅丰,香甜可口的特点。根据所用馅心的不同,它的口味和特点也各不相同。泡芙是英文 puff 的译音,中文习惯上称之为气鼓或哈斗等,泡芙是一种常见的甜点。泡芙类制品主要有两类。一类是圆形的,英文叫 cream puff,中文称之为奶油气鼓,此类制品还可根据需要组合成象形的制品,如鸭形、鹅形等。另一类是长形,英文叫 clair,中文称之为气鼓条。两类泡芙所用的泡芙面糊是完全相同的,只是在成型时,是所用的裱花嘴及手法上有差异而产生了形状的变化。

## 一、乔克斯点心配方

乔克斯点心配方见表 7-13。

表 7-13　乔克斯点心配方　　　　　　　　　　　　　　　　　　　　kg

| 糕点种类 | 强力粉 | 油 | 蛋 | 水 | 盐 | 碳酸氢铵 | 奶粉 | 奶油 | 猪油 |
|---|---|---|---|---|---|---|---|---|---|
| 高成分奶油空心饼 | 100 | 75 | 180 | 125 | 3 | | | | |
| 中成分奶油空心饼 | 100 | 75 | 150 | 150 | 3 | | | | |
| 低成分奶油空心饼 | 100 | 75 | 100 | 185 | 3 | 1.5 | | | |
| 指形爱克力 | 100 | | 180 | 160 | 3 | | 8 | 44 | 44 |

## 二、生产工艺流程

泡芙类点心生产工艺流程如图 7-7 所示。

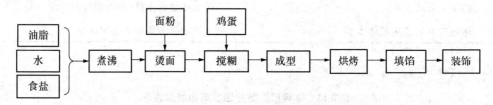

图 7-7　泡芙类点心生产工艺流程

## 三、生产工艺要点

### (一)泡芙的膨胀原理及用料选用原则

泡芙能形成中间空心类似球状的形态与其面糊的调制工艺有着密不可分的关系。泡芙面糊是由煮沸的液体原料和油脂加面粉烫制的熟面团加入鸡蛋液调制而成。它的起发主要由面糊中各种原料的特性及面坯特殊的工艺方法——烫制面团决定。

(1)面粉　面粉是泡芙膨胀定型不可缺少的原料。面粉中的淀粉在水及温度的作用下发生膨胀和糊化,蛋白质变性凝固,形成胶黏性很强的面团,当面糊烘焙时,能够包裹住气体并随之膨胀,仿佛像气球被吹胀了一般。

制作泡芙所使用的面粉根据需要选择高、中、低筋面粉。面粉筋性不同所制作的泡芙品质及外观均存在一些差异,产品配方中其他原料如水、蛋等用量也有不同变化。

高筋面粉有很强的筋力和韧性,可以增大面糊吸收水或蛋的量。蛋量充足,可使泡芙有更强的膨胀能力。若蛋量不足则会使泡芙膨大能力受阻,因面糊过硬而使面筋无法拓展造成泡芙体积更小。在正常情况下,使用高筋面粉制作的泡芙外表爆裂颗粒较小,容易向高发展,形态直立,但缺乏向四周膨大的丰满外观。使用高筋面粉制作的泡芙有特有的皮薄空心类似球体的特点。

中筋面粉因筋力适中而最适合泡芙运用。其制成品无论在体型表面爆裂颗粒,中间空心部分都具有高筋面粉和低筋面粉所不及的优点。

低筋面粉因筋力较弱,在烘烤时容易爆裂,因此泡芙的表面所爆裂颗粒较大,向四周膨胀范围较宽,体型显得较大,空心较狭窄、壳壁较厚。

(2)油脂　油脂是泡芙面糊中所必需的原料,除了能满足泡芙的口感需求外,也是促进泡芙膨胀的必需原料之一。油脂的润滑作用可促进面糊性质柔软,易于延伸;油脂的起酥性可使烘烤后的泡芙外表具有松脆的特点;油脂分散在含有大量水分的面糊中,当烘烤受热达到水的沸腾阶段,面糊内的油脂和水不断产生互相冲击,发生油汽分离,并快速产生大量气泡和气体,大量聚集的水蒸气形成强蒸汽压是促进泡芙膨胀的重要因素之一。

油脂种类很多,其油性不同,对泡芙品质亦有一些影响。制作泡芙宜选用油性大、熔点低的油脂,如猪油、无水奶油(酥油),其制作的泡芙品质及风味俱佳。但由于猪油、无水奶油不易与水融合,操作中容易造成失误,而使其运用的广泛程度受到影响。

一般制作泡芙最常用的是色拉油,因其油性小、熔点低,容易与其他材料混合均匀,操作简单,不易失败,缺点是没有味道,产品老化较快。

(3)水　水是烫煮面粉的必需原料,充足的水分是淀粉糊化所必须的条件之一。烘烤过程中,水分的蒸发是泡芙体积膨大的重要原因。

(4)鸡蛋　鸡蛋中的蛋白是胶体蛋白,具有起泡性,与烫制的面坯一起搅打,使面坯具有延伸性,能增强面糊在气体膨胀时的承受能力。蛋白质的热凝固性,能使增大的体积固定。此外,鸡蛋中蛋黄的乳化性,能使制品变得柔软、光滑。

(5)盐　食盐在泡芙中不仅具有调节突出风味的作用,亦有增强面糊韧性的作用,是泡芙的辅助原料,添加少许可使泡芙品质更佳。

**(二)操作要点**

**1. 面糊调制**

泡芙面糊的调制工艺,直接影响成品的质量。泡芙面糊的调制一般经过两个过程完成。

(1)烫面　具体方法是将水、油、盐等原料放入容器中,中火煮开,待黄油完全熔化后倒入过筛的面粉,用木勺快速搅拌,直至面团烫熟、烫透撤离火源。油加水煮的时候必须充分煮至沸腾才宜加入面粉。因为在翻滚沸腾状态下,可促使油脂分散于水中,而不仅仅漂浮在液面上,有利于油脂均匀分散在面糊中。面粉加入后应快速搅拌均匀,然后继续煮至面糊形成胶凝状态,此时的面糊不会黏附于容器壁上。

(2)搅糊　面糊离火后,烫煮好的面糊可放入搅拌缸内用搅拌机搅拌,如果量少可在锅内用手搅拌。待面糊温度降至60℃左右时分次加入鸡蛋。第一次加蛋量可稍多,可先加入两个蛋量搅拌,因为此时的面糊温度较高,太少量的蛋液易被面糊烫熟而影响蛋的膨胀作用。第二次以后加蛋应以少量多次为好,每次以一个蛋量为宜。边加边搅拌,每次加蛋后必须充分搅拌至蛋液与面糊完全融合,再加下一次。如果蛋液加得过快,则很难形成均匀的糊状物。

使用搅拌机搅拌面糊时注意掌握面糊搅拌程度。因为搅拌机虽然搅拌起来很方便,但也容易造成搅拌过度,使面糊缺乏韧性和可塑性,影响面糊的膨胀力。搅拌完成的面糊最佳温度为45℃。面糊温度与加入鸡蛋时机、加蛋次数、加蛋量、搅拌速度和时间等因素有关。

搅拌完成后,检查一下面糊稠度是否符合质量要求。其方法是用木勺将面糊挑起,当面糊能均匀缓慢地往下流时,即达到质量要求。

若面糊流得过快,说明糊稀,相反,说明蛋的用量不够。蛋的用量一般在配方中有明示,但因各环节操作程度的差异而使蛋的用量有所不同,这需要依靠经验加以判断,通过检查面糊稠度状态来做适量调整。影响蛋量添加的因素主要有以下几点:

①水油煮沸时间　若水油煮得不够沸腾,水分蒸发较少而使面糊中水分较重,则需略减少蛋的用量,反之则适量加蛋。

②烫煮面团的时间　加入面粉后烫煮时间不足而使面糊水分过重同样影响加蛋量。

③加蛋过程　蛋液添加过快造成面糊吸收太慢而造成面糊过稀。

④配方中水分量　加水偏多,超出面粉需要的适当水量而造成面糊过湿,影响蛋的正常添加量。

搅拌完成若发现面糊过硬可添加少量奶水或蛋液继续搅拌均匀即可,但如果搅拌完成的面糊过稀则很难弥补了,因此搅拌过程中需特别加以注意。

2. 成型

泡芙面糊调制完成后即可进入成型阶段。泡芙面糊成型的好坏直接影响到成品的形态、大小及质量。泡芙成型最常用方法是挤注成型,将搅拌完成的面糊装入套有花嘴的挤花袋中,直接挤入烤盘内。

烤盘处理是泡芙成型步骤的一个重要环节。烘烤泡芙用的烤盘一般不直接刷油挤注面糊,因为烤盘涂油后,易造成面糊移动,烤好的泡芙底部无法良好定型,容易出现凹形现象,严重时内部及外观都会受到严重影响。适宜的做法是将烤盘擦拭干净,表面撒少许高筋面粉,或者铺上一层白纸、不粘烤布。

泡芙因有很大的膨胀性,因此在挤注装盘时留出足够的间隔距离,一般适宜保持在 3 cm左右。若成型的面糊体积愈大间隔亦相对加大,反则愈小。

挤注成型时应以一个烤盘一种相同造型为原则。如同一烤盘内造型有大有小,烘烤时会造成产品生熟不匀,小的产品可能已出现焦煳,大的产品还未成熟,而未熟的产品取出后很快出现萎缩塌陷。

除了以挤注方式成型外,也可以用小餐勺将泡芙面糊舀入烤盘中。

3. 烘烤

烘烤是泡芙形态形成的关键环节,稍有不慎可能造成前功尽弃。泡芙烘烤可以分为三个阶段:

第一阶段体积膨大阶段,宜使用上火小、下火大的炉温进行烘烤,以促进泡芙向上膨胀,一般炉温为上火 180℃,下火 220℃。泡芙进入烤炉后,面糊逐渐受热,产生气体推动膨胀,当面糊烤至 8～15 min 时,可通过烤炉观察窗看到泡芙体积膨胀 3 倍,这时因泡芙尚未定型,切记不可开启炉门,否则,将会使未定型的泡芙塌陷。此时可将炉温调节为上火强、下火弱,即上火 220℃,下火 180℃,继续烘烤至泡芙定型而不致使泡芙底部焦煳。

第二阶段泡芙定型阶段,因受上火大的影响,泡芙体积大增,表面也开始爆裂,并慢慢呈现金黄色,逐渐定型。这时可将烤炉门轻微打开,必要时可将烤盘掉头以促进烘焙颜色均匀,但打开炉门的时间及次数应尽量少,否则也会因为温度降低导致泡芙内部未熟的面糊萎缩,严重影响外观。这时的泡芙表面虽已定型,但内部还较湿润,应视表面色泽情况,将上火降至 180℃继续烘烤至完成阶段。

第三阶段烘烤完成阶段,泡芙很容易因烘烤不足而烤后出现萎缩塌陷现象,烤好后的泡芙颜色标准是表面金黄,爆裂缝里的颜色接近顶部颜色。烤到这样程度总的烘焙时间 25～

35 min。如果发现颜色差异较大,哪怕烘烤时间已到,仍需继续做适当烘烤,使泡芙色泽、质感完全达到要求。

### 四、哈斗类点心生产中常见产品质量问题与解决方法

1. 产品起发不好(表 7-14)

**表 7-14　产品起发不好原因和解决方法**

| 原因 | 解决方法 |
| --- | --- |
| 配方不正确 | 调整配方 |
| 面糊没烫熟和烫透 | 面糊一定要烫熟烫透 |
| 烤箱温度太低或油温太低 | 适当提高烤箱的烘烤温度或油炸的油温 |
| 加蛋液时,面糊温度太低或太高 | 面糊温度适中,鸡蛋要分次加入,每次须搅拌均匀上劲 |
| 蛋液温度太低 | 不使用冰蛋 |
| 制品烘烤时跑气 | 烘烤过程中不要随意打开烤箱门,以防制品膨胀时跑气 |
| 烤制或油炸时间不足 | 按要求掌握烘烤(或油炸)时间,制品成熟后方可出炉(或出锅) |
| 面糊成型后没有及时成熟 | 面糊成型后及时成熟 |

2. 产品表面颜色太深或太浅(表 7-15)

**表 7-15　产品表面颜色太深或太浅原因和解决方法**

| 原因 | 解决方法 |
| --- | --- |
| 烤箱温度(或油炸的油温)过高或过低 | 调整好烤箱的温度或油温 |
| 焙烤(或油炸)时间太长或太短 | 调整焙烤(或油炸)时间 |

3. 产品塌陷(表 7-16)

**表 7-16　产品塌陷原因和解决方法**

| 原因 | 解决方法 |
| --- | --- |
| 面糊太稀 | 调整配方 |
| 烘烤时烤盘受到振动或过早过多地打开炉门 | 烘烤时要避免烤盘受到振动,不要过早打开炉门 |
| 没有烤透,内部水分太多 | 调整烘烤条件 |

# 任务五　木司(慕斯)类点心生产工艺

　　木司是法语的译音,又译成慕斯、莫司等,是一种高级西式甜点,是奶油含量很高的冷冻甜点,口感十分软滑、细腻,西方人很喜欢吃。慕斯最早出现在美食之都法国巴黎,最初大师们在

奶油中加入起稳定作用,且改善结构、口感和风味的各种辅料,使之外形、色泽、结构、口味变化丰富,更加自然纯正,冷藏后食用其味甚佳,成为甜点心中的佳品。

慕斯的品种很多,有各种水果慕斯、巧克力慕斯等。慕斯与布丁一样属于甜点的一种,其性质较布丁更柔软,入口即化。慕斯的英文是 mousse,是一种奶冻式的甜点,可以直接吃或做蛋糕夹层。通常是加入奶油与凝固剂来制成浓稠冻状的效果,是用明胶凝结乳酪及鲜奶油而成,不必烘烤即可食用。为现今高级蛋糕的代表。夏季要低温冷藏,冬季无须冷藏可保存 3~5 d。制作慕斯最重要的是胶冻原料如琼脂、鱼胶粉、果冻粉等,也有专门的慕斯粉。另外制作时最大的特点是配方中的蛋白、蛋黄、鲜奶油都须单独与糖打发,再混入一起拌匀,所以质地较为松软,有点像打发了的鲜奶油。慕斯使用的胶冻原料是动物胶,所以需要置于低温处存放。

## 一、慕斯点心配方

慕斯点心配方见表 7-17。

表 7-17　慕斯点心配方　　　　　　　　　　　　　　　　　g

| 原料 | 水果肉 | 结力片 | 蛋黄 | 糖 | 蛋清 | 奶油 |
|---|---|---|---|---|---|---|
| 质量 | 500 | 10 片 | 100 | 100 | 100 | 1 000 |

## 二、生产工艺流程

慕斯类点心生产工艺流程如图 7-8 所示。

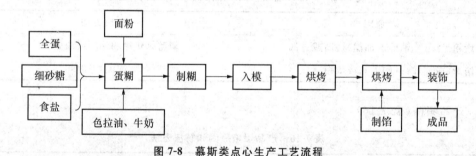

图 7-8　慕斯类点心生产工艺流程

## 三、生产工艺要点

### (一)一般用料

慕斯常用的原料主要有:奶油、蛋黄、糖、蛋白、果汁、酒、明胶及果膏等。制作巧克力慕司时,主要原料是巧克力和奶油。

### (二)慕斯制作的步骤

(1)先把明胶熔化,慕斯中的明胶比奶油冻的明胶用量要少些。

(2)将蛋黄与糖一起打发,把牛奶煮沸后加入,再加入熔化的明胶拌匀,待稍冷却后加入果汁、香精、酒等配料。

(3)蛋糊冷却后,把打发的奶油、蛋清加入,轻轻拌匀。

(4)混合好的配料装入器皿内,进冰箱冷藏,食用前装饰即可。

**(三)调制工艺**

由于慕斯的种类多,配料不同,调制方法各异,所以很难用一种方法概括,但一般的规律是,配方中若有明胶或琼脂,则先把明胶或琼脂用水溶化,然后根据用料调制:

(1)有蛋黄、蛋清的,将蛋黄、蛋清分别与糖打起。

(2)有果碎的,把肉打碎,并加入打起的蛋黄、蛋清。

(3)有巧克力溶化后与其他配料混合。

(4)将打起的鲜奶油与调好的半制品拌匀即可。

**(四)慕斯的成型**

慕斯的成型方法多种多样,可按实际工作中的需要,灵活掌握。慕斯成型的最普遍做法是,将慕斯直接挤到各种容器(如玻璃杯、咖啡杯、小碗、小盘)中,或扣出置于精制盘中,色泽圆润、质感纯正。近年来,国际上一些酒店内还流行以下慕斯的成型方法:

(1)立体造型装饰工艺  将调制好的慕斯,采用不同的其他原料作为造型的原料,使制品整体效果立体化。最常采用的造型原料有巧克力片、起酥面坯、饼干、清蛋糕等。通过各种加工方法,使慕斯产生极强的立体装饰效果。用其他食品原料制成各式各样的艺术构件,然后再配以果汁或鲜水果对慕斯进行装饰,会产生极强的美感和艺术性。此方法大多以巧克力、脆皮饼干面、花色清蛋糕坯等,制作成各式的食品或桶的装饰物,用来盛放慕斯。这种方法不仅可以增加食品的装饰性,同时也提高了慕斯的营养价值。慕斯的成型方法还很多,除上述外,还可以用成熟的酥皮盘底,或者用薄饼、酥合盛装等。

(2)模具成型法  利用各式各样的模具,将慕斯挤入或倒入,整形后放入冰箱冷藏数小时后取出,使慕斯具有特殊的形状和造型。采用此方法时,为提高产品的稳定性,在调制慕斯糊时,可适量多加一点明胶,但切不可过多,否则产品用时会产生韧性,失去慕斯的原有品味和特性。

**(五)慕斯的定型**

慕斯调制完成后,就需要定型。定型是决定慕斯形状、质量的关键步骤。慕斯的定型,有利于下一步为制品的装饰、美化奠定基础。

一般情况下,慕斯类制品的定型,大都需要成型后放入冷藏箱内数小时冷却定型,以保证制品的质量要求和特点。

慕斯的定型和慕斯的盛放器皿有着紧密的关系。一般情况下,可直接盛放慕斯的器皿,在制品定型后,进行其他原料构件(如巧克力和水果)装饰食用,不需要再取出或更换用具。对于制品定型后,需要重新更换器皿的制品,则要在换器皿后,再对制品进行装饰。因此,慕斯的定型及装饰与餐具、器皿需要有着密切的关系。

## 四、慕斯类点心的质量要求

表面平坦光滑,装饰美观典雅,口感绵软香甜、品种风味浓郁。

**【思考题】**

1.混酥类点心生产工艺。

2. 慕斯的成型方法。

3. 清酥类点心操作要点。

4. 泡芙类点心的生产工艺流程。

【技能训练】

## 技能训练一 混酥类点心的制作

### 一、训练目的

1. 掌握混酥面团制作的基本原理、工艺流程及操作要点。

2. 学会对核桃酥成品做质量分析。

### 二、设备、用具

烤箱、台秤、筛网、刮板、烤盘、面板、盆等。

### 三、原料配方

混酥类点心配方见表 7-18。

**表 7-18　混酥类点心原料配方**　　　　　　　　　　　　　　　　　g

| A | 原料 | 黄奶油 | 糖 | 鸡蛋 | 蛋清 | | |
|---|---|---|---|---|---|---|---|
| | 计量 | 270 | 200 | 1个 | 1个 | | |
| B | 原料 | 牛奶香粉 | 泡打粉 | 小苏打 | 熟花生碎 | 熟核桃仁 | 低筋粉 |
| | 计量 | 5 | 4 | 3 | 80 | 50 | 500 |
| C | 原料 | 蛋黄液 | 白芝麻 | | | | |
| | 计量 | 适量 | 适量 | | | | |

酥类糕点中油、糖用量特别大,一般小麦粉、油和糖的比例为 1:(0.3~0.6):(0.3~0.5),加水较少,由于配料含有大量油、糖就限制了面粉吸水,控制了大块面筋生成,面团弹性极小,可塑性较好,产品结构特别松酥,许多产品表面有裂纹。

### 四、工艺流程及操作要点

1. 工艺流程(图 7-9)

原料预处理 → 面团调制 → 成型 → 烘烤 → 冷却 → 成品

图 7-9　混酥类点心生产工艺流程

2. 操作要点

(1)制作面团　将糖和奶油搅拌均匀,直至糖全部融化,分次加入鸡蛋直至充分乳化后加入其他原料,反复折叠均匀即为混酥面团。

(2)分剂　6 g/个,搓成小圆球,放入烤盘,表面刷蛋黄,撒少许芝麻作为装饰。

(3)烤制　成熟,上火:190℃,下火 170℃,烤至 15 min 左右上色即熟。

（4）冷却包装　烘烤后稍微冷却，再继续冷却包装。

## 五、注意事项

1. 制作混酥面团时，要使油、糖、蛋充分乳化均匀后再加入剩余的原料。
2. 面团调制的方法要采用复叠法，否则面团会产生筋性。

**技能训练二　蛋挞的制作**

## 一、训练目的

1. 掌握蛋挞制作的基本原理、工艺流程及操作要点。
2. 掌握片状酥油的使用技法。

## 二、设备、器具

搅拌机、烤箱、台秤、蛋挞模具、电磁炉、烤盘、面板、盆等。

## 三、原料配方

蛋挞配方见表 7-19。

**表 7-19　蛋挞原料配方**　　　　　　　　　　　　　　　　g

| 皮料 | 高筋粉 | 中筋粉 | 清水 | 精盐 | 片状酥油（玛琪淋） | 改良剂 |
|------|--------|--------|------|------|--------------------|--------|
| 计量 | 150 | 450 | 400 | 5 | 500 | 5 |
| 馅料 | 鸡蛋 | 绵白糖 | 牛奶 | 淀粉 | | |
| 计量 | 9 | 300 | 3 袋 | 15 | | |

## 四、工艺流程及操作要点

1. 工艺流程（图 7-10）

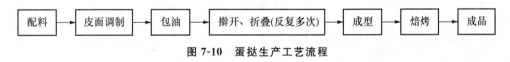

配料 → 皮面调制 → 包油 → 擀开、折叠(反复多次) → 成型 → 焙烤 → 成品

**图 7-10　蛋挞生产工艺流程**

2. 操作要点

（1）蛋挞浆制作　将牛奶倒入盆中进行加热，倒入绵糖，加热搅拌煮开。另将鸡蛋液倒入容器中用蛋抽搅散，倒入煮开的牛奶中搅拌均匀。

（2）蛋挞皮制作　将玛琪淋以外的材料倒入一个大容器，水一点点加入，和成一个耳垂般软的光滑面团，然后包上保鲜膜松弛 30 min。把玛琪淋装在一个保鲜袋或放在 2 层保鲜膜之间，用擀面杖把它压扁，或用刀切成片拼在一起再擀，擀成一个约 5 mm 厚的四方形片。把松弛过的面团擀成一个和玛琪淋一样宽，长 3 倍的面皮，把玛琪淋放在面皮的中间，两边的面皮往中间叠，将玛琪淋完全包起来后捏紧边缘将包好玛琪淋的面皮旋转 90°，三折三次折叠后，取出后擀成一个四方形面皮，然后卷起来，把卷好的面条平均分成 40 等份，把每一等份擀成比模具口稍大的面皮。模具内撒入面粉抹匀后倒出多余的面粉,将擀好的面皮放入模具内轻压,使之贴边。

(3)烤制  烤箱220℃预热10 min,这时把挞水盛入挞皮内八分满即可,将烤盘放在上火230℃,下火195℃,13 min至上色即可。

## 五、注意事项

1. 因为制作挞皮有很繁琐的松弛过程,所以不必先做挞水,可利用挞皮松弛的时间制作挞水。

2. 制作挞皮的酥油可以用黄油代替;制作挞水的牛奶,可换成椰奶,这样就变成了有椰香的蛋挞。

3. 在模具内撒面粉是为了蛋挞烤好后便于脱模。

4. 蛋挞要趁热食用,如果凉了可再放入烤箱加热几分钟。

5. 制作蛋挞皮折叠擀薄后,都要冷藏。这样烤的时候才不会收缩。

### 技能训练三  泡芙类点心的制作

## 一、训练目的

1. 掌握泡芙制作的基本原理、工艺流程及操作要点。
2. 学会对泡芙成品做质量分析。

## 二、设备、用具

搅拌机、烤箱、台秤、裱花袋、裱花嘴、烤盘、面板、盆等。

## 三、原料配方

泡芙类点心配方见表7-20。

表7-20  泡芙原料配方 g

| 面糊料 | 鸡蛋 | 低筋面粉 | 黄油 | 水 | 奶油 |
|---|---|---|---|---|---|
| 计量 | 500 | 250 | 125 | 375 | 100 |
| 馅料 | 鲜奶油 | 糖粉 | | | |
| 计量 | 200 | 100 | | | |

## 四、工艺流程及操作要点

1. 工艺流程(图7-11)

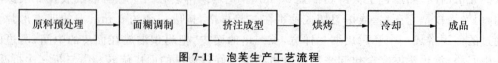

图7-11  泡芙生产工艺流程

2．操作要点

（1）制作面糊　水和黄油放入厚底锅中，旺火煮沸，再筛入过筛的面粉，用蛋抽快速搅拌直至面团烫熟后撤离火位，然后将面团中逐一加入鸡蛋，每加一个鸡蛋都要搅匀后再加下一个鸡蛋，搅拌均匀后放入裱花袋，按照需要的形状和大小挤在刷好油的烤盘上。

（2）烘烤　泡芙面糊成型后立即放入210℃左右的烤炉中进行烘烤，当泡芙膨胀后，将炉温降至180℃继续烘烤，直至表面呈金黄色，内部成熟时间25～30 min。

## 五、注意事项

1．掌握面团的稀稠是制作泡芙的关键，面团过稀，加入鸡蛋时就更稀，制作出来的泡芙就会不成形。

2．加入鸡蛋的时候，面糊不能太热，要稍冷却一下，60℃为宜，再分次加入鸡蛋液。这样面糊和鸡蛋液才能更好地融合。

3．烤制的时候，不要开烤箱门。如果中途打开，泡芙就不容易胀大了。

4．如果你一次做的泡芙量不大，可等烤箱冷却后再把泡芙取出，这样泡芙外皮更脆。

# 项目八　蛋类芯饼(蛋黄派)生产工艺

【学习目标】

(1)了解蛋类芯饼的分类。

(2)掌握几种蛋类芯饼(蛋黄派)的制作工艺及要点。

【技能目标】

(1)能够独立制作蛋黄派。

(2)掌握蛋类芯饼生产中出现的质量问题及解决方法。

## 任务一　概述

派也称排,源于英文 pie。是一种有馅的馅饼。蛋黄派是一种夹心的蛋糕。蛋黄派以小麦粉、鸡蛋、糖等为主要原料,添加油脂、乳化剂等辅料,经搅打充气(或不充气)、成型、烘烤、夹入或注入糖、油脂等混合而成的馅料(或软棉花糖、果酱馅料),在其表面涂饰(或不涂饰)巧克力酱及其制品等,经预包装而制成的各种蛋类芯饼,是一种夹心蛋糕的名称,是一种集茶点、早餐为一体的小食品,由于其浓郁的蛋香味、松软的口感和丰富的营养以及独立包装便于携带,且保质期比普通糕点明显延长,受到了消费者的青睐。市场上的蛋黄派所用的糖类主要为蔗糖,保湿剂大部分是山梨糖醇。外形看似小面包,但吃起来十分酥软,里面有类似黄油的东西,富含蛋白质。特点外形美观、香甜爽口、营养丰富。

### 一、分类

按照加工方式和工艺将蛋黄派分为:

1. 夹心蛋类芯饼(俗称夹心蛋黄派)

以小麦粉、鸡蛋、糖为主要原料,加入油脂、乳化剂及其他辅料,经搅打充气(或不充气)、挤浆成型、烘烤制成松软的糕坯片,在糕坯片之间夹入糖、油脂、其他辅料混合而成的夹心(或软棉花糖、果酱夹心)而制成的产品。

2. 注心蛋类芯饼(俗称注心蛋黄派)

以小麦粉、鸡蛋、糖为主要原料,加入油脂、乳化剂及其他辅料,经搅打充气(或不充气)、注模成型、烘烤制成松软的糕坯,在糕坯中注入糖、油脂、其他辅料混合而成的注心(或果酱注心)而制成的产品。

3. 涂饰蛋类芯饼（俗称涂饰蛋黄派）

是在前两种蛋类芯饼表面涂饰巧克力酱或其制品或其他装饰料而制成的产品。

## 二、感官要求

1. 夹心蛋类芯饼

产品由上下两片糕坯，中间夹心合成。糕坯片为拱圆形或其他整齐的形状，边缘对接整齐，外形完整，无明显变形、收缩和明显焦泡点，夹心无明显外溢。外表面呈淡谷黄色或该品种应有的颜色，色泽基本均匀，不生不焦。糕坯断面为淡黄色或该品种应有的颜色，夹心呈该品种应有的色泽。保质期内允许糕坯表面有糖的重结晶。糕坯细腻松软，有弹性，断面呈海绵状组织，气孔均匀无明显大气孔，糕坯与夹心层次分明，夹心结构均匀、不僵硬。符合该品种特有的风味和滋味，无异味。口感松软滋润，夹心口感细腻润滑，无明显砂粒感。

2. 注心蛋类芯饼

产品外形完整，边缘整齐，表面拱顶，无塌陷，无明显焦泡和开裂，表面或底面或侧面允许留有注心后的针孔，底面平整，无破损。注心无明显外溢。外表面呈黄色至淡谷黄色或该品种应有的颜色，色泽基本均匀，不生不焦，糕坯断面为淡黄色或该品种应有的颜色，注心呈该品种应有的色泽。保质期内允许糕坯表面有糖的重结晶。细腻松软，有弹性，糕坯断面呈海绵状组织，气孔均匀且无明显大气孔。注心在糕坯中央，结构均匀、不僵硬。符合该品种特有的风味和滋味，无异味。口感松软滋润，注心口感细腻润滑，无明显砂粒感。

3. 涂饰蛋类芯饼

产品外形完整，边缘整齐，外形与涂饰前的夹心或注心蛋类芯饼相仿。涂层均匀，糕坯无明显露出（半涂层、裱花除外）。外表面呈巧克力或该制品应有的色泽，色泽基本均匀。黑巧克力及其制品表面无发花、发白现象。涂层组织均匀无空洞，与糕坯搭配硬脆度适中；糕坯组织均匀，且无明显大气孔；馅料结构均匀、不僵硬。具有巧克力的风味或该制品应有的滋味，无异味；涂层及馅料口感细腻润滑，无明显砂粒感。

# 任务二　夹心蛋黄派的生产工艺

夹心蛋类芯饼（俗称夹芯蛋黄派）以小麦粉、鸡蛋、糖为主要原料，加入油脂、乳化剂及其他辅料，经搅打充气（或不充气）、挤浆成型、烘烤制成松软的糕坯片，在糕坯片之间夹入糖、油脂、其他辅料混合而成的夹心（或软棉花糖、果酱夹心）而制成的产品。

## 一、夹心蛋类芯饼

1. 面糊生产工艺流程（图 8-1）
2. 馅料生产工艺流程（图 8-2）

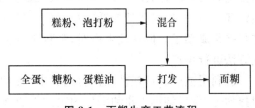

图 8-1　面糊生产工艺流程

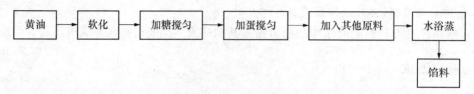

图 8-2　馅料生产工艺流程

3. 蛋黄派生产工艺流程(图 8-3)

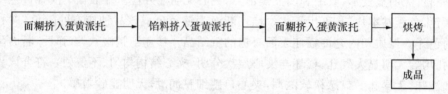

图 8-3　夹心蛋黄派的生产工艺流程

## 二、夹心蛋类芯饼生产工艺要点

### (一)工艺要点

1. 面糊搅拌

(1)原料选择　选择符合国家相关标准的低筋粉、鸡蛋、糖、油脂、乳化剂、膨松剂等。

(2)原料预处理

①小麦粉　小麦粉要过筛,达到去除异物及分散均匀的效果。

②鸡蛋　要选择新鲜的鸡蛋,并且要现打现用。

③白砂糖　为了保证产品质量和使产品口感均匀一致,最好使用糖粉。

④膨松剂　一般采用复合膨松剂,使用前最好与面粉混合均匀。

原料按配方称好备用。

(3)设备选用　常见的为立式搅拌机,其搅拌更均匀,搅拌效果好,但容量较小。卧式搅拌机一般用于大容量搅拌中。

(4)搅拌方法

①利用蛋清中的蛋白质起泡而裹住气体　为了使蛋清的持气能力达到最佳,可以将蛋清和蛋黄分开后进行搅拌,因为蛋黄中的脂肪有消泡作用。

一般先将鸡蛋、糖、油脂、乳化剂搅拌均匀,最后将小麦粉和膨松剂边搅拌边加入,最终搅拌好的浆料可以用比重、黏度、温度来判定。浆料搅拌过程中,要重点控制小麦粉的加入速度和搅拌时间,要采用慢速搅拌,尽量避免过度搅拌,以减少面筋网络的生成;面筋形成过多,会使糕坯口感硬,所以要选择低筋小麦粉。然后,根据产品特点调整到适当的比重后,可以直接进行挤浆成型了。但连续生产时,浆料比重会随时间变化大,且不易控制。所以会使用机械充气方法进行生产。

②利用油脂的可塑性在搅打过程中油脂裹住气体　一般是将食糖、油脂、鸡蛋、乳化剂先搅拌均匀,最后将小麦粉和膨松剂边搅拌边加入。此方法中通常会用固态油脂进行打发,所以鸡蛋使用量可以相对少一点。最终搅拌好的浆料同样可以用比重、黏度、温度来判定。此方法中的小麦粉加入量会相对多一点,而且利用油脂打发,产品口感会相对粗糙。此方法中就不需

要再用机械充气了。

2. 馅料制作

(1)先将黄油软化。

(2)分三次放入糖，分别搅拌均匀。

(3)分三次放入鸡蛋，也要搅拌均匀，最后倒入牛奶后再放澄粉、吉士粉。

(4)将调好的面糊水浴蒸，边蒸边搅拌，一定要搅拌均匀。

3. 挤浆成型

(1)主要设备　主要设备有机械充气装置、自动挤浆成型机、模具或钢带。

(2)成型过程　贮存在料槽中的浆料，通过供料泵开始供料。其中浆料可通过针式搅拌过程，及时充入压缩空气，来达到充气及比重降低的目的。针式搅拌装置都有冷却水循环，便于控制高速搅拌过程中产生的热量和控制浆料的温度。

浆料先放到自动挤浆成型机的料槽后，利用活塞等方式，将浆料均匀挤出到钢带或模具中。其中，要重点控制重量偏差，需要将自动挤浆成型机调整到最佳状态。

自动挤浆成型机的速度主要决定产品的生产能力。

4. 烘烤过程

(1)主要设备　隧道炉或旋转炉等。

(2)烘烤　浆料随着钢带或模具进入烤炉中进行烘烤。因为糕坯片相对薄，重量也轻，所以烘烤时间相对短。烘烤过程可分为预糊化阶段、膨胀阶段、成熟定型阶段、上色阶段、内部烘透阶段等。

烘烤的最初为预糊化阶段，温度不能设定太高，可以在 120～160℃。接近常温的浆料进入烤炉后，热量逐渐渗透到浆料内部。浆料内的油脂开始融化，淀粉开始预糊化，整个浆料开始流动摊平变大，之后进入膨胀阶段，此时温度需要设定再高一些。随着温度的升高，浆料内裹住的气体开始迅速膨胀，糕坯体积开始变大。添加到浆料中的膨松剂也持续反应释放出气体，也使糕坯体积变大；体积膨胀到最大后便开始略微回缩定型，糕坯内部温度继续升高，浆料中的蛋白质逐渐凝固，淀粉糊化，糕坯基本定型。定型的糕坯继续受热作用而发生美拉德反应和焦糖化反应，糕坯表面色泽加深，呈褐黄色，此时的糕坯内部温度已经达到 90℃以上，水分会持续蒸发出去，随着更多热量的渗透，糕坯内部组织也烘烤到最佳程度，之后便可以出炉了。

烤炉的加热一般采用燃气加热和电加热。隧道炉一般采用燃气加热方式。根据热的传导方式不同，可以分为直燃式和间燃式。直燃式就是直接用燃气点着的明火进行烘烤。明火当中产生更多的红外线，红外线可以穿透到浆料内部，使糕坯烘烤更充分，风味也更香。间燃式就是先通过燃气加热将空气加热，再将热空气吹到烤炉内循环，让糕坯受热更均匀。直燃式和间燃式可以根据产品特点单独使用，也可以组合使用。烘烤中的热量传递也是通过传导、对流、辐射方式进行的。烘烤过程中，钢带或模具先升温后，以传导方式加热与其接触的浆料。直燃式中的明火先加热空气后，通过对流的方式加热糕坯。间燃式的热风循环也是对流方式加热。直燃式中产生的红外线就是以辐射的方式加热糕坯。现在的间燃式中也有将燃气加热过的热风，吹到套管中进行循环。烤炉内的套管中涂上陶瓷材料，使产生远红外线进行辐射传热。这样既避免了燃气加热的"脏"空气直接与糕坯接触，也以辐射方式透到内部而达到了烘烤效果。

### 5. 脱模冷却过程

烤盘由烤箱出来后,里面的蛋糕由脱模机吸出并放到冷却板上,在冷却板上由常温对流空气进行冷却,一般在冷却至室温后进入到下一工序——注心。较好的冷却温度(35～40℃),有助于夹心的状态保持,适宜的冷却时间(8～15 min)可使表面较为坚硬,减少内部水分过多外移造成蛋糕过软,影响注心及包装,水分控制要小于 20％。

### 6. 夹心生产

(1)主要原料　油脂、糖、糖浆、香精、果酱等。

(2)主要设备　搅拌机(立式或卧式)。

(3)夹心生产要点　先将油脂和糖(或糖浆)等原料进行均匀搅拌,如用砂糖需要先磨成糖粉,然后再加入香精等混匀。根据产品特点,可以增加果酱一起混合,口感更加清新爽口。

因夹心中无高温过程,所以需要严格控制卫生环境及人员操作,原料的卫生管理、设备清扫、空气质量、人员的着装、操作方法等都要严格控制。

### 7. 夹心工艺

(1)主要设备　机械充气装置、自动夹心机。

(2)夹心要点　机械充气装置跟挤浆成型用的设备相类似,只是根据物性不同选择相适应设备及参数。自动夹心机要将冷却好的糕坯片按一排反着放一排正着排列好。将制作好的夹心,经过机械充气,达到需要的物性和口感。直接挤料到反着放的一片糕坯片中,然后将另一片正着放的糕坯片吸住后盖上去,达到上下糕坯片要对齐,中间夹心也要保证在中心位置。夹心过程是"冷加工"的过程,必须严格控制卫生。

### 8. 包装过程

夹心好的糕坯再经冷却使夹心凝固后,经自动传送带送入自动包装机进行单枚包装。水分高的产品可进行充氮包装。充氮不仅加强了保鲜效果,又能使包装袋具有一定的形状和体积,起到保护蛋类芯饼外形完整的作用,以免因运输过程受到挤压而变形,提高了商品的价值。

包装材料选用高密度、低透气度的塑膜或复合膜。每个单枚包装的密封性对于控制产品发霉至关重要,需要保证包装机和包装膜的稳定。包装的密封性可以用手捏的方法来测定,但每个人的操作误差大,需要积累经验值,也可以用仪器测定,一种是用既定的压力下压迫包装膜,查看包装膜爆裂的程度或时间;还有一种放在水中利用既定的压力测定,如果没有漏气,产品也会完好无损。包装过程中也要做好卫生管理,直到单枚包装完成。

单枚包装好的产品,按各种包装规格,装入外包装袋或包装盒中,再进行装箱包装入库。产品出货前最好在恒温条件放置熟成几天,以便产品达到水分平衡,夹心质量也达到稳定。这样在流通环节对产品的冲击也会少一点,对增加产品耐热性也有帮助。

### (二)质量检验

#### 1. 感官检验

(1)外观　呈黄色,色泽均匀,注心颜色正常。

(2)形态　外形完整,边缘整齐,注心无明显外溢。

(3)组织　细腻松软,气孔均匀。

(4)口感　绵软、香甜、奶油味、鸡蛋味纯正,无异味。

#### 2. 微生物检测

菌落总数≤10 000 cfu/g;大肠杆菌≤300 MPN/100 g;霉菌计数≤150 cfu/g;致病菌(沙

门氏菌、志贺氏菌、金黄色葡萄球菌）不得检出，有毒有害细菌是生命的致命杀手。

蛋黄派的质量需要我们进行控制，质量控制好不一定就是质量过关，还要追究它的安全卫生。

### 三、夹心蛋类芯饼常见质量问题及原因分析

连续的生产要寻求稳定的产品品质。但是往往因为诸多影响因素的存在，会出现品质波动，见表 8-1。

表 8-1　夹心蛋类芯饼常见质量问题及原因分析

| | |
|---|---|
| 重量偏差 | 在成型过程中要重点管理重量偏差的控制。如果糕坯重量比标准重量重，在烘烤过程中，所需要的热量也要多，但是在烘烤条件不变的情况下，因热量有限，糕坯烤不熟，水分也会高，颜色就会浅。所以成型重量要在标准重量范围内浮动，如果偏差太大，糕坯颜色也会深浅不一。控制成型重量，首先要保证配合浆料的稳定。其次就是成型机的性能及维护了。 |
| | 如前所述烘烤过程可分为预糊化阶段、膨胀阶段、成熟定型阶段、上色阶段、内部烘透阶段等。根据这些阶段要先设定和固定烘烤时间。如果烘烤时间短，则烘烤不足，糕坯颜色会浅。如果烘烤时间过长，则热量过多，颜色会深。 |
| | 烘烤的温度的变化（也就是热量的变化），直接影响糕坯的颜色。首先隧道炉本身的性能，如保温能力、热量的分布、控温方式等，会决定烘烤温度的变化程度。除此之外，通常是因为浆料的间断性进入隧道炉而导致的颜色过深。浆料在烤炉内会吸收大量的热量。正常生产时，烤炉内热量会分布均匀，且均匀地被浆料所吸收。但是如果因为成型故障，导致烤炉内浆料部分缺少的话，在缺少浆料的区域的热量会被周边的浆料所吸收。这样缺少浆料的周边的糕坯颜色会深，影响糕坯的稳定性。如果浆料缺少的时间长，就要及时降低烤炉的温度。 |
| | 还有烤炉的排气量的变化也会影响颜色的变化。烤炉的排气虽然主要是因为要排出废气和水分而设置，但随着水分的排出也会有很多的热量排出。如果排气量变化大，就会影响热量变化而导致颜色变化。排气量通常可通过排气阀手动控制。排气阀开得过小，热量排出就小，烤炉内的热量聚集过多而无法排出，颜色也会变深。当排气阀开得过大，虽热量排出会多，但因大部分烤炉都有自动控温系统，会自动增加热量，所以颜色变化会相对小。 |
| 尺寸 | 对于夹心蛋类芯饼来说，主要的质量问题为糕坯片的尺寸变化了。因为大部分的糕坯片都不使用模具，所以尺寸的控制成为主要控制内容。主要的影响因素有浆料中的膨松剂多加或少加，成型重量差异，浆料黏度过高或过低，烤炉温度差异等。 |
| | 膨松剂的主要功能就是通过受热后产气排出的过程使糕坯增大。但是如果膨松剂添加过多，则会使糕坯尺寸过大。如果膨松剂添加量过少，则糕坯尺寸就会小。 |
| | 在烘烤过程中浆料的黏度会影响糕坯的尺寸。因为在烘烤过程中，预糊化阶段的浆料的流动性基本决定了最终糕坯片的尺寸。如果浆料黏度低，流动性好，在预糊化过程中，浆料摊开程度大，烘烤出的糕坯片尺寸也会大。如果浆料黏度高，流动性差，在预糊化过程中摊开程度受限，烘烤出的糕坯片尺寸则会小。烤炉的温度，特别是预糊化阶段的温度差异，也是对浆料的流动性的影响因素。烤炉前区温度高，浆料流动性也会增加，尺寸则会大。反之亦然。 |
| | 在生产过程中，变化因素多，就意味着产品质量不稳定。需要将更多的参数固定，减小变化因素等方法来持续分析原因及积极改善，来使产品稳定。 |

## 任务三　注心蛋黄派的生产工艺

注心蛋类芯饼(俗称注心蛋黄派)是以小麦粉、鸡蛋、糖为主要原料,加入油脂、乳化剂及其他辅料,经搅打充气(或不充气)、注模成型、烘烤制成松软的糕坯,在糕坯中注入糖、油脂、其他辅料混合而成的注心(或果酱注心)而制成的产品。

### 一、注心蛋类芯饼生产工艺流程

注心蛋类芯饼生产工艺流程如图 8-4 所示。

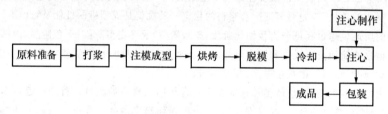

图 8-4　注心蛋黄派的生产工艺流程

### 二、注心蛋类芯饼生产工艺要点

#### (一)鸡蛋去壳

(1)必须采用新鲜的鸡蛋。

(2)鸡蛋去壳时不得将蛋壳等其他杂质掉入蛋液中。

#### (二)配料

(1)严格按配方要求操作,在允许误差范围内准确称量。

(2)面粉、变性淀粉等粉状原料应无块状,用筛筛过。

(3)颗粒状原料,如白砂糖应研磨成粉料然后再过筛。

(4)保守技术秘密,将实际投入料量记录于《总厂坯料/夹心作业记录》表中。

#### (三)打浆

先将蛋、糖和蛋糕油在立式搅拌机中快速搅拌 6~8 min,然后加入面粉、变性淀粉、慢速搅拌 1~1.5 min,当面粉充分混合,没有面粉团时停止搅拌。

#### (四)注浆成型

(1)检查成型机的机台是否正常,确保正常后方将浆倒入桶中。

(2)注馅产品的模盘应清洗干净,并在使用前涂脱模油。

(3)夹心产品的成型室温度应保持 18~22℃,成型机速度就为 30~34 Hz。

(4)注馅产品重量控制每块 21~22 g,夹心产品重量控制每块 11.5~12.5 g。

**(五)焙烤**

1. 注馅产品

烤炉设定 165～175℃,时间 13～18 min,烤后的重量要求为 19～20 g,水分含量 15％～17％。

2. 夹心产品

(1)温度设定

Ⅰ区:上温 235～240℃,下温 185～190℃

Ⅱ区:上温 220～225℃,下温 185℃。

Ⅲ区:上温 200～205℃,下温 180～185℃

(2)钢带速度:26～28 Hz,可根据蛋糕表面颜色而定,颜色深可加快,浅应减缓。

(3)出炉后蛋糕直径应为(6.8±0.2) cm,厚度(1.3±0.1) cm,重量为 9～10 g,水分含量为 16％～18％,颜色为金黄色。

(4)顶部抽风机在正常工作中不打开,在炉子降温时打开。

(5)注意钢带的升温,降温时跑边现象,以及纸的位置尽量使蛋糕在橡胶带的中部。

(6)卷纸机应控制在 15～17 A,太快易断裂,太慢会使饼堆起来。

**(六)冷却、脱模**

(1)注馅产品脱模后,注馅前的温度不得高于 35℃。

(2)夹心产品脱模应不得有纸粘连现象,没有碎边,塌陷的现象。

**(七)翻饼**

(1)开机时气源压力一般控制 0.4～0.6 mPa。

(2)每列应排列整齐,第一排应面朝上,如有错格应立即调整。

**(八)注心**

注心产品心料重量控制 5～5.5 g,注心后蛋糕重为 24～26 g。

夹心产品的心料重量控制 7.5～8.5 g,夹心后蛋糕重 25～26 g,一般为 0.58。

**(九)检验点及检验规程**

1. 鸡蛋去壳

由专人操作工挑选出蛋液中的蛋壳,并将已挑选的无蛋壳的蛋液重新利用,并不做记录。

2. 筛粉

由专职操作工筛出较大颗粒的原辅料,重新研磨处理并不做记录。

3. 打浆

由操作工随时检查每锅浆比重,如个别浆比重偏高应返工再打,个别浆比重太低应隔离待处理记录于《总厂坯料作业记录》表中。

4. 注浆成型

由操作工自行调整所注产品的重量克数并记录于《总厂生坯浇注作业记录》表中。

5. 焙烤

操作工认真严格按照工艺要求操作,重量不够、时间不够、成色不对的产品应记录于《总厂焙烤作业记录》表,即 DHP-003-1 及 DHP-003-2 中。

6. 注馅

(1)由操作工检查每锅注心产品的混合比重,并记录于《总厂夹心混合作业记录》表中。

（2）由车间检验员检查所注心料的比重、漏浆情况、净含量，并记录于《成品检验报告单》表中。

7. 包装

（1）包装工逐包检查，发现烫破、净重不足、漏气等不合要求的产品应撕掉返工处理，不做记录。

（2）车间检验员应对产品的外箱标识、生产日期、感官指标等做一检验，并记录于《成品检验报告单》表中。

（3）化验室应对该批产品，半成品的卫生指标做一抽查，并将结果记录于《DHP半成品微生物检验结果记录表》中。

8. 成品

品管科每天应对每批产品的外箱标识、生产包装情况、感官、理化指标按规定要求进行检查，并记录于《成品检验报告单》表中。

### 三、注心蛋类芯饼常见质量问题及原因分析

注心蛋类芯饼常见质量问题及原因分析见表8-2。

表8-2    注心蛋类芯饼常见质量问题及原因分析

| 颜色 | 对于注心蛋类芯饼来说，最容易产生波动的就是颜色的变化。当然颜色也是最直观看得出来的外观，如水分变化，重量差异等都可以反映在颜色的变化上。<br>对于连续生产线的产品，应先设定好最佳的工艺。如配方、浆料比重、浆料黏度、成型重量、烘烤时间、烘烤温度等。但是在生产过程中因操作失误或设备差异等会带来偏差。<br>在浆料搅拌过程中，都应该按配方进行计量和操作。但是在操作过程中，可能会发生计量错误、漏添加、多添加等操作失误。其中如果将糖多添加，就会因加剧美拉德反应使颜色会更深。但此时口感偏甜的问题会更明显。如果少添加小麦粉或多添加水，则浆料比重会高，黏度会降低。因浆料中的水含量增加，在烘烤条件不变的情况下，水分不能充分排出，颜色也会显淡。反之亦然。 |
| --- | --- |

# 任务四    涂饰蛋黄派的生产工艺

涂饰蛋类芯饼是在夹心蛋类芯饼或注心蛋类芯饼表面涂饰巧克力浆或其他装饰料而制成的产品。

### 一、涂饰蛋类芯饼生产工艺流程

涂饰蛋类芯饼生产工艺流程如图8-5所示。

### 二、涂饰蛋类芯饼生产工艺要点

**（一）制作面糊**

（1）白玉兰糕粉，泡打粉，保鲜剂充分混匀。

（2）全蛋，糖粉，蛋糕油，用搅打器慢速搅打至白糖溶化，再快速搅打2 min，至蛋白膏呈软峰状并硬性发泡，且蛋液呈乳白色时，然后慢速边搅打加入上述粉，再快速打2 min。

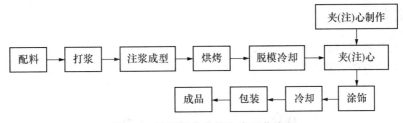

图 8-5 涂饰蛋类芯饼生产工艺流程

（3）再慢打两圈，并加入色拉油，停止搅拌。

（4）用白玉兰糕粉和色拉油的混合物涂刷蛋黄派托。

### (二)馅料制作

（1）先将黄油打散。

（2）分三次放入糖，分别搅拌均匀。

（3）再分 3 次放入鸡蛋，也要搅拌均匀，最后倒入牛奶后再放入澄粉、吉士粉。

（4）将调好的面糊隔水蒸，每隔 10 min 搅拌一下，旁边有结块的感觉，一定要搅拌均匀。

（5）边蒸边搅拌。

（6）30 min 左右便好。

### (三)装馅烘烤

（1）将主料面糊装入裱花袋，先挤一小部分面糊在蛋黄派托中，再挤一些卡馅料，挤一部分面糊盖在卡馅料上，于蛋黄派托的八分满。

（2）然后放入炉温为上火 190℃、下火 170℃的烤箱内，烘烤 10 min，烤熟取出。

### (四)涂饰过程

将夹(注)心好的糕坯，排列整齐后，按一定间隔送入运转中的钢丝带。将巧克力浆均匀浇到糕坯，使巧克力浆能完全包住糕坯，用风吹走表面多余的巧克力浆，达到厚度均匀的一层巧克力，再刮去底部的巧克力浆，使巧克力浆均匀涂布糕坯。吹落的巧克力浆透过钢丝带收集到料槽中，再循环使用巧克力浆进行连续生产。巧克力需要保持在 40℃ 以上，通过控制巧克力黏度，以便达到良好的流动性。

### (五)冷却过程

刚涂饰好巧克力后，需要通过冷却隧道进行冷却。产品定型的同时，可以通过急速冷却，使巧克力看起来更有光泽。

### (六)包装过程

包装过程同夹心蛋类芯饼和注心蛋类芯饼基本类似。

蛋类芯饼产品的保质期长，除了使用单枚包装和充氮包装等外，生产过程中的卫生管理尤为重要。原料的卫生管理、人员卫生管理、环境及设备卫生管理，尤其要对没有高温处理的冷加工过程严格控制。

随着大规模生产的不断发展，设备的自动化及性能提高，对产品品质及卫生都起着越来越重要的作用。高度自动化意味着减少手工操作带来的污染，设备性能提高来减小产品品质偏差。随着蛋类芯饼的普及，产品种类也在不断增多，工艺也越来越先进。

## 【思考题】

1. 简述蛋黄派的一般生产工艺流程
2. 蛋黄派的种类有哪些?

【技能训练】

### 技能训练一　夹心蛋黄派的制作

## 一、训练目的

1. 掌握夹心蛋黄派制作的基本原理、工艺流程及操作要点。
2. 学会对夹心蛋黄派成品做质量分析。

## 二、设备、用具

打蛋器、远红外线电烤炉、烤盘、电子秤、面筛、面盆、模具,油刷、手套、不锈钢勺等。

## 三、原料配方

夹心蛋黄派配方见表 8-3。

表 8-3　夹心蛋类芯饼的配方

| 原料名称 | 烘焙百分比/% | 质量/g | 备注 |
|---|---|---|---|
| 鸡蛋 | 114 | 250 | 派皮 |
| 蛋黄 | 66 | 145 | |
| 白砂糖 | 85 | 187 | |
| 蛋糕油 | 7.5 | 16.5 | |
| 低筋粉 | 100 | 220 | |
| 蜂蜜 | 22 | 48.4 | |
| 草莓香精 | 0.5 | 1.1 | |
| 精制油 | 18 | 39.6 | |
| 水 | 45 | 99 | 馅料(a 料) |
| 砂糖 | 68 | 149.6 | |
| 蛋清 | 55 | 121 | |
| 塔塔粉 | 0.9 | 2 | |
| 白砂糖 | 23 | 50.6 | |
| 奶油 | 225 | 495 | 馅料(b 料) |
| 果酱 | 90 | 198 | |
| 牛奶香精 | | 少许 | |
| 朗姆酒 | | 少许 | |

## 四、加工操作要点

1. 派皮生产

（1）浆料搅拌

①鸡蛋、蛋黄、白砂糖放入搅拌机内用中速搅打至砂糖基本溶化，然后加入蛋糕油快速打至轻度起发。

②将搅拌机调至慢速，慢慢加入蜂蜜、草莓香精搅拌均匀，然后加入低筋粉慢速拌匀，最后加入精制油慢速搅拌均匀。

（2）成型

①人工成型　在烤盘内刷少许油，撒上面粉，并将多余面粉倒掉，用裱花嘴裱挤成 3 cm 的圆坯。

②机械成型　经搅拌好的浆料由自动灌注机注入蛋糕盘内。自动灌注机在压缩空气的作用下，由喷头自动灌入蛋糕模具中。

（3）烘烤　如用层炉烘烤，上火为 200℃，下火为 150℃，烘烤时间为 12～15 min，烤至表面淡黄色时用铲刀铲出冷却。如用隧道炉烘烤，装好浆料的炉盘由自动传送带传送。烤炉的前半段是蛋糕急胀挺发阶段，入口处炉温为 160℃，随蛋糕炉盘的推进炉温逐渐升高，浆料内部的气体受热膨胀，体积迅速增大。烤炉的中间部分炉温保持在 180～190℃，是蛋糕成熟定型和表面上色阶段，在这个过程中，浆料中的蛋白质逐渐凝固，同时淀粉糊化，制品基本定型。定型了的蛋糕继续加热，并由于糖的焦化和"美拉德"反应，表面色泽加深，呈褐黄色。烤炉的后部分是蛋糕内部烘透阶段，在这个阶段中，炉温从 180～190℃ 逐渐降至 160℃，随着水分的蒸发和热的渗透，蛋糕内部组织烤至最佳程度。蛋糕在烤炉内焙烤的时间总共是 15～18 min。

（4）冷却　出炉的蛋糕温度为 105℃ 左右。出炉后的蛋糕在冷却带上冷却至 35～40℃。

2. 馅料生产

（1）蛋白膏的生产　将馅料 a 料中的水、砂糖烧开后保持在微沸状态，将 a 料中蛋清、塔塔粉、砂糖快速搅打至轻度起发，慢慢加入沸腾的糖液中，边加边搅拌至蛋白膏细腻为止。

（2）奶油打发　将馅料 b 料中的奶油打发后，加入蛋白膏搅拌均匀，最后加入果酱、牛奶香精、朗姆酒等慢速拌匀。

3. 夹馅

经冷却了的蛋糕被送入蛋黄派注油专用机。专用机把奶油夹心料压至蛋糕的中心，经充填而成了蛋黄派。也可以使用裱花袋，将馅料对着派底挤上馅料，再将另一片轻轻压上。

4. 包装

成品蛋黄派经自动传送带送入自动包装机进行包装，每块一袋（包装材料选用高密度、低透气度的塑膜或复膜），再装入外包装袋中。

## 五、成品品评

品评色泽、香气、滋味、形状。

### 技能训练二　注心蛋黄派的制作

#### 一、训练目的

1. 掌握注心蛋黄派制作的基本原理、工艺流程及操作要点。
2. 学会对注心蛋黄派成品做质量分析。

#### 二、设备、用具

打蛋器、远红外线电烤炉、烤盘、注心机、电子秤、面筛、面盆、模具,油刷、手套、不锈钢勺等。

#### 三、原料配方

注心蛋黄派配方见表 8-4。

表 8-4　注心蛋类芯饼的配方

| 原料名称 | 烘焙百分比/% | 质量/g | 原料名称 | 烘焙百分比/% | 质量/g |
|---|---|---|---|---|---|
| 鸡蛋 | 180 | 504 | 低筋粉 | 100 | 280 |
| 砂糖 | 90 | 252 | 泡打粉 | 3 | 8.4 |
| 葡萄糖浆 | 18 | 50 | 色拉油 | 15 | 42 |
| 食盐 | 1.5 | 4.2 | 山梨醇 | 1.5 | 4.2 |
| 蛋糕油 | 7 | 20 | | | |

#### 四、加工操作要点

1. 派皮生产

(1)砂糖、葡萄糖浆、食盐置于缸中,用打蛋机快速搅打 1 min,加入蛋糕油后继续快速搅打 3 min;蛋糊的搅拌标准可以用手指把搅拌中已打发的浆料勾起,如果浆料凝在手指上形同尖锋状而不向下流则表示搅拌太过;如浆料在手指上能停留两秒左右,再缓慢地从手指间流落即是恰到好处。

(2)将过筛的低筋粉、泡打粉用慢速搅打拌匀。

(3)加入色拉油、山梨醇用慢速拌匀,装入已擦油的小模具内,面糊装入模具内的数量最好不要超过模具深度的 2/3。入炉温度为 165～175℃,时间 13～18 min,烤后的重量要求为19～20 g,水分含量 15%～17%。

2. 馅料制作

同夹心蛋类芯饼。

3. 注馅

注馅产品烘烤至表面金黄色时出炉、脱模、冷却,当温度不高于 35℃ 即可使用注心机注心。

# 项目九　焙烤食品包装技术

【学习目标】
(1)了解焙烤食品包装材料特性与选择。
(2)掌握焙烤食品的包装要求及包装形式。
【技能目标】
能分析产品特点,根据市场和客户对焙烤产品的要求,进行包装材料和包装技术选择。

## 任务一　焙烤食品包装材料与选材

适合焙烤食品包装的材料有纸、塑料、木、竹、马口铁等,但最常用的是纸和塑料。

### 一、焙烤食品常用纸类包装材料的特性与选择

#### (一)纸类包装材料的特性

1. 纸的定义

所谓纸就是从悬浮液中将植物纤维、矿物纤维、动物纤维、化学纤维或这些纤维的混合物沉积到能适宜成型设备上,经过干燥制成的平整、均匀的薄页。

纸类产品可分纸与纸板两大类,以定量划分标准。凡定量在 225 $g/m^2$ 以下或厚度小于 0.1 mm 的称为纸或纸张;而定量在 225 $g/m^2$ 以上或厚度大于 0.1 mm 的称为纸板。但这个界限不是绝对的,要以纸页的特性和用途来灵活判断。如有些折叠盒纸板、瓦楞原纸的定量虽小于 225 $g/m^2$,通常也称为纸板;而有些定量大于 225 $g/m^2$ 的,如白卡纸、绘图纸等通常也称为纸。

在包装方面,纸主要用作印刷装潢商标、包装商品、制作纸袋等;而纸板则主要用于生产纸箱、纸盒、纸桶、纸罐等包装容器。

2. 纸类包装材料的优点

(1)原料来源广泛,成本低廉,容易大批量生产。

(2)纸容器具有一定的强度、弹性、挺度和韧性,具有折叠性及撕裂性等,适合制作成型的包装容器或用于裹包焙烤食品。

(3)缓冲减振性能好,防护性能高,能很好地保护内装物。

(4)卫生安全,无毒,不污染内装物,且可回收利用,利于保护环境。

(5)质量轻,能折叠,可以降低运输成本。

在焙烤食品使用的各种包装材料中,纸类材料使用所占比例最高。纸质包装材料包括各种纸张、纸板、瓦楞纸板和加工纸类,可制成袋、盒、罐、箱等容器。

3. 纸类包装材料的特性

用作焙烤食品包装的纸类材料的包装性能主要有以下五个方面。

(1)机械力学性能　纸和纸板具有一定的强度、挺度,且机械适应性较好。强度大小主要决定于纸的质量、厚度、表面状况、加工工艺及一定的温度、湿度条件等;纸还具有弹性、折叠性及撕裂性等,很适合制作成型的包装容器或用于裹包。

纸和纸板的强度受环境温、湿度的影响较大,纸质纤维具有较强的吸水性,当空气温、湿度变化时会引起纸和纸板平衡水分的变化,当湿度增大时,纸纤维吸水而使纸的抗拉强度和抗撕强度下降,最终使其机械强度降低,因而影响纸和纸板的实用性。

(2)阻隔性能　纸和纸板主要由多孔性的纤维组成,对水分、气体、光线、油脂等具有一定程度的渗透性,而且其阻隔性受温、湿度的影响较大。单一的纸类包装材料一般不能用于包装水分、油脂含量较高及阻隔性要求高的焙烤食品,但可通过适当的表面加工来改善其阻隔性能。纸和纸板的阻隔性较差对某些商品的包装是有利的,可以根据实际的包装需要,趋利避害,进行合理选用,如茶叶袋滤纸、水果包装等。

(3)印刷性能　纸和纸板吸收和黏结油墨的能力较强,印刷性能好,因此,包装上常用于提供印刷表面,便于印刷装潢、涂塑加工和黏合等。纸和纸板的印刷性能主要决定于表面平滑度、施胶度、弹性及黏结力等性质。

(4)加工使用性能　纸和纸板具有良好的机械加工使用性能,易于实现机械化操作;生产工艺成熟,易于加工成具有各种性能的包装容器;易于设计各种功能性结构,如开窗、提手、间壁及设计展示台等,且可折叠处理,采用多种封合方式。纸和纸板表面还可以进行浸渍、涂布、复合等加工处理,用以提供必要的防潮性、防虫性、阻隔性、热封性、强度及物理性能等,扩大其使用范围。

(5)卫生安全性能　单纯的纸卫生安全,无毒、无害,不污染内容物,其在自然条件下能够被微生物降解,对环境无污染,利于保护环境。但是,在纸的加工过程中,尤其是化学法制浆加工,纸和纸板通常会残留一定的化学物质,如硫酸盐法制浆过程残留的碱液及盐类,因此,必须根据包装内容物来正确选择各种纸和纸板。

(二)纸类包装材料的选择

包装用纸和纸板可分为平板纸和卷筒纸两种,平板纸规格尺寸要求长和宽,卷筒纸和盘纸规格尺寸只要求宽度。

焙烤食品包装用纸因直接与食品接触,必须符合 GB 11680《食品包装用原纸卫生标准》要求。不得采用废旧纸和社会回收废纸作原料,不得使用荧光增白剂或对人体有害的化学助剂;纸张纤维组织应均匀,不许有明显的云彩花,纸面应平整,不许有折子、皱纹、破损裂口等纸病。包装用纸的品种虽然很多,但焙烤食品包装必须选择适宜的包装用纸,使其质量指标符合保护包装食品质量完好的要求。常用焙烤食品包装用纸有以下几种。

1. 牛皮纸

牛皮纸是以硫酸盐为纸浆蒸煮剂制成的高级包装用纸,具有高施胶度,因其坚韧结实似牛皮而得名,定量一般在 $30\sim100$ g/m$^2$,其中以 $40\sim80$ g/m$^2$ 居多。随着牛皮纸的定量增加,其纸张变厚,耐破度增加,撕裂强度也在增加,因此牛皮纸的防护性能就越好。

牛皮纸从外观上可分单面光、双面光、有条纹和无条纹等品种,其中双面光牛皮纸有压光和不压光两种;有漂白与未漂白之分,多为本色纸,色泽为黄褐色。

牛皮纸柔韧结实,机械强度高,富有弹性,而且抗水、防潮和印刷性能良好,用途十分广泛,大量用于食品的销售包装及运输包装。如包装点心、粉末等食品,多采用强度不太大、涂树脂等材料的牛皮纸。

2. 半透明纸

半透明纸是一种柔软的薄型纸,定量为 31 g/m²。它是用漂白硫酸盐木浆,经长时间高黏度打浆及特殊压光处理而制成的双面光纸,其质地紧密,具有半透明、防油、防水与防潮等性能,且有一定的机械强度。半透明纸用于制作衬袋盒,可用于土豆片、糕点等脱水食品的包装,也可作为乳制品、糖果等油脂食品的包装。

3. 玻璃纸

玻璃纸又称赛璐玢,是一种天然再生纤维素透明薄膜,它是以高级漂白化学木浆经过一系列化学处理制成黏胶液,再成型为薄膜而成。它透明性极好,质地柔软,厚薄均匀,有优良的光泽度、印刷性、阻气性、耐油性、耐热性,且不带静电;但它的防潮性差,撕裂强度较小,干燥后发脆,不能热封。玻璃纸和其他材料复合,可以改善其性能。为了提供其防潮性,可在普通玻璃纸上涂一层或两层树脂(如硝化纤维素、PVDC 等)制成防潮玻璃纸。在玻璃纸上涂蜡可以制成蜡纸,与食品直接接触,有良好的保护性。

玻璃纸是一种透明性最好的高级包装材料,可见光透过率达 100%,多用于中、高档商品包装,主要用于糕点、糖果、快餐食品、化妆品、药品等商品美化包装,也可用于纸盒的开窗包装。

4. 复合纸

复合纸是将纸与其他挠性包装材料相贴合而制成的一种高性能包装纸。常用的复合材料有塑料及塑料薄膜(如 PE、PP、PET、PVDC 等)、金属箔(如铝箔)等。复合方法有涂布、层合等方法。复合加工纸具有许多优异的综合包装性能,从而改善了纸的单一性能,使纸基复合材料大量用于食品等包装场合。

5. 白纸板

白纸板是一种具有 2~3 层结构的白色挂面纸板,是一种比较高级的包装用纸板,主要用于销售包装,经彩色印刷后制成各种类型的纸盒、纸箱,起着保护商品、装潢美化商品的作用,也可用于制作吊牌、衬板和吸塑包装的底板。

白纸板有单面和双面两种,其结构由面层、芯层、底层组成。单面白纸板面层通常是用漂白的化学木浆制成,表面平整、洁白、光亮;芯层和底层常用废纸浆、化学草浆等低级原料制成。双层白纸板底层原料与面层相同,仅芯层原料较差。

随着商品经济的发展,包装行业对白纸板的需求量越来越大,其主要因为白纸板与其他材料相比有它特有的优点:具有一定的挺度与良好印刷性;缓冲性能好,制成纸盒后能有效地保护商品;具有优良的成型性和折叠性,适于多种加工方法,机械加工能够实现高效连续生产;废旧纸板可以再生利用,自然条件下能够被微生物降解,不污染环境;白纸板基材,可与其他材料复合,制成包装性能优良的复合包装材料。

白纸板有平板纸和卷筒纸两种类型。它具有印刷、加工与包装三大功能,产品按质量水平分为 A、B、C 三个等级,纸板底面颜色可按订货合同规定。

6. 黄纸板

黄纸板又称草纸板(俗称马粪纸),是一种低档包装纸板。黄纸板是以稻草和麦草的混合浆为原料,经压光处理而成。纸板呈草黄色,组织紧密、双面平整,并具有一定的耐破度和挺度。黄纸板主要用于加工中小型纸盒,双层瓦楞纸箱的芯层等。糕点外盒用得较多。

7. 箱纸板

箱纸板是以化学草浆或废纸浆为主的纸板,以本色居多,表面平整、光滑,纤维紧密纸坚挺、韧性好。具有较好的耐压、抗拉、耐撕裂、耐戳穿、耐折叠和耐水性能,印刷性好。

箱纸板按质量可分为 A、B、C、D、E 五个级,其中 A、B、C 为挂面纸板。A 级适宜制精细、贵重和冷藏物品包装用的出口瓦楞纸板;B 级适宜制造出口物品包装用的瓦楞纸;C 级适宜制造较大型物品包装用的瓦楞纸板;D 级适宜制造一般包装用的瓦楞纸板;E 级适宜制造轻载瓦楞纸板,成品规格可分为平板纸和卷筒纸两种。

8. 瓦楞原纸

瓦楞原纸经轧制成瓦楞纸后,用黏结剂与箱纸板黏合成瓦楞纸板,可供制造纸盒、纸箱的衬垫用。瓦楞纸在瓦楞纸板中起支撑和骨架作用,因此,提高瓦楞原纸的质量是提高纸抗压强度的一个重要方面。

瓦楞原纸是一种低定量的薄纸板,具有一定的耐压、抗拉、耐破及耐折叠的性能。瓦楞原纸按质量分为 A、B、C、D 四个等级,瓦楞原纸的纤维组织应均匀,纸幅间厚薄一致;表面应平整,不许有影响使用的折子、窟窿、硬杂物等外观纸病;瓦楞原纸切边要整齐,不得有裂口、缺角、毛边等现象;水分含量控制尤其关键;应控制在 8%~12%,如果水分超 15%,加工时会出现纸身软、挺力差、压不起楞、不吃胶、不黏合等现象;如果水分低于 8%,纸质发脆,压楞时就会出现破裂现象,这些现象均在一定程度上影响了瓦楞原纸的使用性能与加工的瓦楞纸箱的质量。

9. 瓦楞纸板

瓦楞纸板是由瓦楞原纸轧制成屋顶瓦片状波纹,然后将瓦楞纸与两面箱板纸黏合制成。楞波纹宛如一个个连接的小型拱门,相互并列支撑形成类似三角的结构体,既坚固又富弹性,能承受一定的压力。瓦楞形状由两圆弧与直线相连接所决定,瓦楞波纹的形状直接关系瓦楞纸板的抗压强度及缓冲性能。

瓦楞纸板属于异性材料,不同的方向具有不同的性能,当向瓦楞纸板施加平面压力时,它富有弹性和缓冲性能;当向瓦楞垂直方向施加压力时,瓦楞纸板类似于刚性材料,在压缩、拉伸及冲击状态下,瓦楞纸板的平贴层起着固定瓦楞位置的作用。它主要用来制作瓦楞纸箱和纸盒。此外,还可以用作包装衬垫缓冲材料。

## 二、焙烤食品常用塑料包装材料的特性与选择

塑料用作包装材料是现代包装技术发展的重要标志,因其原材料来源丰富、成本低廉、性能优良,成为近年来世界上发展最快、用量巨大的包装材料。塑料包装材料在焙烤食品包装中应用广泛,正逐步取代了金属、纸类等传统包装材料。

**(一)塑料的组成、分类和主要包装性能**

1. 塑料的组成

塑料是一种以高分子聚合物——树脂为基本成分,再加入一些用来改善性能的各种添加剂而制成的高分子材料。

(1)聚合物树脂 塑料中聚合物树脂约占 40% 以上,塑料的性能主要取决于树脂的种类、性质及在塑料中所占的比例,各类添加剂也能改变塑料的性质,但所用树脂种类仍是决定塑料性能及用途的根本因素。目前生产上常用的树脂有两大类:一类是加聚树脂,如聚乙烯、聚丙烯、聚氯乙烯、聚乙烯醇、聚苯乙烯等,这是构成食品包装用树脂的主体;另一类为缩聚树脂,如酚醛树脂、环氧树脂、聚氨酯等,在食品包装上应用较少。

(2)添加剂 塑料中常用的添加剂有增塑剂、稳定剂、填充剂、抗氧化剂等。

①增塑剂 这是一类提高树脂可塑性与柔软性的添加剂,通常是一些有机低分子物质。聚合物分子间夹有低分子物质,加大了分子间距,降低其分子间作用力,从而增强了大分子的柔顺性和相对滑移流动的能力。因此,树脂中加入一定量增塑剂后,其 $T_g$、$T_m$ 温度降低,树脂黏流态时黏度降低,流动塑变能力增高,从而改善塑料成型加工性能。

②稳定剂 其功用是防止或延缓高分子材料的老化变质。塑料老化变质的因素很多,主要有氧、光和热等。稳定剂主要有三类:第一类为抗氧剂,有胺类抗氧剂和酚类抗氧剂,其酚类抗氧剂的抗氧化能力虽不及胺类,但因具有毒性低、不易污染的特点而被大量应用,如抗氧剂1076、抗氧剂 330 等因其安全无毒可用于食品包装用塑料;第二类为光稳定剂,用于反射或吸收紫外光物质,防止塑料树脂老化,延长其使用寿命,效果显著且用量极少,光稳定剂品种繁多,用于食品包装应选用无毒或低毒的品种;第三类为热稳定剂,能防止塑料在加工和使用过程中因受热而引起降解,是塑料等高分子材料加工时不可缺少的一类助剂,目前应用最多的是用于聚氯乙烯的热稳定剂,其中铅稳定剂和金属皂类热稳定剂,因含重金属而毒性大,因此,用于食品包装应选用有机锡稳定剂等低毒性产品。

③填充剂 它的功用是弥补树脂的某些不足性能,改善塑料的使用性能,如提高制品的尺寸稳定性、耐热性、硬度、耐气候性等,同时可降低塑料成本。常用填充剂有碳酸钙、陶土、滑石粉、石棉、硫酸钙等,其用量一般为 20%~50%。

④着色剂 用于改变塑料等合成材料固有的颜色,有无机染料、有机染料和其他染料。塑料着色可使制品美观,提高其商品价值,用作包装材料还可起屏蔽紫外线和保护内容物的作用。

塑料用各种添加剂应与树脂有很好的相溶性、稳定性、不相互影响其作用等特性,对食品包装用塑料的添加剂,必须无味、无臭、无毒、不溶出,不影响包装食品的品质、风味和安全性。

2. 塑料分类

通常按塑料在加热、冷却时呈现的性质不同,把塑料分为热塑性塑料和热固性塑料两类。

(1)热塑性塑料 它主要以加成聚合树脂为基料,加入适量添加剂而制成。塑料加工时,原料受热后逐渐变软而熔融,借助压力的作用即可制成一定形状的模塑物。有些塑料受热时熔融,冷却后硬固,再次加热又可软化熔融重新塑制。这一过程可以反复进行多次,材料的化学结构基本不变化,这一类塑料称为热塑性塑料。这类塑料成型加工简单,包装性能良好,可反复成型,但刚硬性低,耐热性不高。包装上常用的塑料品种有聚乙烯、聚丙烯、聚氯乙烯、聚乙烯醇、聚酰胺、聚碳酸酯、聚偏二氯乙烯等类塑料。

(2)热固性塑料  它主要以缩聚树脂为基料,加入填充剂、固化剂及其他适量添加剂而制成。在一定温度下经一定时间固化后再次受热,只能分解,不能软化,因此不能反复塑制成型。这类塑料具有耐热性好,刚硬、不易熔化等特点,但较脆且不能反复成型。包装上常用的有氨基塑料、酚醛塑料。

3. 塑料的主要性能指标

(1)包装性能指标  主要包装性能指标是能保护内容物,防止其质变、被破坏,保证其内容物质量的性能。

①阻透性  包括对水分、水蒸气、气体、光线等的阻隔。

②力学性能  指在外力作用下材料表现出的抵抗外力作用而不发生变形和破坏的性能,主要有硬度、抗张、抗压、抗弯强度、爆破强度、撕裂强度等。

③稳定性  指材料抵抗环境因素(温度、介质、光等)的影响而保持其原有性能的能力,包括耐高低温性、耐化学性、耐老化性等。

(2)安全性指标  食品用塑料包装材料的安全性非常重要,主要包括无毒性、抗生物侵入性以及耐腐蚀性、防有害物质渗透性等。

①无毒性  塑料由于其成分组成、材料制造、成型加工以及与之相接触的食品之间的相互关系等因素,存在着有毒单体或催化剂残留,有毒添加剂及其分解老化产生的有毒产物等物质的溶出和污染而产生食品的安全问题。

②抗生物侵入性  塑料包装材料无缺口及孔隙缺陷时,一般其材料本身就可抗环境微生物的侵入渗透,但要完全抵抗昆虫、老鼠等生物的侵入则较困难。

(3)加工工艺性能指标

①包装制品成型加工工艺性及主要性能指标  塑料包装制品大多数是塑料加热到黏流状态后在一定压力下成型的,表示其成型工艺性好坏的主要指标有熔融指数(M1)、成型温度及温度范围(温度低,范围宽则成型容易)、成型压力(MPa),塑料热成型时的流动性、成型收缩率。

②包装操作加工工艺性及主要性能指标  表示塑料包装材料在食品包装各工艺过程的操作,特别是机械化、自动化操作过程中的适应能力,其工艺性指标有机械性能(包括强度和刚度);热封性能(包括热封温度、压力、时间)及热封强度(在规定的冷却时间内热封焊缝所能达到的抗破裂强度)等。

③印刷适应性  包括油墨颜料与塑料的相容性,印刷精度、清晰度、印刷层耐磨性等。

**(二)塑料包装材料的选择**

焙烤食品塑料包装材料的卫生要求必须符合表9-1的规定。

表 9-1  食品包装用塑料材料的卫生标准

| 标准代码 | 标准名称 |
| --- | --- |
| GB 9681—1988 | 食品包装用聚氯乙烯成型品卫生标准 |
| GB 9683—1988 | 复合食品包装袋卫生标准 |
| GB 9687—1988 | 食品包装用乙烯成型品卫生标准 |
| GB 9688—1988 | 食品包装用聚丙烯成型品卫生标准 |

续表9-1

| 标准代码 | 标准名称 |
|---|---|
| GB 9689—1988 | 食品包装用聚苯乙烯成型品卫生标准 |
| GB 13113—1991 | 食品包装用聚对苯二甲酸乙二醇酯成型品卫生标准 |
| GB 13115—1991 | 食品容器及包装材料用不饱和聚酯树脂及其玻璃制品卫生标准 |
| GB 14942—1994 | 食品容器、包装材料用聚碳酸酯成型品卫生标准 |
| GB 14944—1994 | 食品包装材料用聚氯乙烯瓶盖垫片及颗粒卫生标准 |

1. 聚乙烯（PE）

聚乙烯树脂是由乙烯单体经加成聚合而成的高分子化合物,其为无臭、无毒、乳白色的蜡状固体。聚乙烯塑料是由 PE 树脂加入少量的润滑剂和抗氧化剂等添加剂构成。

(1)包装特性　阻水阻湿性好,但阻气和阻有机蒸汽的性能差;具有良好的化学稳定性,常温下与一般酸碱不起作用,但耐油性稍差;有一定的机械抗拉、抗撕裂强度,柔韧性好;耐低温性很好,能适应食品的冷冻处理,但耐高温性能差,一般不能用于高温杀菌食品的包装;光泽度、透明度不高,印刷性能差,用作外包装需经电晕处理和表面化学处理改善印刷性能;加工成型方便,制品灵活多样,且热封性能很好;PE 树脂本身无毒,添加剂量极少,因此,被认为是一种卫生安全性好的包装材料。

(2)主要品种及包装应用

①低密度聚乙烯（LDPE）　阻气阻油性差,机械强度低,但延伸性、抗撕裂性和耐冲击性好、透明度较高,热封性和加工性能好。

LDPE 在包装上主要制成薄膜,用于包装要求较低的食品,尤其是有防潮要求的干燥食品。不宜单独用于有隔氧要求的食品包装;经拉伸处理后可用于热收缩包装,由于其热封性、卫生安全性好、价格便宜,常作复合材料的热封层,大量用于各类食品的包装。

②高密度聚乙烯（HDPE）　其阻隔性和强度均比 LDPE 高;耐热性也高,长期使用温度可达 100℃,但柔韧性、透明性、热成型加工等性能有所下降。

HDPE 还大量用于薄膜包装食品,与 LDPE 相比,相同包装强度条件下可节省原材料;由于耐高温性较好,也可作为复合膜的热封层用于高温杀菌（110℃）食品的包装;HDPE 也可制成瓶、罐容器盛装食品。

③线型低密度聚乙烯（LLDPE）　具有比 LDPE 优的强度性能,抗拉强度提高了 50%,且柔韧性比 HDPE 好,加工性能也较好,可不加增塑剂吹塑成型。LLDPE 主要制成薄膜,用于包装肉类、冷冻食品和奶制品,但其阻气性差,不能满足较长时间的保质要求。为改善这一性能,可采用与丁基橡胶共混来提高阻隔性,这种改性的 PE 产品在食品包装上有较好的应用前景。

2. 聚丙烯（PP）

聚丙烯塑料的主要成分是聚丙烯树脂,是目前最轻的食品包装用塑料材料。

(1)包装特性　阻隔性优于 PE,水蒸气透过率和氧气透过率与高密度聚乙烯相似,但阻气性仍较差;机械性能较好,具有的强度、硬度、刚性都高于 PE,尤其是具有良好的抗弯强度;化学稳定性良好,在一定温度范围内,对酸、碱、盐及许多溶剂等有稳定性;耐高温性优良,可在 100~120℃范围内长期使用,无负荷时可在 150℃使用,耐低温性比 PE 差,-17℃时性能变脆;光泽度高,透明性好,印刷性差,印刷前表面需经一定处理,但表面装潢印刷效果好;成型加工性能良好,但制品收缩率较大,热封性比 PE 差,但比其他塑料要好;安全性高于 PE。

(2)包装应用　聚丙烯主要制成薄膜材料包装食品,薄膜经定向拉伸处理(BOPP,OPP)后的各种性能包括强度、透明光泽效果、阻隔性比普通薄膜(CPP)都有所提高,尤其是 BOPP,强度是 PE 的 8 倍,吸油率为 PE 的 1/5,故适宜包装含油食品,在焙烤食品包装上可替代玻璃纸包装点心、面包等;其阻湿耐水性比玻璃纸好,透明度、光泽性及耐撕裂性不低于玻璃纸,印刷装潢效果不如玻璃纸,但成本可低 40% 左右,且可用作糖果、点心的扭结包装。

聚丙烯可制成热收缩膜进行热收缩包装;也可制成透明的其他包装容器或制品;同时还可制成各种形式的捆扎绳、带,在食品包装上用途十分广泛。

3. 聚苯乙烯(PS)

(1)性能特点　阻湿、阻气性能差,阻湿性能低于 PE;机械性能好,具有较高的刚硬性,但脆性大,耐冲击性能很差;能耐一般酸、碱、盐、有机酸、低级醇,其水溶液性能良好,但易受到有机溶剂如烃类、酯类等的侵蚀软化甚至溶解;透明度高达 88%~92%,有良好的光泽性;耐热性差,连续使用温度为 60~80℃,耐低温性良好;成型加工好,易着色和表面印刷,制品装饰效果很好;无毒无味,卫生安全性好,但 PS 树脂中残留单体苯乙烯及其他一些挥发性物质有低毒,对人体最大无害剂量为 133 mg/kg(以体重计),因此,塑料制品中单体残留量应限定在 1% 以下。

(2)包装应用　PS 塑料在包装上主要制成透明食品盒、水果盘、小餐具等,色泽艳丽,形状各异,包装效果很好。PS 薄膜和片材经拉伸处理后,冲击强度得到改善,可制成收缩薄膜,片材大量用于热成型包装容器。发泡聚苯乙烯 EPS 可用作保温及缓冲包装材料,目前大量使用的 EPS 低发泡薄片材可热成型为一次性使用的快餐盒、盘,使用方便卫生,价格便宜,但因包装废弃物难以处理而成为环境公害问题,因此,将被其他可降解材料所取代。

4. 聚氯乙烯(PVC)

聚氯乙烯塑料以聚氯乙烯树脂为主体,加入增塑剂、稳定剂等添加剂混合组成。

(1)性能特点　PVC 树脂热稳定性差,在空气中超过 150℃ 会降解而放出 HCl,长期处于 100℃ 温度下也会降解,在成型加工时也会发生热分解,这些因素限制了 PVC 制品的使用温度,一般需在 PVC 树脂中加入 2%~5% 的稳定剂。

PVC 树脂的分子结构决定了它具有较高黏流化温度,且很接近其分解温度,同时其黏流态时的流动性也差,为此需加入增塑剂来改善其成型加工性能。根据增塑剂的加入量不同可获得不同品种的 PVC 塑料,增塑剂量达树脂量的 30%~40% 时构成软质 PVC,增塑剂量小于 5% 时构成硬质 PVC。

(2)包装特性　PVC 的阻气阻油性优于 PE 塑料,硬质 PVC 的阻气性优于软质 PVC,阻湿性比 PE 差;化学稳定性优良,透明度、光泽性比 PE 优良;机械性能好,硬质 PVC 有很好的抗拉强度和刚性,软质 PVC 相对较差,但柔韧性和抗撕裂强度较 PE 高;耐高低温性差,一般使用温度为 -15~55℃,有低温脆性;加工性能因加入增塑剂和稳定剂得到了改善,加工温度在 (140±80)℃ 范围;着色性、印刷性和热封性较好。

(3)卫生安全性　PVC 树脂本身无毒,但其中的残留单体氯乙烯(VC)有麻醉和致畸、致癌作用,对人体的安全限量为 1 mg/kg(以体重计),故 PVC 用作食品包装材料时应严格控制材料中单体氯乙烯的残留量,PVC 树脂中单体氯乙烯残留量 $\leqslant 3 \times 10^{-6}$(体积分数),包装制品

$<1\times10^{-6}$（体积分数）时，满足食品安全要求。

稳定剂是影响 PVC 塑料卫生安全性的另一个重要因素。用于食品包装的 PVC 包装材料，不允许加入铅盐、镉盐、钡盐等较强毒性的稳定剂，应选用低毒且溶出量小的稳定剂。

增塑剂是影响 PVC 安全性的又一重要因素。用作食品包装的 PVC 应使用邻苯二甲酸二辛酯、二癸酯等低毒品种作增塑剂，使用剂量也应在安全范围内。

（4）包装应用　PVC 存在的安全问题决定其在食品包装上的使用范围，软质 PVC 增塑剂含量大，安全性差，一般不用于直接接触食品的包装，可利用其柔软性、加工性好的特点制作弹性拉伸膜和热收缩膜。硬质 PVC 中不含或含微量增塑剂，安全性好，可直接用于食品包装。

5. 聚酯（PET）

聚酯是聚对苯二甲酸乙二醇酯的简称。

（1）性能特点　PET 用于食品包装，与其他塑料相比具有许多优良的包装特性：具有优良的阻气、阻湿、阻油等高阻隔性，化学稳定性良好；具有其他塑料所不及的高强韧性能，抗拉强度是 PE 的 5～10 倍，是 PA 的 3 倍，抗冲强度也很高，还具有良好的耐磨和耐折叠性；具有优良的耐高、低温性能，可在−70～120℃下长期使，短期使用可耐 150℃高温，且高、低温对其机械性能影响很小；光亮透明，可见光透过率高达 90％以上，并可阻挡紫外线；印刷性能较好；安全性好，溶出物总量很小；由于熔点高，故成型加工、热封较困难。

（2）包装应用　PET 制成的无晶型未定向透明薄膜，抗油脂性很好，可用来包装含油及肉类制品，还可作食品桶、箱、盒等容器的衬袋。

6. 聚碳酸酯（PC）

（1）性能特点　有很好的透明性和机械性能，尤其是低温抗冲击性能。故 PC 是一种非常优良的包装材料，但因价格贵而限制了它的广泛应用。

（2）适用场合　在包装上 PC 可注塑成产品，用途较广。在包装食品时因其透明而可制成"透明"罐头。

7. 复合包装材料

所谓复合包装材料是指由两层或两层以上不同品种可挠性材料，通过一定技术组合而成的"结构化"多层材料，所用复合基材有塑料薄膜、铝箔和纸等。包装材料种类繁多，但性能存在着较大差异，尽管其本身有许多优异的性能，可应用于一定范围，但单一材料不可能拥有包装材料应有的全部性能，不能满足食品包装的全面要求。因此，根据使用目的可将不同包装材料复合，使其拥有多种综合包装性能。

（1）复合包装材料的特性　复合材料的种类繁多，根据所用基材种类、组合层数、复合工艺方法等不同，可以形成具有不同构造、不同性能、适合于不同用途的复合材料，其中基材的数量和性能是决定复合材料性能的主要因素。复合软包装材料的优势突出为以下两点。

①综合包装性能好　综合了构成复合材料的所有单膜性能，具有高阻隔、高强度、良好热封、耐高低温性和包装操作适应性。

②安全性好　可将印刷装饰层处于中间，具有不污染内容物并保护印刷装饰层的作用。

（2）用于食品包装的复合材料结构要求

①内层要求　无毒、无味、耐油、耐化学性能好，具有热封性或黏合性，常用的有 PE、CPP 等热塑性塑料。

②外层要求　光学性能好，印刷性好，耐磨耐热，具有强度和刚性，常用的有 PA，PET、

BOPP、PC、铝箔及纸等。

③中间层要求　具有高阻隔性(阻气、阻香、防潮和遮光)，其中铝箔和 PVDC 是最常用的品种。

复合材料的表示方法：从左至右依次为外层、中间层和内层材料，如复合材料纸/PE/AL/PE，外层纸提供印刷性能，中间 PE 层起黏结作用，中间 AL 层提供阻隔性和刚度，内层 PE 提供热封性能。

典型的层合复合膜有纸/铝箔/PE、BOPP/PA/CPP、PET/铝箔/CPP、铝箔/ PE 等。

# 任务二　焙烤食品包装

包装是焙烤食品生产的最后一道工序，然后进入流通和消费领域。

## 一、焙烤食品包装的必要性

焙烤食品包装的根本目的是保护商品，保证商品在贮存、运输中的安全和方便。此外，它对于保持焙烤食品的色、香、味、形，提高焙烤食品的附加值也具有重要意义。归纳起来主要有以下几点。

(1)避免产品污染。可以防止焙烤食品被微生物和害虫污染，保持焙烤食品的安全。

(2)延长焙烤食品货架期。可以减少或隔绝与空气的接触，保持焙烤食品中的水分，具有一定的新鲜度，减少损失，延长贮存期和货架寿命。

(3)防止焙烤食品腐败变质。在密封包装袋、盒内加放保鲜剂，可防止焙烤食品霉变。

(4)保护焙烤食品，免受损伤。可以方便工厂和商店的运输和销售，便于消费者选购携带。

(5)美化产品，增加产品附加值。精美的包装能在心理上征服购买者，增加其购买欲望。在超级市场中，包装更是充当着无声推销员的角色。好的包装和装潢不但美化了焙烤食品，同时还起到了品牌宣传作用，指导消费者了解焙烤食品的性能、特点以及食用方法等，促进焙烤食品的销售。

产品的包装包含了企业名称、企业标志、商标、品牌特色以及产品性能和成分容量等商品说明信息，通过包装塑造名牌，体现品牌价值。如香港荣华是香港著名品牌，它生产的广式月饼，采用以牡丹花为图案的铁盒包装，多年不变，尽管价格不菲，但买者大有人在，因为其包装在我国香港和大陆已深入人心。

以当今市场经济倡导名牌战略，同类商品是否名牌相差很大。品牌本身虽然不具有商品属性，但可以被拍卖，通过赋予它的价格而取得商品形式，而品牌转化为商品的过程中，一般都能给企业带来巨大的直接或潜在的经济效益。适当运用包装增值策略，将取得事半功倍的效果。所以，一个成功的企业十分重视产品包装。

## 二、焙烤食品包装的基本要求

早期的焙烤食品包装比较简单，面包、糕点、饼干一般采用纸袋盛装；小城镇则多采用斧头包，即在土制纸上衬一张白纸，放上糕点或饼干，包成棱台形，面上放一张印有店名的红纸。上海、广州等一些大城市,则采用彩印铁盒或黄版纸盒,十分简朴。20世纪80年代以后,物资丰富,新型包装材料不断出现,为烘焙食品包装创造了有利的物质条件。烘焙食品包装应该创新、发展而不应该终止,提倡安全、环保、适度、个性化的新理念,乃是烘焙食品包装的基本要求。

### (一)安全

烘焙食品包装必须有足够的支撑强度,能保护内容物不受损伤、污染。包装是烘焙食品生产的最后一道工序,它有助于烘焙食品的安全和质量,防止污染。如果包装材料本身不符合卫生要求或污染有害微生物及其他细菌,将使烘焙食品直接受到污染。因此,烘焙食品包装的各种材料必须符合食品安全国家标准的规定。

限制和禁止使用某些含有害物质的包装材料,如重金属含量过高、氯乙烯单体含量超标、非降解塑料盒、再生塑料盒等,开发高性能、易处理的包装材料代替传统包装材料。包装过程中必须注意卫生,避免烘焙食品被污染。

### (二)环保

树立环境保护观念,采用无公害、易回收、可降解的包装。进入20世纪90年代以来,世界包装正在进入一个新的变革时期,包装的发展重点将以环境保护为中心,广泛推行无害包装。

无害包装又称绿色包装或环境友好包装,其含义是在保证包装功能的条件下采用包装品要节约资源;包装废弃物要少且能够回收、处理或综合利用;或经降解后能自然消灭;或掩埋时能少占坑地;不污染水源和土地;或者能自动分解;如果焚烧,要求不产生毒气二次污染;或者产生新的能源时,燃烧值最高等。总之,对生态环境没有任何损害。因此,GB 19855月饼国家标准中9.1条规定:月饼包装应符合国家相关法律法规的规定,应选择可降解或易回收,符合安全、卫生、环保要求的包装材料。

根据上述要求,如纸、塑料、木、竹、铁、铝等材质均可使用,但以纸、塑料最为常用。

### (三)适度

包装盒的剩余空隙要合理。推广单层包装,遏制过度包装,减少包装废弃物已成为世界潮流。因世界只有一个地球,随着人口增长,资源消耗增多,包装废弃物的处理已成为全球性课题。美国、加拿大政策规定:包装内有过多的空位;包装与内容物的高度、体积差异太大。无故夸大包装,非技术上所需要者,均属于欺骗性包装。德国政府也认为,以膨大的包装夸大其真实的内装物容量的行为属于欺骗行为,将予以处理。如把纸盒包装里折叠的单瓦楞纸板衬垫安排得极为松弛,将纸盒体积扩大,使人产生错觉等,均属于欺骗性包装。日本规定容器内的空位,不应超过容器体积的20%。为了顺应世界潮流,我国政府也出台了相应政策。国家质量监督检验检疫总局令第75号(2005)《定量包装商品计量监督规定》第十四条规定"定量包装商品的生产者、销售者在使用商品包装时,应当节约资源、减少污染、正确引导消费,商品包装尺寸应当与商品净含量的体积比例相当。不得采用虚假包装或者故意夸大定量包装商品的包装尺寸,使消费者对包装内的商品量产生误解。"GB 23350—2009《限制商品过度包装要求 食品和化妆品》中对糕点包装作了规定:包装空隙率不超过60%,包装层数3层及以下。包装层数是指完全包裹产品的包装的层数。完全包裹指的是使商品不至于散出的包装方式。

### (四)个性化

#### 1. 要符合产品特点

不同特性焙烤食品都应采用相应包装。面包采用塑料袋或牛皮纸袋包装;苏式月饼、潮式月饼等酥皮类月饼,由于饼皮易破碎,可采用纸包,或以塑托盛装再装入塑料袋密封,体现月饼特色。

#### 2. 要体现企业品牌

个性化的包装还应体现企业品牌:不同烘焙食品生产企业应制作具有本企业特色的包装。特别是品牌企业,其图案、色彩、造型要有鲜明个性,明显有别于其他企业的包装。如上海有家西饼店,该店以紫罗兰色为基调,他们的包装铁盒,无论是方的、圆的,还是长方的,基本色调都是紫罗兰,月饼纸盒色调也如此。

#### 3. 要体现民族风格

中式糕点、月饼,不是舶来品。因此包装图案、色调必须符合消费者的情感审美需要。如富贵吉祥的牡丹花、出淤泥而不染的荷花、楚楚动人的嫦娥,以及中国古画等。包装色调应以黄等暖色为主,有的用以金色点缀。

通常消费者在购买焙烤食品时,对于不熟悉的品牌,他们总是喜欢选择看起来符合自己需要的一些产品,也就是说他们更愿意选择包装形象和自己的审美习惯、情趣要求相一致的产品。

包装设计包括结构设计、造型设计与装潢设计,三者应有机地结合,才能取得整体的效果,充分发挥包装的功能作用。包装设计是在充分熟悉被包装物品的特性,完全掌握包装材料的性能,确切地了解流通环境条件的前提下进行的重要工作,包装工艺设计人员应该具备包装设计的技能,或能与专业人员协作完成包装设计,且在编制包装工艺规程中,实现包装设计的整体构思。

总之,焙烤食品包装是一门科学,合理的包装应是科学的包装。包装设计应从实际需要出发,有实事求是之意,无哗众取宠之心;包装材料要在满足功能和减少污染环境的前提下,尽量采用廉价易得的物品。

## 三、焙烤食品包装的形式

### (一)简易包装

#### 1. 纸包装

将糕饼、面包放在纸上,将纸下角向上折叠盖住糕饼、面包,再将左角向右折叠,右角向左折叠,上角向下折叠,将糕饼、面包包裹起来,用浆糊或胶带粘接封口。可以单个包装,也能几个合包。

苏式月饼、潮式月饼等酥皮类月饼采用纸包有三个优点:

(1)酥皮类月饼酥皮易脱落,造成品种难以辨认,用纸包装可以保持酥皮的完整,透过玻璃纸可以清晰地看到月饼品名。也可以在包装纸印上品名。

(2)避免月饼被污染。

(3)方便食用,酥皮月饼食用时,皮易掉下,可用纸接着,以免污染地面。

焙烤食品常用包装纸有蜡光纸、玻璃纸、半透明玻璃纸等。蜡光纸表面涂一层石蜡薄膜。

可防止糕饼中水分蒸发,减少或隔绝与空气接触,防止油脂氧化酸败,由于该包装纸具有良好的防水性,且可防止水分渗出,最适宜包装油脂大的月饼等糕点。玻璃纸具有无色透明,富有光泽,柔软而具有伸缩性;遇水变软,干燥后自然收缩。它还具有不透气、不透油、不透水等特点,最适合包装干燥性和油酥类月饼、芝麻酥等。半透明玻璃纸是一种呈半透明状的双面光滑的防油纸,该纸透明度较高、质地柔韧、纸面光滑,具有一定机械强度和防潮性,但受湿后强度大大减弱,适合于包装油脂含量高的糕饼。

2. 塑料袋包装

塑料薄膜袋具有透明,柔软和防潮等性能。将糕饼、面包放入塑料袋中再进行封口。面包一般采用胶带黏合封口。糕饼以封口机热封封装。可单个包装,也可几个合包。为防糕点变形,一般先将其放入塑托中,再装入塑料袋封装。为提高工作效率,不少糕饼生产企业采用自动横枕旋转式包装机。

3. 纸袋装

适用于保质期较短的糕饼、面包,将糕饼、面包装入纸袋中用胶带封口。一般采用牛皮纸或涂塑纸袋。

4. 罐装

有铁罐或塑料罐装之分。罐装适用于一些小块糕饼的定量包装。为延长保质期,对于罐装或塑料袋包装含水量较高或油脂含量较高的糕饼,如广式月饼、蛋糕等,还应放入保鲜剂。保鲜剂有脱氧剂和气雾杀菌型保鲜剂两类。

(1)脱氧剂 其在空气中暴露的时间越长,放入包装月饼中效果相对越减弱。因此,拆封后的保鲜剂在 10 min 内用完。放有保鲜剂的包装糕饼,封口应严密。为防止封口不严的糕饼漏网,应在包装流水线上隔一时段检查封口情况。发现封口不严,及时调整封口时间。

(2)气雾杀菌型保鲜剂 其功能是脱氧,它能把月饼包装袋内的氧气去除,但不能杀灭糕饼表面的细菌。因此,它对包装袋的要求比较高,同时,一旦包装袋漏气,糕饼霉变将不可避免。因霉菌对酒精的抵抗力很低,在酒精浓度低于 4% 的情况下就无法生长。通常低浓度(2%~6%)酒精有抑制繁殖作用;中浓度(8%~20%)酒精有一定的杀菌作用;高浓度(30%以上)酒精有强杀菌作用。由于酒精的挥发气体溶入食品所含水分之中,并能渗透至食品内部,因此能够达到更好的灭菌效果。根据酒精杀菌的原理制成气雾杀菌型保鲜剂,用于糕饼防霉保质效果很好。

**(二)礼品包装**

礼盒款式多样,有多种形状,除了长方体、正方体以外,还有圆台形、碗形,以及截面为六边形、不等边八边形、四边为圆弧的八边形、波状四边形、提篮等。材质有铁、纸板、竹木等。但组成基本相同,分外盒、衬托、单粒包装三部分,销售时装入礼品袋。

纸盒包装最为常用,原则上应用白纸板,符合食品安全要求。但实际应用中,纸盒原料大部分来自废纸浆、草浆,为了确保食品安全,防止污染,往往采用贴面、涂层等办法,表面印刷图案,不直接接触食品,用于食品外包装。

糕饼装入礼盒,要注意单粒包装月饼,其品名、图案方向要有规律,不要随意摆放,以免影响美观。为提高工作效率和包装质量,可采取流水线作业。以图例的形式预先向包装工人告知装盒要求,每个工人依次放入月饼,合盖贴封条的工人应检查糕饼是否按标准装盒。

### （三）运输包装

运输包装主要有塑料周转箱、木制周转箱和瓦楞纸箱。

#### 1. 瓦楞纸箱

瓦楞纸箱是由箱纸板和瓦楞原纸制成瓦楞纸板，再由瓦楞纸板结合而成。瓦楞纸箱广泛用于运输包装上，现已取代了木箱。

#### 2. 钙塑瓦楞包装箱

钙塑瓦楞包装箱可代替纸板瓦楞箱，具有外形美观清洁，可印刷文字、标志，图案鲜艳、醒目，机械强度高的特点。其防潮性能优于纸板瓦楞箱。

#### 3. 塑料周转箱

塑料周转箱材质是聚丙烯，具有质轻易清洗的特点。

#### 4. 木制周转箱

木制周转箱具有强度高、抗压性好，耐冲击，耐震动及对环境变化影响不大等优点，但因为价格比塑料周转箱贵，清洗干燥不易，已逐步淘汰。

## 四、包装技术

### （一）防潮包装技术

含有一定水分的食品，尤其是对湿度敏感的干制食品，在环境湿度超过其质量所允许的临界湿度时，食品将迅速吸湿使其含水量增加，达到甚至超过维持质量的临界水分，从而使食品因水分变化而影响食品质量。水分含量较多的潮湿食品，会因内部水分的散失而发生物性变化，降低或失去原有的风味。从食品的组织结构分析，凡具有疏松多孔或粉末结构的焙烤食品，它们与空气中水蒸气的接触面积大，吸湿或失水的速度快，很容易引起食品的物理性等品质变化。防潮包装就是采用具有一定隔绝水蒸气能力的防潮包装材料对食品进行包封，隔绝外界湿度对焙烤食品的影响；同时在保质期内控制食品包装内的相对湿度，使其应满足产品的要求，保护内装食品的质量。

目前防潮性能最好的材料是玻璃陶瓷和金属包装材料，这些材料的透湿度可视为零。大量使用的塑料包装材料中，适宜防潮包装的单一材料有 PP、PE、防潮玻璃纸等，这些薄膜材料的阻湿性较好，热封性能也好，可单独用于包装要求不高的防潮包装。在食品包装上大量使用的是复合薄膜材料，复合薄膜比单一材料具有更优越的防潮及综合包装性能，能满足各种食品的防潮和高阻隔要求。

### （二）真空和充气包装技术

真空和充气的目的都是为了减少包装内氧气的含量，防止包装食品的霉腐变质，保持食品原有的色、香、味，并延长其保质期。区别在于真空包装仅是抽去包装内的空气来降低包装内的含氧量，而充气包装是在抽真空后，立即充入一定量的理想气体如 $N_2$、$CO_2$ 等，或者采用气体置换方法，用理想气体置换出包装内的空气。

用做充气包装的塑料薄膜，一般要求对 $N_2$、$CO_2$ 和 $O_2$ 均有较好的阻透性，常选用以 PET、PA、PVDC 等为基材的复合包装薄膜。用做真空包装的塑料薄膜，一般要求透氧度较小，如具有良好的阻气性的 PET、PA、PVDC 等薄膜；但考虑到薄膜材料的热封性以及对水蒸气的阻隔性，这些材料一般不单独使用，常采用 PE 和 PP 等具有良好热封性能的薄膜，与之复合成综合包装性能较好的复合材料。需注意的是,单层 PE 和 PP 因透气性大,而不能用于真空和充气包装。

### (三)脱氧包装技术

脱氧包装是指在密封的包装容器内,封入能与氧起化学作用的脱氧剂,从而除去包装内的氧气,使被包装物在氧浓度很低,甚至无氧的条件下保存的一种包装技术。脱氧剂具有防止氧化和抑制微生物生长的特点,其作用是去氧、防腐和保鲜。常用的脱氧剂有次亚硫酸铜、氢氧化钙、铁粉、酶解葡萄糖等,它们都能大量吸收氧气。铁制剂类脱氧剂可用于蛋糕的保藏。

### (四)低温冷藏防霉腐包装技术

低温冷藏防霉腐包装技术是通过控制焙烤食品本身的温度,使其低于霉腐微生物生长繁殖的最低温度界限,抑制酶的活性。它一方面抑制焙烤食品的呼吸和氧化过程,使其自身分解受阻,一旦温度恢复,仍可保持其原有的品质;另一方面,抑制霉腐微生物的代谢及生长繁殖来达到防霉腐的目的。低温冷藏防霉腐包装应使用耐低温防霉包装材料。

### (五)干燥防霉腐包装技术

干燥防霉腐包装技术是通过降低密封包装内的水分和商品本身的水分,使霉腐微生物得不到生长繁殖所需水分,因而达到防霉腐的目的。通过在密封的包装内置放一定量的干燥剂,来吸收包装内的水分,使内装商品的含水量降到其允许含水量以下。

### (六)电离辐射防霉腐包装技术

电离辐射的直接作用是当射线通过微生物时能使微生物内部物质分解,而引起诱变或死亡;其间接作用是使水分子分解为游离基,游离基与液体中溶解的氧作用产生强氧化基团,此基团使微生物酶蛋白中—SH 基氧化,酶便失去活性,因而使其诱变或死亡。照射不会引起物体的升温,被称为冷杀菌。电离辐射防霉腐包装技术目前主要应用 β 射线与 γ 射线,包装的食品经过电离辐射后完成消毒灭菌。

## 五、焙烤食品包装车间基本要求和布局

#### 1. 焙烤食品内外包装车间要分隔

焙烤食品包装分内包装和外包装。内包装是指直接接触焙烤食品的包装,也称单粒包;外包装是指单粒包装的焙烤食品,再装盒或装箱。因此,焙烤食品包装车间要分隔两间(图 9-1)。

设计新的焙烤食品厂包装车间,有条件的应考虑空气净化装置和室温调节。生产车间墙面不能有霉斑,减少空气中霉菌孢子数量。内包装车间必须有洗手消毒设施和杀菌装置,如安装臭氧发生器或紫外线杀菌灯。紫外线杀菌灯的安装部位要合理,最好安装在包装台板上方,班前班后要定期杀菌。另外,内包装衬料应专柜存放。

焙烤食品包装有手工包装和机器包装两种形式。焙烤食品手工包装操作台台面应采用不锈钢包面或大理石台面,机械包装应采用包装机。在操作台和包装机上方安装紫外线杀菌灯。内包装车间是高洁净区,进入车间必须二次更衣。二次更衣室紧靠内包装间,更衣室挂衣钩上方应安装紫外线杀菌灯。

#### 2. 焙烤食品内包装、应包装的焙烤食品和包装人员必须分门进出

外包装人员不能随意进入包装间,内包装焙烤食品进入外包装间,可通过传递(图 9-2)。

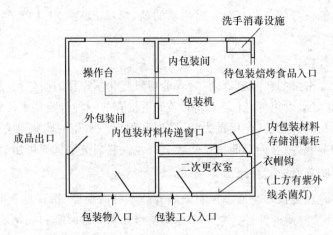

图 9-1  焙烤食品包装车间示意图

图 9-2  焙烤食品内包装传递窗口

## 六、包装实例

### (一)面包的包装

面包是由可发酵性面团和膨松剂烤制而成的,水分含量高,一般在 30% 以上。无包装面包易发生水分丧失。水分损失主要发生在面包瓤外侧 1 cm 处,在这个部位形成了 1 个干燥的内瓤层;面包心部的平衡湿度约为 90%,很容易散失水分而变硬。面包老化时水分从淀粉转移到内部的蛋白质部分,淀粉变干,丧失其组织特性。前人的研究表明面包水分含量变化为 2%~3% 时,产品的口味和风味就会受到影响。

面包的包装目的:①保持面包清洁卫生,避免在贮运和销售过程中受污染。②延缓面包老化,延长保质期。③增加产品美观,提高价值。

面包的包装材料并不是要求气密性越高越好。实际上由于面包皮的平衡湿度较低,在潮湿条件下容易吸潮而变成润湿;如果包装材料的水蒸气透过率太低,将会促进霉菌的生长,而且面包皮会发软;反之,如果包装材料的透湿率太高,则面包很容易发干和败坏。所以用于面包的包装材料应不透水,具有一定的气密性和机械强度,这样才能更有效地防止面包水分散失及老化和保护其免遭机械损伤;同时还起到防止面包之间的相互粘连的作用。由于面包内部湿度大而易发霉,面包的包装以 $CO_2$ 为主要调节气体的气调包装,其保质效果好,但由于其成本太高而一般不采用。目前,面包的包装材料主要有:赛璐玢、耐油纸、蜡纸、硝酸纤维素膜、聚乙烯、聚丙烯等。大约 90% 的面包都采用聚乙烯塑料袋包装,其优点是可反复使用,容易拿取。面包的货架期较长,而且不需要捆扎,可采取热封或用塑料涂塑的金属丝扎住袋口,也有采用聚丙烯塑料袋封袋口包装面包的。更讲究一些的是采用铝箔/复合材料或聚乙烯复合材料或铝箔/聚乙烯复合材料。虽然这类包装材料不透气,但却可以保护面包中维生素 $B_1$ 免受损失。此外,面包的包装形式还有采用收缩薄膜和泡罩包装的。收缩包装用聚氯乙烯收缩薄膜将面包缩紧。泡罩包装成本较高,但是富有吸引力。

### (二)蛋糕的包装

蛋糕是由面粉、油脂、蛋黄、糖和香料等多种成分混合烤制而成的。这些成分对于氧、水分、温度和光线都很敏感,且蛋糕呈多孔性,表面积很大,很容易散失水分而变干、变硬;蛋糕中蛋白质含量高,其水分含量也很高(>35%),极易受微生物的污染,在温度和湿度适合的条件下,霉菌繁殖很快,所以,蛋糕属于短期销售,不宜长期贮存。

包装对延长蛋糕品质及货架期有重要作用。蛋糕同面包一样,其水分含量的变化对其质量品质有很大的影响。如果蛋糕水分蒸发 4%~5% 时,就会因脱湿表面产生裂纹而失去商品价值。如采用水蒸气透过率低的包装材料进行包装,可在一定时间内保持蛋糕原有水分含量和新鲜状态。但如果使用的包装材料水蒸气透过率太低,虽然可以防止蛋糕散失水分,但却容易滋长霉菌的繁殖。蛋糕的成分比面包还要多,氧化串味也是品质劣变的主要原因。防止氧化、变味,以及避免光线的照射都是很重要的因素,故应选用具有较好阻湿、阻气性能的包装材料,如 PT/PE 等薄膜进行包装,也可采用塑料片材热成型盒盛装此类食品。档次较高的糕点应该采用气密性的包装容器(复合材料袋)进行真空和充气包装,即在抽真空后充入 $CO_2$ 和 $N_2$ 的混合气体,或同时封入脱氧剂等可有效地防止氧化、酸败、霉变和水分的散失,显著地延长蛋糕货架寿命。

目前,国内市场销售的蛋糕,有的没有包装,容易脱水发干,也易受环境微生物等因素的污染,是很不合理、不卫生的;有的采用蜡纸裹包,没有封合,蜡纸脱落,和没有裹包的一样,毫无保护作用;有的采用聚乙烯塑料袋包装,袋口扎紧,因透湿率太低,造成霉变。蛋糕组织结构柔软松脆,不宜采用真空包装,否则易变形,应该采用可热封的包装材料,如蜡纸、涂塑玻璃纸和透湿率适宜的塑料薄膜,既裹包而又封合,避免散失水分及受到外界的污染,保证食用卫生。蛋糕类食品易生霉菌,在包装中封入脱氧剂,不仅除去了氧气,而且阻止了油脂因氧化而使产品出现哈败味,或霉菌生长,从而延长了保鲜期。

### (三)饼干的包装

饼干是由面粉、脂肪、糖、水、香料等捏合成的面团制造的。饼干的种类很多,有的含糖量多,有的脂肪含量高,有的含有香料,有的是夹心巧克力,有的浸挂糖浆。所有的饼干的共性是相对湿度很低,易从大气中吸收水分,一旦吸收水分就会变软;同时,多数的饼干含有脂肪,与氧气接触会促使脂肪酸败,产生令人讨厌的臭味。当饼干吸收水分软化时,氧化酸败就特别快。

饼干生产的成功、盈利与其包装关系密切。成功的饼干包装可以防止或减少运输和销售过程中饼干的破损；防止饼干虫害及受周围环境的污染；可减少与外界湿空气的接触而使饼干吸潮、变软，甚至发霉；防止和减轻了饼干内油脂的氧化；吸引更多的消费者。所以，历来食品企业十分重视饼干的包装。

用于饼干包装的材料不仅防潮性能、耐油脂性能好，而且能隔绝氧气，减少挥发性物质的散失，还要防止光线照射引起饼干褪色且促进油脂的氧化酸败。真空包装对饼干货架期延长效果明显，且包装费用增加有限。气调包装技术可减少饼干贮藏期间氧气的危害，用于饼干包装的气体通常是氮气。此外，饼干的包装材料还应能适应自动包装机操作性能的要求，并能保护酥脆的饼干不至于压碎。目前饼干大多采用印制精美的纸盒包装，包装材料为防潮赛璐玢、马口铁、纸板、聚乙烯塑料袋、蜡纸等。包装上的保质期及包装编码十分重要，因为它提供了生产依据，这在消费者投诉时是很需要的。如果发现了一系列的生产失误，这一编码可以对产品进行追踪，必要时可以召回产品。

### (四)酥饼的包装

酥饼的种类很多，其共同特性是既酥又脆，含有脂肪和各种香料，含水量一般在 3% ~ 5%。如果含水量超过这个限度，酥饼很容易变质。酥饼容易脆裂和压碎，保持适当的水分含量是必要的。

包装酥饼的材料应具备下列性能要求：耐油脂；能维持包装食品的货架寿命 8 周以上；可以涂塑；适应机械操作性能；水蒸气透过率不超过 0.4 g/(m² · 24 h)；热封时不收缩，外观好；戳穿和撕裂强度高；具有足够的挺度。

各种酥饼采用聚乙烯塑料袋、纸盒、浅盘外裹包、涂塑玻璃纸等包装形式。纸盒包装内部衬垫塑料薄膜。最近，采用玻璃纸与定向聚丙烯复合材料，这兼具有两种基材的优点，耐磨性很好，防潮性优异，而且改善了低温下的柔韧性。

### 【思考题】

1. 常用焙烤包装用纸有哪几种？
2. 塑料的主要性能有哪些？
3. 焙烤食品包装的必要性是什么？
4. 焙烤食品包装的基本要求有哪些？
5. 简答焙烤食品的包装技术的种类。

# 项目十 焙烤食品企业卫生规范与质量控制

【学习目标】

(1)了解焙烤食品法规与标准。

(2)熟悉焙烤食品安全市场准入制度及焙烤食品生产的良好法规。

【技能目标】

掌握焙烤食品生产中危害分析与关键控制点。

## 任务一 焙烤食品法规与标准

焙烤食品执行的相关法律法规和标准(以国家标准、行业标准为主要参考依据):

小麦粉　BG 1355—1986

食用植物油卫生标准　GB 2716—2005

鲜蛋卫生标准　GB 2748—2003

生活饮用水卫生标准　GB 5749—2006

食品添加剂卫生标准　GB 2760—2007

食品中污染物限量　GB 2762—2005

糕点、面包卫生标准　GB 7099—2003

干酪卫生标准　果瓣 420—2010

饼干卫生标准　GB 7100—2003

预包装食品标签通则　GB 7718—2004

食品包装用原纸卫生标准　GB 11680—1989

乳粉卫生标准　GB 19644—2005

食糖卫生标准　GB 13104—2005

奶油、稀奶油卫生标准　GB 19646—2005

月饼　GB 19855—2005

包装贮运图标标志　GB/T 191—2000

糕点卫生标准的分析方法　GB/T 5009.56—2003

乳粉(奶粉)　GB/T 5410—2008

食品卫生微生物学检验糖果、糕点、蜜饯检验　GB/T 4789.24—2003

饼干　GB/T 20980—2007

食品馅料　GB/T 21270—2007

蛋糕通用技术条件　SB/T 10030—1992

片糕通用技术条件　SB/T 10031—1992

桃酥通用技术条件　SB/T 10032—1992

月饼类糕点通用技术条件　SB/T 10226—2002

烘烤类糕点通用技术条件　SB/T 10222—1994

裱花蛋糕　SB/T 10329—2000

面包　GB/T 20981—2007

糕点通则　GB/T 20977—2007

中式糕点的质量检验方法　GB 3865—1983

西式糕点的质量检验方法　GB 3866—1983

糕点术语　GB/T 12140—2007

起酥油　SB/T 10073—1992

水蒸类糕点通用技术条件　SB/T 10224—1994

油炸类糕点通用技术条件　SB/T 10223—1994

熟粉类糕点通用技术条件　SB/T 10225—1994

糕点检验规则、包装、标志、运输及贮存　SB/T 10227—1994

粽子　SB/T 10377—2004

食品安全管理体系焙烤食品生产企业要求　CCAA/CTS 0013—2008

## 任务二　焙烤食品质量安全市场准入制度

### 一、发证产品范围及申证单元

实施焙烤食品生产许可证管理的糕点产品包括以粮、油、糖、蛋等为主要原料，添加适量辅料，并经调制、成型、熟制、包装等工序制成的食品，如月饼、面包、蛋糕等。烘烤类糕点有酥类、松酥类、松脆类、酥层类、酥皮类、松酥皮类、糖浆皮类、硬酥类、水油皮类、发酵类、烤蛋糕类、烘糕类等；油炸类糕点有酥皮类、水油皮类、松酥类、酥层类、水调类、发酵类、上糖浆类等；蒸煮类糕点有蒸蛋糕类、印模糕类、韧糕类、发糕类、松糕类、粽子类、糕团类、水油皮类等；熟粉类糕点有冷调韧糕类、热调韧糕类、印模糕类、片糕类等。申证单元为1个，即糕点(烘烤类糕点、油炸类糕点、蒸煮类糕点、熟粉类糕点、月饼)。在生产许可证上应当注明获证产品名称即糕点(烘烤类糕点、油炸类糕点、蒸煮类糕点、熟粉类糕点、月饼)。糕点生产许可证有效期为3年，其产品类别编号为2401。

## 二、基本生产流程及关键控制环节

1. 生产的基本流程

原辅料处理→调粉→发酵(如发酵类)→成型→熟制(烘烤、油炸、蒸制或水煮)→冷却→包装→成品。

2. 关键控制环节

原辅料、食品添加剂的使用等。

3. 容易出现的质量安全问题

(1)微生物指标超标。

(2)油脂酸败(酸价、过氧化值超标等)。

(3)食品添加剂超量、超范围使用。

## 三、必备的生产资源

### (一)生产场所

糕点生产企业除具有必备的生产环境外,还应具备以下条件:

(1)厂房与设施必须根据工艺流程合理布局,并便于卫生管理和清洗、消毒。并具备防蝇、防虫、防鼠等保证生产场所卫生条件的设施。

(2)糕点生产企业应具备原料库、生产车间和成品库。须冷加工的产品应设专门加工车间,应为封闭式,室内装有空调器、紫外线灭菌灯等灭菌消毒设施,并设有冷藏柜。生产发酵类产品的须设发酵间(或设施)。用糕点进行再加工的生产企业必须具备冷加工车间。

### (二)必备的生产设备

糕点生产企业必须具备下列生产设备:

(1)调粉设备(如和面机、打蛋机)。

(2)成型设施(如月饼成型机、饼干成型机、桃酥机、蛋糕成型机、酥皮机、印模等)。

(3)熟制设备(如烤炉、油炸锅、蒸锅等)。

(4)包装设施(如包装机)。

生产发酵类焙烤产品还应具备发酵设施(如发酵箱、醒发箱)。用糕点进行再加工的生产企业必须具备相应的生产设备。

## 四、产品相关标准

国家标准、行业标准见任务一。

我国焙烤食品安全标准包括以下内容:

(1)焙烤食品及相关产品中的致病性微生物、农药残留、兽药残留、重金属、污染物质以及其他危害人体健康物质的限量规定。

(2)焙烤食品添加剂的品种、使用范围、用量。

(3)专供婴幼儿和其他特定人群的主辅焙烤食品的营养成分要求。

(4)对与焙烤食品安全、营养有关的标签、标识、说明书的要求。

(5)焙烤食品生产经营过程的卫生要求。

(6)与焙烤食品安全有关的质量要求。

(7)焙烤食品检验方法与规程。

(8)其他需要制定为焙烤食品安全标准的内容。

焙烤食品安全标准要得到保障,其中焙烤食品检验是一个必不可少的重要手段,常常围绕感官、营养和安全等几个方面进行。作为焙烤食品中一个重要组成部分,焙烤食品检验技术内容同其他食品一样,主要包括感官检验技术、理化检验技术和微生物检验技术等。

## 五、原、辅材料的有关要求

企业生产糕点的原辅材料必须符合国家标准和有关规定。如使用的原辅材料为实施生产许可证管理的产品,必须选用获得生产许可证企业生产的产品。

## 六、必备的出厂检验设备

生产糕点的企业应当具备下列必备的产品出厂检验设备:

天平(0.1 g),分析天平(0.1 mg),干燥箱,灭菌锅,无菌室或超净工作台,微生物培养箱,生物显微镜。

## 七、检验项目

糕点的发证检验、定期监督检验和出厂检验项目按下表中列出的检验项目进行。出厂检验项目中注有"□"标记的,企业应当每年检验两次。糕点质量检验项目见表10-1。

表 10-1    糕点质量检验项目表

| 序号 | 检验项目 | 发证 | 监督 | 出厂 | 备注 |
|---|---|---|---|---|---|
| 1 | 外观和感官 | √ | √ | √ | |
| 2 | 净含量 | √ | √ | √ | |
| 3 | 水分或干燥失重 | √ | √ | √ | |
| 4 | 总糖 | √ | √ | * | |
| 5 | 脂肪 | √ | √ | * | 水蒸类、面包、蛋糕类、熟粉类、片糕、非肉馅粽子、无馅类粽子、混合类粽子不检此项 |
| 6 | 碱度 | √ | √ | * | |
| 7 | 蛋白质 | √ | √ | * | 适用于蛋糕、果仁类广式月饼、肉与肉制品类广式月饼、水产类广式月饼、果仁类、果仁类苏式月饼、肉与肉制品类苏式月饼、肉馅粽子 |
| 8 | 馅料含量 | √ | √ | √ | 适用于月饼 |
| 9 | 装饰料占蛋糕总质量的比率 | √ | √ | * | 适用于裱花蛋糕 |
| 10 | 比容 | √ | √ | * | |

续表10-1

| 序号 | 检验项目 | 发证 | 监督 | 出厂 | 备注 |
|---|---|---|---|---|---|
| 11 | 酸度 | √ | √ | * | 适用于面包 |
| 12 | 酸价 | √ | √ | * | |
| 13 | 过氧化值 | √ | √ | * | |
| 14 | 总砷 | √ | √ | * | |
| 15 | 铅 | √ | √ | * | |
| 16 | 黄曲霉毒素 B1 | √ | √ | * | |
| 17 | 防腐剂:山梨酸、苯甲酸、丙酸钙(钠) | √ | √ | * | 月饼加测脱氢乙酸,面包加测溴酸钾 |
| 18 | 甜味剂:糖精钠、甜蜜素 | √ | √ | * | |
| 19 | 色素:胭脂红、苋菜红、柠檬黄、日落黄、亮蓝 | √ | √ | * | 根据色泽选择测定 |
| 20 | 铝 | √ | √ | * | |
| 21 | 细菌总数 | √ | √ | √ | |
| 22 | 大肠菌群 | √ | √ | √ | |
| 23 | 致病菌 | √ | √ | * | |
| 24 | 霉菌计数 | √ | √ | * | |
| 25 | 商业无菌 | √ | √ | * | 只适用于真空包装类粽子 |
| 26 | 标签 | √ | √ | √ | |

## 八、抽样方法

发证检验和监督检验抽样按照以下规定进行。

根据企业申请发证产品的品种,随机抽取 1 种产品进行检验。抽取产量最大的主导产品。生产月饼的企业应加抽月饼。

对于现场审查合格的企业,审查组在完成必备条件现场审查工作后,在企业的成品库内随机抽取发证检验样品。所抽取样品须为同一批次保质期内的产品,以同班次、同规格的产品为抽样基数,抽样基数不少于 25 kg,随机抽样至少 2 kg(至少 4 个独立包装)。样品分成 2 份,送检验机构,1 份用于检验,1 份备查。样品确认无误后,由审查组抽样人员与被抽样单位在抽样单上签字、盖章、当场封存样品,并加贴封条。封条上应当有抽样人员签名、抽样单位盖章及封样日期。

样品抽样的原则应有代表性、真实性、准确性和及时性。

样品抽样注意事项:

(1)抽样工具应该清洁卫生。

(2)样品在检测前,不得受到污染,也不得发生变化。

(3)样品抽取后,应迅速送检测室进行分析。

(4)在感官性质上差别很大的食品不允许混在一起,要分开包装,并注明其性质。

（5）盛样容器可根据要求选用硬质玻璃或聚乙烯制品，容器上要贴上标签，并做好标记。

# 任务三　焙烤食品良好生产规范

## 一、焙烤食品生产良好操作规范（GMP）

焙烤食品企业对焙烤食品质量承担着重大的责任，实施 GMP 的目的是消除不规范的焙烤食品生产和质量管理活动。

### （一）原料、辅料的卫生要求

（1）原、辅料应符合安全卫生要求，避免污染物的污染。采购的原料必须符合国家有关食品安全标准或规定。必须采用国家允许使用的、定点厂生产的食用级食品添加剂。

（2）原料在接受或正式入库前必须经过对其卫生、质量的审查，不合格的原、辅料不得投入生产。应有专用辅料加工车间。各种辅料必须经挑选后才能使用，不得使用霉变或含有杂质的辅料。

（3）加工用水的水源要求安全卫生。生产用水必须符合 GB 5749—1996《生活饮用水卫生标准》的规定。

（4）食品添加剂应按照 GB 2760—2007 规定的品种使用，禁止超范围、超标准使用添加剂。

（5）生、鲜原料，必要时应予以清洗，其用水应符合饮用水标准；若循环使用，应予以消毒处理，必要时加以过滤，以免造成原料的二次污染。以蛋为原料的应除去丁壳蛋、裂壳蛋、黑壳蛋、散黄蛋、霉变蛋、变质腐败蛋及已孵化未成蛋，这些蛋不得用于生产加工。打蛋前应先消毒，再用清水洗净残留物。

（6）辅料要自行加工的，必须在专用辅料加工间进行。

（7）原料使用依先进先出的原则，冷冻原料解冻时应在能防止劣化的条件下进行。

（8）焙烤食品不再以加热等杀菌处理即可食用者，应严格防止微生物等再污染。

### （二）生产、加工的卫生要求

（1）所有的生产作业应符合安全卫生原则，并且应在尽可能地减少微生物的生长及食品污染的条件下进行。实现此要求的途径之一是控制物理因子（如时间、温度、水分活度、pH、压力、流速等），以确保不会因机械故障、时间延滞、温度变化及其他因素使食品腐败或遭受污染。

（2）用于消灭或防止有害微生物繁殖的方法（如杀菌、辐照、低温消毒、冷冻、冷藏、控制 pH 或水分活度等）应适当且足以防止食品在加工及贮运过程中的劣变。

（3）应采取有效方法防止成品被原料或废弃物污染。

（4）用于运输、装载或储藏原料、半成品、成品的设备、容器及用具，其操作、使用与维护应使制造或贮藏中的食品不受污染。与原料或污染接触过的设备、容器及用具未经彻底的清洗和消毒，不可用于处理食品或成品。盛放加工食品的容器不可直接放在地上，以防止溅水污染或由容器底部外面污染所引起的间接污染。

（5）对于加工中与食品直接接触的冰块，其用水应符合饮用水标准，并在卫生条件下制成。

（6）应采取有效措施（如筛网、捕集器、磁块、电子金属检测器）防止金属或其他杂物混入焙烤食品。

（7）盛放成品的容器回收、再使用前必须洗涤、烘干或消毒。

（8）应依据生产管理操作规范，做必要的生产作业手册，如实做好温度、时间、质量、湿度、相对密度、批号、记录者等记录。

（9）洗米、制粉等原料处理、加工过程中与食品接触的用水必须符合 GB 5749—1996 的要求。

（10）在连续生产加工过程中，应在符合生产工艺及品质要求的条件下，迅速进入下一道工序，控制焙烤食品暴露时间，以防过冷、过热、吸潮、微生物污染等因素对食品品质造成损害。

（11）原辅料加工前，应检查有无异物，必要时进行筛选。

（12）蒸煮、揉炼处理　蒸煮、揉炼用水符合 GB 5749—1996 的要求。控制温度、时间；高压蒸煮要控制压力，并做好记录。

（13）成型机切口不可粗糙、生锈；其用油、蜡应符合卫生要求。

（14）油炸处理（油炸类膨化食品适用）　控制温度、时间、真空度（低温真空干燥时）；及时添加新油，及时过滤，防止油炸品质变化；油炸完后即预冷却，最终冷却品温度应在袋内结露的温度以下。

（15）烘焙类膨化食品　严格控制干燥室的温度、压力和时间，并有记录；二次干燥应严格控制半成品的水分；烘焙过程应控制烘焙的温度、压力和时间，并有记录。

（16）挤压类膨化食品　控制物料水分、喂料量与速度；控制挤压的压力、温度或有关参数，并做记录。

（17）调味处理　应按工艺及卫生要求配制、添加调味料；调味操作过程中使用的容器、用具等应彻底清洗、消毒、灭菌，防止遭受污染；应控制调味液温度，调味液应保持新鲜、卫生；调味及调味后若需要干燥处理，应保持周围环境的相对湿度不超过 75％。

（18）喷糖霜处理　制糖霜所用原料，必须符合相应的卫生标准。喷糖霜完毕，应将糖霜机清洗干净，工作区清理完全，剩余糖霜妥善存放。

**（三）仓储卫生设施要求**

（1）原辅材料应保持清洁、干燥、卫生，有防鼠设施。辅料不得与食品原料储存在一起，应有单独的仓库，贮放时应注意防止各种原因引起的霉变及危害。

（2）冷藏库温度应符合工艺要求，成品单独保存在 −18℃ 以下的库内，并有自动温度记录与显示设置，库内设有温度计，有防虫防鼠设施，建筑材料符合卫生要求，无毒、无异味，浅色易于消毒。

（3）冷库存放货物时，不论其是否有容器包装，均应放置在冷库内货架上，若堆垛放置，应放置在有垫木垫起的格栅或托盘内，格栅或托盘面距地板的高度不少于 8 cm，堆离墙壁和设备距离不少于 30 cm，货堆之间有工作通道，进入冷库工作的人员其鞋上应穿鞋套。冻肉与冷却肉在冷库内须悬挂堆放。

（4）冷库在使用中要注意检查受真菌污染的程度，定期进行微生物检查。冷库库房的检修、清洗和消毒应在库房腾空货物之后进行。货物进库前进行微生物等卫生检验。

（5）冷库应建有清洗车间（或设施），用于对用具、运输工具、容器的清洗消毒，也应有对地面、墙壁清洗消毒的设施。

### (四)包装、储存及运输的卫生要求

(1)包装应在单独的包装车间内进行,包装车间应配有专用洗手消毒设施。

(2)包装前的产品应预先冷却至不会在包装袋内形成露水的温度以下。

(3)应使用防透水性材料包装,且其封口严密良好,防止湿气侵入。

(4)应用金属探测器剔除有金属污染的包装成品。

(5)食品包装袋内不得装入与焙烤食品无关的物品,若装入干燥剂,则应无毒无害,且应使用食品级包装材料包装,使之与焙烤食品有效分隔。

### (五)有毒有害物品的控制

(1)确保厂区、车间和化验室使用的洗涤剂、消毒剂、杀虫剂和化学试剂等有毒有害物质得到有效控制,避免对焙烤食品及接触面和焙烤食品包装物料造成污染。

(2)工厂的各个部门应该对有毒有害物品的领用、配置记录,并设有消毒柜,柜内物品标志明确,并加锁保存。

### (六)检验的要求

(1)工厂应设立与生产能力相适应的独立检验机构和相应的检验检疫人员。

(2)质检部门的检验设施和仪器设备符合检验要求,并按规定定期校准。

(3)工厂应制定原材料、半成品、成品及生产过程的监控检验规程,并有效执行。

(4)对不合格品的控制按文件的规定,包括不合格的标志、记录、评价隔离位置及可追溯性的内容。

(5)检验的记录应当完整、准确、规范。记录至少保留两年。

### (七)保证卫生质量体系有效运行的要求

(1)工厂应制定并执行原辅料、半成品、成品及生产过程中卫生控制程序,并有记录。

(2)按卫生标准操作程序做好记录,保证加工用水、食品接触面、有毒有害物质、虫害防治等处于受控状态。

(3)焙烤食品卫生的关键工序,制定了操作规程并连续监控,按时填写监控记录。

(4)对不合格品的控制按文件规定,包含不合格品的标志、记录、评价、隔离位置及可追溯性的内容。

(5)产品的标志、质量追踪和产品回收制度要有严格的规定,保证出厂产品的安全,发现质量问题及时收回。

(6)工厂应制定加工设备、设施的维护保养程序,确保生产的需要。

(7)工厂应制订员工培训计划,做好培训记录并有效的实施。

(8)工厂应制订年度内审计划,定期进行内部审核及管理评审。

(9)检验记录完整、准确、规范。记录要保持一定期限。

## 二、焙烤食品生产卫生标准操作程序(SSOP)

焙烤食品企业为保障食品卫生质量,在焙烤食品加工过程中应遵守的操作规范。具体可包括以下范围:水质安全,食品接触面的条件和清洁,设施的维护,防止掺杂品,有毒化学物的标记、储存和使用,雇员的健康情况,昆虫和鼠类的消灭与控制。

**(一)水的安全卫生**

工厂可以使用城市供水,各项指标应符合 GB 5749—2006《生活饮用水卫生标准》,水量充足。

工厂的质检部门应定期以 GB 5749—2006《生活饮用水卫生标准》对水质进行检测。应定期委托卫生防疫部门对水质进行全项目分析,分析报告应存档保存。

当水质检测不合格时,立即停水,判定原因,并对此时间内的产品进行评估,确保焙烤食品安全卫生。只有当其符合国家饮用水标准时方可重新生产。

**(二)食品接触面的清洁度**

生产工厂的食品接触的表面包括:

(1)加工设备:调和机、发酵设备、面团切块机、烘焙设备、面包成型机、面包切片机、烘烤模具、夹心饼干机、油炸机、包馅机、自动卷蛋机、食品挤压机等。

(2)案面、工器具:工作台、不锈钢盘子、天平等。

(3)包装材料、加工人员工作服、手套等。

每天工作前、后由质检员负责设备和工器具清洗消毒状况的检查,并定期对其及内包装进行微生物检查,化验室应对工作服定期清洗消毒。对于检查结果不合格的接触面应重新清洗或更换,必要时更改清洗消毒方案。

**(三)防止交叉污染**

防止交叉污染应注意以下几个方面:

(1)工厂厂区周围应保持良好卫生状况,远离有害场所。

(2)厂区应该划分为生产区与生活区,车间分为生区与熟区,防止交叉污染。

(3)车间的布局设计应合理,各环节相互衔接,便于加工过程中的卫生控制。

(4)工艺流程是从原料到成品的过程,即从非清洁区到清洁区的过程。

(5)生区与熟区分开,粗加工、细加工、成品包装分开。

(6)明确人流、物流、水流、气流的方向,避免造成交叉污染。

(7)清洗消毒与加工车间应分隔开。

(8)每日班前应进行健康检查,对手部卫生进行控制。

(9)工厂应对原料、辅料及包装材料进行严格检查与管理,入库前应由质检人员检查合格后方可入库,库房人员应严格分类管理,防止交叉污染。

(10)用于生熟两区区域的清洗和消毒器具,应有明显的标志,避免交叉污染。

**(四)洗手消毒和卫生间设施的维护**

1. 洗手消毒的要求

(1)进入车间的清洗、消毒操作程序(图 10-1)

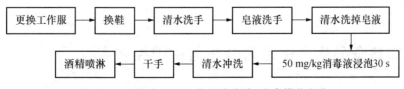

**图 10-1　工作人员进入车间的清洗、消毒操作程序**

（2）入厕洗手、消毒程序（图 10-2）

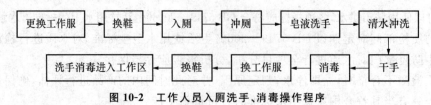

图 10-2　工作人员入厕洗手、消毒操作程序

2. 设施的维护和卫生保持

（1）卫生监督员在开工前或生产结束后应对更衣室、厕所设施的正常情况和清洁情况进行监督，纠正任何对产品可能造成污染的情况发生。若卫生间设施损坏应及时修理。

（2）卫生监督员负责对工人的洗手、消毒程序进行监督检查，并根据化验室微生物检查结果对员工洗手、消毒程序进行纠正。

**（五）化学物质的标记、储存和使用**

应注意以下事项：

（1）化学药品购买时要注意查看批准生产、销售、使用说明的证明，列明主要成分、毒性、使用剂量和注意事项。无产品合格证的化学药品要拒收。

（2）化学药品的管理人员要经过培训后上岗。

（3）清洁消毒用品要做到专库专用。

（4）要专人负责管理，应有领用记录。

（5）生产车间内要设有消毒柜，柜内物品标示明确，且加锁存放。

**（六）员工的健康和卫生控制**

工厂所有与产品有关的人员必须由卫生防疫部门办理健康证。卫生监督员负责每天员工健康状况的检查，一旦发现患有有碍食品卫生疾病的人员，应及时调离工作位。

**（七）虫鼠害的防治**

1. 鼠的防治

在厂区重点区域（如库房等）应放置捕鼠设施，车间下水道入口处应设置防鼠器具。生产区要严禁使用鼠药等物质，以免造成食品污染。每天检查捕鼠情况，定期监控捕鼠实施情况，必要时及时调整灭鼠方案。若原料库发现老鼠活动痕迹，必要时上报主管部门，做出相应的处理。

2. 虫的防治

厂区垃圾每天及时清运出厂，消除蚊蝇滋生地。车间应实行密封式管理，车间入口设有风幕、缓冲带和杀虫灯，防止蚊蝇进入车间。杀虫剂是经国家主管部门批准，并遵循正确使用规程。定期检查杀虫情况，及时调整灭虫方案。

# 任务四　焙烤食品生产中危害分析与关键控制点

HACCP 即"危害分析和关键控制点"，是英语 Hazard Analysis and Critical Control Point

的缩写。HACCP 是在 1971 年美国的全国食品保护会议期间公布于众,并在美国逐步推广应用。HACCP 方式是由食品危害分析(HA)和关键控制点(CCP)两个部分组成、确保食品安全的卫生—品质监控方式。HACCP 被用于确定食品从原料开始,经前处理、加工、保存、流通直至消费为止的所有过程中可能存在的危害,建立相应的控制程序及有效监督控制措施。这些危害可能是有害的微生物、寄生虫,也可能是化学的、物理的污染。通过实施 HACCP 监控,可在焙烤食品生产、加工的每个步骤中设定危害焙烤食品安全可能性的处理方式,确保产品安全、优质的关键控制点,通过日常的品质管理、人员训练和一套防患于未然的措施,实施对焙烤食品品质和安全性的有效控制。

## 一、HACCP 的七项基本原理

(1)对从新鲜原料及各种辅料、加工制造、运输流通、销售、调理到最终消费为止的各个阶段,可能造成危害消费者安全和健康的各种因素进行分析、确认。

(2)对可能造成消费者危害的因素进行控制,设定关键控制点。

(3)对已设定的关键控制点制定各自适宜的管理标准,设计正确适当的安全措施。

(4)建立有效的监控体系和管理方式,以随时评估安全措施的成效。

(5)确定应变措施,当关键控制点偏离管理标准时予以纠偏。

(6)建立完整的档案及记录文件,细节化危险分析、安全措施、监控体系及纠偏记录。

(7)整个系统的可行性,需经工厂本身及政府主管单位复核、认可。

焙烤食品是以面粉、食糖、油脂为主料,配以蛋品、乳品、果料及多种籽仁等辅料,经过调制、成型、熟制、装饰等加工工序,制成的具有一定色、香、味、形的食品。因焙烤食品要经过高温加工理应是安全的,但随着焙烤食品种类的增加,产品加工呈多样性,且焙烤食品含有大量糖类、蛋白质和脂类,其营养丰富,是可以直接入口的方便食品,因而潜藏着微生物危害。尽管在食品行业中焙烤食品引起的食源性疾病较少,但从焙烤食品的加工制作过程来看,大多数制坯工艺还需手工操作,特别是像西点裱花蛋糕等产品,尚有成熟后用手工加工的工序,因而在焙烤食品上由微生物污染所带来的潜在性危害,不容忽视。采取有效的预防、控制措施,清除、减少这种危害,是焙烤食品及其他食品生产管理上极为重要的环节。因此,在焙烤食品的生产管理中,建立一套有效的食品卫生管理和品质监控体系是十分必要的,以此提高焙烤食品的安全性。

## 二、焙烤食品的危害分析

### (一)原辅料的危害

焙烤食品的原辅料主要为面粉、油脂、食糖、鸡蛋、奶粉、添加剂、各种馅料等,它们的品质直接影响产品的质量。

#### 1. 生物性危害

在焙烤食品原辅料中,面粉和油脂容易受到霉菌的污染,可引起霉菌性食物中毒。黄曲霉产生的黄曲霉毒素,还是食品中常见的一种强致癌物。温暖、潮湿的环境有利于真菌的生长及产生毒素。面粉的标准水分应小于 14.5%。如采购的原料水分偏高,或储存环境的湿度太大,面粉很容易发生霉变。油料种子被霉菌及其毒素污染后,榨出的油中也含有毒素,其中花生最容易受黄曲霉的污染。

新鲜牛奶中含有大量细菌,在4℃以下细菌繁殖较慢,牛奶质量保持较好。牛奶一旦污染了葡萄球菌,在适宜的环境下会大量繁殖而产生肠毒素,可引起食物中毒。

鲜蛋主要受沙门氏菌污染,尤其是春夏季节污染率更高,所以必须对与蛋接触的器具进行彻底清洗和消毒。沙门氏菌等微生物可在烘烤时被杀死,但通常能在蛋壳上发现沙门氏菌,所以在焙烤房打蛋必须采取极为谨慎的卫生措施。

糖易受细菌污染。馅料主要由各种动物肉类和坚果类植物组成,易受细菌污染。从微生物角度分析,这些原料均属于高危险性食品原料,易发生食物中毒。

昆虫也容易引起生物性危害。昆虫以食品为传播介质使人致病的途径有很多种,除作为病原体和中间寄主外,多数昆虫在飞行和爬行过程中污染食品及传播疾病,例如蝇类、蟑螂、螨类等会污染食糖、奶粉等原料,可引起肠道疾病。

### 2. 化学性危害

焙烤食品原料中存在的化学性危害来源于以下几个方面:①面粉、油脂等原料中的农药残留及重金属超标;②鸡蛋、奶粉等畜产品中的兽药残留;③防腐剂、色素、抗氧化剂、香精、香料等食品添加剂的超标和滥用;④使用腐败变质的原料如油脂等;⑤包装材料及容器在与食品接触时,其中的化学成分有可能移入食品中而造成化学性危害,如月饼的表面含油量较高,应防止脂溶性有害物质的迁移。

油脂在常温下存放时间过久,会产生氧化酸败与水解酸败。水解酸败使油脂带有刺激性气味并令油脂的酸价升高;氧化酸败使油脂带有哈喇味并令油脂的过氧化值升高。动物实验表明,长期食用酸败油脂可出现体重减轻、发育智障、肝脏肿大,酸败油脂也可引起动物急性中毒和肿瘤。

过氧化苯甲酰是我国面粉加工企业普遍采用的面粉增白剂。过量使用会破坏面粉中的维生素 A、维生素 E、维生素 $B_1$ 等营养成分,甚至造成苯中毒,给人体健康带来危害。此外,个别面粉企业有可能使用吊白块、次氯酸钙、荧光粉等物质,其增白效果好、但毒性更强且价格便宜,或有的用硫黄熏蒸等。

山梨酸钾、丙酸钙、苯甲酸等防腐剂的合理使用,有利于延长制品的保质期,但过量使用对人体的健康有害。在馅料加工过程中,个别企业用过氧化钠来漂白莲子,造成馅料残留有强碱,伤害人体的消化道。

糖是焙烤食品生产的重要辅料,应选择洁白、杂质少的优质白砂糖,个别厂家出于成本考虑使用黄砂糖,易造成重金属超标及成分中脂肪变哈,另外此种糖还常有糖螨存在。

### 3. 物理性危害

制造焙烤食品所用的原料主要来自于农业生产系统,这些原料中经常会掺杂一些外来物,如金属、石头、木棍、树叶和叶茎、玻璃碎片等,对人体造成物理性危害。面粉中可能还会出现鸟粪、鼠毛、虫屑、虫卵以及尿等污染物。

### (二)生产过程中的危害

焙烤食品的生产工艺一般包括原辅料的接收、配料、面团调制、成型、烘烤、冷却、包装等工序,对于月饼等糕点还包括馅料制作和装添,对于某些蛋糕还有裱花装饰等工序。

### 1. 原辅料的接收和贮藏

原辅料在接收时如果检验不合格,有可能将如前所述的各种危害带入产品,尤其是其中的化学危害,在后面的工序中难以消除。验收合格的原料在使用之前,要贮藏在适宜的条件下,否则会造成微生物的生长繁殖等。

2. 配料

在焙烤食品的加工中要使用香精、色素、防腐剂、甜味剂等食品添加剂,尤其那些对人体健康有潜在危害的添加剂,称量要准确,否则会给消费者带来严重的后果。

3. 面团调制

面团调制前先要按照要求准确称量各种原辅料,而后再按照投料顺序进行面团调制。在此过程中操作不当会造成温度升高,一方面影响面筋形成,另一方面也为杂菌滋生创造有利条件。

在面团调制过程中要加入疏松剂如碳酸氢铵、小苏打等,它们必须完全溶解于水后才能投料,如若未能全部溶解,则以颗粒状态存在于生坯中,焙烤时会造成其分解产物局部集中,导致产品成泡,出现内部空洞和表面黑斑,影响产品质量。

亚硫酸盐能够降低面团的面筋强度,改善面团的可塑性,使面团容易调制。但亚硫酸盐在加工过程中会产生二氧化硫,对人体健康是有危害的。

4. 面团发酵

对于面包等产品,有面团发酵的过程。如果发酵温度过高则会造成产酸菌的生长,使面团酸度增高而造成制品品质下降。而设备的设计不当有可能利于芽孢杆菌、肠膜菌等有害微生物的大量繁殖,从而降低产品的可接受性。

5. 成型

在国外和国内一些规模较大的企业都已经由机械取代手工操作,但较多的中小型企业还是采用人工操作,若不注意个人操作卫生和台面的及时消毒就容易造成交叉感染。如果成型操作时间过长、成型设备不清洁,就极易造成微生物生长繁殖。

对于月饼等产品,制作馅料的原料应新鲜,对发霉的植物如橄榄仁、花生等应剔除,动物性肉类应煮熟,各种原料制作的馅料应尽快使用,否则由此带来的危害难以在以后的工序中彻底消除。

6. 烘烤

烘烤一方面使制品成熟,可供人们食用;另一方面杀灭生坯中存在的微生物,确保产品的安全性。因此,要严格控制烘烤的温度和时间。如果加热不充分而在烘烤结束时,发现蛋糕中心部位的面糊尚未凝固,制品易产生由丝状黏质菌引起的腐败变质。以马铃薯杆菌为代表的丝状黏质菌常出现于土壤和谷物中,其孢子可耐受140℃的高温。面包、蛋糕在烘烤结束时中心温度在100℃左右,烘烤不透时局部温度小于100℃,不可能将丝状黏质菌的孢子全部杀死。在夏秋高温季节里,孢子会很快成长为菌体,通过分解淀粉及蛋白质形成黏液,并产生特殊的臭气和味道。但加热温度也不能过高,否则会发生不利的化学反应,生成苯并芘、杂环胺等有害物质。

涂抹油脂管理不善时会使烤模、冷却台架带有异味,影响制品的质量。由于涂抹油脂长时间处在高温下,又直接跟金属烤模(或烤盘)中的铁离子相接触,极易氧化酸败。

7. 冷却

刚出炉的制品温度很高,在冷却过程中水分会继续蒸发,如过早进行包装,则蒸发的水分会积聚在包装材料的内表面,给微生物的繁殖提供了湿度条件,成品就容易发霉变质。在生产旺季,有的工厂往往在制品还未充分冷却时就进行包装,容易使制品发生霉变。冷却时卫生环境要清洁,空气中微生物数量要少,冷却时间也不宜过长,否则会造成微生物的二次污染。

8. 包装

包装盒或袋不符合相关卫生标准易造成化学性污染。从事内包装的工人个人卫生不良、包装间的卫生设施不齐全,包装材料不洁都可带来微生物的二次污染。外控型的防霉剂接触产品可造成化学性污染,包装封口不严密可使空气中的微生物进入包装袋内造成再污染,同时外控型的防霉剂将失去效力。

9. 贮藏

贮藏期间的高温或温度波动会导致走油、反霜、巧克力变质、酸败等问题。高湿度会降低纸板箱的强度,增加水分穿过包装薄膜的传递速率,因此饼干等产品贮藏应保持干燥和低温,如有必要,使用绝热良好的墙壁和天花板,加上气调和空气循环,会减少局部高温或温度波动。

**(三)确定关键控制点**

关键控制点是一个操作、程序、部位,通过对它的预防、控制,可以防止并减少危害。见表10-2。关键控制点的提出要符合下列要求:

(1)控制措施将预防一个或多个危害。

(2)控制的危险、严重程度应属高度或至少中度。

(3)控制标准应能建立和规定。

(4)关键控制点能被监测。

(5)当监测结果表明具体的标准未达到时,应能采取适当的措施加以控制。

关键控制点在实际生产中可分为两种形式:

CCP1:确定能防除一个危害的方法、手段、措施。

CCP2:能减少一个危害的方法、手段、措施,但不完全防除。

表 10-2    关键控制点

| 加工步骤 | 危害及种类 | 问题1:对已确定的明显危害,在本步骤/工序或后步骤/工序上是否有预防措施 | 问题2:该步骤工序可否把明显危害消除或降低到可接受水平 | 问题3:危害在本步骤/工序上是否超过可接受水平或增加到不可接受水平 | 问题4:后续步骤/工序可否把显著危害降低到可接受水平 | CCP |
|---|---|---|---|---|---|---|
| 原辅料的验收 | 生物性 | 是 | 否 | 是 | 是 | — |
|  | 化学性 | 是 | 是 | — | — | CCP1 |
|  | 物理性 | 是 | 是 | — | — | CCP1 |
| 配料 | 化学性 | 是 | 是 | — | — | CCP1 |
| 烘烤 | 生物性 | 是 | 是 | — | — | CCP1 |
| 冷却 | 生物性 | 是 | 是 | — | — | CCP2 |
| 包装及金属检测 | 生物性 | 是 | 是 | — | — | CCP2 |
|  | 物理性 | 是 | 是 | — | — | CCP2 |

1. 原材料的验收措施

选择合适的供应商以及定期对供应商进行评价,采购的原辅料必须向销售方索取检验合格证书。对进厂入库的原辅料和包装材料,质检部门应对其主要质量指标(如面粉的含水量、油脂的酸价和过氧化值、牛奶的酸度与细菌总数、鲜蛋的细菌总数等)进行严格的检验,对原辅料中的农药残留、兽药残留和重金属等有害物质进行定期的检测,不符合规定的拒绝入库和使用。

2. 配料的控制措施

一是严格按工艺要求进行配料,并进行两人复核制度;二是对有关的计量器具进行定期校验,确保器具的精度。

3. 烘烤的控制措施

烘烤工艺设计要合理,确保加热强度能够杀灭足够数量的微生物。同时要准确地控制烘烤温度和烘烤时间,这就需要经常检查烘炉的性能,观察烘炉显示的温度是否达到烘烤的要求,计时器是否精确。烘烤过程中应特别注意烘烤温度过高时产生的外焦里生现象,烘烤的温度和时间最好采用自动控制,减少人为因素造成的质量问题。

4. 冷却的防控措施

烘烤后的面包、蛋糕应采用空气循环条件下的加速冷却,短时间内把面包、蛋糕温度冷却到35℃以下。面包在不同条件下的冷却时间是不同的;即在静止空气下,主食面包的冷却时间6 h,花色面包的冷却时间4 h;在强制循环空气(1 m/s)下,主食面包的冷却时间60~90 min,花色小面包的冷却时间30 min。冷却间应装有排风扇或其他除湿装置,及时排除从面包、蛋糕表面蒸发出的水分。

5. 包装及金属检测的防控措施

定期检测封口机的封口温度及速度,检测封口的密闭性。对密封性能的检测可以通过观察,对着折叠缝吹气看包装是否膨胀,或者把包装浸入水中,然后降低水面压力观察是否有气泡逸出,或用中空的探针伸入包装向内打气以增加包装内的压力。这些实验可以发现劣质密封和穿孔的位置及大小。

对于金属碎片等杂质,可对成品进行金属探测以及X射线检测等方法,同时要经常检验金属探测器的灵敏度。加工设备及产品盛放容器应按要求洗刷消毒,清洗消毒后的盛放容器不得直接接触地面,各类食品包装材料除选择符合国家卫生标准要求的品种外,还要注意避免收到有毒有害物质的污染。

**【思考题】**

1. 焙烤类食品卫生管理办法的内容是什么?
2. HACCP 在焙烤食品中是如何应用的?

【技能训练】

### 技能训练 焙烤食品质量安全调查报告

## 一、训练目的

1. 通过对焙烤食品企业存在问题、现象的分析调查,学会搜集资料和分析总结问题,并提出意见和建议。
2. 学会写调查报告。

## 二、训练过程

1. 通过老师介绍或自己寻找单位。
2. 确定调查时间并通过查找资料了解该单位的大致情况。
3. 记录原料的进入渠道、原料的质量。
4. 记录原料的处理方法。
5. 记录产品生产的过程。
6. 记录产品的贮藏情况。
7. 跟踪调查产品的运输方式及销售地点。
8. 采访一些消费者对该产品的评价。
9. 根据调查和采访的数据撰写调查报告。
10. 找出该企业的不足并提出合理化建议及时反映给企业。

注:调查过程中可以绘制表格(表 10-3)。

表 10-3　焙烤食品质量安全调查

| 名称 | 检验项目 | 得分 |
|---|---|---|
| 原料(15 分) | 1. 原料是否符合质量标准<br>2. 原料是否通过正规渠道 | |
| 原料处理(15 分) | 1. 处理后检验是否有致病菌检出<br>2. 是否达到生产所需标准 | |
| 生产过程(30 分) | 1. 生产环境是否保证不影响产品品质<br>2. 是否利益最大化<br>3. 是否考虑环境保护 | |
| 产品保藏(15 分) | 1. 是否保证产品在有效期内品质不发生变化<br>2. 是否能够最大化保持产品新鲜度 | |
| 产品运输(10 分) | 1. 是否保持产品的外观及质量不发生变化 | |
| 顾客反馈(15 分) | 1. 是否对该产品质量满意<br>2. 是否感觉该产品价格合适 | |
| 总评 | | |

注:请在每一项后面根据相应的分值打分。

# 参 考 文 献

[1]李里特,江正强,卢山.焙烤食品工艺学.北京:中国轻工出版社,2000.

[2]张研,梁传伟.焙烤食品加工技术.北京:化学工业出版社,2006.

[3]贾君,彭亚峰.焙烤食品加工技术.北京:中国农业出版社,2008.

[4]马涛.焙烤食品工艺.北京:化学工业出版社,2006.

[5]彭亚峰,黄文,郭顺清.焙烤食品科学与技术.北京:中国质检出版社,2011.

[6]王大为,张艳荣,祝威.焙烤食品工艺学.长春:吉林科学技术出版社,2002.

[7]张守文.面包科学与加工工艺.2版.北京:中国轻工业出版社,1997.

[8]李威娜.焙烤食品加工技术.北京:中国轻工业出版社,2013.

[9]张守文,杨名铎.焙烤食品.哈尔滨:黑龙江科学技术出版社,1987.

[10]朱蓓薇.实用食品加工技术.北京:化学工业出版社,2005.

[11]张守文.论小麦品质、专用粉、食品品质、改良剂之间的关系.中国粮油学报,2002(4):5-11.

[12]刘江汉.焙烤工业实用手册.北京:中国轻工业出版社,2003.

[13]贡汉坤.焙烤食品生产技术.北京:科学出版社,2004.

[14]蔺毅峰.焙烤食品加工工艺与配方.2版.北京:化学工业出版社,2011.

[15]朱珠,梁朝伟.焙烤食品加工技术.2版.北京:中国轻工出版社,2012.

[16]蔡晓雯,庞彩霞,谢建华.焙烤食品加工技术.北京:科学出版社,2011.

[17]顾宗珠.焙烤食品加工技术.北京:化学工业出版社,2008.

[18]肖志刚,吴非.食品焙烤原理及技术.北京:化学工业出版社,2008.

[19]吕银德.焙烤食品加工技术.北京:中国科学技术出版社,2012.

[20]方献群,黄旭文.蛋黄派的生产技术.山西食品工业,2003(1):18-19.

[21]"蛋黄派"行业标准2006年年底实施.山东食品发酵,2006,142(3):7.

[22]周威,范志红.近观新标准巧食蛋黄派.饮食科学,2007(1):22.

[23]张洪路,周红翠.蛋黄派加工方法.农村新技术,2004(4):40.

[24]张政衡.中国糕点大全.2版.上海:上海科学技术出版社,1991.

[25]周威,范志红.近观新标准巧食蛋黄派.饮食科学,2007(1):22.

[26]陈洋.糕点食品生产企业的卫生问题及管理对策.职业与健康,2002(06):48-49.

[27]张国治.油炸食品生产技术.北京:化学工业出版社,2005.

[28]刘长虹.蒸制面食生产技术.北京:化学工业出版社,2005.

[29]章建浩.食品包装大全.北京:化学工业出版社,2000.

[30]吴孟.面包糕点饼干工艺学.北京:中国商业出版社,1992.

[31]中国焙烤网 http://www.zgmbsw.com/

[32]中国焙烤信息网 http://www.baking-china.com/